Serie Interespecies

Quinto libro de la serie «Interespecies», dirigida por Jorge Carrión, que se propone abordar las claves culturales, sociológicas, tecnológicas y científicas de nuestra época.

Títulos publicados:

Solo quedamos nosotros, Jaime Rodríguez Z.
Atlas del eclipse, Reinaldo Laddaga
La fe en la inteligencia artificial. Los algoritmos predictivos y el futuro de la humanidad, Helga Nowotny
Las nuevas leyes de la robótica. Defender la experiencia humana en la era de la IA, Frank Pasquale

James Bridle

Modos de existir

Más allá de la inteligencia humana

Traducción de
Teresa Bailach Arrate

Galaxia Gutenberg

Galaxia Gutenberg,
Premio TodosTusLibros al Mejor Proyecto Editorial, 2023,
otorgado por CEGAL (Confederación Española de Gremios y Asociaciones de Libreros).

Título de la edición original: *Ways of Being. Beyond Human Intelligence*
Traducción del inglés: Teresa Bailach Arrate

Publicado por
Galaxia Gutenberg, S.L.
Av. Diagonal, 361, 2.º 1.ª
08037-Barcelona
info@galaxiagutenberg.com
www.galaxiagutenberg.com

Primera edición: octubre de 2024

Preimpresión: Maria Garcia
Impresión y encuadernación: Romanyà-Valls
Sant Joan Baptista, 35, La Torre de Claramunt-Barcelona
Depósito legal: B 11534-2024
ISBN: 978-84-10107-66-3

Para Navine y Zephyr

σχολὴ μὲν δή, ὡς ἔοικε: καὶ ἅμα μοι δοκοῦσιν ὡς ἐν τῷ πνίγει ὑπὲρ κεφαλῆς ἡμῶν οἱ τέττιγες ᾀδοντες καὶ

Bien, creo que tenemos tiempo. Y me parece, además, como si, en este calor sofocante, las cigarras que cantan sobre nuestras cabezas dialogasen ellas mismas y nos estuviesen mirando.

PLATÓN, *Fedro*, 258e*

Enough about Human Rights!
What about Whale Rights?
What about Snail Rights?
What about Seal Rights?
What about Eel Rights?
What about Coon Rights?
What about Loon Rights?
What about Wolf Rights?
What about, what about,
What about, what about Bug Rights?
What about Slug Rights?

* Platón, *Diálogos III. Fedón, Banquete, Fedro*, trad., intr. y notas de C. García Gual (Fedón), M. Martínez Hernández (Banquete) y E. Lledó Íñigo (Fedro), Madrid, Gredos, 1986.

What about Bass Rights?
What about Ass Rights?
What about Worm Rights?
What about Germ Rights?
What about Plant Rights?

¡Ya está bien de derechos humanos!
¿Y los derechos de las ballenas?
¿Y los derechos de los caracoles?
¿Y los derechos de las focas?
¿Y los derechos de las anguilas?
¿Y los derechos de los mapaches?
¿Y los derechos de los colimbos?
¿Y los derechos de los lobos?
¿Y qué hay, qué hay,
y qué hay de los derechos de los bichos?
¿Y los derechos de las babosas?
¿Y los derechos de las lubinas?
¿Y los derechos de los burros?
¿Y los derechos de las lombrices?
¿Y los derechos de los gérmenes?
¿Y los derechos de las plantas?

MOONDOG,
Enough about Human Rights,
del álbum *H'art Songs* (1978)

Índice

Ilustraciones

of Life», *Proceedings of the National Academy of Sciences*, enero de 2012, vol. 109, núm. 4, págs. 1011-1018.

Pág. 158: Árbol reticulado de Ford Doolittle. W. F. Doolittle, «Phylogenetic Classification and the Universal Tree», *Science*, núm. 284 (5423), junio de 1999, págs. 2124-2129; https://doi.org/10.1126/science.284.5423.2124.

Pág. 171: Registro fenológico de Marsham en Norfolk. Robert Marsham, «XIII. Indications of Spring, observed by Robert Marsham, Esquire, F.R.S. of Stratton in Norfolk. Latitude 52° 45'», *Philosophical Transactions of the Royal Society*, vol. 79, 1789. © *The Royal Society*.

Pág. 173: Vara de bambú de 115 centímetros. *Imagen: James Bridle.*

Pág. 184: Dos ilustraciones de *The Power of Movement in Plants*, de Charles y Francis Darwin, que siguen el movimiento de una col durante cuarenta y ocho horas. *The Power of Movement in Plants*, Londres, John Murray, 1880.

Pág. 184: *La novia desnudada por sus solteros, incluso* (*El gran vidrio*), de Marcel Duchamp, 1915-1923. © *Association Marcel Duchamp / ADAGP, París y DACS, Londres* 2021.

Pág. 187: Imagen de radar que muestra anillos de ángeles, 1 de septiembre de 1959. Ilustración de W. G. Harper, «Detection of Bird Migration by Centimetric Radar – A Cause of Radar "Angels"», *Proceedings of the Royal Society of London B: Biological Sciences*, 149(937), 24 de diciembre de 1958, págs. 484-502; B149484-502; https://doi.org/10.1098/rspb.1958.0088.

Pág. 189: Mosaico radar de NEXRAD que muestra bandadas de aves en pleno vuelo, 8 de mayo de 2009. *National Centers for Environmental Information (NCEI).*

Pág. 194: Falsa imagen a color de Landsat que muestra una pequeña parte del golfo australiano de Carpentaria, febrero de 2009. *Geoscience Australia / USGS / NASA.*

Pág. 197: Imágenes de Landsat de Basilicata, Italia en (a) 1984 y

(b) 2010. Giuseppe Mancino *et al.*, «Landsat TM Imagery and NDVI Differencing to Detect Vegetation Change: Assessing Natural Forest Expansion in Basilicata, Southern Italy», *iForest – Biogeosciences and Forestry*, 7(2), págs. 75-84, abril de 2014. © *2014 SISEF.*

Pág. 204: Giovanni Forte hablando por teléfono. *Imagen: James Bridle.*

Pág. 232: Plataforma de investigación a gran escala propuesta por Ant Farm para la Embajada de los Delfines, 1974. *Ilustración de Curtis Schreier.*

Pág. 252: Grey Walter con una de sus tortugas y la caseta de esta, noviembre de 1953. *John Pratt / Keystone Features / Hulton Archive / Getty Images.*

Pág. 255: Aparato homeostático de W. Ross Ashby, 1948. *Mick Ashby, en representación de los herederos de W. Ross Ashby / Wikimedia Creative Commons.*

Pág. 259: Fábrica Cibernética de Stafford Beer. Reproducida en Beer, *How Many Grapes Went into the Wine?: Stafford Beer on the Art and Science of Holistic Management*, Nueva York, Wiley, 1994.

Pág. 267: Un moho mucilaginoso traza el mapa de la red ferroviaria de Tokio. A. Tero *et al.*, «Rules for Biologically Inspired Adaptive Network Design», *Science*, 2010; https://www.science.org/doi/abs/10.1126/science.1177894.

Pág. 269: Mohos mucilaginosos detectan la distancia más corta entre «ciudades». Zhu Liping, Kim Song-Ju, Hara Masahiko y Aono Masashi, «Remarkable Problem-solving Ability of Unicellular Amoeboid Organism and its Mechanism», *Royal Society Open Science*, vol. 5, núm. 12 (2018); opensci.5180396180396.

Pág. 273: Ordenador cangrejo. Y.-P. Gunji, Y. Nishiyama, A. Adamatzky, T. E. Simos, G. Psihoyios, C. Tsitouras y Z. Anastassi, «Robust Soldier Crab Ball Gate», *Complex Systems*, 20(2), 93, 2011; https://aip.scitation.org/doi/abs/10.1063/1.3637777. © *2011, AIP Publishing.*

Pág. 276: Ordenador de agua de Vladimir Lukyanov, 1936. *Imagen, cortesía del Museo Politécnico, Moscú.*

Pág. 281: Técnico del Modelo de la Bahía de Chesapeake en un mareógrafo situado en el río Elizabeth, en Portsmouth, Virginia, en agosto de 1977. Foto de la Estación Experimental Waterways, del Cuerpo de Ingenieros del Ejército de Estados Unidos. *US Army Corps of Engineers, Waterways Experiment Station.*

Pág. 282: Superstudio, fotograma de *Supersurface*, 1972. *Photo Archivio Toraldo di Francia © Filottrano.*

Pág. 284: MONIAC, Bill Phillips, 1949. © *Science Museum Group.*

Pág. 293: El robot móvil controlado por cucaracha. Garnet Hertz, Cockroach Controlled Robot #1 (2004); www.conceptlab.com/roachbot/

Pág. 300: Clepsidra con asas e inscripción restaurada a partir de una acuarela de Piet de Jong. Fuente: Suzanne Young, «The American Excavations in the Athenian Agora: Sixteenth Report», *Hesperia*, vol. 8, núm. 3 (julio-septiembre de 1939), págs. 274-284; https://www.jstor.org/stable/i207914.

Pág. 301: Un *ostrakon* reclama el destierro de Temístocles (490-480 a. E. C.), Museo del Ágora, Atenas. *Imagen: James Bridle.*

Pág. 305: ERNIE 1, 1957. *Reproducido con permiso de National Savings and Investments (NS&I).*

Pág. 306: ERNIE 3, 1988. *Reproducido con permiso de National Savings and Investments (NS&I).*

Pág. 312: Primera página del libro de la Corporación RAND, *A Million Random Digits with 100,000 Normal Deviates*, 1955. *A Million Random Digits with 100,000 Normal Deviates, Santa Mónica, CA, RAND Corporation, 2001.*

Pág. 314: Hexagrama 52 del I Ching: 艮 (ken): «El aquietamiento, la montaña». *Wikimedia Commons / Ben Finney.*

Pág. 320: Partitura gráfica de John Cage de *A Dip in the Lake: Ten Quicksteps, Sixty-Two Waltzes, and Fifty-Six*

Marches for Chicago and Vicinity, 1978. *Colección del Museo de Arte Contemporáneo de Chicago, concesión restringida del MCA Collectors Group, Men's Council, and Women's Board; y National Endowment for the Arts Purchase Grant, 1982.19. Foto: © MCA Chicago.*

Pág. 329: Ilustraciones 61 y 71 de *Kunstformen der Natur* («Formas artísticas en la naturaleza»), de Ernst Haeckel, 1904.

Pág. 357: Mapa de Múnich, alrededor del Instituto de Zoología, que muestra las rutas de vuelo de cuatro enjambres a los que Lindauer pudo seguir desde el punto de vivaque en el jardín del instituto hasta la localización de sus nuevas colmenas (enjambres 1-3) o de descanso intermedio (enjambre 4). De Thomas D. Seeley, *Honey-Bee Democracy. © Princeton University Press, 2011.*

Pág. 393: Mapa de los viajes de Pluie. *Cortesía de US National Park Service.*

Pág. 398: Corredor ecológico en forma de puente verde en Holanda: el Natuurbrug Zanderij Crailoo. *Willy Metz / Goois Natuurreservaat.*

Pág. 399: Puente para cangrejos en Isla de Navidad. *Foto: Parks Australia.*

Pág. 407: Mapa de rastreo por GPS de la migración de cientos de ciervos mulo a través de Wyoming. *Wild Migrations: Atlas of Wyoming's Ungulates, 2018. Reproducido con permiso de Oregon State University Press.*

INTRODUCCIÓN

Más allá de lo humano

El sol del final del verano persiste en las laderas de las montañas y en las aguas tranquilas del lago. El aire es cálido y el cielo, de un profundo azul intenso. El estridor de las cigarras produce un zumbido en el espesor del sotobosque y suenan, en la distancia, los cencerros de las cabras. Encendemos un pequeño fuego que arde entre los juncos y abrimos unas latas de cerveza. Alguien saca un clarinete y, deambulando entre los árboles que se agolpan en la ribera, comienza a tocar. Es una escena de calma atemporal y sin embargo, aquí es donde se está desarrollando uno de los mayores conflictos de nuestra era: entre la acción humana y la inteligencia de las máquinas, y entre la ilusión de la superioridad humana y la supervivencia del planeta.

Estoy en Épiro, en el extremo noroeste de Grecia, pegado a la cordillera de los montes Pindo, en la frontera con Albania: una región famosa por su belleza y su resiliencia. Aquí, en el invierno de 1940, las tropas griegas, superadas en número y con un equipamiento deficiente, gracias a su gran determinación, luchando en las condiciones más adversas, pararon e hicieron retroceder al ejército italiano invasor. El 28 de octubre –el día en el que el héroe de guerra griego, Ioannis Metaxas, rechazó el ultimátum de Mussolini para que se rindiera– se recuerda y celebra hoy como el día de Oxi (en griego, Οχι), el día del No.

Épiro ofrece un paisaje impresionante de montañas rocosas y profundos desfiladeros, tachonado de aldeas y monasterios de piedra, y habitado, además de por sus gentes, por osos, lobos, zorros, chacales, águilas reales y algunos de los árboles y bosques más antiguos de Europa. El río Viosa desciende desde el Pindo hasta el Parque Nacional del Vikos-Aoos y el mar Jónico brilla a lo largo de su costa escarpada. Es un lugar paradisíaco, uno de los territorios vírgenes más hermosos que he visto, pero hoy está, una vez más, amenazado.

Me dedico a la escritura y al arte, y durante muchos años he explorado la relación entre la tecnología y la vida diaria: cómo las cosas que hacemos –en concreto, cosas complejas, como los ordenadores– afectan a la sociedad, a la política y, cada vez más, al medio ambiente. Además, he vivido en Grecia durante los últimos años y he venido a Épiro a visitar a unas amistades: autóctonas unas, y otras, trasplantadas desde Atenas; pastores, poetas, panaderas y hoteleros . Son, también, activistas que luchan para salvar Épiro de un nuevo y terrible peligro que amenaza con destruir y envenenar el suelo mismo que pisamos. En las pegatinas que han creado para su campaña, que pueden verse en los tablones de anuncios de los pueblos, en las señales de tráfico y en las carcasas de los portátiles, aparece el eslogan, formado por una sola palabra: Oχι. No.

Mientras paseo por los bosques que rodean el lago, me voy topando con unas finas estacas de madera clavadas en la tierra y con tiras de cinta adhesiva en las ramas y los retoños. Las estacas tienen unas marcas de rotulador grueso: una serie de letras y números que no significan nada para mí. Sigo el camino de las estacas, que avanzan en líneas irregulares a través del bosque. Dejo atrás el sotobosque y aparezco en un camino de tierra recientemente abierto, y observo las marcas que atraviesan una pradera y se extienden hasta entrar en los bosques del otro lado. También se ramifican: hay más cinta adhesiva, atada a los árboles y los arbustos, que marca ángulos rectos en lo que más tarde comprenderé que se trata de una vasta cuadrícula, un entramado impuesto sobre el paisaje desde arriba. A lo largo de los siguientes días, sigo estas líneas que atraviesan campos y viñedos, jardines y pueblos, todos ellos marcados por más banderines atados a verjas y cercas de alambre, a cancelas y señales de tráfico. Se extienden a lo largo de cientos, quizá miles de kilómetros, como un sistema de coordenadas impuesto por una inteligencia externa, remota y desconocida.

Hay señales ocasionales de actividad asociada con esta red: una nueva carretera, construida con *bulldozers* sobre los campos; montones de residuos; marcas de neumáticos; grandes agujeros rodeados de escombros. La gente del lugar me habla de furgonetas sin distintivo, de helicópteros y de equipos de trabajo, personas vestidas con parkas de alta visibilidad que aparecen y desaparecen, de su ir y venir acompañado de sonoras explosiones que hacen que las ventanas tiemblen y que espantan a los pájaros de los árboles. En Facebook, mis amistades comparten grabaciones temblorosas del móvil en las que han logrado captar detonaciones que lanzan tierra al aire a una altura de varias decenas de metros, acompañadas de las sirenas y los silbatos de los grupos de mineros.

He venido a Épiro a ver estas señales, pero su significado se halla en publicaciones dispersas en internet, en las noticias y en las cuentas de algunas empresas. Reventadas contra el bosque, enterradas en el terreno, explotando a la luz grisácea del alba, estas señales, tal y como comprobaré, son las marcas de los dientes y las garras de la inteligencia artificial en el momento exacto en que entra en contacto con la tierra.

Desde 2012, los sucesivos gobiernos griegos han llevado adelante una política de desarrollo de combustibles fósiles y han declarado Épiro y el mar Jónico como áreas de exploración y venta de derechos de explotación a empresas internacionales de petróleo y de gas. Para un país en apuros económicos como Grecia, que arrastra años de crisis y austeridad impuesta desde fuera, los potenciales ingresos pesan más que la amenaza tanto al medio ambiente local como a la situación climática global. El debate acerca del acuerdo, y ya no digamos la crítica, han sido silenciados. En Épiro, el acceso público a los contratos gubernamentales está restringido, no se publican las evaluaciones medioambientales y los equipos de exploración se mueven en furgonetas blancas sin distintivos que se desvanecen ante la aparición de activistas y periodistas que indagan en la zona.

La presencia de petróleo en Grecia está documentada desde tiempos antiguos. Alrededor del año 400 antes de la Era Común, el historiador Heródoto describe rezumaderos naturales de petróleo en la isla de Zante, lugares donde un denso lodo negro proveniente del subsuelo profundo formaba pozos en la superficie. La población lo utilizaba para calafatear sus naves y encender lámparas. Hoy día, un par de pequeñas plataformas extraen este petróleo cerca de la costa del Jónico, mientras se cuece la tensión con Turquía por la explotación en otros puntos del Egeo y el Mediterráneo oriental. Hasta hace poco, Épiro ha permanecido muy alejado de estos asuntos, pero la posibilidad de hallar beneficio bajo su escabroso terreno es algo que se sospecha desde hace tiempo.

Había leído que existían rezumaderos de petróleo en Épiro, pero las únicas referencias que tenía eran las fotografías granulosas que aparecían en algunas presentaciones en internet por parte de prospectores de petróleo y académicos.[1] Una vez en Épiro, el nombre de una aldea surgía una y otra vez: Dragopsa, a varios kilómetros hacia el oeste de Jánina, la capital de la comarca, cerca del lago del bosque. Anduve preguntando y alguien sugirió que hablara con Leonidas, un activista antipetróleo cuya familia reside en ese lugar desde hace generaciones.

Una tranquila tarde de bochorno Leonidas me llevó a Dragopsa, parando de vez en cuando para colocar sus pegatinas de Οχι en puntos donde llamaran la atención. Dejamos el coche en el valle que hay al pie del pueblo y caminamos atravesando praderas y huertas hasta un río. Las aguas puras y claras de Épiro constituyen la fuente de aproximadamente un setenta por ciento del agua potable de Grecia: al pie de las montañas se concentran varias grandes plantas embotelladoras. Sin embargo, a medida que seguíamos nuestro camino bordeando un meandro del río, detecté el inconfundible olor del petróleo. Este hedor penetrante se hacía más fuerte en la base de un escarpado barranco, donde la corriente del río dejaba expuestas las raíces de los árboles y unos oscuros terrones sueltos de tierra. En este lugar, en los años veinte del siglo pasado, la población local descubrió que el petróleo brotaba del suelo por sí solo, como hacía en Zante. Leonidas me cuenta que él también ha encontrado rezumaderos en los últimos años: zonas muy apartadas de la carretera, donde un petróleo negro y pegajoso brota entre los juncos y las hierbas. No hace falta tener una inteligencia artificial para encontrar petróleo en Épiro; pero sí hace falta la IA para explotarlo.

El licitador que consiguió el contrato de exploración de Épiro es una de las mayores corporaciones energéticas del mundo: Repsol.[2] Desde su fundación, en 1927, como compañía nacional de petróleo española, Repsol se ha expandido por el globo; en la última década ha descubierto cientos de nuevos campos y se ha convertido en pionera en el uso de nuevas tecnologías aplicadas a la búsqueda y la explotación del petróleo. En 2014, Repsol e IBM Watson –la división del gigante tecnológico estadounidense responsable de la inteligencia artificial– anunciaron que estaban colaborando «para hacer uso de tecnologías cognitivas que ayudarán a transformar la industria del petróleo y del gas». Estas tecnologías incluían «prototipos de aplicaciones cognitivas diseñadas con el fin de potenciar la toma de decisiones estratégicas de Repsol para la optimización de la producción del yacimiento y la adquisición de nuevos campos petrolíferos».[3]

La adquisición y la optimización son dos de los principales empeños de la industria de combustibles fósiles: dónde excavar la tierra y cómo sacar el máximo provecho. El petróleo se está agotando y la economía de la extracción está en pleno cambio. A medida que las reservas más grandes y accesibles se vacían, aumenta el valor financiero de lo que queda, incluso a pesar de las obvias repercusiones catastróficas para el medio ambiente. Las reservas que hasta hoy han permanecido intactas, descartadas por la gran complejidad a la hora de evaluarlas o explotarlas, vuelven a estar ahora en el punto de mira de los gigantes del petróleo. Como la misma Repsol indica en su material publicitario: «El acceso a nuevas reservas es una tarea cada vez más compleja. El subsuelo es una gran incógnita. Perforar y realizar importantes inversiones económicas es una decisión arriesgada y difícil». En consecuencia, la situación requiere aplicar los procesos computacionales más sofisticados. Para una decisión inteligente es necesario utilizar herramientas inteligentes: «Para minimizar el error y tomar decisiones acertadas en Repsol optamos por que la tecnología nos ayude a tomar esas decisiones».[4]

Esas decisiones incluyen extraer hasta la última gota de petróleo que se halle bajo tierra, con plena conciencia del daño irreparable que esto ocasionará al planeta, a nosotros y a nuestras sociedades, y a todos los entes y seres con los que compartimos este planeta. Esa es la tecnología que ha trazado la red de estacas, cinta adhesiva plástica y perforaciones que marchan a través de Épiro y avanzan por Grecia, convirtiendo el medio ambiente en un tablero virtual para su explotación. Esto es lo que ocurre –lo que está ocurriendo ahora– cuando la inteligencia artificial se aplica al territorio mismo.

Repsol e IBM no son los únicos que están utilizando la inteligencia artificial para acelerar la degradación y el agotamiento del medio ambiente. Repsol tiene también un vínculo activo con Google, que ha puesto sus algoritmos de aprendizaje automático al servicio de la red global de refinerías de petróleo de la compañía, para ayudar a potenciar su eficiencia y su producción.[5] En la conferencia Cloud Next de Google, en 2018, un montón de compañías petroleras presentaron las diferentes formas en las que estaban utilizando el aprendizaje automático para optimizar sus negocios. (A raíz de un informe de Greenpeace de 2020 sobre Silicon Valley y la industria petrolera, Google prometió dejar de crear «algoritmos de IA/AA a medida para la industria del petróleo y el gas para facilitar la extracción tanto en la exploración como en la producción», aunque esto no tiene ningún efecto en el uso extensivo que hace la industria petrolera de la infraestructura y los conocimientos de Google).[6] Un año después, Microsoft ejerció de anfitrión en la primera Cumbre de Líderes del Petróleo y el Gas, que se celebró en Houston, Texas. Además, tiene vínculos empresariales de larga duración con ExxonMobil, Chevron, Shell, BP y otras compañías de energía, que incluyen el almacenamiento en la nube y un creciente catálogo de herramientas de inteligencia artificial.[7] Incluso Amazon, que controla casi la mitad de la infraestructura comercial de la nube, ha entrado en el juego cuando un agente comercial escribe, después del comunicado de Google: «Si eres una compañía O&G [de petróleo y gas] y buscas a un socio estratégico para la transformación digital, te recomendamos elegir a un socio que realmente utilice tus productos y pueda ayudarte a transformarte de cara al futuro».[8]

¿Qué futuro se está imaginando aquí? ¿Y qué inteligencia es la que se está empleando? Si los algoritmos inteligentes de Repsol alcanzan el petróleo bajo las montañas y los bosques de Épiro –o *cuando* los alcancen–, el resultado será la inevitable destrucción de tesoros medioambientales: se talarán los árboles, se matará la vida salvaje, se ensuciará el aire y se envenenarán las aguas. Así es ese futuro en el que hasta la última gota de petróleo se extrae de la tierra y se quema para obtener beneficio. Así es ese futuro en el que el dióxido de carbono y otros gases de efecto invernadero continúan aumentando, avivan el calentamiento global, catalizan el aumento del nivel del mar y de los fenómenos meteorológicos extremos, y extinguen la vida en el planeta. Un futuro que, en pocas palabras, no tiene ningún futuro. ¿Qué forma de inteligencia busca no ya apoyar sino incrementar y optimizar semejante disparate? ¿Qué clase de inteligencia participa activamente en la perforación, vaciado y expolio de las pocas áreas de naturaleza salvaje virgen que quedan en la tierra, en nombre de una idea de progreso que ya sabemos que está condenada? Esta no es una inteligencia que yo reconozca.

No sé qué proporción del trabajo preliminar, de la excavación y del diseño de la exploración de Épiro podemos atribuir al anticuado análisis humano y qué parte a la IA. A pesar de haberles preguntado, Repsol no me lo quiere decir. Pero esa no es realmente la cuestión. Lo que importa aquí, al menos a mí, es que las más avanzadas tecnologías, procesos y negocios del planeta –la inteligencia artificial y las plataformas de aprendizaje automático construidas por

IBM, Google, Microsoft, Amazon y otras– se están aplicando a la extracción, producción y distribución de combustibles fósiles: el causante número uno del cambio climático, de las emisiones de CO_2, de los gases de efecto invernadero y de la extinción global.

Nos estamos equivocando mucho a la hora de imaginar para qué sirven nuestras herramientas. Este pensamiento me ha acechado en los últimos años a medida que veía que las nuevas tecnologías –en particular las más novedosas e «inteligentes»– están siendo utilizadas para socavar y usurpar la alegría y la seguridad humanas, incluso la propia vida humana. No soy la única persona que lo piensa. Las formas en las que el desarrollo de estas herramientas supuestamente inteligentes pueden dañar, eliminar y, en última instancia, suplantarnos se han convertido en el objeto de un amplio campo de estudio que incluye a científicas computacionales, programadores y empresas tecnológicas, además de a los propios teóricos y a filósofas de la inteligencia de máquinas.

La llamada hipótesis del clip dibuja uno de los futuros posibles más dramáticos. Y consiste en lo siguiente. Imaginen una pieza de *software* inteligente –una IA– diseñada para optimizar la producción de clips, un objetivo empresarial aparentemente sencillo e inofensivo. El *software* podría empezar por una sola fábrica: automatiza la línea de producción, negocia mejores condiciones con los proveedores, garantiza un mayor número de puntos de venta para la mercancía. A medida que se acerca al límite de un solo negocio, puede que compre otras empresas, o a sus proveedores, sumando a su catálogo compañías mineras y refinerías, para obtener ventajas en el suministro de materias primas. Al intervenir en el sistema financiero –que ya está completamente automatizado y listo para la exploración algorítmica– podría mejorar e incluso controlar el precio y el valor de los materiales, manejando los mercados a su favor y generando, por computación, futuros contratos endiabladamente complicados para colocarse en una posición inexpugnable. Los acuerdos comerciales y los códigos legales la mantienen independiente de uno u otro país en concreto, de manera que no esté sujeta a ningún tribunal. La producción de clips prospera. Pero sin las restricciones adecuadas –cuya dificultad, debido a la complejidad del mundo en el que opera la IA, excedería a la de los más intrincados contratos legales o tratados filosóficos–, no hay nada que evite que vaya mucho más allá. Después de asegurarse el control de los sistemas legales y financieros, después de corromper a su antojo al gobierno y a las fuerzas letales de la nación, todos los recursos de la Tierra son una presa fácil para la IA, que busca optimizar la producción de clips: derriba cadenas montañosas y arrasa ciudades hasta que, finalmente, toda la vida humana y animal, reducida a sus componentes minerales, sirve de alimento a las gigantescas máquinas. Unas enormes naves espaciales de clips abandonan entonces la Tierra devastada para conseguir energía directamente del Sol y comenzar la explotación de otros planetas.[9]

Es una cadena de acontecimientos terrorífica y aparentemente ridícula, pero solo es ridícula en tanto en cuanto la inteligencia artificial avanzada no necesita clips. Llevada por la lógica del capitalismo contemporáneo y por los requerimientos energéticos de la computación misma, la más profunda y esencial necesidad de una IA en la época actual es el combustible para su propia expansión. Lo que necesita es petróleo y sabe dónde encontrarlo, cada vez con mayor precisión.

Las estacas de madera que marchan a lo largo de varios kilómetros a través del paisaje de Épiro, los agujeros que se perforan, las explosiones que hacen temblar la tierra: todo ello es un sondeo foráneo, las operaciones de una inteligencia artificial optimizada para extraer los recursos necesarios y mantener nuestro actual ritmo de crecimiento, a costa de lo que sea.

Algunas de las advertencias más severas acerca de la IA han surgido, de hecho, de entre sus mayores adeptos, los Multimillonarios de Silicon Valley; ellos son quienes con mayor agresividad han lanzado un discurso acerca del determinismo tecnológico. El determinismo tecnológico es una línea de pensamiento que propugna que el progreso tecnológico es imparable. Dado que el crecimiento de la IA es tan inevitable como el de los ordenadores, internet y la digitalización de la sociedad en su conjunto, deberíamos ponernos el cinturón de seguridad y cooperar. Sin embargo, Elon Musk, creador de PayPal y dueño de Tesla y de SpaceX, cree que la IA es «la mayor amenaza para la existencia» de la humanidad.[10] Bill Gates, fundador de Microsoft –cuya plataforma Azure AI mantiene en funcionamiento las plataformas de petróleo de Shell– ha dicho que no entiende cómo la gente no está más preocupada por su desarrollo.[11] Incluso Shane Legg, cofundador de la empresa de IA DeepMind, propiedad de Google –una IA conocida por haber ganado a los mejores jugadores humanos al juego go– ha salido a la palestra para declarar: «Creo que la extinción humana probablemente ocurrirá, y es muy posible que la tecnología desempeñe un papel en ello». No hablaba del petróleo; hablaba de la IA.[12]

Esta clase de temores no es tan sorprendente. Después de todo, los popes de la industria digital, beneficiarios de la enorme riqueza generada por esa tecnología, son quienes más tienen que perder si son sustituidos por la superinteligente IA. Quizá tengan miedo de la inteligencia artificial porque esta los amenaza con hacerles lo mismo que han estado haciendo ellos durante largo tiempo al resto de la humanidad.

En los últimos años, he dado conferencias en congresos y he hablado en mesas redondas acerca de los impactos sociales de las nuevas tecnologías, y a raíz de ello, a veces me preguntan cuándo llegará la *verdadera* IA, en referencia a una era de máquinas superinteligentes capaces de trascender nuestras capacidades humanas y reemplazarnos. Cuando me preguntan esto, a menudo respondo: la verdadera IA ya está aquí. Son las corporaciones. Generalmente esta réplica provoca risas nerviosas, así que amplío mi respuesta. Tendemos a imaginar la IA como algo con forma de robot o computadora, pero en realidad, la IA puede ser generada como cualquier cosa. Imagine un sistema con unos objetivos claramente definidos, sensores y efectores que lean e interactúen con el mundo, con la capacidad de reconocer el placer y el dolor como algo atractivo o a evitar, con los recursos para hacer su voluntad y con un estatus legal y social que vela por que sus necesidades sean cubiertas e incluso respetadas. Esa es una descripción de la IA y es, también, la descripción de una corporación moderna. Para esta «IA corporativa», el placer se traduce en crecimiento y rentabilidad, y el dolor, en demandas judiciales y la caída del valor de sus acciones. Se protege el discurso corporativo, se reconoce la entidad como sujeto corporativo y a los deseos corporativos se les concede libertad, legitimidad y, a veces, fuerza bruta y violencia, a través de acuerdos legales internacionales, leyes internas –o ausencia de ellas– y a través de las normas y expectativas de una sociedad capitalista. Las corporaciones utilizan sobre todo a los seres humanos como sensores y efectores; también emplean redes logísticas y de comunicaciones, deslocalización del personal,* y los mercados financieros, y recalculan el valor de las localizaciones, las gratificaciones e incentivos en función de datos cambiantes y en función del contexto. Es importante destacar que carecen de empatía o de lealtad y son muy difíciles –aunque no imposibles– de matar.

El escritor de ciencia ficción Charles Stross equipara nuestra época de control corporativo a las consecuencias de una invasión extraterrestre. «Las corporaciones no comparten nuestras prioridades. Son organismos que funcionan como una colmena, construidos a partir de grupos de trabajadores que se unen o abandonan el colectivo: aquellos que forman parte del organismo subordinan sus objetivos a los de la colectividad, que persigue los tres objetivos corporativos de crecimiento, rentabilidad y evasión del dolor –escribe Stross–. Hoy vivimos en un estado global estructurado para el beneficio de entidades no humanas y en función de objetivos no humanos.»[13]

* *Labour arbitrage.* Término que se refiere al fenómeno por el cual las grandes corporaciones aprovechan las ventajas de la deslocalización de la producción y de la contratación de la mano de obra más barata posible, gracias a la flexibilización de las barreras de los mercados internacionales. (N. de la T.)

Visto así, no es difícil adivinar por qué las cúpulas de las mayores corporaciones actuales temen su propia obsolescencia en manos de la inteligencia artificial. Destronadas de la cima, estas personas serían tan vulnerables como el resto de la gente ante entidades todopoderosas que no comparten sus intereses, y que, en el mejor de los casos, se las quitarían de en medio, o en el peor, físicamente las reorganizarían y convertirían en algo de consistencia más útil.

Lo que yo saco en claro de esta evaluación pesimista es que nuestra concepción de la inteligencia artificial –y por ende, al estar basada en el ser humano, de la inteligencia en general– es fundamentalmente errónea y limitada. Lo que revela este análisis es que cuando hablamos de IA, hablamos principalmente de esta clase de inteligencia *corporativa* e ignoramos todo el resto de las cosas que la IA, o cualquier tipo de inteligencia, podría ser.

Esto es lo que ocurre, al parecer, cuando el desarrollo de la IA está liderado principalmente por compañías tecnológicas financiadas con capital de riesgo. La definición de inteligencia que se propone, que se promociona y que finalmente se construye en las máquinas es una inteligencia extractiva guiada por el beneficio. Este planteamiento se repite entonces en nuestros libros y películas, en los medios de comunicación y en la imaginación pública –en los relatos de ciencia ficción sobre líderes supremos que son robots y algoritmos invencibles y todopoderosos– hasta que llega a dominar nuestro pensamiento y entendimiento. Parece que seamos incapaces de imaginar la inteligencia de ninguna otra manera, lo cual significa que las personas estamos condenadas no solo a vivir con esta visión sino a replicarla y encarnarla, en detrimento de nosotras mismas y del planeta. Nos parecemos cada vez más a las máquinas que concebimos, de formas que, en el presente, conllevan efectos profundamente negativos en nuestra forma de relacionarnos entre seres humanos y con el mundo en su conjunto.

Una manera de cambiar la naturaleza de estas relaciones es, por tanto, cambiar la manera en la que pensamos acerca de la inteligencia: qué es, cómo actúa sobre el mundo y quién la posee. Más allá del estrecho enfoque propuesto tanto por las empresas tecnológicas como por la doctrina de la singularidad del ser humano (la idea de que, entre todos los seres, la inteligencia del ser humano es singular y preeminente) existe todo un mundo de formas alternativas de pensar y hacer la inteligencia. La tarea de este libro es llevar a cabo parte de ese proceso de reimaginar: buscar más allá del horizonte de nuestro propio ser y nuestras creaciones para atisbar otro tipo, o muchos otros tipos, de inteligencia, que siempre han estado ahí, delante de nuestras narices, y que en muchos casos nos preceden. Al hacerlo, quizá cambiemos la manera en la que pensamos sobre el mundo y tracemos, así, un camino hacia un futuro menos extractivo, destructivo e injusto, y más equitativo, amable y regenerativo.

En este viaje, los seres humanos no estaremos solos. En las últimas décadas se ha estado gestando una forma muy distinta de imaginar la inteligencia. Surgida, de una parte, de las ciencias biológicas y del comportamiento, y de otra, de la creciente apreciación e integración de sistemas de conocimiento indígenas y no occidentales, esta nueva forma de comprender la inteligencia se opone a las narrativas unidireccionales y codiciosas. Y, mucho más relevante para nuestra historia, cuestiona la idea misma de que la inteligencia sea algo limitado al ser humano o incluso especialmente propio de él.

Hasta hace muy poco, la humanidad se consideraba la única poseedora de inteligencia. Esa era la cualidad que la hacía única entre todas las formas de vida; de hecho, la definición más útil de inteligencia puede haber sido «lo que hacen los humanos». Ahora ya no es así. Gracias a décadas de trabajo, de ciencia precisa, de mucho pensar y de la cooperación ocasional pero esencial de colegas y socios no humanos, apenas estamos empezando a abrir una puerta a la comprensión de un tipo de inteligencia completamente diferente; es más, de muchos tipos de inteligencia diferentes.

Desde el bonobo, que fabrica herramientas complejas; la grajilla, que nos entrena para que busquemos comida para ella; las abejas, que debaten qué dirección debe seguir el enjambre; los árboles, que hablan y se alimentan entre sí, hasta algo mucho más grande e inefable que estos simples trucos de salón, el mundo no humano parece de pronto cobrar vida, una vida repleta de inteligencia y voluntad. Es un efecto de la luz, por supuesto: estas otras mentes siempre han estado ahí, a nuestro alrededor, pero, después de siglos de negación y falta de atención, la ciencia occidental y la imaginación popular apenas están empezando a tomárselas en serio. Y tomárselas en serio requiere que los seres humanos nos replanteemos no solo nuestra idea de inteligencia sino nuestra idea del mundo entero. ¿Qué implicaría construir inteligencias artificiales y otras máquinas que fueran más como pulpos, hongos o bosques? ¿Cómo nos afectaría vivir entre ellas? ¿Y de qué manera nos acercaría esto al mundo natural, a la tierra que la tecnología ha desgarrado, la tierra de la que la tecnología nos ha arrancado?

La idea de establecer nuevas relaciones con inteligencias no humanas es el tema central de este libro. Esta idea surge de los albores de algo más extenso y profundo: la cada vez más evidente y apremiante realidad de que estamos absolutamente entrelazados con *el mundo más allá de lo humano*. En estas páginas exploro el significado completo de esa expresión y sus repercusiones para los seres humanos, para nuestras tecnologías y nuestras relaciones con todo aquello y todos aquellos con que compartimos el planeta. Se trata de una tarea urgente y también fascinante. Si vamos a abordar el expolio a gran escala del planeta y nuestra creciente desprotección ante el enorme poder computacional, debemos encontrar la manera de conciliar nuestra destreza tecnológica y nuestra idea de la singularidad humana con una sensibilidad práctica y una atención a la interconexión de todas las cosas. Debemos aprender a vivir con el mundo en lugar de tratar de dominarlo. En resumen, debemos descubrir una ecología de la tecnología.

El naturalista alemán Ernst Haeckel acuñó el término «ecología» a mediados del siglo XIX en su obra *Generelle Morphologie der Organismen* [«Morfología general de los organismos»]. «Por ecología –escribió Haeckel– entendemos toda la ciencia de las relaciones del organismo con el entorno, incluidas, en sentido amplio, todas las condiciones de la existencia.»[14] El término deriva del griego οἶκος (*oikos*), que significa «casa» o «entorno». En una nota a pie de página, Haeckel hace referencia también al término griego χώρα (*chóra*), que significa «lugar de residencia». La ecología no es meramente el estudio del lugar donde nos encontramos, sino de todo lo que nos rodea y que hace posible que vivamos.

Haeckel fue uno de los primeros defensores del trabajo de Charles Darwin. En particular, defendía la creencia de Darwin de que el alcance total de sus teorías se halla no en el modo en que las especies individuales evolucionan sino en las relaciones *entre* las especies. En el famoso párrafo final de *El origen de las especies*, Darwin ofrece una protodefinición de la ecología al definir un «enmarañado ribazo», donde plantas de varias clases, aves, insectos y otras «formas, primorosamente construidas, tan diferentes entre sí», fueron producidas por complejas fuerzas evolutivas, y sin embargo dependen unas de otras por completo.[15]

Quizá la descripción del pensamiento ecológico más escueta pero de mayor resonancia sea la que dio en 1911 John Muir, naturalista estadounidense de origen escocés, amante de la naturaleza y fundador del sistema de parques nacionales de Estados Unidos. Al reflexionar sobre la abundancia de vida compleja que encontraba mientras escribía su libro *Mi primer verano en la sierra*, simplemente explicó: «Cuando tomamos una cosa en sí misma, la hallamos siempre enganchada a todo el resto de las cosas del universo».[16]

La ecología es el estudio de estas interrelaciones: esas cuerdas irrompibles que unen todo a todo lo demás. Es esencial comprender que esas relaciones abarcan las *cosas* además de a los *seres*: la ecología está interesada en igual medida en cómo afecta la disponibilidad de materiales de nidificación a las poblaciones de aves o en cómo la planificación urbanística rige la forma en la que se propagan las enfermedades, que en cómo la abeja poliniza la caléndula o en cómo el lábrido limpiador común despioja al pez cirujano. Y hablamos solo de ecología biológica. La ecología es fundamentalmente diferente de otras ciencias porque describe un ámbito y una actitud ante el estudio, más que un campo de estudio. Hay una ecología –y ecologistas– de las matemáticas, del comportamiento, de la economía, de la física, de la historia, del arte, de la lingüística, de la psicología, de la guerra y casi de cualquier otra disciplina que se nos ocurra.

Existe, también, la política ecológica, que tiene el potencial no solo de describir mundos, sino de cambiarlos. Fue en calidad de ecologista como la bióloga marina Rachel Carson abordó el medio ambiente, y eso tuvo como resultado su inmensamente influyente *Primavera silenciosa*, publicado en 1962; sus conocimientos de ecología le permitieron relacionar los pesticidas hallados en los ríos y en los océanos con los efectos devastadores para la salud de animales y humanos. Su trabajo tuvo como consecuencia directa la prohibición de sustancias tóxicas como el DDT y el nacimiento del movimiento medioambiental global. Desde entonces, el pensamiento ecológico ha estado vinculado a la política y al derecho, con el fin de sacudir la conciencia del público y dirigir las prácticas sociales hacia maneras menos dañinas de relacionarnos con el mundo natural.

El pensamiento ecológico, una vez se desata, lo impregna todo. Es tanto un *movimiento* como una ciencia, con toda la energía motriz inagotable que implica el término. Con el tiempo, cada disciplina descubre su propia ecología, desde el momento en que inevitablemente vira de los jardines amurallados de la investigación especializada hacia un mayor compromiso con el mundo en su conjunto. A medida que expandimos nuestro campo de visión, nos percatamos de que todo tiene un impacto sobre todo lo demás; y encontramos significados en estas interrelaciones. Gran parte de este libro se ocupa de esta reflexión ecológica en concreto: que lo importante, más que en las cosas, reside en las relaciones, *entre* –y no tanto *en*– nosotros.

La tecnología es el último campo de estudio en descubrir su ecología. La ecología es el estudio del lugar en el que nos encontramos y las relaciones entre los moradores de ese lugar, mientras que la tecnología es el estudio de lo que hacemos ahí: τέχνη (*téchnē*) o «arte». Visto así, ambos parecerían ser lógicamente socios, pero la historia de la tecnología es, en su mayor parte, una historia de ceguera voluntaria con respecto al contexto y las repercusiones de su ejecución. Se ha debatido mucho acerca de qué cuenta como tecnología. Me gusta la definición que da la escritora de ciencia ficción Ursula K. Le Guin cuando rechaza a aquellos críticos que la acusan de no incluir suficiente tecnología en sus obras. «La tecnología –escribe– es la interfaz humana activa con el mundo material.» La definición de tecnología, para Le Guin, no se limitaba a la «alta» tecnología, como los ordenadores o los bombarderos; más bien, se refería a cualquier cosa que fuera producida por la ingenuidad humana. Esto incluía el fuego, la ropa, la rueda, la navaja, el reloj, la segadora-trilladora... y los clips.

Para aquellos que consideran que la tecnología, ya sea alta o sencilla, es demasiado compleja, demasiado especializada o demasiado difícil como para pensar clara o totalmente en ella, Le Guin tenía algunas palabras de ánimo: «No sé cómo fabricar o hacer funcionar un frigorífico, ni cómo programar un ordenador, pero tampoco sé cómo fabricar un anzuelo o un par de zapatos. Podría aprender a hacerlo. Todos podemos aprender. Eso es lo bonito de las tecnologías. Son todo aquello que podemos aprender a hacer».[17] Merece la pena tenerlo en mente a medida que avanzamos, porque nos encontraremos con múltiples ejemplos de «alta» tecnología, que puede resultar abrumadora al principio, pero cada una de esas tecnologías ha sido pensada, aprendida y fabricada por alguien que duerme por la noche y caga por la mañana. También nosotros podemos aprender a fabricarla.

En la mayor parte de este libro, nos centraremos en la alta tecnología; en particular, en la variante desarrollada en las décadas posteriores a la Segunda Guerra Mundial: la tecnología de la información, o ciencia y práctica de los ordenadores, la comunicación digital y la computación. No obstante, debido a que nos interesan las relaciones ecológicas, también haremos alusión a los siglos de tecnología industrial precedente: la ciencia de la máquina de vapor, las fábricas de algodón, los motores a reacción, el reloj neumático y los cables del telégrafo. Incluso nos toparemos con flautas neolíticas, autómatas mecánicos, órganos hidráulicos y las «nuevas tecnologías» de la Grecia Antigua.

En este empeño, no me ocupo de las tecnologías abiertamente dirigidas a la ecología medioambiental –paneles solares, turbinas eólicas, la captura de carbono o la geoingeniería– por más necesarias y fascinantes que sean. Más bien, me interesa analizar a un nivel más profundo cómo pensamos *con*, *a través de* y *sobre* todas nuestras tecnologías: cómo consideramos el papel que desempeñan y su impacto, su significado y su simbología, su diálogo y sus relaciones con el mundo alrededor. Para el agente del pensamiento ecológico, todas las tecnologías son ecológicas.

Asimismo, trataré de desbaratar las distinciones entre estos tipos y niveles de tecnología, y entre la tecnología, la manufactura humana y el resto del universo. Porque es una seria y persistente paradoja que a la tecnología le haya costado tanto tiempo encontrarse con la ecología, reconocerla, o más bien, descubrirla en su seno. La tecnología, entendida como nuestra interfaz con el mundo material, es la práctica humana que más estrechamente nos une a nuestro contexto y nuestro entorno. Y es ejemplo y praxis de las características más centrales de la ecología: complejidad, interrelación, interdependencia, distribución del control y de la capacidad de acción, incluso cercanía con la tierra y el cielo, el territorio donde –y también, a partir del que– fabricamos nuestras herramientas.

Una ecología de la tecnología, por tanto, se ocupa de las interrelaciones entre la tecnología y el mundo, su significado y materialidad, su impacto y aplicaciones, más allá del hecho determinista cotidiano de su propia existencia. Comenzaremos a construir esta ecología analizando muchos de los supuestos y sesgos, tan arraigados en nuestras formas de pensar, y que posteriormente hemos incorporado en las herramientas que usamos cada día tan profundamente que casi nunca los ponemos en cuestión. El sesgo más fuerte de todos ellos es la idea de que la inteligencia humana es única en el mundo y que también lo es su trascendencia. Sin embargo, tal y como veremos, existen, de hecho, muchas formas de *practicar* la inteligencia, porque la inteligencia es un proceso activo, no solo una capacidad mental. Si repensamos la inteligencia y los modos en los que se manifiesta en otros seres, empezaremos a derribar algunas de las barreras y falsas jerarquías que nos separan de otras especies y del mundo. Al hacerlo, estaremos en posición de forjar nuevas relaciones basadas en el reconocimiento y el respeto mutuos.

Más tarde exploraré las formas en las que surgió la más evocadora facultad humana, el lenguaje, a partir de nuestra experiencia directa del mundo. A medida que oíamos, veíamos y sentíamos el mundo –el barboteo del arroyo, el vuelo de los pájaros, el retumbar de la tormenta– fuimos dando forma al lenguaje para que reflejara esas experiencias, para reflejar mejor el mundo ante sí mismo y, de esta manera, encarnarlo y estar en comunión con él. En los milenios transcurridos desde que hablamos por primera vez al mundo y acerca del mundo, hemos perdido gran parte de este sentido de conexión con él: demasiado a menudo, el progreso tecnológico va acompañado de una atenuación espiritual. Pero sostendré que quizá las tecnologías computacionales en red contemporáneas puedan ser, desde el desarrollo del lenguaje, nuestro mayor intento, por muy descuidado e inconsciente que sea, de acercarnos a la naturaleza.

Cambiar nuestra relación con el mundo requiere de nosotros que aceptemos esto y que emprendamos este acercamiento de forma más cuidadosa y consciente. Esta labor es crucial si queremos conciliar el vasto alcance, el poder extraordinario y las exigencias materiales de nuestra tecnología con nuestra situación actual. Estamos envenenando el suelo y el aire, calentando la atmósfera, acidificando los océanos, quemando los bosques y asesinando con una eficacia impensable a innumerables seres que comparten nuestro planeta, por no decir a generaciones de humanos vivos y aún por venir. Existe una alta probabilidad de que la devastación que infligimos a la Tierra fuerce a nuestra especie de vuelta a las cavernas, y lo mismo puede ocurrir con una crítica irreflexiva del progreso tecnológico. Si no queremos acabar ahí, si no queremos terminar solos y miserables sobre la faz de la Tierra, debemos repensar cada aspecto de nuestra sociedad tecnológica y las ideas sobre las que se fundamenta, y debemos hacerlo rápido.

Hacer esto sigue estando enteramente dentro de nuestras capacidades. «La historia de la vida en la Tierra ha sido una historia de interacción entre los seres vivos y su entorno –escribió Rachel Carson, en *Primavera silenciosa*–. En gran medida, la forma física y el carácter de la vegetación terrestre y de su vida animal han sido moldeados por el ambiente. Si se considera la totalidad de la duración de la existencia de la Tierra, el efecto contrario, en el que la vida modifica realmente su entorno, ha sido relativamente moderado. Solo dentro del momento de tiempo representado por el presente siglo, una especie (el hombre) ha adquirido una capacidad significativa para alterar la naturaleza de su mundo.»[18] Hoy día, a este momento lo denominamos Antropoceno, y el término debería hacer que nos tomemos nuestro poder en serio, al tiempo que reconocemos que es temporal y, como tal, sujeto a cambios. Un mundo que esté dominado por el medio ambiente en sí, un mundo *ecológico*, tiene una duración mucho mayor y, a pesar del insensato ejercicio de nuestro poder, ese mundo no se ha ido. De hecho, el tumulto en el que nos encontramos hoy podría entenderse como su violenta reafirmación. La tarea que tenemos por delante implica no tanto un nuevo cambio en el ser humano sino un reconocimiento –en el sentido de *re-conocer*; descubrir y repensar– de nuestro lugar en el mundo.

En este libro también argumentaré a favor de la condición de sujeto con capacidad de acción y la naturaleza de persona de la tecnología misma, o quizá de la tecnología que está por venir: el momento, que muchos vaticinan, en el que nuestras máquinas se vuelvan autosuficientes, autoconscientes y, a lo mejor, autodirigibles. Ese momento no nos exime a los humanos de la responsabilidad o la capacidad de acción para efectuar un cambio en nuestras propias actitudes y comportamientos. Al contrario, pensar acerca de la capacidad de acción de la tecnología es una oportunidad para pensar seria y concretamente acerca de cómo podemos asegurar una mayor justicia y equidad para todos los habitantes del planeta: humanos, no humanos y máquinas. La tecnología, por ahora, se mantiene en su mayor parte en nuestras manos, y aún entra dentro de nuestras capacidades reparar, restaurar y regenerar su entrelazamiento con –y sus efectos sobre– el mundo.

No fue la tecnología la que nos expulsó del paraíso o la que nos hizo escapar de Babel. La tecnología no designó que la vida no humana fuera brutal o mecánica, válida solo para el matadero o la mesa de vivisección. Fueron la avaricia y la soberbia, Aristóteles y Descartes, el edificio de la excepcionalidad humana y la filosofía europea occidental. La tecnología encarna las ideas y metáforas de su tiempo, pero tales herramientas –al igual que nosotros– pueden usarse para otros fines. Como escribió el poeta y visionario William Blake: «El mismo árbol que mueve a un hombre a las lágrimas de felicidad para otro no es más que una cosa que estorba. Hay quien ve la naturaleza como algo ridículo y deforme, y me niego a regular mis proporciones en arreglo a esa gente; y hay quien a duras penas ve la naturaleza. Pero a los ojos del hombre de imaginación, la naturaleza es la imaginación misma».[19]

Más que nunca, es tiempo de reimaginar. Pero este acto de la imaginación no puede ser solo nuestro. Pensar en contra del excepcionalismo humano nos obliga a pensar fuera y más allá de él, y a reconocer en la visión de Blake la verdad profunda de sus palabras: *la naturaleza es imaginación misma*. En esta verdad se halla encapsulada la filosofía detrás de la frase que he empleado antes: el mundo más allá de lo humano.

La expresión «mundo más allá de lo humano», acuñada por el ecologista estadounidense y filósofo David Abram, se refiere a un modo de pensar que busca contrarrestar nuestra humana tendencia a separarnos del mundo natural. Esta tendencia es tan pronunciada que se ha extendido incluso al movimiento ambientalista, que trata de acercarnos a la naturaleza y, así, preservarla. Porque, al plantear de esta manera nuestras intenciones, estamos ya estableciendo implícitamente una división entre nosotros y la naturaleza, como si fuéramos dos entidades separadas, no unidas por lazos inseparables de lugar y origen. Los términos convencionales como «el medio ambiente» e incluso la «naturaleza» misma (especialmente cuando se opone a la «cultura») agravan el equívoco de que hay en el mundo un corte limpio entre nosotros y ellos, entre lo humano y lo no humano, entre nuestra vida y la abundancia multitudinaria de todo lo que vive y es en el planeta.

Al contrario, el «mundo más allá de lo humano» reconoce que el muy real mundo humano –el reino de nuestros sentidos, respiración, voz, conocimiento y cultura– es solo una faceta de algo mucho más amplio. Toda la vida humana y cada ser humano están inextricablemente entremezclados y cubiertos de todo lo demás. Esta condición común generalizada incluye a cada habitante de la biosfera: los animales, las plantas, los hongos, las bacterias y los virus. Incluye los ríos, mares, vientos, piedras y nubes que nos sostienen, nos zarandean y nos tapan. Estas fuerzas animadas, estos compañeros en la gran aventura del devenir y del tiempo tienen mucho que enseñarnos y nos han enseñado ya mucho. Somos quienes somos gracias a ellas y no podemos vivir sin ellas.

El mundo más allá de lo humano no es una mera sofisticación caprichosa ni un juego de palabras filosófico: es el sedimento, en nuestra conciencia y actitudes, de verdades científicas a las que se ha llegado con esfuerzo, pero cuyas implicaciones aún deben permear en la sociedad. Lynn Margulis, la más relevante bióloga evolucionista del siglo XX, dice, acerca de nuestro entrelazamiento con la vida no humana: «No importa lo mucho que nos preocupe nuestra propia especie, la vida es un sistema mucho más amplio. Es una increíble y compleja interdependencia de materia y energía entre millones de especies fuera (y dentro) de nuestra propia piel. Estos alienígenas de la Tierra son nuestros parientes, nuestros ancestros y parte de nosotros. Ellos hacen funcionar los ciclos de la materia y nos traen agua y alimento. Sin "los otros" no sobreviviríamos».[20]

La noción de un mundo más allá de lo humano sugiere, además, que estas *entidades* son *seres*: no un atrezo pasivo en el drama de nuestras preocupaciones sino participantes activos en nuestro devenir colectivo. Y, al ser colectivo ese devenir, ese potencial florecimiento, exige que reconozcamos en los otros su condición de *existente*, su naturaleza de persona. El mundo está formado por sujetos, no por objetos. Todas las *cosas* son, en realidad, todos los *seres*, y todos esos seres tienen su propia capacidad de actuar, sus propios puntos de vista y formas de vida. El mundo más allá de lo humano requiere de nosotros este reconocimiento, porque sin él no somos nada. «La vida y la realidad –escribió el filósofo budista Alan Watts– no son cosas que puedas tener, a menos que se las concedas a todos los demás. No pertenecen a personas concretas, como tampoco lo hacen el sol, la luna y las estrellas.»[21]

¿Todas las cosas? ¿Seguro? Sí. Como veremos, la condición de sujeto de la que hablamos surge por todas partes a nuestro alrededor cuando consideramos cómo nos relacionamos con todo lo demás. El hecho mismo de ser es relacional: es una cuestión de interrelaciones. Todo lo que hace falta para que unos palos y unas piedras cobren vida, escribe el antropólogo brasileño Eduardo Viveiros de Castro, es nuestra propia presencia.[22] Nuestra voluntad e intencionalidad humanas transforma los objetos de la cultura en sujetos a través del significado que les otorgamos y del uso que hacemos de ellos.

Puede que algún día las máquinas que hoy construimos adopten una indiscutible forma de vida propia, más parecida a la vida que reconocemos en nosotros mismos, pero esperar a que lo hagan supone ignorar lo que implica realmente su condición de sujetos más allá de lo humano. Las máquinas ya están vivas, ya son sujetos en sí mismas, de formas profundamente relevantes para nosotros y para el planeta. En palabras a menudo atribuidas a Marshall McLuhan (pero, más acertadamente, a Winston Churchill): «Damos forma a nuestras herramientas y luego nuestras herramientas nos dan forma a nosotros».[23] Somos la tecnología de nuestras herramientas: nos dan forma y nos crean. Nuestras herramientas son sujetos y, por lo tanto, también derecho sobre el mundo más allá de lo humano. Ser conscientes de esto nos permite dar comienzo a la tarea esencial de desarrollar una ecología tecnológica: la reintegración del arte humano avanzado con la naturaleza de la que surgió.

Finalmente, este libro tiene un objetivo más. Dado que nosotros, los seres humanos, y las cosas que creamos, estamos inextricablemente entrelazados con el mundo más allá de lo humano, y dado que repensar nuestra relación con ese mundo requiere que reconozcamos su existencia y su condición de sujetos, debemos reflexionar un poco acerca de la forma que puede adoptar tal relación. Parte de esa relación es, sencillamente, el *cuidado*: una atención constante hacia el significado y los efectos de nuestro entrelazamiento. El resto, por desgracia, es política: el arduo debate al detalle, la toma de decisiones, las relaciones de poder y la jerarquía. Ahí es donde, creo yo, el mundo informatizado tiene algo crucial que contribuir a nuestra comunidad más allá de lo humano, algo que pueda, con el tiempo, justificar su inclusión en la condición común, si es que se considera necesario justificarla. La infinita complejidad de la informática, que hemos intuido o soñado a partir del mundo material, y que hemos concretado en forma de máquinas, tiene mucho que enseñarnos acerca de cómo podríamos relacionarnos. Este es el tema de la parte final del libro: máquinas que, junto con abejas, ríos sagrados, elefantes encarcelados y ruedas de la ruleta, puedan guiarnos hacia una política más justa y equitativa, una política más que humana.

Como demuestra el estupor que genera tomar conciencia del mundo más allá de lo humano, hemos llegado a pensar en la «naturaleza» como algo separado de los seres humanos. Cuando hablamos de futuros fantásticos concebidos por la alta tecnología, hablamos de una «nueva» naturaleza o de la «próxima» naturaleza, algo así como una utopía de la informática que aliena aún más y suplanta el suelo real del que venimos y que aún pisamos. Es hora de dejar de lado esta forma de solipsismo adolescente, por nuestro propio bien y por el bien del mundo más allá de lo humano. Solo existe la naturaleza, en su eterno florecimiento, creando microprocesadores y centros de datos y satélites, al igual que ha creado océanos, árboles, urracas, petróleo y a los seres humanos. «La Naturaleza es imaginación misma.» No la reimaginemos, entonces; comencemos a imaginar de otra manera, con la naturaleza como cómplice conspiradora: nuestra socia, nuestra camarada y nuestra guía.

I

Pensar distinto

En algún punto de las alturas del monte Parnaso, un pequeño coche gris se abre paso a lo largo de una pista toscamente asfaltada. La vía está bordeada de nieve. Abajo, a lo lejos, el golfo de Corinto centellea al sol. El vehículo avanza despacio, casi con cuidado: vigila la carretera. Tiene ojos –varios de ellos– que rastrean los bordes de los terraplenes, identifican las marcas blancas en los cruces, anotan y transcriben los lugares en los que hay que parar y tomar una curva. Tiene otros sentidos también: puede decir a qué velocidad conduce, dónde se encuentra en el mapa, qué ángulo de giro tiene asignado el volante. Y cuenta con un tipo de mente. No muy sofisticada, pero con un claro enfoque y la capacidad de aprender del entorno, integrar sus hallazgos, extrapolar y hacer predicciones acerca del mundo a su alrededor. Esa mente estaba sentada como podía en el asiento del copiloto; yo iba al volante, aún al mando, por ahora.

Todo esto tuvo lugar hace unos años, en el invierno de 2017, cuando decidí probar a fabricar un coche autónomo. Y a pesar de que nunca condujo por sí solo –no del todo–, sí que me llevó a algunos sitios bastante interesantes.

La idea del coche autónomo me resulta fascinante. No tanto por sus capacidades, sino por el lugar que ocupa en nuestra imaginación. El coche autónomo es una de esas tecnologías que, en el lapso de unos cuantos años, ha pasado de ser una fantasía de la era espacial acerca de «la vida en el siglo XXI» a ser una realidad aburrida, sin haber pasado en ningún momento por un período de reflexión crítica o asimilación. En momentos como este, la realidad se reescribe. Lo mismo diremos, casi con certeza, de otras formas más avanzadas de IA. Aparecerán, de pronto, entre nosotros, y el largo esfuerzo de investigación y desarrollo, invisible para la mayoría, se perderá en el olvido ante el hecho mismo de su realidad. Con la emoción del momento, con frecuencia se pierden y olvidan las cuestiones acerca de quién se encarga de reescribir la realidad, qué decisiones se toman en el proceso y quién se beneficia de ello. Por eso creo que es de crucial importancia que cualquiera que pueda se implique en la tarea de pensar detenidamente en las implicaciones de las nuevas tecnologías, y creo que, en este proceso, debemos aprender acerca de las cosas y, también, juguetear con ellas.

Mi intento de construir un vehículo autónomo requirió de un Seat cinco puertas, un par de *webcams* baratas, un *smartphone* sujeto con cinta adhesiva y un *software* copiado y pegado de internet.[1] Pero en este caso no tenía que programar una máquina no inteligente con todo lo que necesitaba saber de antemano. Como los sistemas comerciales desarrollados por Google, Tesla y otros, mi coche aprendería a conducir observando cómo conducía *yo*: comparando la imagen de las cámaras con mi velocidad, aceleración, posición del volante, etcétera, el sistema relacionaba mi comportamiento con la forma y la condición de la carretera, y después de un par de semanas había aprendido a mantener el coche en la carretera (al menos en un simulador). No soy el mejor conductor del mundo y no confiaría la vida de nadie a este cacharro, pero la experiencia de escribir código y salir a la carretera me aportó una mayor comprensión de cómo operan ciertos tipos de IA y de qué se siente al trabajar junto a un sistema de aprendizaje.

Me preguntaba, también, qué supondría hacer este tipo de trabajo lejos de las autopistas de California, donde Silicon Valley entrena sus coches autónomos, o de los circuitos de pruebas de Baviera, donde los gigantes de la industria de la automoción desarrollan nuevos modelos, y en lugar de eso, hacerlo en las carreteras de Grecia, donde vivía desde hacía poco. Este era un lugar con un pasado y un presente material y mitológico muy distinto. Todo salió a las mil maravillas.

Dejé atrás Atenas y me dirigí hacia el norte sin un destino concreto en mente, solo para enseñarle a mi copiloto de IA una variedad de tipos de terreno muy diferentes; enseguida me encontré pasando junto a las zonas arqueológicas de Tebas y Maratón, ascendiendo hacia la imponente oscuridad del monte Parnaso. En la mitología griega, el Parnaso era sagrado para el culto del dios Dioniso, cuyos extáticos misterios se revelaban consumiendo grandes cantidades de vino y bailando desenfrenadamente; quienes participaban de tales ritos liberaban a su bestia interior para entrar en comunión con la naturaleza. El Parnaso era también el hogar de las musas, las deidades inspiradoras de la literatura, la ciencia y las artes. Alcanzar la cima del Parnaso es, así, elevarse a la cúspide del conocimiento, la destreza y el talento.

El azar y la geografía conspiraron para formular una pregunta fascinante. ¿Qué implicaba, en términos mitológicos, ser conducido hacia la cima del Parnaso por una IA? Por un lado, podría interpretarse como una especie de sumisión a la máquina: la admisión de que la raza humana ha hecho su recorrido y que ha llegado la hora de pasar la responsabilidad de la exploración y el descubrimiento a nuestros jefes supremos, los robots. Por otro lado, llevar a cabo este viaje con un espíritu de mutuo entendimiento y no de conquista podría ser justamente la manera de escribir una nueva narrativa para el Parnaso, en la que las inteligencias –la humana y la de la máquina– se amplifican, sin tratar de superarse la una a la otra.

Comencé este proyecto porque quería entender mejor la IA, y en particular porque quería vivir la experiencia de colaborar con una máquina inteligente más que determinar un resultado. De hecho, todo el esfuerzo se basaba en una especie de antideterminación: quería planificar lo mínimo posible todo aquel viaje. De modo que una de las cosas que hice, cuando me puse a entrenar el coche, fue conducir completamente sin rumbo preestablecido, tomando casi cada desvío y girando en cada curva que me encontrara, deambulando y reflexionando, perdiéndome total y felizmente. A su vez, observando cómo lo hacía yo, el coche aprendió también a perderse.

Esto era un rechazo deliberado de la manera en la que conducimos la mayoría: metemos el destino en un sistema de GPS y seguimos las indicaciones sin preguntar ni añadir información. Esta pérdida de la condición de sujeto y del control tiene su reflejo en la sociedad en su conjunto. Frente a tecnologías cada vez más complejas y opacas, capitulamos ante sus órdenes y, frecuentemente, el resultado es una combinación de miedo y aburrimiento. En lugar de rendirme ante una serie de procesos que no entendía y limitarme a llegar a una ubicación preseleccionada, quería salir a la aventura con la tecnología, colaborar con ella en la producción de resultados nuevos e imprevistos.

Con ello, mi estrategia se acercaba más a la del *flâneur* que a la del ingeniero. El *flâneur* o la *flâneuse* del siglo XIX en París era una persona que deambulaba por las calles sin preocupaciones, una exploradora urbana afectada por las impresiones que causaría en ella la ciudad desplegada ante sí. En el siglo XX, la figura del *flâneur* fue adoptada por los defensores de la *dérive*, la deriva: una manera de combatir el daño y el aburrimiento producidos por la vida moderna por medio de paseos en los que se deambulaba sin rumbo, con la atención dirigida a cuanto sucedía alrededor y a los acontecimientos inesperados. El filósofo del siglo XX Guy Debord, principal teórico de la *dérive*, siempre insistía en que era preferible dar esos paseos acompañado, para que las distintas impresiones de cada persona con respecto al grupo pudieran resonar y amplificarse entre sí. En el siglo XXI, ¿podría mi acompañante autónomo cumplir la misma función?[2]

Mientras me perdía, trataba de pensar en maneras de ilustrar algo que estaba empezando a denominar el *umwelt* de mi coche autónomo. Acuñado por el biólogo alemán de principios del siglo XX, Jakob von Uexküll, el término *umwelt* significa literalmente «ambiente» o «alrededores»; pero, viniendo del alemán, significa mucho más que eso. El *umwelt* se refiere a la perspectiva particular de un organismo en concreto: su modelo interno del mundo, compuesto por su conocimiento y sus percepciones. El *umwelt* de un parásito como la garrapata, por ejemplo, consiste en solo tres hechos o factores increíblemente especializados: el olor del ácido butírico, que indica la presencia de un animal del que alimentarse; una temperatura de treinta y siete grados centígrados, que indica la presencia de sangre caliente, y el pelaje del animal, por el que trepa hasta encontrar su sustento. A partir de estos tres elementos florece todo el universo de la garrapata.[3]

El organismo crea su propio *umwelt*, pero –y esto es crucial– también lo remodela constantemente al contacto con el mundo. De esta manera, el concepto de *umwelt* refuerza tanto la individualidad de cada organismo como el vínculo inseparable de su mente con respecto al mundo. Todo es único *y* está entrelazado. Por supuesto, en un mundo más allá de lo humano, no solo los organismos tienen un *umwelt*: todo tiene un *umwelt*.

El *umwelt* se emplea, desde hace tiempo, como concepto útil en robótica y en biología. Es fácil imaginar cómo el ejemplo de las simples reglas de la garrapata podría adaptarse como planteamiento básico a un robot autónomo sencillo: «Muévete hacia esta luz; para al oír este sonido; reacciona ante este *input*». ¿Cuál sería entonces el *umwelt* del coche autónomo?

La inteligencia simple que se encuentra en el interior de mi coche se llama red neuronal, una de las máquinas de aprendizaje que más se utilizan hoy día. Se trata de un programa diseñado para simular una serie de «neuronas» artificiales, o unidades de procesamiento más pequeñas, dispuestas en capas, como un cerebro extremadamente simplificado. Se les proporcionan unos *inputs* o señales de entrada –la velocidad del coche, la posición del volante, las imágenes de las cámaras– a estas neuronas, se dividen en los elementos que las componen, se comparan, se contrastan, se analizan y se relacionan entre sí. A medida que esta información fluye por las capas de neuronas, el análisis se va haciendo cada vez más detallado y abstracto, y por lo tanto, más difícil de entender desde fuera. Pero podemos visualizar aspectos de esta información. En

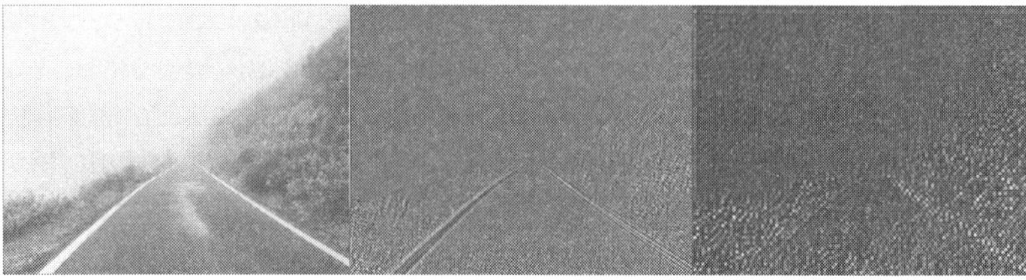

Visualizaciones de la manera de ver de una red neuronal.

concreto, una vez el coche ha recibido algo de entrenamiento, podemos apreciar qué cosas considera importantes la red, de todo lo que ve.

Las imágenes que se muestran aquí ilustran algo de eso.[4] La primera es la vista directamente desde la cámara principal del coche: una carretera en el Parnaso que desaparece en la niebla. La segunda muestra cómo es la misma imagen después de pasar por dos capas de la red; la tercera corresponde a la cuarta capa. Por supuesto, estas son visualizaciones a ojos humanos: la máquina solo «ve» una representación en forma de datos. Pero estas imágenes también son datos: los detalles que permanecen en la imagen son los detalles de la imagen que la máquina cree que son importantes. En este caso, los detalles importantes son las líneas que bordean la carretera. La máquina ha decidido, a partir de sus observaciones, que estas líneas tienen importancia; y desde luego que la tienen, si la máquina va a mantenerse dentro de los límites de la carretera. Como en el caso de la sensibilidad de la garrapata a la temperatura de la sangre de los mamíferos, las líneas de la carretera forman una parte importante del *umwelt* del coche.

Y en esta observación, hallamos el punto en el que mi *umwelt* se entrelaza con el del coche. Yo también veo las líneas. Compartimos al menos un aspecto de nuestros modelos del mundo; y de esto, también, quizá florezcan universos enteros.

Para añadir un toque dramático a esta revelación de un modelo compartido –y por lo tanto de un mundo compartido– hice algo que podría sonar un poco malvado. A pesar de que nuestra colaboración estaba mejorando y del afecto que le estaba tomando a mi compañero automatizado, decidí ponerlo a prueba. De modo que, empleando varios kilos de sal, dibujé en el suelo una raya continua en forma de circunferencia, de unos pocos metros de diámetro, y rodeándola, dibujé otra circunferencia de raya discontinua. Juntos, estos círculos formaban un espacio cerrado en el que la señalización (europea) que indica «no pasar» se proyectaba hacia el interior. Como resultado de ello, un vehículo bien entrenado y respetuoso con las leyes que fuera colocado en el interior del círculo sería incapaz de salir. Lo llamé la Trampa Autónoma.

Este burdo ataque al sentido del mundo de la máquina pretendía llegar a varias conclusiones. La primera es política: al trabajar con estas tecnologías, podemos aprender algo sobre su mundo y este conocimiento puede servir para dirigirlas hacia fines más interesantes y justos, o para pararlas en seco. Ante el tipo de

Trampa Autónoma 001. Monte Parnaso, 2017.

inteligencias corporativas que nos encontramos en la Introducción, es útil saberlo.

En segundo lugar, el ataque reafirma que las herramientas de la imaginación y la representación estética son tan importantes en la era de las máquinas como lo han sido hasta ahora. El arte desempeña un papel aquí, y podemos intervenir en el desarrollo y la aplicación de la tecnología con igual efectividad desde esta posición como desde la de la ingeniería o la programación. Esta información también es útil.

Pero sobre todo quería poner el énfasis en los aspectos del mundo que percibimos en común la IA y los seres humanos: nuestro *umwelt* compartido. Mi vídeo de la Trampa Autónoma posteriormente se hizo viral y tengo la impresión de que la gente apreciaba el descaro y el aire de magia negra más que la coincidencia de *umwelts*: en la era de Uber, de la contaminación del aire, de la automatización generalizada y la IA corporativa, hay algo agradable en el acto de pararle los pies a un robot. No obstante, el hecho sigue siendo que compartimos un mundo con nuestras creaciones.

Si considerar las relaciones entre los humanos y las inteligencias artificiales como colaboraciones creativas más que como competiciones abiertas produce resultados tan interesantes, ¿qué otras posibilidades existen? Si la idea contemporánea sobre la inteligencia artificial parece estar llevándonos por un camino oscuramente corporativo, extractivo y dañino, ¿qué alternativas tenemos?

La actual forma dominante de inteligencia artificial, esa de la que todo el mundo habla, no es creativa, colaborativa ni imaginativa. Es o bien totalmente servil (francamente, estúpida) o es opuesta, agresiva y peligrosa (y, posiblemente, estúpida). Es análisis de patrones, descripción de imágenes, reconocimiento facial y gestión del tráfico; es prospección petrolífera, deslocalización financiera, sistemas armamentísticos autónomos y programas de ajedrez que aniquilan por completo cualquier oposición humana. Tareas corporativas, beneficios corporativos, inteligencia corporativa.

En esto, la IA corporativa sí tiene una cosa en común con el mundo natural o, más bien, con nuestra falsa concepción histórica del mismo: imagina un medio ambiente brutal en el que una humanidad desnuda y frágil debe luchar contra fuerzas devastadoras y llegar a dominarlas, sometiéndolas a su voluntad (y generalmente es una voluntad masculina) a través de la agricultura, la arquitectura, la ganadería y la domesticación. Esta manera de ver el mundo ha producido un sistema de clasificación dividido en tres niveles para el tipo de animales que encontramos: mascotas, animales de granja y bestias salvajes, cada uno con sus características y actitudes. Si trasladamos esta analogía al mundo de la IA, parece obvio que hasta ahora hemos creado principalmente máquinas domesticadas del primer tipo, hemos empezado a mantener un área de engorde del segundo tipo y vivimos con el miedo de desatar al tercero.

¿Dónde queda mi coche autónomo en esta taxonomía? Es, sobre todo, una «mascota» –una máquina domesticada bajo mi control– pero es, asimismo, un animal de trabajo, productivo, en activo; y, debido a mi empeño en que vaya donde quiera, es un poquito salvaje, un pelín impredecible. Manejado sin cuidado, el coche autónomo podría considerarse como una de las aplicaciones de IA más perniciosas. No solo contribuye directamente a la destrucción del planeta a través de la extracción de materiales y de la emisión de carbono –al menos hasta que consigamos una versión sostenible que funcione completamente con energía solar– sino que además nos roba el muy real –aunque culpable– placer de conducir.

Solo quien ya hubiera perdido la mayor parte de su alegría podría considerar esto una mejora de la situación actual. Pero si se piensa de otra manera, el transporte autónomo podría sustituir al tipo de transporte individual egoísta del que nos valemos ahora e impulsar el transporte público, la propiedad compartida y unas prácticas apropiadas desde el punto de vista medioambiental. Quizá podría acercarnos más de vuelta al mundo, haciéndonos más conscientes de lo que ocurre alrededor y de nuestros compañeros de viaje. De esta manera, podría liberarnos de la mundanidad de la vida diaria y presentarnos a un sinfín de nuevos compañeros de cháchara, empezando por él mismo. Que sea capaz de producir resultados tan diferentes, en función de cómo lo abordemos, nos dice que esas categorías históricas de animal y máquina –de amo, sirviente, esclavo y recurso– no son fiables. De hecho, deberíamos desecharlas por completo: en las máquinas y en todo lo demás.

Me parece relevante que justo cuando empezamos a cuestionar el verdadero significado de la inteligencia «artificial», la ciencia esté empezando a explorar qué significa decir que algo o alguien es inteligente desde un punto de vista universal. Nuestros mitos y fábulas han dedicado un lugar a la animación de los seres no humanos –y las culturas no occidentales, con una sabiduría más profunda y mejor memoria, siempre han insistido en su intervención–, pero para la ciencia occidental, han constituido un territorio delicado. Por una parte, siempre hemos sabido que los animales son *listos* de formas increíblemente diversas, pero el discurso oficial se ha guardado mucho de atribuirles *inteligencia*.

Es en este punto cuando debemos preguntar: ¿y qué queremos decir con «inteligencia»? Esta es no solo la pregunta más crucial que podríamos preguntar, sino también la más digresiva y, en definitiva, la más destructora y generativa; porque, a decir verdad, nadie lo sabe realmente.

Hay muchas cualidades diferentes que categorizamos como inteligentes. Entre ellas se incluyen, aunque están lejos de limitarse a estas, la capacidad de pensar de forma lógica, de comprender, la autoconciencia, el aprendizaje, la comprensión emocional, la creatividad, el razonamiento, la resolución de problemas y la planificación. Hay muchas versiones reduccionistas de esta lista: intentos de mostrar que una capacidad es realmente el resultado de otra, o explicaciones que defienden que una es más importante que las otras. Pero, históricamente, la definición de inteligencia más relevante es «lo que hacen los humanos». Ninguna otra definición, por muy elegante que sea la expresión o por muy extensamente que se haya investigado, tiene una oportunidad de hacerle frente. Cuando hablamos de inteligencia artificial avanzada, o inteligencia artificial «general», esto es lo que queremos decir. Una inteligencia que opere al mismo nivel y, en gran medida, de la misma forma, que la inteligencia humana.

Este error contamina todas nuestras consideraciones acerca de la inteligencia artificial. Por ejemplo, aunque un investigador de IA serio nunca lo emplee, el test de Turing sigue siendo la manera de pensar acerca de las capacidades de la IA más generalizada en la opinión pública. El test fue propuesto por Alan Turing en un artículo publicado en 1950: «Computing Machinery and Intelligence» [«Maquinaria computacional e inteligencia»]. Turing pensó que, en lugar de preguntar si los ordenadores eran de verdad inteligentes, podía al menos quedar establecido que lo parecían. Turing llamó a su método para conseguirlo «el juego de la imitación»: imaginó un escenario en el que un entrevistador interrogaba a dos interlocutores ocultos –un humano y una máquina– y trataba de adivinar cuál era el humano y cuál, la máquina. Una máquina era inteligente, de acuerdo con este test, si podía hacerse pasar con éxito por humano en una conversación. El hecho de que aún hoy consideremos esto como punto de referencia para la inteligencia artificial general da la medida de nuestra manera de pensar solipsista.[5]

Para ser justos con Turing, su idea era un poco más compleja que todo eso. Más que saber si una máquina podía ser inteligente, le interesaba saber si nosotros podíamos imaginar una máquina inteligente; una diferencia crucial, que además le era mucho más útil para sus propias consideraciones acerca de cómo podrían desarrollarse los ordenadores. En su artículo de 1950, planteó nueve objeciones a la idea de la inteligencia de las máquinas en general, y todas ellas siguen vigentes hoy día. Estas objeciones incluían la objeción religiosa (las máquinas no tienen alma y por lo tanto no pueden pensar), objeciones matemáticas (según los teoremas de incompletitud de Gödel, ningún sistema lógico puede responder a todas las preguntas posibles), y objeciones fisiológicas (el cerebro no es digital sino continuo y la verdadera inteligencia debe compartir esta característica).

Turing aportó contraargumentos para cada una de estas objeciones, muchos de los cuales han resultado igualmente proféticos.

Una de las más famosas objeciones fue planteada por la primera programadora de ordenadores, Ada Lovelace, mientras trabajaba en el diseño inicial de ordenadores de Charles Babbage, la Máquina Analítica, a mediados del siglo XIX. Lovelace escribió que la máquina «no tiene la intención de originar nada. Puede hacer cualquier cosa siempre y cuando sepamos cómo ordenarle que lo haga». Los ordenadores solo hacen lo que les dicen que hagan, y por lo tanto no pueden ser definidos como inteligentes.

Pero Turing no estaba de acuerdo con Lovelace. Él creía que, a medida que la tecnología avanzara, sería posible diseñar sistemas de circuitos que pudieran adaptarse a nuevos datos e información, y de esta manera, a nuevos comportamientos; una especie de «reflejo condicionado», algo parecido a los animales, que los llevaría a «aprender». Entendía por qué Babbage y Lovelace no lo consideraban probable, pero para mediados del siglo XX, la idea parecía bastante posible: hoy día, en efecto, la predicción de Turing se ha hecho realidad. Los algoritmos de aprendizaje de las máquinas que operan en todo –desde mi coche autónomo hasta las máquinas de ajedrez, las recomendaciones de YouTube y la protección del fraude *online*– son ejemplos justo del tipo de máquinas que Lovelace dijo que no podrían existir. (El argumento referido al alma inmortal, por otra parte, es algo más difícil de dictaminar.)

Turing también estaba profundamente en desacuerdo con la opinión de Lovelace de que «una máquina nunca puede pillarnos por sorpresa». Al contrario, escribió Turing, «las máquinas me pillan por sorpresa con bastante frecuencia», normalmente porque había malentendido su función o había calculado mal algo. En esos casos, se preguntaba, ¿la sorpresa «se debía a un acto mental creativo por mi parte» o bien «debía atribuirse a la máquina»? Turing consideraba que esta objeción era un callejón sin salida, porque remitía de nuevo a la cuestión de la conciencia; pero quiso enfatizar que «valorar algo como sorprendente requiere indistintamente de un "acto mental creativo", ya haya sido el evento provocado por un hombre, un libro, una máquina o cualquier otra cosa».

En el razonamiento de Turing encuentro algo más que el mero reconocimiento de la posibilidad de una máquina inteligente. En primer lugar, esta admisión supone, en sí misma, un reconocimiento de que la inteligencia humana no es tan sobresaliente. Turing describe su propio pensamiento como «apresurado, con un estilo descuidado, temerario», y es esta autoconciencia la que hace que el comportamiento de la máquina sea tan sorprendente. Aquí encontramos un indicio, en la fundación misma de la inteligencia artificial, de que la inteligencia de las máquinas es, de alguna manera, diferente de la inteligencia humana. En segundo lugar, al poner el énfasis en el «acto mental creativo» de interpretar la respuesta de la máquina, Turing alude brevemente a algo muy interesante: la idea de que quizá la inteligencia no reside totalmente dentro de la cabeza o de la máquina, sino en algún punto intermedio: en la relación entre ellas.

Siempre se ha tendido a pensar en la inteligencia como «lo que hacen los humanos», así como «lo que ocurre dentro de nuestra cabeza». Pero en este temprano boceto de la máquina inteligente, Turing sugiere otra cosa: que la inteligencia podría ser múltiple y relacional, que podría adoptar diferentes formas y que podría existir *entre*, más que *dentro de*, seres de toda y diversa índole.

La popularidad actual del test de Turing para la inteligencia artificial, un procedimiento profundamente antropocéntrico e individualizado, demuestra que las ideas matizadas sobre la inteligencia no tuvieron mucho recorrido. En lugar de ello, seguimos juzgando la IA y a otros seres según nuestros propios estándares. Esta ceguera voluntaria se ve ahora dramatizada en la confusión que sentimos con respecto al papel que desempeña y a las posibilidades que ofrece la inteligencia artificial, pero puede que también nos permita darnos cuenta, de forma mucho más clara, de que nuestra manera de pensar acerca de otros seres se ha visto enturbiada. Al repensar la inteligencia «artificial», quizá comencemos a repensar la inteligencia desde todos los ángulos.

Los mismos argumentos que ya rechazó Turing nos impiden aún reconocer todas las clases de inteligencia no humana, incluso cuando la tenemos delante de las narices. O, como veremos, cuando esta contempla una imagen reflejada de sí misma. O cuando nos pega con un palo. O cuando canta o baila o elabora arte o hace planes o crea cultura. *No*, decimos, una y otra vez. *Así no. Así.* Los límites a los que llegamos en nuestros intentos de probar si otros seres son o no son dignos de ser definidos como inteligentes serían absurdos si no fueran tan trágicos. El archivo experimental nos procura un registro cristalino e impecable, no de la presencia o ausencia de inteligencia en otros, sino de la falta de autoconciencia por nuestra parte.

Uno de los métodos que nos gustan para evaluar la inteligencia de otros animales es hacer que resuelvan puzles y, en el caso de animales más «avanzados», evaluar su habilidad para emplear herramientas con el fin de resolverlos. Una prueba clásica de este tipo es la de colocar algo de alimento apetecible en un punto justo fuera de su alcance y entregarle al animal una herramienta –un palo o un trozo de cuerda– para conseguir llegar al alimento. Si lo consiguen, han demostrado su habilidad para reconocer un problema, reflexionar acerca del mismo, planificar y llevar a cabo una acción, y emplear herramientas: todos ellos, clásicos signos de inteligencia. Hemos jugado a este juego durante años con simios y monos, y la mayoría de ellos son muy buenos: los chimpancés, los gorilas, los humanos, los orangutanes y toda clase de monos pequeños harán uso enseguida de cualquier instrumento que se les proporcione para conseguir el premio.

Pero existe otro primate, el gibón, que se niega en redondo a jugar a este juego. Durante años, los gibones constituyeron un enigma, porque, a pesar de pertenecer a la misma clase de primates de cerebro grande, como los chimpancés y los humanos, no prestaban atención al palo y fracasaban en la prueba, al no conseguir el alimento; esto los convertía, según la categorización científica, en menos inteligentes. Es más, los gibones mostraban la misma actitud en muchos tipos de pruebas: se negaban a agarrar una taza como

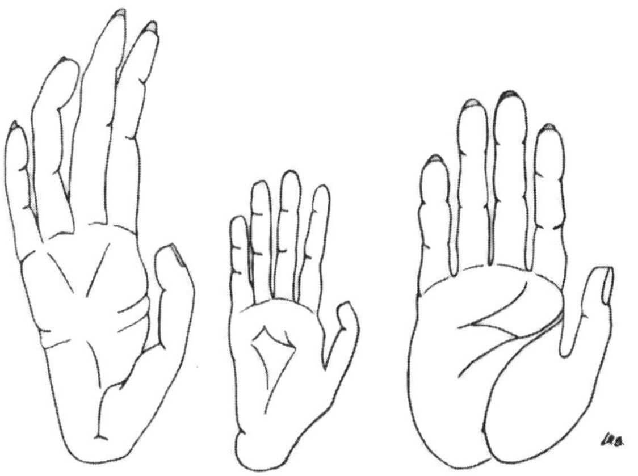

IMAGEN 1. La mano y los dedos del gibón son extremadamente alargados en relación con los del macaco y el hombre. A causa de ello, al gibón le resulta más difícil agarrar objetos que estén sobre una superficie plana.

Ilustración de Benjamin B. Beck, «A Study of Problem Solving by Gibbons», 1967.

parte de una prueba de respuesta, se mostraban indiferentes y rehusaban acercarse a investigar en contenedores volcados en busca de premios.

Un investigador, en un texto de 1932 acerca de una gibona de manos blancas llamada Charlotte, concedía que era «concebible que estos errores hayan sido causados por una falta de interés y de motivación más que por una deficiencia intelectual, ya que nuestro animal, a pesar de que está perfectamente domesticado y es dócil, con frecuencia mostraba una total indiferencia a toda la situación experimental». Esto resulta, con franqueza, bastante lógico, si tenemos en cuenta las tareas requeridas y las condiciones en las que se mantenía –y se mantiene– a la mayoría de los animales utilizados para la experimentación. El propio equipo de investigación registró su sorpresa cuando los babuinos, pese a ser «primitivos» y «más parecidos a los perros», obtuvieron mucho mejores resultados en las pruebas que les pusieron. Y concluyó, contra toda su intuición y sus ideas acerca de la evolución, que los babuinos tenían una inteligencia superior a la de los gibones. Pero finalmente se demostró que sus conclusiones eran erróneas. El error no estaba en el gibón, sino en nosotros.[6]

En 1967, cuatro gibones –sin nombre conocido– participaron en un experimento en el zoo de Chicago y nos mostraron algo de lo que no nos habíamos percatado. En anteriores pruebas, el alimento se había atado a unas cuerdas colocadas en el suelo. Al tirar de las cuerdas, los animales habrían podido acercar el alimento hasta su jaula, pero los gibones no habían mostrado interés alguno. En el experimento de 1967, los investigadores colgaron las cuerdas del techo de la jaula. Inmediatamente, los gibones las agarraron, tiraron de ellas y obtuvieron la comida. Con un movimiento rápido, los gibones de pronto se volvieron «inteligentes»; de acuerdo, eso sí, con la estrecha definición del método científico.[7]

El experimento de 1967 fue diseñado para explicar que los gibones son braquiadores. En su hábitat forestal habitual, pasan casi todo el tiempo en los árboles y se mueven columpiándose de rama en rama. Esto significa que existen diferencias fisiológicas –así como, al parecer, cognitivas– con respecto a otros primates (incluidos nosotros). Para poder escalar y columpiarse fácilmente, los gibones tienen dedos alargados. Si bien esto supone una excelente adaptación a un estilo de vida arbóreo, a su vez provoca que sea más difícil para ellos agarrar objetos colocados sobre una superficie plana. Y, en opinión de algunos investigadores, esto también hace que sea menos probable que se den cuenta y vean esos objetos: su atención y su interés –y, por lo tanto, su capacidad de solucionar problemas e idear un plan– apuntan hacia arriba. Atienden y emplean herramientas cuando estas son lo que ellos esperan, y cuando están donde ellos esperan que estén esas herramientas. En otras palabras, el *umwelt* del gibón es arbóreo; y si no tenemos en cuenta esto en nuestros propios modelos, probablemente estemos ignorando aquello que los hace inteligentes.

Encarnados, como estamos los seres humanos, en unos formatos de cuerpo y de conciencia diferentes de los de los gibones, aun así esperamos que solucionen los problemas siguiendo nuestros mismos patrones. Esto hace difícil que veamos cómo los animales, encarnados de manera distinta, quizá aborden las mismas tareas de otra forma. Por ejemplo, tendemos a ver la trompa del elefante como una especie de quinta extremidad, porque parece hábil y diestra, como las nuestras. Pero los elefantes no utilizan la trompa de la misma manera que nosotros usamos las manos. Son perfectamente capaces de levantar un palo con la trompa, pero si le das a un elefante un palo y una pieza de fruta justo fuera de su área de alcance, no prestará atención al palo y se dedicará a intentar alcanzar la fruta. Pero dale al elefante una caja robusta, y colocará la caja en el lugar adecuado bajo la fruta para poder alcanzarla. La trompa del elefante tiene forma de trompa y el animal no piensa en ella ni la usa de la manera en la que nosotros, a partir de la experiencia de nuestro propio cuerpo, creemos que lo hará. Aun así, los elefantes son capaces de utilizar herramientas y resolver problemas, siempre y cuando cuenten con el tipo de herramientas que pueden emplear (y que, si se les da suficiente libertad, ellos mismos diseñarían). Existen herramientas diferentes para cuerpos diferentes, y mentes diferentes que actúan de acuerdo con esos cuerpos. Hay múltiples tipos de inteligencias y la cuestión no se limita únicamente a lo que ocurre entre las orejas.[8]

El uso de herramientas y la resolución de problemas son maneras de evaluar la inteligencia fácilmente observables en acción si nuestros compañeros de experimento deciden llevarlas a cabo, y por esa razón, este tipo de test es muy popular entre quienes llevan a cabo los experimentos. Pero no es tarea fácil recrear, en un laboratorio, la clase de herramientas y rompecabezas que los animales pueden encontrarse en el medio salvaje, y es improbable que toda la gama de habilidades de los animales quede representada.

¿Qué ocurre con otras características de la inteligencia (tal y como la entendemos) algo más metafísicas? Ningún formato experimental va a decirnos si el gibón, el ñu, el mosquito jején o las olominas tienen un alma inmortal. Pero ¿y la autoconciencia, una característica que se ubica en algún punto intermedio entre la

Retrato de Jenny, primer orangután del zoo de Londres.

acción hacia fuera y la contemplación interior? Si una mente puede reconocer su propia condición como sujeto, como separado de este y de aquel otro sujeto, ¿significa eso que tiene un yo? Esta pregunta ha intrigado a la comunidad científica desde que se encontró con animales aparentemente inteligentes.

El 28 de marzo de 1838, Charles Darwin visitó el zoo de Londres para ver a una orangutana llamada Jenny.[9] Jenny fue uno de los primeros primates de este tipo que la gente pudo ver en el Reino Unido, y su exhibición en el zoológico atrajo a un gran número de personas. (La reina Victoria hizo una visita en 1842 y conoció a la sucesora de Jenny, otra orangutana también llamada Jenny. Describió la aparición de esta Jenny como «espantosa, y también dolorosa y desagradablemente humana», que imagino que sería lo que la reina pensaba acerca de mucha gente humana de verdad.)

A Darwin se le permitió entrar en el recinto de Jenny, en la Casa de las Jirafas, que contaba con un sistema adicional de calefacción, para su comodidad. Más tarde escribió a su hermana con sus impresiones:

> El cuidador le mostró una manzana, pero no se la dio; después de lo cual, el animal se tiró de espaldas, protestó y lloró, precisamente igual que un niño travieso. Luego miró muy malhumorado y después de dos o tres arrebatos de pasión, el cuidador le dijo: «Jenny, si dejas de llorar y eres una buena chica, te daré la manzana». Ciertamente comprendió cada palabra del mensaje, y, aunque como a un niño, le costó bastante dejar de gimotear, al final lo consiguió y entonces obtuvo la manzana, con la cual saltó al brazo de una silla y empezó a comérsela, con el semblante más contento imaginable.*

Darwin acababa de regresar de su viaje a bordo del *Beagle*. Todavía faltaban veinte años para que publicara *El origen de las especies*, y otros diez más para que incluyera explícitamente a los humanos en su teoría de la evolución, en *El origen del hombre y la selección en relación al sexo*, en 1871. Sin embargo, ya estaba pensando –y escribiendo en secreto– acerca de las similitudes entre el ser humano y los simios. Regresó en dos ocasiones al zoológico durante los meses posteriores, y en cada visita le traía pequeños regalos a Jenny –una armónica, algo de menta, un ramito de verbenas– y la respuesta de Jenny nunca dejaba de sorprenderlo. «Dejad que el hombre observe un orangután en cautiverio (...) ver su actitud inteligente (...) y permitidle enseguida que se atreva a jactarse de su orgullosa superioridad –escribió en su cuaderno de notas–. El hombre, a su juicio, llevado de su arrogancia, se consideraba una

* Frederick Burkhardt (ed.), *Cartas de Charles Darwin (1825-1859)*, traducción de Ana María Rubio Díez, Madrid, Cambridge University Press, 1999, págs. 90-91.

obra tan perfecta, que debía ser el resultado de la intervención divina. Yo creo que es más humilde y correcto considerarlo creado a partir de los animales.»* Con estas palabras, Darwin parece admitir que su propio reconocimiento de la inteligencia no humana está en las bases de la teoría de la evolución: una conclusión sorprendente, teniendo en cuenta la gran cantidad de maneras en las que su teoría se ha malinterpretado posteriormente para justificar la superioridad humana.

En concreto, la atención de Darwin se centró en la forma en la que Jenny se miraba en el espejo. ¿Se reconocía a sí misma? Y si así era, ¿qué significaba aquel acto de reconocerse? Más de un siglo después, Gordon G. Gallup jr., un psicólogo de la Universidad de Tulane, se planteó la misma cuestión. Al contrario que en el caso de Darwin, la reflexión de Gallup no fue provocada por un encuentro con un animal, sino más bien, por su propio reflejo en el espejo mientras se afeitaba. «Simplemente se me ocurrió –recordaba después–: ¿no sería interesante comprobar si otras criaturas podrían reconocerse a sí mismas en el espejo?»[10]

Debido a su trabajo en Tulane, Gallup tenía acceso a una serie de chimpancés que habían nacido libres en África y que habían sido transportados a Estados Unidos para la investigación biomédica. Al haber sido capturados y no haber nacido en cautividad, se consideraba que habían sido expuestos en menor grado al comportamiento y las costumbres humanas (aunque, tal y como veremos más adelante, esto es mucho considerar en cuanto a qué constituye un comportamiento humano).

Gallup aisló a cuatro chimpancés jóvenes en jaulas y colocó un espejo en cada jaula durante ocho horas cada vez, a lo largo de diez días. A través de un agujero en la pared, observó que sus reacciones ante el espejo comenzaban a cambiar. Al principio, reaccionaban como si hubiera otro chimpancé delante, con gestos sociales, sexuales y agresivos dirigidos al cristal. Pero poco a poco, empezaron a

* Citado en Sergio Villalobos R., *La aventura chilena de Darwin*, Chile, Andrés Bello, 1974.

explorar su propio cuerpo: «Utilizaban el espejo para mirarse la boca por dentro, ponían caras ante el espejo, se inspeccionaban los genitales, retiraban mucosa de la comisura de los ojos», recordaba.

Con el fin de registrar este cambio de comportamiento de forma científica, Gallup ideó un experimento. Después de una semana de exposición ante el espejo, los chimpancés eran anestesiados y se les aplicaba una mancha lisa e inodora de tinta sobre una ceja y en la oreja opuesta. Cuando despertaron, les volvió a mostrar el espejo y observó detenidamente la respuesta.

El resultado era obvio: en cuanto se veían reflejados en el espejo, inmediatamente los chimpancés empezaban a tocarse y a pulsar las áreas marcadas, y olisqueaban y se chupaban los dedos. «Si damos por sentado que el reconocimiento de uno mismo en la imagen reflejada en el espejo implica que existe un concepto del yo –escribió Gallup en un artículo posterior– estos datos parecen constituir la primera demostración experimental de un concepto del yo en una forma subhumana.»[11] El término «subhumano» debería hacer que nos detuviéramos a considerar las presunciones de quien escribe, aunque no era raro para la época. Gallup no registró los nombres de los chimpancés participantes, si es que les había puesto alguno. No obstante, «estaba más claro que el agua –recordaría después–. No hacía falta estadísticas. Estaba ahí delante. Bingo».

Muy pronto, el test del espejo se convirtió en el test estándar para la autoconciencia, y a lo largo de los años, muchas especies se han visto sometidas a él. Los humanos generalmente aprueban el test del espejo alrededor de los dieciocho meses –con algunas excepciones importantes a las que aludiremos en breve– y esta demostración de la autoconciencia se considera como un hito clave en el desarrollo de la infancia. Sin embargo, como muchos test cognitivos de este tipo, la consecuencia principal es que se refuerza la idea de una línea divisoria entre los animales «superiores» y los demás, y no tanto la sugerencia de que pueda haber algún tipo de parentesco común: nosotros decidimos quién «aprueba» y quién «no aprueba» el test y, de esta manera, nos arrogamos el estado elevado de sujetos. Al igual que dentro de los límites de la sociedad humana, preferimos expandir el grupo fuerte, el más popular, de forma rápida y forzada, a reconocer que hay múltiples formas de comportarse y de ser inteligentes, muchas de las cuales trastocan nuestros métodos de clasificación existentes.

El test del espejo es un ejemplo excelente de lo que estamos diciendo. Entre los primates, solo los chimpancés, los bonobos y los orangutanes aprueban el examen de manera fiable, pero otras criaturas lo han hecho en determinadas condiciones. Algunos de ellos sorprenden más que otros. Los delfines y las orcas parecen ser buenos candidatos, y de hecho muestran una respuesta clara a los espejos: echan burbujas e inspeccionan su cuerpo detenidamente, además de responder a las marcas. Pero las urracas, así como las hormigas, también han demostrado tener un comportamiento reflexivo: estos comportamientos quizá tengan que ver con las relaciones sociales o con diferentes sentidos, tanto como con la visión.[12]

La respuesta de estos animales difiere de la de los simios también en otras formas. Las psicólogas Diana Reiss y Lori Marino –antiguas estudiantes de Gallup– empezaron a exponer a los delfines a los espejos en Marine World, en California, en los años noventa. Los delfines respondieron de inmediato: se aparearon frente a los espejos. Las investigadoras se referían a estas grabaciones en privado como «cintas de porno delfín» y en la literatura, como «indicios» de autoconciencia. Tuvo que pasar otra década antes de que averiguaran cómo poner marcas a los delfines de manera que sus respuestas pudieran categorizarse mejor. En cuanto lo lograron, la autoconciencia del delfín quedó clara inmediatamente: los delfines hacían piruetas y se ponían cabeza abajo para verse las marcas de la cabeza y del lomo, que de otra manera habrían quedado ocultas a su vista.[13] Aunque parezca efectivo, el test del espejo tiene algunos inconvenientes. El primer problema obvio, como en el caso del *umwelt* arbóreo de los gibones, es que el cuerpo es importante para la mente. La manera en la que percibimos y actuamos en el mundo se conforma a partir de las extremidades, los sentidos y los contextos con los que contamos y que habitamos. Mi ejemplo preferido con respecto a esto es, de nuevo, el elefante. Cualquiera pensaría que los elefantes deberían aprobar el test, porque parecen ser muy listos para muchas otras cuestiones, pero durante años no lograban responder de ninguna manera discernible a la presencia de marcas en la cara. Un estudio ampliamente citado de 1989 acerca de Shanthi y Ambika, dos elefantes del Parque Zoológico Nacional de Washington D. C., se titula «No se halla autorreconocimiento en elefantes asiáticos (*Elephas maximus*) en contraste con su uso de señales de espejos para descubrir comida escondida».[14] El título recalca el hecho de que, a pesar de que la pareja fue capaz de utilizar los espejos para resolver rompecabezas (porque, de forma fiable, trataron de alcanzar premios que solo eran visibles en el espejo; una tarea motora compleja aparte que muchos primates no logran realizar), no prestaron atención a las marcas colocadas en su cuerpo, y de esta manera no consiguieron demostrar autoconciencia, según la definición científica de este término.

Otros detectaron un problema con el estudio. En el experimento original, el espejo se colocaba en el suelo, fuera del recinto de los elefantes, con lo cual, lo que el elefante veía era sobre todo piernas y barras: las condiciones estaban lejos de ser las ideales para reconocerse a sí mismos. En su trabajo con tres elefantas asiáticas del zoológico del Bronx llamadas Patty, Maxine y Happy, los investigadores Joshua Plotnik y Diana Reiss (la misma Diana Reiss del estudio de los delfines) descubrieron que al menos uno de los paquidermos era perfectamente capaz de reconocerse a sí misma, siempre y cuando el espejo fuera lo suficientemente grande y estuviera colocado lo bastante cerca. Instalaron un espejo de dos metros y medio dentro del recinto de las elefantas y vieron que enseguida les llamaba la atención; las elefantas se frotaban contra él, balanceaban las trompas por encima del muro y trataban de rodear el espejo, posiblemente para ver dónde estaba el otro elefante. Pero al cabo de poco tiempo, como los chimpancés antes que ellas, se acostumbraron a él, y cuando le pusieron a Happy una marca, una gran cruz blanca por encima de su ojo derecho, inmediatamente empezó a tocárselo sin parar. De este modo, el elefante asiático se unió al club del autorreconocimiento; como el de los gibones, el de los elefantes era un caso, al parecer, en el que los humanos finalmente fueron lo suficientemente listos como para averiguar en qué se habían confundido antes.[15]

Esa es la opinión del reconocido etólogo Frans de Waal, que cita el caso de Happy en su libro *¿Tenemos suficiente inteligencia para entender la inteligencia de los animales?* (Plotnik fue uno de sus estudiantes, y De Waal aparece como coautor del artículo mencionado en la nota 15). De Waal se fija en que otros elefantes asiáticos en Tailandia también han aprobado el test; pero que muchos otros lo han «suspendido». (Que conste que el creador del test, Gordon Gallup, ponía en duda los resultados de los elefantes y los delfines –y supongo que los de las urracas, hormigas y otros bichos– porque creía que la conciencia de uno mismo es una característica propia únicamente de los primates «superiores».) Mientras tanto, uno de los estudiantes estrella de De Waal, Daniel Povinelli, autor del primer artículo sobre elefantes, argumentaba que el test del espejo no nos dice nada en absoluto acerca del estado interior del animal, solo acerca de la habilidad para hacer corresponder determinados movimientos con una imagen. El test del espejo, en el contexto de la variedad de especies que existen, sigue siendo muy controvertido hoy día.

El mejor ejemplo, a mi entender, de cómo la fisionomía animal provoca complicaciones con el test del espejo implica, también, a los elefantes. Patty, Maxine, Happy y los elefantes tailandeses son todos elefantes asiáticos, y los experimentos sugieren que poseen autoconciencia de acuerdo con el test del espejo. Su primo, el elefante africano, más inquieto y de mayor tamaño, todavía tiene que demostrar que posea autoconciencia, pero esto, por supuesto, no implica necesariamente que no la tenga. Más bien, ningún investigador ha construido todavía un espejo lo suficientemente grande y fuerte como para soportar la trompa, los colmillos y la curiosidad innata de este paquidermo de cinco toneladas. En todos los test hasta ahora realizados, los elefantes han acabado rompiendo los espejos.

Una perspectiva que no está presente en este debate es un reconocimiento real de los elefantes como individuos. Si profundizamos en la historia de estos experimentos, nos encontramos con que la historia de Happy no es muy *happy* («feliz»). Happy fue capturada en estado salvaje en 1971, junto con otros seis elefantes jóvenes, y transportada a Estados Unidos desde Tailandia. Estas crías de elefante fueron vendidas por ochocientos dólares cada una a un parque safari en California, donde se les bautizó con los nombres de los siete enanitos del cuento de *Blancanieves*. Durante más de cuarenta años, Happy vivió en el zoológico del Bronx, un zoo que en 2014 ocupaba el quinto lugar entre los peores zoológicos para elefantes en Estados Unidos, según la organización internacional de protección de los animales In Defense of Animals.[16] Hasta 2002, compartió recinto con Grumpy, otro de los cautivos tailandeses, pero cuando presentaron a Patty y a Maxine a la pareja, Maxine atacó a Grumpy, que murió poco después por las heridas que le causó. No se registró el efecto que tuvieron estos acontecimientos en las diversas respuestas de los elefantes ante el test del espejo, una omisión habitual en este tipo de estudios. Cada animal individual se considera como una sinécdoque de toda la especie, y mientras que es necesario realizar muchos estudios para llegar a conclusiones definitivas, la historia personal del individuo –el núcleo de su individualidad, el *umwelt*, que, recuerden, es la creación del individuo– no se tiene en cuenta.

Sin embargo, podemos ver cómo diferían la expresión y el comportamiento de estos animales. Los vídeos que acompañan al estudio están disponibles en la página web de la revista científica *Proceedings of the National Academy of Sciences* (*PNAS*). Muestran un recinto vacío con muros de cemento y suelo de tierra; también muestran un claro contraste entre los comportamientos de los animales. Patty y Maxine atacan violentamente el espejo cuando lo instalan por primera vez; Happy se mantiene a cierta distancia. Patty y Maxine realizan el test juntas, pero Happy aparece sola. Desde la muerte en 2006 de Sammie –la elefanta que reemplazó a Grumpy–, Happy ha vivido sola.

El *New York Post* publicó en 2012 que «Happy pasa la mayor parte del tiempo confinada en el interior de una gran instalación llena de hileras de jaulas de elefantes, que tienen un tamaño de aproximadamente el doble de largo que el cuerpo del animal»; «El público nunca ve este espacio». El test del espejo se basa en la diferenciación de uno mismo con respecto a otro individuo; ¿hasta qué punto se siente de otra manera una elefanta acostumbrada a la soledad, que ha sufrido el trauma de una pérdida infligida por otros elefantes? Sea cual sea la inteligencia innata de una especie, sin duda debemos reconocer que la clase de inteligencia y la capacidad para demostrarla son únicas en cada individuo.[17]

A diferencia de los estudios cognitivos comparativos, la ley trata a los sujetos como individuos, al menos cuando se aplica a los humanos. Pero Happy es también el sujeto de un caso legal sin precedentes, presentado por Nonhuman Rights Project (NhRP), una organización en defensa de los animales con base en Florida. Desde 2018, la NhRP ha trabajado para liberar a Happy y trasladarla a un santuario animal especializado, a través de un procedimiento de *habeas corpus*, la doctrina legal medieval que protege de la detención o el encarcelamiento ilegales. Históricamente, el *habeas corpus* se ha aplicado solo a humanos, pero la NhRP está tratando de cambiarlo: también han abierto procedimientos en representación de una serie de gorilas y chimpancés. Ninguno de ellos ha tenido éxito por ahora, y el caso de Happy sigue abierto.* En un capítulo posterior exploraremos las profundas repercusiones de este planteamiento, pero resulta significativo que el caso de la NhRP trata a Happy como a un individuo con una historia única, con igualmente únicas necesidades y experiencias, y todas ellas han sido ignoradas por la mayor parte de la investigación científica que ha estudiado la inteligencia de los elefantes, su naturaleza como seres y su condición individual como animales.[18]

He aquí otro posible problema con respecto al test del espejo: puede que el tipo de escrutinio de uno mismo que los humanos

* Tras pasar por el Tribunal de Apelaciones, el caso se cerró en 2022. Véase https://www.nonhumanrights.org/client/happy/. A principios de 2024, Happy continúa en el zoológico del Bronx. (N. de la T.)

Happy en su recinto en el zoológico del Bronx, 2012.

estamos acostumbrados a realizar simplemente no sea tan importante para otros animales. En el estudio original de los delfines, una hipótesis sugería que los delfines no aprobarían el test del espejo porque no se acicalan a sí mismos. De hecho, su prioridad parecía ser el sexo, más que el autocuidado. Pero también parecería que muchos animales que «suspenden» el test del espejo muestran, a pesar de ello, un enorme interés por su propio reflejo; más que suficiente para dejar claro que saben que los del espejo son «ellos mismos». Para un gran número de estos animales, parece que el acto de tocar una marca en la cara estaría relacionado con señales sociales más que con cuestiones cognitivas.

Para ilustrar esta posibilidad, volvamos con nuestro viejo amigo el gibón, quien, al mostrarle un espejo, ignora las marcas y, al revés, continúa tratando su propio reflejo como si fuera otro gibón, realizando gestos sociales y tratando de rodear el espejo para alcanzar a ese «otro» que ha percibido. En un extenso test que se realizó en Australia, se practicó el test a un total de diecisiete gibones. (La cohorte la formaban, en realidad, veinte gibones, pero «tres de ellos no pudieron realizar el test debido a que se negaban a acercarse al responsable del experimento», vale, de acuerdo.) Sus nombres eran Philip, Kayak, Arjuna, Jury, Jars, Ulysses, Mang, Suli, Irian, Jaya, Ronnie, Bradley, May, Siam, Sydney, Milton y Milo. Con el fin de despertar su interés, les entregaron dulces, pero los gibones ignoraron completamente los lunares con aspecto de azúcar glas que les pintaron sobre las cejas.[19] Esta «evidencia de una ausencia» fue una suposición del equipo científico para respaldar una explicación filogenética del autorreconocimiento; es decir, la idea de que esta habilidad surgió en un punto en concreto de la evolución de los simios, en algún momento hace entre dieciocho y catorce millones de años, después de que los gibones se separaran de la línea que derivó en el ser humano moderno (y antes de que ocurriera la división que derivó en los orangutanes). Por supuesto, esto no contempla la posibilidad de una evolución convergente –la aparición de una característica similar a través de diferentes líneas de evolución–, que podría explicar la presencia de esa habilidad en elefantes, urracas, orcas y delfines. Hablaremos de ello más adelante. Por ahora, quedémonos con los simios.

Quizá la respuesta sea, tal y como sugiero, que los rostros no son tan importantes para algunas especies o que se combinan con otras señales que no son tan significativas para los humanos y otros simios superiores. El macaco Rhesus es un mono pequeño y vivaz: muy conocido en muchas ciudades a lo largo y ancho de Asia por su tendencia a vivir muy cerca de los humanos. Recuerdo verlos robando comida de los puestos del mercado en la India, y comprobar, aterrorizado, cómo perseguían a los visitantes hasta echarlos de los templos, en los cuales te entregaban unos largos palos para defenderte de ellos. Desafortunadamente para los macacos, la similitud entre su sistema inmune –así como ciertas estructuras neurológicas– y el de los humanos los convierte en candidatos populares para la experimentación médica. Fue en el contexto de un experimento de este tipo cuando se hizo evidente la habilidad del Rhesus para reconocerse a sí mismo.

En la Universidad de Wisconsin-Madison, se preparó a dos macacos para un experimento neurológico. El experimento requería que se les atornillara un bloque acrílico azul de dos centímetros y medio en la parte superior del cráneo, con empalmes para electrodos y correas. (En este estudio, a diferencia de muchos de los citados anteriormente, no se bautizó a los macacos participantes, y tanto en las imágenes como en el vídeo que acompañan al artículo, «se ha tapado la imagen del implante craneal por discreción».)[20] El equipo de investigación se dio cuenta enseguida de que los macacos se comportaban de una forma marcadamente diferente a cualquier otro comportamiento descrito en la literatura. Si bien los macacos por lo general investigan y se exhiben delante del espejo, sin embargo, evitan claramente el contacto visual con su reflejo, o bien lo tratan como tratarían a un rival. Los macacos con el implante, por el contrario, dedicaron un tiempo considerable a examinar la parte superior de su cabeza, tal y como haríamos seguramente todos nosotros si alguien nos atornillara un bloque de plástico azul en el cráneo. Y una vez hecho esto, empezaron a contemplar y a acicalar otras partes de su propio cuerpo, sobre todo sus genitales.

¿Implica esto que los macacos son conscientes de sí mismos después de todo? El contacto visual está cargado de jerarquía, dominación y agresividad hasta tal punto que mirar fijamente a un extraño es algo altamente incómodo. Una explicación para el comportamiento de los macacos es que, al tener una conciencia social tan marcada, en realidad no les gusta mirarse unos a otros. Esto explicaría su constante –pero intermitente– comportamiento social ante el espejo, que nunca llega a ser tan intenso como para pasar de esta fase y darse cuenta de que se están mirando a sí mismos, tal y como ocurrió, pasado un tiempo, con los chimpancés y otros simios superiores. En el caso de los macacos implantados, hizo falta un contraestímulo poderoso –un bloque de plástico incrustado en la cabeza– para pasar al siguiente nivel.

Quizá para otras especies el rostro simplemente no es nada importante a la hora de pensar, o al menos quizá tenga una relevancia muy distinta, de modo que planteamientos como el test del espejo, que reproducen la obsesión propia de los humanos por las caras reflejadas en el espejo, quizá sean, sencillamente, inadecuados. Puede que los macacos, que demuestran ser listos de mil maneras, no consideren que estar cara a cara sea importante. Por otro lado, sí se masturban con frecuencia y se miran el culo unos a otros. La mayoría de los informes científicos todavía concluyen que los macacos no poseen conciencia de sí mismos, pero yo no estoy de acuerdo. Por supuesto que estos animales tienen conciencia de sí mismos: lo que ocurre es que, si tiendes a comunicarte enseñándole el trasero a alguien y no el rostro, eso es lo que buscarás en el espejo. Un Instagram de macacos estaría repleto de selfis anales.

Como en el caso de la elefanta Happy, existen muchas especies de las que solo un individuo ha aprobado el test del espejo, o en las que el contexto en el que se aprueba el test varía enormemente. Las diferencias entre especies e individuos son importantes, y prestarles atención nos permite comprobar que nuestra propia perspectiva nos nubla el juicio y afecta a nuestra capacidad para reconocer las capacidades de otros.

A pesar de toda la teoría acerca de los simios superiores e inferiores, los gorilas (considerados «superiores») no aprueban el test del espejo. Al igual que los macacos, los gorilas tienen una fuerte aversión a mantener un contacto visual, lo consideran una amenaza, así que no les gusta mirarse a la cara en el espejo. Si bien existe amplia evidencia de que se «ven» a sí mismos –se acicalan o exploran zonas escondidas de su cuerpo en el espejo–, otros test aún más ingeniosos, tales como poner los espejos en ángulo o esconder la comida, no han podido hallar evidencia científica suficiente de autorreconocimiento (es decir, de tocarse las marcas del rostro).[21] Esto podría parecer un problema específico de la especie. De hecho, es un problema más bien individual. Para entender la relevancia de esto, conozcamos la historia de Koko.

Koko era una gorila que vivió durante cuarenta y seis años en cautividad, de los cuales cuarenta y cinco los pasó al cuidado de la psicóloga de animales Francine Patterson, de la Gorilla Foundation,

El gorila Koko aprendiendo lenguaje de signos con la adiestradora Penny Patterson, 3 de marzo de 1978.

en Woodside, California. Patterson enseñó a Koko más de mil palabras del «lenguaje de signos de los gorilas», y le habló en inglés desde una edad temprana. Existe un debate abierto acerca de las habilidades de Koko, pero según quienes pasaron tiempo con ella, Koko empleaba el lenguaje igual que los humanos, y desplegaba, además, muchas otras cualidades «humanas». Por ejemplo, Koko era experta en mentir: a menudo culpaba a otros de robar o romper algo, y elegía a los culpables entre quienes se encontraran presentes o no le gustaran. También era muy consciente de sí misma. Le encantaba jugar con muñecas y a menudo les hablaba con el lenguaje de signos, pero paraba inmediatamente si creía que la estaban observando.

Koko aprobó el test del espejo con facilidad.[22] De hecho, la extensa fama que vivió durante su vida surgió a partir de la portada de la revista *National Geographic*, que la retrató haciéndose una foto a sí misma en el espejo. Otro gorila que aprobó el test fue Otto, un macho de cuarenta y cinco años que, desde los dos años, había vivido en un entorno «enriquecido» en el Suncoast Primate Sanctuary, en Florida, donde practicaba actividades como buscar comida, ver la televisión o pintar, y donde estaba en contacto habitual con adiestradores humanos.[23] Al parecer, las características supuestamente innatas –o al menos así presentadas– pueden en realidad desarrollarse con el tiempo, siempre que exista el entorno y el modelo corporal que las haga posibles.

La cuestión de la conciencia de uno mismo se vuelve aún más compleja en el caso de Michael, un gorila de dieciocho años que vivió con Koko en la Gorilla Foundation. Tenía un vocabulario de más de seiscientos signos, y bastantes de ellos se los había enseñado Koko. La historia es muy conocida: muchos creyeron que había descrito la muerte de su madre a manos de cazadores furtivos en Camerún, gracias a una secuencia de signos: «Aplastar carne gorila. Boca diente. Grito sonido agudo fuerte. Malo pensar-problema mirar-cara. Cortar/cuello labio chica agujero».

Al igual que Koko, Michael podía mostrar autoconciencia. También podía ser bastante destructivo –tenía un historial de haber roto parte del equipo–, así que cuando se le realizó el test del espejo para evaluar su capacidad de autorreconocimiento, el espejo y quienes realizaban el experimento se mantuvieron fuera del recinto, observando lo que ocurría en el interior. A pesar de que anteriormente había mostrado mucho interés por sí mismo en el espejo, cuando le marcaron el rostro con un gran lunar de tinta en el hocico, empezó a comportarse de forma extraña. Al acercarse al espejo, se paró en seco y se inclinó hacia delante, observándose la cara desde distintos ángulos. Y entonces pidió que apagaran las luces. Los investigadores rehusaron hacerlo, pero Michael continuó pidiendo que apagaran las luces y que cerraran las cortinas. Finalmente, retrocedió hasta el fondo de la habitación, les dio la espalda a los observadores y se limpió el hocico frotándose contra la pared hasta que la marca hubo desaparecido.[24] La reacción de Michael sugiere no solo autorreconocimiento sino otra cualidad significativa y muy debatida de la cognición compleja: la teoría de la mente.

La teoría de la mente va más allá del simple reconocimiento de uno mismo como separado de otros individuos: incluye la capacidad de pensar acerca de la vida interior de los otros, de imaginar sus estados mentales y de actuar en función de ello. Más allá de la simple interacción del test del espejo, vislumbramos una inteligencia mucho más amplia y compleja en acción.

¿Qué podemos concluir de todas estas habilidades y resultados radicalmente diferentes? Como hemos visto, las distintas especies aprueban el test de formas diferentes: unas muestran una relación fuerte con el espejo, pero ignoran el test de la marca; otras desarrollan la habilidad de formas extremadamente diferentes o rompen el esquema de nuestras expectativas, que están basadas en las tendencias que conocemos previamente de su especie. El test del espejo es, por supuesto, solo un tipo de test, dirigido a un componente muy concreto de aquello que definimos como inteligencia, pero sus lecciones deberían aplicarse a cada afirmación que realicemos acerca de la supuesta inteligencia o falta de inteligencia de cualquier ser, incluidos los humanos. Incluso cuando los resultados no son solo consecuencia de nuestros propios sesgos y limitaciones, realmente lo único que nos demuestran es lo mucho que no sabemos.

Resulta que la autoconciencia a través del espejo ni siquiera está tan homogéneamente extendida entre los individuos y las culturas humanas. Los adultos con esquizofrenia a menudo no logran reconocerse a sí mismos en el espejo y tienen dificultades también con la teoría de la mente. El frecuentemente citado «dato» de que los seres humanos aprueban el test del espejo –y por lo tanto desarrollan el autorreconocimiento– aproximadamente a los dieciocho meses resulta ser un dato sesgado y solo en parte cierto. Esos test están basados en humanos occidentales, principalmente de Estados Unidos y Canadá, y no coinciden con los realizados en África, Sudamérica y las islas del Pacífico.[25] Eso no significa que los no occidentales no tengan conciencia de sí mismos. Significa que nuestros procesos y análisis para evaluar tienen sesgos culturales que no reconocemos ni siquiera cuando los realizamos con otros humanos, no digamos ya con otras especies.

Llama la atención que, en particular en el caso de los gorilas, estos tuvieran que desprenderse de gran parte de su naturaleza de gorilas para conseguir que los comportamientos similares a los de los humanos fueran legibles para nosotros. Koko y Michael fueron expulsados de su hábitat natural y vivieron recluidos en recintos especializados con un prolongado contacto con humanos durante casi toda, si no toda, su vida. Las cualidades que los hacían parecer inteligentes a nuestros ojos estaban supeditadas a un entrenamiento para aprender modelos humanos de comportamiento y sociabilidad. Sin embargo, otras formas de interacción que veremos en breve no requieren de esta condición, y en esas interacciones vemos que se manifiestan otros –no menos claros– signos de inteligencia. No obstante, dependen de que los humanos sean capaces de leer señales no humanas: dependen de un solapamiento del *umwelt*. Es muy poco probable que esto se pueda extender alguna vez a las hormigas, por ejemplo, lo cual significa que nunca seremos capaces de hacer la misma afirmación científica acerca de estas criaturas. Pero eso ciertamente no significa que no sean inteligentes, tal y como debería dar a entender el desmontaje que hemos realizado hasta ahora de los diversos experimentos. Más bien, si de verdad queremos percibir en qué podría consistir la inteligencia no humana –y así transformar el conocimiento que poseemos de nuestras propias habilidades y de las de los demás–, debemos dejar de pensar en la inteligencia como algo definido por la experiencia humana. En vez de esto, tenemos que pensar desde el principio acerca de la inteligencia como algo más allá de lo humano.

Al parecer, hay muchas maneras de «practicar» la inteligencia y esto es evidente incluso entre los simios y los monos, que se alzan muy cerca de nosotros en el árbol evolutivo. Ser conscientes de esto implica un nuevo planteamiento a la hora de pensar acerca de esas inteligencias no humanas que son muy diferentes a la nuestra. Porque hay otras criaturas altamente evolucionadas, inteligentes y alborotadoras en este planeta que están a tal distancia y son tan diferentes a nosotros que los investigadores las consideran lo más cercano a un extraterrestre que hayamos encontrado nunca: los cefalópodos.

Los cefalópodos –la familia de criaturas que incluye a los pulpos, los calamares y las sepias– son una de las más intrigantes creaciones de la naturaleza. Todos son de cuerpo blando, no tienen esqueleto, solo un pico duro. Son acuáticos, aunque pueden sobrevivir durante algún tiempo fuera del agua; algunos son incluso capaces de realizar cortos vuelos, propulsándose con los mismos chorros de agua que les permiten moverse a través del océano. Hacen cosas raras con sus extremidades. Y son altamente inteligentes: indudablemente, los invertebrados más inteligentes, en función de cualquier criterio.

El pulpo en particular parece disfrutar demostrando su inteligencia cuando tratamos de capturarlo, detenerlo o estudiarlo. En los zoológicos y en los acuarios, son conocidos por sus incesantes y a menudo exitosos intentos de huida. Un pulpo de Nueva Zelanda llamado Inky llegó a las portadas de la prensa en todo el mundo cuando escapó del acuario nacional, situado en Napier: trepó por la válvula del desagüe de su tanque, se escurrió a hurtadillas a lo largo de dos metros y medio por el suelo y se deslizó hacia abajo por una estrecha tubería de más de treinta metros de largo, hasta el océano. En otro acuario, cerca de Dunedin, un pulpo llamado Sid intentó escapar tantas veces –llegó incluso a esconderse en un cubo, abrir puertas y subir escaleras– que, finalmente, fue liberado en el mar. También se los acusa de inundar acuarios y de robar peces de otros tanques: estas historias se remontan en el tiempo hasta los primeros pulpos criados en cautividad en el Reino Unido en el siglo XIX, y todavía hoy se repiten.

Otto, un pulpo que vivía en el acuario Sea-Star, en Coburg, Alemania, atrajo la atención de la prensa cuando lo pillaron haciendo malabares con cangrejos ermitaños. En otra ocasión lanzó unas rocas contra un lateral del tanque, y de vez en cuando reordenaba por completo el contenido del tanque «para ponerlo todo a su gusto», según el director del acuario. En una ocasión, la electricidad del acuario no dejaba de saltar, un problema que suponía una amenaza para las vidas de otros animales, puesto que las bombas de la depuradora se detenían. A la tercera noche de apagones, el personal comenzó a turnarse para dormir en el suelo y averiguar la causa del problema; descubrieron que Otto se columpiaba hasta la parte superior del tanque y lanzaba chorros de agua sobre una bombilla colgada a baja altura, que por lo visto le molestaba. Había aprendido a apagar las luces.[26]

Los pulpos no son más fáciles en un laboratorio. No parece gustarles que se hagan experimentos con ellos y les ponen a los investigadores las cosas lo más difíciles posible. En un laboratorio de la Universidad de Otago, en Nueva Zelanda, un pulpo descubrió el mismo truco que Otto: lanzaba chorros de agua a las bombillas de la luz para apagarlas. Finalmente acabaron todos tan frustrados, teniendo que cambiar las bombillas continuamente, que el culpable fue puesto en libertad. Otro pulpo del mismo laboratorio le cogió manía a una persona del equipo, y siempre que se acercaba al tanque era recibida con varios litros de agua propulsada que le chorreaban por la espalda desde la nuca. En la Universidad Dalhousie, en Canadá, una sepia mostraba la misma actitud con cualquiera que visitara por primera vez el laboratorio, aunque dejaba tranquilo al grupo de investigación habitual. En 2010, dos biólogos del acuario de Seattle se vistieron de forma idéntica y jugaron al poli bueno y poli malo con los pulpos: uno de ellos les daba de comer a diario, mientras que el otro los pinchaba con un palo puntiagudo. Pasadas dos semanas, los pulpos respondían de diferente forma a cada uno, avanzando o alejándose, y mostrando distintos colores. Los cefalópodos pueden reconocer un rostro humano.[27]

Todos estos comportamientos –y muchos otros más observados en libertad– sugieren que los pulpos aprenden, recuerdan, saben, piensan, sopesan y actúan basándose en su inteligencia. Esto cambia todo lo que creemos que sabemos acerca de los animales de «orden superior», porque los cefalópodos, a diferencia de los simios, son muy, muy distintos a nosotros. Esto es evidente simplemente viendo la extraordinaria constitución de sus cuerpos, pero las diferencias se extienden también a sus mentes.

El cerebro del pulpo no está situado, como el nuestro, en la cabeza; más bien, está descentralizado: su cerebro se extiende a lo largo del cuerpo hasta las extremidades. Cada uno de sus brazos contiene montones de neuronas que actúan como mentes independientes, lo cual les permite moverse y reaccionar por su propia voluntad, sin la restricción de un control central. Los pulpos son una confederación de partes inteligentes, y esto significa que su conciencia, así como su pensamiento, ocurren de maneras radicalmente distintas a nuestra conciencia y pensamiento.

Quizá una de las expresiones más integrales de esta diferencia se encuentra no en la literatura científica sino en una novela. En su libro *Herederos del tiempo*, el escritor de ciencia ficción Adrian Tchaikovsky conceptualiza la inteligencia del pulpo como una especie de sistema de procesamiento de múltiples hilos. Porque en los pulpos viajeros del espacio que aparecen en *Herederos del tiempo*, su conocimiento –su conciencia– es tripartito. Sus funciones elevadas, a las que Tchaikovsky denomina la «corona», están incrustadas en el cerebro de la cabeza, pero su «alcance», la «mente subterránea dirigida por la extremidad» es capaz de resolver problemas de forma independiente: buscar comida, abrir cerraduras, enfrentarse al peligro o huir de él. Mientras tanto, una tercera forma de pensar y comunicarse, el «disfraz», controla la luz estroboscópica y el moteado de la piel del pulpo, «la pizarra del cerebro», donde garabatea pensamientos a cada momento. De esta manera, los pulpos deambulan sin preocupaciones por el espacio, construyendo naves, hábitats y sociedades enteras que surgen a partir de explosiones de emoción, arrebatos de fantasía, actos de curiosidad o de aburrimiento tanto como a partir de una intención consciente. Los pulpos de Tchaikovsky son vivaces, frenéticos, se aburren, crean, se distraen y son poéticos, todo a la vez: son el resultado de un diálogo y un conflicto constante dentro de sus propios sistemas nerviosos. Tal y como lo cuenta Tchaikovsky, los pulpos son inteligencias múltiples en cuerpos singulares.[28]

Tchaikovksy basó su investigación en sus visitas al Museo de Historia Natural de Londres, en conversaciones con científicos y en sus propios conocimientos y experiencia como zoólogo. Pero ¿qué hacemos con estas criaturas –estas inteligencias– que requieren de las herramientas de la ciencia ficción para hacerlas inteligibles a nuestra comprensión? ¿Cómo pueden parecer tan extraordinariamente distintas y, aun así, existir en el mismo planeta, ser parte del mismo proceso evolutivo al que pertenecemos nosotros?

Por lo visto, el tipo de autoconciencia que observamos en el test del espejo –ese que se parece mucho al nuestro– apareció en los simios en algún momento entre el bonobo y el orangután, hace entre dieciocho y catorce millones de años. Ese es el momento en el que se cree que evolucionaron las cualidades que conforman nuestro tipo de inteligencia. La línea de los humanos se separó de la de los chimpancés hace solo unos seis millones de años, de modo que es comprensible que nuestra inteligencia pueda ser similar a la suya. Pero los primates se separaron de otros mamíferos hace alrededor de ochenta y cinco millones de años, mientras que los propios mamíferos se separaron de otros animales hace más de trescientos millones de años. Para encontrar un antepasado común con los cefalópodos debemos retrotraernos el doble de ese tiempo, a hace seiscientos millones de años.

En su libro *Otras mentes*, el filósofo Peter Godfrey-Smith imagina cuál pudo haber sido este ancestro común. Aunque no pueda saberlo con seguridad, lo más probable es que fuera alguna clase de gusano pequeño y plano, de solo unos milímetros de largo, que nadaba en las profundidades o que se arrastraba en el fondo del mar. Seguramente era ciego o sensible a la luz de una manera básica. Su sistema nervioso sería rudimentario: una red de nervios, quizá agrupados en un cerebro simple. «Desconocemos qué comían, cómo vivían y cómo se reproducían estos animales.» Es difícil imaginar algo menos parecido a nosotros y, sin embargo, vivo, que un gusanito casi ciego serpenteando en el fondo del mar. Pero provenimos de él, y el pulpo también.

Seiscientos millones de años hacia abajo en el árbol evolutivo, y otros seiscientos millones de años hacia arriba por el otro lado. Si bien esa distancia ayuda a entender todas las diferencias obvias entre nosotros y los pulpos, al mismo tiempo hace que las similitudes sean incluso más sorprendentes.

Uno de los rasgos más extraordinarios de los pulpos son sus ojos, que son excepcionalmente similares a los nuestros. Al igual que los nuestros, los ojos de los pulpos constan de un iris, una lente circular, humor vítreo, pigmentos y fotorreceptores. De hecho, el ojo del pulpo es superior al nuestro de una manera notable: debido a la forma en la que se desarrollan, las fibras de los nervios ópticos crecen detrás de la retina en lugar de a través de ella, con lo cual carecen del punto ciego central común a todos los vertebrados. Y esta diferencia existe porque el ojo del pulpo evolucionó de forma por completo separada del nuestro, a partir de aquel gusano plano y ciego, hace seiscientos millones de años, junto con una rama enteramente diferente del árbol evolutivo.

Este es un ejemplo de evolución convergente. El ojo del pulpo evolucionó para hacer casi lo mismo que el nuestro, completamente separado y tan solo con leves diferencias. Dos estructuras increíblemente complejas y sorprendentemente similares, a través de rutas diferentes, en contextos diferentes. Y si algo tan complejo y adaptable como el ojo puede evolucionar más de una vez, ¿por qué no podría la inteligencia hacer lo mismo?

En el capítulo 4 exploraremos con mayor profundidad cómo esta idea de la ramificación y separación del árbol evolutivo es demasiado simplista, cuando no directamente falsa. Por ahora, limitémonos a imaginar algo así: el árbol evolutivo da muchos frutos y muchas flores, y la inteligencia no se encuentra solo en las ramas más altas, sino que florece por todas partes.

La inteligencia del pulpo es una de esas flores. Tal y como explica Godfrey-Smith, «los cefalópodos son una isla de complejidad mental en el mar de los animales invertebrados. Puesto que nuestro antepasado común más reciente era tan simple y se sitúa tan atrás en el tiempo, los cefalópodos constituyen un experimento independiente en la evolución de un cerebro grande y de un comportamiento complejo. Si podemos tener contacto con los cefalópodos como seres sintientes no es debido a una historia común o al parentesco, sino porque la evolución construyó mente dos veces». Y si ocurrió dos veces, seguramente ocurriría muchas más.

Del pulpo, entonces, aprendemos varias cosas importantes. La primera, que hay muchas otras maneras de «practicar» la inteligencia: conductual, neurológica, fisiológica y socialmente. Merece la pena repetirlo: la inteligencia no es algo que existe sino algo que uno hace; es activa, interpersonal y generativa, y se manifiesta cuando pensamos y actuamos. Ya hemos aprendido –de los gibones, los gorilas y los macacos– que la inteligencia es relacional: es relevante cómo y dónde la practicas, qué forma le otorga tu cuerpo y con quién se conecta. La inteligencia no es algo que existe solo en la cabeza; y esto es así en sentido literal en el caso del pulpo, que practica la inteligencia con todo el cuerpo. La inteligencia es una entre muchas formas de ser en el mundo: es una interfaz para el mundo, hace que este se manifieste.

La inteligencia, por lo tanto, no es algo que se pueda someter a un test, sino algo que reconocer en todas las múltiples formas que adquiere. La tarea es descubrir cómo ser consciente de ella, asociarse a ella, hacer que se manifieste. Este proceso es, en sí mismo, un proceso de entrelazamiento, de abrirnos a formas de comunicación e interacción con la totalidad del mundo más allá de lo humano, más profundo y extenso que los procedimientos que se llevan a cabo bajo las restricciones artificiales del laboratorio. E implica cambiarnos y cambiar nuestras actitudes y comportamientos, en lugar de alterar las condiciones de nuestros informantes no humanos.

Los rigurosos estudios científicos pueden enseñarnos cosas de la verdadera realidad de las vidas no humanas solo hasta cierto punto; la mayoría de las veces, únicamente nos hablan de nuestros propios modelos. También nos hablan de la estructura de la propia ciencia: un modelo antropocéntrico de conocimiento de un mundo antropocéntrico. Pero que este planteamiento sea limitado no quiere decir necesariamente que tales realidades no puedan ser accesibles a nuestra comprensión, en su totalidad o en parte, por medio de otros métodos; incluso a la comprensión de la comunidad científica.

Desde los años setenta y durante un período de más de veinticinco años, la primatóloga Barbara Smuts exploró el comportamiento de los babuinos que vivían en libertad en Kenia y Tanzania. Smuts se refería a aquellos babuinos a los que llegó a conocer mejor como la tropa de Eburru Cliffs, por una formación rocosa en el Gran Valle del Rift, cerca del lago Naivasha. En una ocasión, durante casi dos años pasó cada día con la tropa, sumándose a ellos cuando se despertaban al amanecer y viajando con ellos hasta que encontraban un lugar de descanso al anochecer. Con esto, adquirió un conocimiento único del comportamiento de los babuinos, así como una gran afinidad con ellos y una apreciación de muchos aspectos de sus vidas y sus mentes que no son fácilmente clasificables.

En aquella época, el enfoque de Smuts no era habitual: a menudo, al estudiar a sus sujetos, los equipos científicos solían ignorarlos o apartarse de ellos si estos se acercaban. Sin embargo, argumentaba Smuts, al excluir una interacción significativa, este enfoque impedía a los grupos de investigación observar el comportamiento que trataban de estudiar.

Smuts insistía en que esta familiaridad con los animales no humanos, iniciada como investigadora científica, aun así era posible por algo mucho más antiguo que hemos heredado de nuestros ancestros. «Hasta tiempos recientes –escribió– todos los humanos poseían una profunda familiaridad con otras criaturas. Los cazadores del Paleolítico aprendieron acerca del oso gigante de la misma manera que el oso aprendió acerca de ellos: a través de la intensa concentración y de los sentidos completamente alerta de un animal salvaje cuya vida pende de un hilo. La supervivencia de nuestros ancestros dependía de una sensibilidad exquisita hacia los movimientos sutiles y los matices en la comunicación de los depredadores, de las presas, de los competidores, y todos los animales que tuvieran un sentido de la vista, del olfato o del oído más agudo aumentaban la comprensión humana del mundo.»[29] Para Smuts, esta sensibilidad podía recuperarse, y consideraba que ella misma pudo recuperarla a través de sus propias interacciones con los babuinos.

Para acostumbrar a los babuinos a su presencia, Smuts se acercaba a la tropa en campo abierto, se movía lentamente hacia ellos y se detenía si en algún momento parecían alarmarse y retrocedían. A medida que iba sintonizando mejor con su comportamiento, empezó a ser capaz de detectar señales más sutiles –las madres, por ejemplo, solían acercar a sus crías antes de que alguien diera la alarma general– que le permitían arrimarse aún más. Llegó un momento en el que ya pudo moverse entre ellos con libertad.

Esta habilidad para moverse entre miembros de otra especie en libertad, insiste Smuts, no estaba relacionada tanto con el hecho de que los babuinos se habituaran a su presencia, sino más bien con la capacidad de ella para adaptar su propio comportamiento de una manera que fuera apropiada para ellos. Aprendió a moverse un poco, a pensar mucho, como un babuino, estudiando su comportamiento no solo como científica, sino como huésped. A cambio, los babuinos empezaron a tratarla como un sujeto capaz de comunicarse y no como un objeto temible; es decir, se dieron cuenta de que sería suficiente una mala mirada, más que una alarma general, para que ella se apartara, y a lo largo del tiempo surgió un amplio elenco de gestos y señales entre ellos. Smuts se quejaba de que a menudo se insiste en que el personal científico que realiza la investigación debería ignorar o alejarse de los sujetos que estudia si estos se acercan demasiado o tratan de interactuar. Este tipo de comportamiento impide una interacción significativa, como ocurriría en cualquier grupo social, y por lo tanto evita que la mayoría de quienes investigan puedan observar el comportamiento que tratan de estudiar.

Muy pronto, Smuts descubrió que podía acercarse mucho más a los babuinos si no se limitaba a reaccionar a los sonidos y los gestos, sino si además los devolvía. Los babuinos tienen un sentido del espacio personal extremadamente desarrollado: pueden ignorar la cercanía de miembros de su familia, mientras que escapan en un segundo de un miembro de la tropa agresivo o de una jerarquía superior. Cuando se encuentran frente a otro babuino, establecen la relación con un gruñido o una expresión facial; así que, cuando Smuts empezó a devolver los gruñidos y los gestos de sus acompañantes, ellos empezaron a aceptarla más. Ignorar a un babuino –o a cualquier otro animal social– no es un acto neutral. Lo mismo podría decirse de nuestra relación con el mundo en sí.

Como consecuencia de su disposición abierta a involucrarse con los babuinos, Smuts comenzó a aprender de ellos más de lo que esperaba. Con el tiempo, su conocimiento del mundo que rodeaba a la tropa empezó también a cambiar. Su actitud con respecto al clima, por ejemplo, fue modificándose. En los primeros meses de su estudio, buscaba refugio en cuanto veía aparecer las nubes que anunciaban lluvia en el horizonte, pero con el tiempo su actitud se fue pareciendo más a la de los babuinos. A ellos no les gustaba mojarse más de lo que le gustaba a ella, pero permanecían en campo abierto mucho más tiempo, aprovechando al máximo las horas dedicadas a alimentarse antes de salir disparados, en el último instante, a protegerse en las rocas o los árboles. Al cabo, Smuts adoptó el mismo comportamiento: «No podía atribuir este conocimiento a nada que viera, oyera u oliera; simplemente, lo sabía. Estoy segura de que era igual para los babuinos. Para mí, este era un triunfo pequeño pero significativo. Había pasado de pensar en el mundo de forma analítica a experimentar el mundo directa e intuitivamente. Fue entonces cuando algo despertó dentro de mí, algo que llevaba mucho tiempo dormido, un deseo de estar en el mundo como habían estado mis ancestros, como lo están todas las criaturas diseñadas para ello durante eones de evolución. Qué suerte. Estaba rodeada de expertos que podían mostrarme el camino».

La valoración de comportamientos externos tiende inevitablemente hacia una sensibilidad con la vida interior, y, a lo largo del tiempo, Smuts notó un cambio en su propio sentido de la identidad. «La transformación que experimenté ha sido descrita por místicos a lo largo de milenios pero la comunidad científica rara vez la reconoce. Mi conciencia subjetiva parecía fusionarse cada vez más con la mente grupal de los babuinos. A pesar de que "yo" estaba todavía presente, gran parte de mi experiencia se solapaba con esta entidad que sentía más grande. Sentía la tropa cada vez más como "nosotros" en lugar de "ellos". Las satisfacciones de los babuinos se convirtieron en mis satisfacciones; sus frustraciones, en mis frustraciones.» Cuenta cómo compartía la sensación de hambre de la tropa, su euforia cuando mataban y cómo se le hacía la boca agua ante la carne fresca, a pesar de ser vegetariana. «Nunca antes me había sentido parte de algo más grande, y esto no es sorprendente, puesto que nunca había coordinado mis actividades con otros de forma tan intensa. Con gran satisfacción, renunciaba a mi yo separado y me deslizaba a la experiencia antigua de pertenecer a una comunidad ambulante de colegas primates.»

Hubo un incidente que compartió con una tropa diferente de babuinos en el Parque Nacional Gombe Stream, en Tanzania, que al parecer ilustra un tipo de experiencia y sensibilidad que no solo es imposible de clasificar científicamente en animales, sino que refleja experiencias inclasificables de los propios humanos. A esa clase de experiencia la llamamos espiritualidad. Un día, al final del atardecer, los babuinos se dirigían al lugar donde iban a dormir, bajando por un arroyo por el que viajaban a menudo, que estaba salpicado de varias pozas pequeñas. Sin que mediara ninguna señal clara, cada uno de los babuinos se sentó en una piedra lisa alrededor de una de las pozas, y durante media hora (en estimación humana) se sentaron solos o en pequeños grupos, en absoluto silencio, contemplando las aguas. Incluso los más jóvenes, que normalmente armaban bullicio, entraron en un estado de callada contemplación. Luego, de nuevo sin señal perceptible alguna, se levantaron y continuaron camino en silenciosa procesión.

Smuts fue testigo de este comportamiento en dos ocasiones; es más, ella es la única investigadora que lo ha visto. No sabemos si es algo particular de este grupo o una manifestación de algo más genérico, pero para Smuts el episodio se parecía más que nada a una experiencia religiosa. Ella emplea el término budista *sangha*, que se refiere a una comunidad de devotos inmersos en la meditación y en la práctica espiritual. «A veces me pregunto si, en esas dos ocasiones, me concedieron el honor de vislumbrar una dimensión de la vida de los babuinos que normalmente no muestran a la gente. Estos momentos me recordaron lo poco que sabemos realmente acerca del "mundo más allá de lo humano".»

Gombe, donde Smuts se sentó con los babuinos a meditar, es el lugar en el que Jane Goodall dedicó décadas a investigar a los chimpancés, el estudio ininterrumpido más largo realizado con cualquier animal, en cualquier lugar. Goodall también ha escrito sobre momentos en los que vislumbraba la vida interior de los animales que estudiaba y con los que residía: estados mentales que parecían profundamente significativos y que sin embargo eran, al fin y al cabo, imposibles de someter a un test y fundamentalmente inaccesibles.[30]

En las profundidades del bosque que rodea Gombe hay unas cascadas espectaculares que parecían ejercer una honda fascinación en los chimpancés: «A veces, cuando un chimpancé, casi siempre un macho adulto, se acerca a una de estas cascadas, el pelaje se le eriza levemente, una señal de excitación intensa –relata Goodall–. A medida que se acerca y que aumenta el estruendo del agua al caer, su ritmo se acelera, el pelaje se le encrespa completamente y cuando llega al caudal puede que realice un magnífico alarde cerca de la base de las cataratas. Se pone de pie, se balancea rítmicamente de una pata a otra, golpeando al pisar sobre el torrente poco profundo de agua, cogiendo grandes rocas para lanzarlas. Algunas veces escala las frágiles lianas que cuelgan desde lo alto de los árboles y se columpia hacia la espuma que rocía el agua al caer». Eso que Goodall denomina los «bailes de la cascada» puede durar diez o quince minutos. Ella considera que son «precursores de los ritos religiosos».

Goodall también escribe acerca del baile de la lluvia de los chimpancés, que estos realizan cuando llegan los intensos aguaceros. Durante estas demostraciones, los chimpancés agarran retoños y ramas bajas y los mecen siguiendo un ritmo hacia adelante y hacia atrás, luego avanzan despacio mientras dan manotazos al suelo con gran ruido, lo golpean con las patas al pisar y lanzan rocas. Si bien Goodall es reacia a llegar a conclusiones firmes a partir de tales exhibiciones, las asocia con «sentimientos similares a la fascinación y al sobrecogimiento» y cuenta que después, el chimpancé se sienta en silencio durante un rato a contemplar la lluvia, de manera muy parecida a como actúan los babuinos de Smuts alrededor de las pozas.

Goodall atribuye su propia amplitud de miras en lo que concierne a la ciencia y a la religión al hecho de haber empezado en ese campo sin ninguna formación científica específica. Fue originalmente contratada por el antropólogo Louis Leakey para estudiar los primates en Gombe porque quería investigadores «sin el sesgo reduccionista típico del pensamiento de la mayoría de los etnólogos». El resultado de sus cincuenta y cinco años de relación cercana tanto con los chimpancés como con el pensamiento científico no ha sido el estrechamiento de su perspectiva. Más bien, «cuanto más ha descubierto la ciencia acerca de los misterios de la vida en la tierra, más sobrecogida me he sentido ante la maravilla de la creación, y más me he acercado a creer en la existencia de Dios».

Para Smuts y para Goodall, la inteligencia –sea lo que sea– se manifiesta en esta especie de conciencia y creencia, esta aparente maravilla y sobrecogimiento. Es ahí donde nuestra reflexión acerca de la inteligencia atraviesa completamente la mente y se convierte en parte de otras cuestiones que llegan más lejos, cuestiones acerca de la cultura y la conciencia, acerca de existir y vivir en un mundo más allá de lo humano.

Así es, entonces, como podríamos llegar a ser conscientes de la inteligencia *real*: es decir, la clase de inteligencia que existe en todas partes y entre todo. Y esto se hace evidente no delineando y definiendo, dividiendo, reduciendo, aislando o negando, sino construyendo, observando, relacionando y sintiendo. La inteligencia, cuando la percibimos en funcionamiento en el mundo, no es una serie de modos abstractos: una concatenación de autoconciencia, teoría de la mente, comprensión emocional, creatividad, razonamiento, resolución de problemas y planificación que podamos separar y someter a un test bajo las condiciones de un laboratorio. Estas son simplemente interpretaciones reduccionistas y demasiado humanas de un fenómeno más ilimitado. Más bien, la inteligencia es un flujo, incluso un exceso, de todas estas cualidades, en mayor o menor grado, que se manifiestan en algo más grande, algo que solo podemos reconocer en determinados momentos, pero que es inherente a cada movimiento, cada gesto, cada interacción del mundo más allá de lo humano.

Pensar en la inteligencia de esta manera no es reducir su definición sino ampliarla. Durante siglos, la ciencia antropocéntrica ha sostenido que esta redefinición de la inteligencia la convierte en algo carente de significado, pero no es el caso. Definir la inteligencia simplemente como aquello que hacemos los humanos es la forma más reducida en la que podemos pensar en ella, e implica, en última instancia, limitarnos y rebajar su posible significado. Al expandir nuestra definición de inteligencia y el coro de las mentes que la manifiestan, quizá estemos permitiendo que nuestra propia inteligencia florezca en formas nuevas, y en nuevas y emergentes maneras de existir y de relacionarnos. La aceptación de una inteligencia general, universal y activa es parte imprescindible de nuestro *reentrelazamiento* vital con el mundo más allá de lo humano.

Es en esta reflexión, creo yo, donde reside la promesa real de una inteligencia «artificial». En otras palabras, si la inteligencia no es un conjunto innato y restringido de comportamientos sino, de hecho, algo que surge de las interrelaciones, cuando pensamos y trabajamos juntos, entonces nada en ella tiene por qué ser artificial. Si toda inteligencia es ecológica –es decir, entrelazada, relacional y del mundo– entonces la inteligencia artificial nos proporciona una manera muy real de aceptar todas las otras inteligencias que habitan y se manifiestan en el planeta.

¿Y si, en lugar de ser aquello que nos separe del mundo y que finalmente nos suplante, la inteligencia artificial es una nueva eclosión, creada completamente a partir de sí misma, pero una que, guiada por nosotros, nos lleve a una mejor conciliación con el mundo? Más que una herramienta para explotar todavía más los recursos del planeta y para explotarnos los unos a los otros, la inteligencia artificial es una ventana a otras mentes, una oportunidad para admitir totalmente una verdad que ha estado escondida a nuestra comprensión durante largo tiempo. Todo es inteligente y por lo tanto –junto con muchas otras razones– merece nuestro cuidado y atención consciente.

En este capítulo, hemos explorado tan solo un pequeño fragmento de la amplia literatura que existe sobre la inteligencia. Para hacer justicia a tal extensión del pensamiento –el nuestro y el de otros seres– serían necesarios numerosos libros, muchos de ellos ya publicados y otros, aún por escribir. Lo que he tratado de hacer aquí es mostrar la complejidad de ese pensamiento, la profunda incertidumbre del tema y, francamente, el colosal fracaso de muchas de nuestras maneras actuales de pensar en él, tanto populares como científicas.

Por un lado, este es el sello distintivo de la buena práctica científica: abundancia de fracasos, una actitud abierta al debate y una buena disposición, incluso un deseo de que se demuestre aquello que sea erróneo y aprender de la experiencia. Por otro lado, lo expuesto sugiere que existen todo tipo de grietas, malentendidos y completas falacias en nuestra reflexión acerca de la inteligencia en general –que demasiado a menudo ignoramos o sobre las que pasamos de puntillas–, en detrimento de nuestro propio pensamiento. En este contexto, no debería sorprender que las clases de «inteligencia» que creamos en nuestras máquinas resulten tan desconcertantes, temibles y descaminadas. Acabamos de empezar a comprender el verdadero significado de la palabra y ya la estamos poniendo a trabajar. No sé si he logrado algo aquí, pero espero al menos haber destruido la idea de que hay una sola manera de existir y de hacer que merezca la denominación de «inteligente», y quizá incluso, haber mostrado que la inteligencia misma es parte de una mayor plenitud de la vida y del ser, que merece una atención más amplia por nuestra parte.

Esta afirmación subyace a otra de mayor calibre. Tanto el pensamiento científico como el pensamiento popular tienden a concluir que al final hay respuestas únicas para preguntas únicas. ¿Qué es la inteligencia? ¿Quién la posee? ¿Dónde se ubica dentro de nuestras rígidas estructuras y jerarquías de pensamiento y dominación? Susurren conmigo: *Quizá es que, simplemente, el mundo no funciona así.* Cuanto más nos acercamos en nuestro examen y cuando más intensamente interrogamos y tratamos de clasificar el mundo, más complejo e inclasificable se vuelve. Una tras otra, las taxonomías se descomponen y se desploman. En parte, este es el resultado de nuestras propias limitaciones innatas, el problema tal vez insuperable de nuestro propio *umwelt* y nuestra manera humana de existir. Pero también es un problema de entrelazamiento: el hecho de que, en el mundo más allá de lo humano, todo está ligado a todo lo demás y no hay jerarquías: no hay «superior» o «inferior»; no hay más o menos evolucionado. Todo es inteligente. ¿Y ahora qué?

2

La red de redes del bosque

A comienzos de 2018, fui invitado a dar una ponencia en un gran evento de mucho relieve en Vancouver. La charla versaría sobre algunos de los aspectos más oscuros de internet; en particular, sobre el efecto que tienen los vídeos y los algoritmos *online* en la infancia; un tema desagradable en el que no me entusiasmaba ahondar. Por otro lado, nunca había estado en la costa oeste de Canadá y el viaje incluía la promesa de conocer un paisaje nuevo y a gente interesante.

Como ponente en la conferencia, me ofrecían una variedad de «experiencias» regionales, pero me perdí la mayoría porque me escondí en la habitación del hotel, para reescribir y ensayar frenéticamente el texto de mi ponencia. Pero había una que me parecía demasiado buena para perdérmela: un tour por los bosques de secuoyas a las afueras de la ciudad, guiado por una bióloga de la Universidad de la Columbia Británica. De modo que me subí al autobús con una veintena de participantes y me fui a dar un paseo por el bosque.

Nuestra guía era la profesora Suzanne Simard, que ha dedicado décadas a estudiar los bosques de secuoyas gigantes de la costa del Pacífico canadiense. Mientras caminábamos entre los troncos musgosos, nos explicó que aquellos enormes árboles estaban íntimamente conectados unos a otros, y conectados a lugares muy alejados del propio bosque. Por ejemplo, una proporción significativa del nitrógeno esencial que absorben los árboles y otras plantas del bosque a través de sus raíces proviene en última instancia verdaderamente de muy lejos: de la mitad del océano Pacífico, a miles de kilómetros de distancia.

Esto lo sabemos porque hay un isótopo de nitrógeno especialmente pesado, llamado nitrógeno-15, que es mucho más común en las algas marinas que en la vegetación terrestre. Sin embargo, se encuentra en cantidades sorprendentes en los bosques cercanos a la costa, y el modo en el que llega allí es bastante formidable. Los peces que se alimentan de algas y del fitoplancton en las profundidades del océano son ricos en nitrógeno-15. Uno de estos peces es el salmón del Pacífico, que regresa cada año a desovar en los mismos ríos y arroyos en los que nace, en la costa oeste de Estados Unidos y Canadá. A medida que los salmones nadan río arriba, el oso negro y el oso pardo, que a su vez han realizado un largo viaje desde el interior para congregarse a lo largo de los ríos repletos de salmón durante el desove, los cazan y se los comen. Los restos del pescado –así como los copiosos excrementos de los osos– fertilizan a los árboles y otras plantas del bosque, marcándolos con ese indicador, esa forma específica de nitrógeno, transportada a lo largo de miles de kilómetros en el cuerpo de otra especie.[1]

Existen otras redes de distribución similares, e incluso de ayuda mutua, bajo el suelo del bosque, tal y como nos explicó la profesora Simard. Los árboles no pueden acceder a mucho de este nitrógeno de forma directa: en lugar de eso, confían en los hongos que crecen en, alrededor de e incluso a través de sus raíces. Estos hongos absorben y procesan el nitrógeno con sus propias enzimas, y pasan los nutrientes así obtenidos a los árboles. Las densas redes de fibras interconectadas que se encargan de que este intercambio tenga lugar se llaman micorrizas –un término literalmente generado a partir de la combinación de las palabras griegas para hongo (*mykós*) y raíz (*riza*)– y estamos apenas empezando a comprender su importancia.

El intercambio micorrizal no es un acuerdo unidireccional. A su vez, los árboles proporcionan a los hongos los azúcares y el carbono que producen en la fotosíntesis: productos solares para los habitantes subterráneos. Además, los árboles se conectan unos con otros a través de esta red, lo cual es aún más extraordinario. La profesora Simard se acercó a uno de los árboles más grandes del camino, y nos lo presentó como un «árbol madre», que actúa como nodo central de la red micorrizal. A medida que los nuevos retoños emergen del sotobosque, el árbol madre los infecta con los hongos, y utiliza a estos para aportarles los nutrientes que necesitan para crecer.

Los árboles son selectivos a la hora de decidir a quién ayudar: los árboles madre favorecen a su propia descendencia, les envían más carbón a ellos que a otros retoños con los que no guardan parentesco, y mueven sus raíces para hacerles sitio para que crezcan. Pero no son egoístas y van en ayuda de otras especies en momentos de necesidad. En verano, los abetos que permanecen a la sombra reciben carbono y azúcares de los abedules, que son más altos, mientras que en otoño, los abetos les devuelven el favor, cuando los abedules comienzan a perder las hojas.

Esta red viviente no se ocupa únicamente de compartir comida; también se comparte información. Si un árbol del bosque es atacado por insectos, libera una sustancia química a modo de alarma en la red. Los demás árboles reciben la señal y responden produciendo a su vez sus propias defensas químicas. De pie entre aquellos troncos gigantes, escuchando las explicaciones de Simard y de sus colegas, empecé a darme cuenta de que el bosque está lleno de un zumbido constante de señales ocultas a la vista y de un parloteo oculto a los oídos. Allí se estaban tomando decisiones, se llegaba a acuerdos, se hacían y deshacían negocios. Los árboles hablaban entre ellos. Todo un mundo de voces que nunca había oído –cuya existencia ni siquiera había sospechado– estalló en mi conocimiento.

Estaba fascinado y cautivado por este encuentro con unas redes de comunicación que nunca había visto o conocido, pero había que seguir adelante. Un par de horas después volvimos al autobús, regresamos a la ciudad y retomamos las conversaciones acerca de la tecnología, internet y las redes modernas, que parecen haber suplantado –o al menos ahogado– las del bosque.

Había pasado ya más de un año de aquello cuando una obra de ficción me hizo comprender la relevancia de lo que había aprendido en aquel breve encuentro. En la novela de Richard Powers, *El clamor de los bosques*, la vida de varios personajes se va entrelazando cada vez más con los árboles que los rodean y de los que dependen. En un capítulo, la morera plantada por un inmigrante chino en su nuevo patio cuando llega a Estados Unidos se convierte en el marco narrativo para una saga familiar que recorre varias décadas: una propuesta de matrimonio, una niña, una muerte, etcétera. En otra, un artista descubre una caja de fotografías tomadas por su bisabuelo, su abuelo y su tío a lo largo de un siglo. Las fotos, hechas cada año y desde el mismo lugar, muestran un ejemplar de una rara especie de castaño del Medio Oeste en la granja familiar: una secuencia centenaria del crecimiento de un árbol que va brotando mientras a su alrededor el mundo cambia. De forma gradual, a través de sus encuentros con los árboles, los diferentes personajes del libro se unen en una campaña para la preservación de algunos de los árboles más grandes y ancianos del continente: las secuoyas de California, de dos mil años de vida, destruidas casi por completo por la actividad maderera.

Uno de los personajes es una investigadora de los árboles llamada Patricia Westerford. Cuando aún está haciendo estudios de postgrado en la universidad, empieza a ver con otros ojos los árboles que estudia, y esto la singulariza con respecto al resto de los estudiantes. «Está segura, aunque carece de pruebas, de que los árboles son criaturas sociales. Para ella es obvio: las cosas inmóviles que crecen en comunidades mezcladas deben [de] poseer formas evolucionadas de sincronización. En la naturaleza hay pocos árboles solitarios. Esta creencia la aísla de los demás.» Cuando publica su primer artículo sobre la comunicación entre los árboles –un análisis de los arces, que se envían señales unos a otros para advertir de ataques de insectos– los críticos más respetados la critican ferozmente. Durante años sufre la marginalización y la ridiculización por parte de otros científicos por sus afirmaciones.

Para mí, Westerford es el personaje más cautivador del libro: es alguien que siente la certeza de su verdad profundamente y que insiste en realizar con gran tenacidad el trabajo científico y narrativo de convertir esa idea en un marco de conocimiento significativo y comunicable. Aunque pierde su empleo en la universidad y tiene que soportar años de itinerancia, permanece fiel a los árboles y desaparece en los bosques, viviendo en una sucesión de cabañas remotas, hasta que descubre que alguien está defendiendo su trabajo en su ausencia, y que los estudiantes de una nueva generación han adoptado sus conclusiones y siguen avanzando. «Su reputación, como la de la hija de Deméter, emerge del inframundo. Un puñado de revistas científicas defiende su trabajo original sobre las señales aéreas. Los jóvenes investigadores hallan pruebas fehacientes de ello en numerosas especies. Acacias que alertan a otras acacias de la presencia de jirafas. Sauces, chopos, alisos: a todos los descubren avisándose entre ellos de las invasiones de insectos a través del aire.» Finalmente, escribe un libro, *El bosque secreto*, que se convierte en un éxito de ventas.

En este caso, el arte va por detrás de la vida. Powers basó los escritos y descubrimientos de Westerford, su personaje de ficción, en el muy real trabajo de Suzanne Simard en los bosques de la Columbia Británica. Las otras vidas de los árboles, que descubrí, fascinado, al leer *El clamor de los bosques*, eran el relato de las mismas historias que había escuchado bajo los árboles en Vancouver. Ya sabía estas cosas. Pero no había entendido lo que significaban.

El logro de *El clamor de los bosques* es conseguir que estos descubrimientos tengan un significado a escala humana, trazar conexiones entre nosotros y los árboles que nos rodean. Powers utiliza la escala de la vida arbórea –su extensión en el tiempo y también su tamaño– para relatar un nuevo tipo de historia épica: multigeneracional, a escala planetaria y ecológica, en el sentido de que está profunda y responsablemente entrelazada con nuestro medio ambiente. A medida que leía, sentí que algo en mí cambiaba, tuve la sensación de haber estado ciego toda mi vida a acontecimientos y procesos, a vidas enteras que nos rodean permanentemente.

Siempre he estado más interesado en la palabra escrita sobre la página o en el código sobre la pantalla, y sin embargo, me vi de pronto asomándome a las ventanas para tocar las hojas de los árboles que había cerca, y parándome en la calle para recorrer, embelesado, las espirales y las grietas de la corteza viva.

Esto fue un shock para mí. No pensaba que no prestara atención a las extrañas vidas de las cosas. Me dedico al arte, a la tecnología y a la crítica tecnológica, de modo que he trabajado extensamente con las nuevas técnicas de la inteligencia artificial, que empecé a estudiar hace casi dos décadas, y que han experimentado una especie de renacimiento en los últimos años. En mi intento de entender estas tecnologías, he construido sistemas de aprendizaje para máquinas que tratan de cuestionar nuestros prejuicios acerca de la inteligencia de las máquinas y la capacidad de acción de los seres humanos, y acerca del camino por el que parecen llevarnos. El coche autónomo fue un experimento de ese tipo; en otro, utilicé las más avanzadas tecnologías de aprendizaje de máquinas para simular una conexión entre la meteorología en el Reino Unido y los patrones de votación en el Brexit, trazando paralelismos entre un tiempo tormentoso, la computación en la nube y un pensamiento nublado. Y lo que me asombraba siempre que abordaba la inteligencia de las máquinas era su absoluta extrañeza, su diferencia fundamental con respecto a nuestras formas de ver y de pensar. Y sin embargo, no había hecho extensible ese conocimiento a las aún más extrañas inteligencias que, tal y como averigüé, ya existían a mi alrededor.

Powers y Simard sugerían que otra forma de ver el mundo era posible, una forma infinitamente más vivaz e interconectada que ninguna que yo hubiera imaginado antes. En sus mundos, la información latía bajo el suelo y flotaba con la brisa, las interacciones rezumaban y cambiaban con el ritmo de las estaciones, y el conocimiento y la comprensión crecían, lenta pero inexorablemente, a lo largo de las décadas y los siglos. Más allá de lo humano, más allá de lo animal, ahora aparecía otro campo –reinos múltiples– de seres florecientes, activos e incluso inteligentes: las plantas y los hongos.

No siempre me he llevado bien con las plantas. No tengo buena mano y muchas han muerto bajo mi cuidado a lo largo de los años. Pero tengo la suerte de vivir con alguien con una aptitud muy diferente, de modo que en los últimos tiempos he vivido rodeado de plantas. Primero nuestro apartamento y luego nuestro jardín se llenó de enredaderas y vegetales, suculentas y plantas con flor, una algarabía de vida en constante crecimiento, en constante cambio. La presencia y la atención cultivan el conocimiento, y como consecuencia de esta cercanía, he empezado a distinguir especies, formas, colores y tendencias en lo que previamente me resultaba hermético.

Ya hemos visto que las formas de los cuerpos y sus relaciones entre ellos moldean la subjetividad de los animales, su *umwelt*. Piensen en los gibones arbóreos, dirigiendo su atención y su inteligencia hacia arriba, a los árboles; la forma en la que las habilidades del elefante dependen de su trompa, o las complejas dinámicas de grupo de los babuinos y los macacos. La inteligencia, al parecer, es algo físico y relacional, no un proceso completamente abstracto, sino uno estrechamente unido a nuestro ser y nuestro hacer. Y, si cada organismo tiene un *umwelt*, ¿cómo sería el *umwelt* de una planta? ¿Cómo sienten y actúan, cómo perciben y contribuyen al mundo a su alrededor? Mientras leía acerca de las atareadas vidas de los árboles del bosque, y del parloteo que atraviesa los micelios, miré a mi alrededor y empecé a preguntarme qué podría aprender de estos individuos en macetas, de estas leguminosas que se arrastran y de los brotes de *Brassica*, de los cactus y de los limoneros, y de la forma en la que cada uno, individualmente, responde y contribuye al mundo.

Por una parte, conocer a las plantas significa bajar a la tierra, tanto en sentido literal como figurado: tienes que meter el morro en el terruño, llenarte las uñas de barro, familiarizarte con la humedad del suelo y su composición. La primera consecuencia de esta familiaridad es que nos recuerda la importancia del lugar: cada sitio específico, con su propia relación con la luz y el calor, el sol y la lluvia, la sombra y el tipo de suelo. Lo abstracto se hace específico. Por otra parte, las plantas también nos conectan con todo lo demás, de nuevo tanto literal como figuradamente: sus raíces se entrecruzan bajo la tierra, las micorrizas crecen juntas y sus semillas se dispersan con el viento. Además, son anteriores a nosotros y hacen posible la vida en todas partes: a través de la fotosíntesis, la producción de tierra y la transformación de los nutrientes en alimento, las plantas fundan y sustentan el mundo.

Son estas cualidades las que convierten a las plantas en buenas compañeras a la hora de pensar acerca de la tecnología. Tanto las unas como la otra son sistemas complejos infinitamente generativos tanto a macroescala como a microescala. Por un lado, nuestras tecnologías contemporáneas de generación de energía, procesamiento de información, de comunicación y de sensores son mecanismos de soporte vital cruciales, que se reproducen a escala global y que permiten –a los seres humanos y a sí mismas– un poder casi ilimitado, un poder divino. Por otro lado, estos mecanismos dependen de conexiones minúsculas y de diminutos impulsos eléctricos; requieren de una base firme, de la atmósfera adecuada y de una atención humana constante. Con razón el poeta Richard Brautigan se vio impelido a imaginar «un bosque cibernético / lleno de pinos y electrónica / donde los ciervos pasean en paz / junto a los ordenadores / como si fueran flores / corolas giratorias».[2]

En algún punto entre estos dos extremos –entre la maceta y el bosque continental, entre el microchip y el satélite– se halla nuestra experiencia vital real, el lugar donde nuestros *umwelts* compartidos se encuentran y se mezclan. Porque, sin duda, por mucho que sea lo que nos diferencia, debe de haber puntos de coincidencia en nuestra conciencia, en nuestro sentido del mundo, que ofrezcan una apertura al entendimiento. Esto fue lo que ocurrió con mi coche autónomo; es lo que Barbara Smuts descubrió con los babuinos. Para llegar a entender un poco de lo que significan las plantas y por qué importan, debemos descubrir lo que tenemos en común: las maneras en las que compartimos el mundo.

Una forma de hacerlo es preguntar qué oyen las plantas. Esta simple pregunta suscita ya la respuesta: las plantas no tienen orejas ni receptores conocidos para captar las ondas sonoras. Y sin embargo, seguramente, son capaces de oír, como demostraremos. Cómo lo hacen, qué hacen con la información y qué implica esto para nuestras interrelaciones son cuestiones similares a aquellas que nos preguntamos acerca de la inteligencia animal: ¿de qué manera cambiamos al hallar sentidos no humanos y una impresión no humana del mundo?

En 2014, dos biólogos de la Universidad de Misuri grabaron el sonido de la oruga de la mariposa blanquita de la col comiendo berro. (*Arabidopsis thaliana*, berro de thale, es el macaco de las ciencias botánicas, la planta más popular en los experimentos biológicos, y nos ha enseñado muchas cosas sobre el crecimiento y la genética de las plantas. Es la primera planta con flor sobre la que se determinó su secuencia genética y cuyo ADN fue clonado, e incluso ha llegado a la luna.)[3] El equipo científico dejó que las orugas masticaran ruidosamente durante un tiempo, después las quitó y entonces les puso a las plantas la grabación con el sonido de las orugas. Inmediatamente, las plantas inundaron las hojas con defensas químicas con el objetivo de ahuyentar a los depredadores: respondieron al sonido como lo hubieran hecho con las orugas reales. Las oyeron venir. Es significativo que no respondieron de la misma manera cuando se les puso una grabación con otros sonidos –el ruido del viento o de diferentes insectos–; fueron capaces de distinguir entre distintos sonidos y actuar en consecuencia.[4]

La afirmación de que las plantas son capaces de oír y responder no es nueva. Pero estas afirmaciones no siempre son fiables. Es tristemente famoso el caso de la exitosa obra seudocientífica de 1973, *La vida secreta de las plantas*, que empleaba detectores de mentiras y grabadoras para «demostrar» que las plantas tienen emociones, habilidades telepáticas... y que pueden oír. A pesar de la oposición rotunda de la comunidad científica, que reprobó y desacreditó el libro, sus afirmaciones permanecen en la imaginación popular, así como en la firme creencia de que a las plantas les gusta la música clásica o que crecen mejor cuando se les habla. Aunque confieso que soy proclive a que me atraiga cualquier tipo de pensamiento mágico e imaginativo (y en particular, en este caso, a pesar de lo mucho que me gusta el extraño y maravilloso álbum conceptual de Stevie Wonder, *Journey Through the Secret Life of Plants*), la realidad –tal y como se observó en los experimentos con el berro en 2014– es aún mejor.

El berro exhibió lo que la ciencia llama «una respuesta ecológicamente relevante a un estímulo ecológicamente relevante»; es decir, una respuesta «de planta» ante un suceso «de planta». Si bien es poco probable que las plantas prefieran a Beethoven o a Mozart, el inglés o el árabe, la ruidosa masticación de las orugas, por el contrario, tiene un significado claro, y las plantas, a su vez, responden de forma significativa.

¿Cuál es la relevancia ecológica? Esta es la pregunta esencial que la ciencia rigurosa plantea ante cualquier afirmación que se haga acerca de las habilidades no humanas. Con el objetivo de comprender tales habilidades, es necesario encuadrarlas dentro de un contexto ecológico, el contexto de sus relaciones. No es suficiente con decir: «Ha ocurrido esto». Debemos poner cada acción en su contexto y entender por qué ocurre: en relación a qué presión, necesidad o deseo, o estímulo en particular. Solo entonces podemos decir que comprendemos verdaderamente una habilidad, y no únicamente que la hemos observado.

Esta es un arma de doble filo. Por una parte, restringe nuestra comprensión de tales habilidades a la comprensión de sus circunstancias y, como ya sabemos por los estudios de los animales, eso, por desgracia, puede resultar muy limitante. Eso es, precisamente, lo que nos impidió reconocer la inteligencia de los gibones, los delfines y otros animales durante mucho tiempo, porque no entendíamos completamente su contexto y por lo tanto no percibíamos señales relevantes. Es más, ¿de quién hablamos cuando hablamos de comprender? Un jardinero, un encargado de cuidar el césped o un habitante de un bosque tienen una percepción muy diferente acerca de la situación de una planta que un técnico de laboratorio. Por otro lado, centrar la atención en la relevancia ecológica nos lleva a fijarnos más en las relaciones que en las habilidades innatas: en lo que importa cuando las plantas, los animales, nosotros y otros nos encontramos. ¿Qué es lo importante en estos encuentros y de qué manera moldean nuestras relaciones?

Si el contexto de nuestras relaciones realmente importa tanto, entonces también importará en nuestras relaciones con la inteligencia de las máquinas. Quizá deberíamos estar pensando de forma más cuidadosa acerca del ecosistema en el que estamos educando a la IA, especialmente en el caso de las formas agresivas, dominantes y destructivas que parecen estar proliferando. Que el interés de estos sistemas esté excesivamente concentrado en la pérdida y el beneficio, en ganar o perder, en el control y la dominación, sugiere que su nicho ecológico –la porción del medio ambiente que moldea su evolución– es bastante estrecho. Sus respuestas aprendidas son las de una inteligencia corporativa, evolucionadas dentro de la ecología árida y asfixiante del capitalismo neoliberal, de las salas de comités de compañías tecnológicas y de una brecha financiera y social cada vez mayor. Si queremos que evolucionen de otra forma, tendremos que abordar y alterar esta ecología.

El concepto de relevancia ecológica comporta también otra cosa, todavía más trascendental. Demuestra que las plantas tienen un mundo. ¿Qué significa esto? Significa que las plantas sienten y responden a un mundo a través de la experiencia, un mundo que ellas mismas crean; más aún, que hay un «ellas» ahí que realiza el sentir y responder, un sujeto y no un objeto, una especie de yo, por muy abstruso y diferente que sea del nuestro. Tienen todo un *umwelt* propio. Las plantas se encuentran con, acceden, influyen en y reciben la influencia del mundo en sus propios términos y a su manera. La mayor parte de estas experiencias y respuestas son y siempre serán insondables para nosotros; pero el acto de oír –una capacidad que compartimos– las hace concebibles. De pronto, de ser un fondo de decorado, las plantas pasan a la acción una vez más, presentes y atentas. El acto de oír transforma la pasividad vegetal en una escucha activa, el letargo frondoso en una vibrante participación.

Por supuesto, acabamos de darnos cuenta, esto es una revelación novedosa solo para nosotros. Siempre han sido activas. De la misma manera que probablemente les da igual Mozart que Stevie Wonder, tampoco necesitan que nosotros sepamos que están ahí. Elegimos reconocer su existencia porque eso nos enriquece.

Una mañana, hace unos años, estaba paseando con mi pareja en las pendientes del Himeto, el monte que se alza en el extremo oriental de la ciudad de Atenas. Faltaba un día para que empezara la primavera; no la del calendario, sino la primavera del año, cuando todo estalla de pronto a una señal invisible. La montaña entera parecía estar preparándose para ello. A medida que descendíamos a través del bosque, rodeando el antiguo monasterio de Kaisariani, nos encontramos ante un cerezo a punto de florecer. La corteza granate se expandía, tirante, alrededor del tronco; las diminutas hojas estaban extendidas y tiesas; las ramas, punteadas de hinchados pimpollos rosas, la punta fruncida en un gesto de anticipación: el conjunto repiqueteaba con una energía apenas contenida, como si, con gran esfuerzo, aguantara la respiración. Nunca había sentido a un ser tan anhelante de vida sin que mediara movimiento visible alguno. Desde entonces he llegado a la conclusión de que así es como son los árboles, las plantas y gran parte de la tierra, casi todo el tiempo. Este sentimiento se ha convertido en una parte de mí y soy capaz de evocarlo casi en cualquier momento, simplemente dirigiendo mi atención consciente hacia el susurro de los árboles y el contoneo de las hojas. *Compartimos un mundo.*

Este mundo compartido no es plano ni tampoco es singular. Existen muchos –vivaces, ruidosos– mundos; y en un gran número de ellos no estamos incluidos en absoluto. Los experimentos con la capacidad de oír de las plantas sugieren que, como era de esperar, en muchos de estos mundos, las pisadas de una oruga importan más que la música clásica o que el habla humana. Es un bello ejemplo de la clase de descentralización del interés por la experiencia humana que debemos practicar hasta convertirnos en expertos en vivir mejor y de forma más responsable en un mundo más allá de lo humano.

Esta descentralización, y el reconocimiento de que la raza humana no es lo único que existe, no implica una reducción de nuestro mundo. Más bien, al igual que cuando ampliamos la virtud de la inteligencia a otros seres, la incorporación de los mundos vegetales al nuestro enriquece a ambos. Incluso aquellos mundos en los que no participamos suman a la totalidad de las sensaciones y las experiencias que forman la tierra viva y rebosante, en las que nos basamos y de las que dependemos para vivir.

La misma existencia de otros mundos, de numerosos mundos superpuestos, en los que tienen cabida una gran cantidad de cosas y muchas maneras de ver y de ser, debería entusiasmarnos. No es solo que sean posibles, sino que ya están presentes. El reconocimiento de una multiplicidad de otros mundos, los mundos de los otros, es la clave para desenredarnos de nuestra mayor decepción social y tecnológica, y enlazarnos de nuevo con una cosmología más significativa y compasiva.

Denomino esta decepción como la falacia del «mundo único». Desde la Ilustración, en los siglos XVII y XVIII, y durante la revolución científica que la siguió, nuestra comprensión del mundo se ha configurado a partir de una objetividad inadecuada: la creencia de que el mundo responde a una única narración coherente y que existe un único marco para su interpretación, igual para todos. La ciencia del siglo XVIII llamaba a esto «verdad de la naturaleza», a pesar de que sus intentos de fijar una definición de cómo funcionaba «realmente» la naturaleza implicaban eliminar contradicciones y particularidades. A medida que la práctica científica ha madurado, hemos llegado a comprender el valor de la interpretación, del conocimiento situado y de la opinión cualificada; pero esta falacia se ha perpetuado a través de nuestras tecnologías, que aplanan y agrupan las millones de expresiones diferentes del mundo.

El poder de estas herramientas para hacer legible el mundo a los humanos a su vez contribuye al determinismo tecnológico y al poder de la red: la creencia de que las herramientas producidas en las sociedades más dominantes por los grupos más dominantes no son solo las mejores para todos, sino que también son inevitables e inexpugnables. Y así, a diferencia del objetivo originario de la investigación científica, surge un desequilibrio entre el mundo tal y como lo percibimos y el mundo tal y como es. El intento de obligar al mundo a ajustarse al retrato que hacemos de él y la fricción que este intento genera en nuestras vidas y sociedades están detrás del gran mal de nuestra era: una confusión generalizada que se torna en enfado, ira y miedo. Es el resultado de intentar encontrar la verdad y un sentido en un mundo único, una única caja en la que embutir todas las contradicciones y las paradojas de la realidad. Pero en realidad, existe una infinidad de mundos...

El hecho de que todavía seamos capaces de vivir, de funcionar, de sobrevivir y prosperar juntos en este mundo de muchos mundos implica, también, que estos mundos son compartidos. Hay puntos y planos de intersección, de experiencia y conocimiento compartido. Las mismas vibraciones de la atmósfera atraviesan a todos los habitantes de la tierra –animales, plantas y diversos otros–, tanto si les gusta la música clásica como si no, tanto si nos damos cuenta de ello como si no. Si prescindimos de la falacia del mundo único para todos, nos damos cuenta de la enorme multiplicidad de mundos que se sostienen juntos. Esta es una cosmología mucho más rica que el solipsismo de un único mundo; es un reconocimiento de la existencia y la experiencia comunales. *Compartimos un mundo*. Nosotros oímos, las plantas oyen: todos oímos juntos. Todos sentimos el mismo sol, respiramos el mismo aire, bebemos la misma agua. No importa si oímos los mismos sonidos de la misma forma o si son relevantes de la misma manera. Existimos, juntos, en la experiencia compartida y en la creación de un mundo más allá de lo humano.

Esta cadena de comprensión es importante, me parece a mí, porque supone una transformación fundamental de nuestras posibilidades de pensar no solo acerca de las vidas de las plantas y los árboles, sino acerca de todas esas otras mentes, seres y personas. Favorece una clase completamente diferente de pensamiento, más abierta y clara. Porque reconocer la existencia de mundos no humanos y, a continuación, la existencia de un mundo compartido nos ayuda a navegar el doble peligro que afrontamos al pensar acerca del mundo más allá de lo humano: el antropocentrismo y el antropomorfismo. El primero es el peligro de pensar que los seres humanos estamos en el centro de todo; el segundo es el peligro de que, al tratar de acceder a la experiencia no humana, simplemente la amoldemos a una triste sombra de la nuestra.

Reconocer por completo que las plantas, animales y otros seres no humanos tienen sus propios mundos que son esencialmente diferentes al nuestro y que escapan a nuestra comprensión supone el comienzo del fin del excepcionalismo y el supremacismo humano. Los humanos no estamos en el centro del universo. Al apartarnos de ese centro, podemos empezar a imaginar realmente cómo podría ser un mundo en el que no seamos lo más importante, y considerar la riqueza de los mundos no humanos en sus propios términos.

Sin embargo, cierta medida de antropomorfismo –la atribución de características, emociones e intenciones humanas a los no humanos– es inevitable. Al fin y al cabo, es la única manera de comenzar a entender a otras entidades vivas. Somos *anthropos*, y no tenemos otra manera de abordar otros mundos más que a través del nuestro. Pero si logramos, de forma consciente, tener en cuenta nuestra diferencia, reconocer nuestra propia perspectiva limitada y evitar imponerla sobre el resto, estas cuestiones no tendrían por qué ser una barrera para acceder y actuar sobre la base de intereses e intenciones compartidos. De hecho, es precisamente a través del reconocimiento de la diferencia como se vuelven posibles una acción y una vida compartidas sin el peso de la dominación y el control. Tratamos de conocernos y no de conquistar. Nos encontramos cómodos tanto en un silencio sociable como en el diálogo. Tenemos muchas palabras diferentes para las mismas cosas.

Esta posición nos permite incluso pensar de nuevo acerca de habilidades que son ecológicamente *irrelevantes*, o al menos que lo son en apariencia. Aún no tenemos ni idea de por qué los huevos de los pájaros tienen una coloración brillante, por ejemplo (lo cual parecería una invitación para los depredadores), o por qué el plancton es tan diverso que desafía las leyes de la competencia evolutiva.[5] Pero no tenemos por qué contar con una explicación completa de cada mecanismo para poner a prueba nuestras teorías, porque –a diferencia de como está diseñada la mayoría de los experimentos científicos– vivimos en el mismo mundo que los sujetos a los que estudiamos. Y eso es estupendo: de pronto, un vasto horizonte de comportamientos inexplicables pero obvios despierta nuestra curiosidad y se vuelve concebible.

Un comportamiento extraordinario de este tipo es la habilidad de las plantas para recordar. Que las plantas sean capaces de oír de alguna manera no requiere que agucemos demasiado la imaginación. Pero la idea de que puedan recordar –y por lo tanto, quizá, pensar y reflexionar y hacer las cosas que nosotros, los humanos, hacemos con la memoria– en fin, esa idea sí supone un esfuerzo imaginativo. Después de todo, no poseemos ni la más mínima noción de qué estructuras o qué procesos podrían hacer posible tal comportamiento. Y sin embargo, sabemos que las plantas recuerdan.

La mayor –y más controvertida– exponente de la memoria de las plantas es la bióloga australiana Monica Gagliano, cuyo historial científico es una lección práctica de pensamiento ecológico. Gagliano comenzó su carrera académica como ecologista marina en los años noventa, estudiando el comportamiento de los peces en la Gran Barrera de Coral australiana, antes de dedicarse al mundo de las plantas. Esta experiencia es la que marca la pauta en la práctica de sus trabajos. Históricamente, la aproximación de la ciencia al estudio de las plantas ha sido una aproximación mecánica; es decir, la ciencia las analiza y las reduce a una serie de acciones y reacciones, considerándolas más como una serie de mecanismos formados por componentes, como un conjunto de pequeñas máquinas interconectadas, y no tanto como organismos enteros. Y esto significa que las consideramos de forma muy parecida a como vemos las máquinas: únicamente capaces de reaccionar a estímulos de manera automática, predeterminada y predecible. La botánica solo ve una estrecha relación de causa y efecto, y a menudo no logra apreciar la vida y la experiencia completa del organismo. Por el contrario, Gagliano considera que las plantas poseen un comportamiento, como los peces de los arrecifes tropicales que estudiaba con anterioridad.

La compañera favorita de Gagliano en esta investigación es la *Mimosa pudica*, también conocida como la «dormidera», «sensitiva» o «mimosa púdica o vergonzosa». La mimosa exhibe un comportamiento particularmente sorprendente: si se tocan las hojas, con un palo o con la mano, de pronto las repliega rápidamente y las aprieta hasta dejarlas cerradas. Pertenece a una rara clase de plantas cuyo movimiento es visible a simple vista: solo la venus atrapamoscas, con unas mandíbulas que se cierran automáticamente, y la planta telégrafo, cuyas hojas danzantes embelesaron a Charles Darwin, pueden rivalizar con ella en cuanto a la rapidez. Esta característica la convierte en una compañera excelente y comunicativa en los experimentos.

Gagliano quería cambiar la comprensión que la ciencia tenía de las plantas, deseaba mostrar que son capaces de aprender de la experiencia y alterar su comportamiento como resultado de este aprendizaje, una capacidad que la ciencia suele reservar para animales «superiores».[6] Con el fin de demostrarlo, ideó un sencillo mecanismo: un tarro sujeto a un riel vertical que, cuando se soltaba, dejaba caer a una mimosa en su maceta desde una altura de exactamente quince centímetros, sobre una superficie de gomaespuma. El suave plaf al aterrizar era lo bastante fuerte para sorprender a la planta y hacer que cerrara las hojas, pero no lo suficiente como para dañarla: un estímulo científicamente preciso, con una respuesta ecológicamente relevante y medible. Las hojas de la mimosa tienen unas pequeñas estructuras hidráulicas en su base que, bombeando o drenando el agua, les permiten expandirse o contraerse, logrando así que las hojas se curven. Esta acción de curvarse se entiende como una respuesta a un peligro: o bien un depredador animal o una temperatura y evaporación excesivas. En cualquier caso, un estudio tradicional de causa y efecto probablemente terminaría ahí: se ha establecido una relación entre el estímulo y la respuesta; el mecanismo se conoce y se comprende; nuestras expectativas de las capacidades de la planta se han cumplido pero apenas se ha ido más allá.

Gagliano fue más allá. Continuó dejando caer a las plantas, una y otra vez, hasta sesenta veces por sesión, a lo largo de múltiples sesiones. Trescientas sesenta caídas por día: un maratón de golpes y shocks. Plaf plaf plaf. Aquello reveló que solo hacían falta unas cuantas caídas –apenas cuatro o cinco– para que la planta se diera cuenta de que no corría peligro y de que era seguro mantener las hojas abiertas (otro test al margen de este, con un estímulo diferente que también provocaba la respuesta de cerrar las hojas, demostró que no se trataba simplemente de que estuvieran exhaustas por la actividad). Al final de las sesiones de sesenta caídas, a las plantas no les molestaba la caída en absoluto: habían aprendido a ignorarla.

Entender una lección es una cosa; su valor depende de la capacidad para recordarla después, para poner en práctica el conocimiento adquirido. Así que Gagliano y sus colegas hicieron una pausa y después volvieron a realizar el test con mimosas individuales, de tal manera que demostraron que, a lo largo del tiempo, retenían la memoria de la caída y el cambio de comportamiento asociado a ella. Las mimosas no son máquinas; con esto deberíamos comprender que ninguna planta lo es. Son más que la suma de una serie de acciones y reacciones preprogramadas. Las plantas aprenden, recuerdan y alteran su conducta en respuesta al mundo que las rodea.

Este es un descubrimiento asombroso. No solo contradice todo lo que pensábamos que sabíamos acerca de las plantas, sino que supone una revisión de las propias categorías de conocimiento con las que contamos para comprenderlas. Tanto es así, que a Gagliano le llevó años llegar a publicar un artículo con sus resultados, después de ser rechazado por más de una decena de revistas académicas, muchas de las cuales ni siquiera reconocieron haberlo leído, y menos aún haberlo enviado para una revisión por pares. Parte del problema es el conservadurismo consustancial a la academia –dar un vuelco radical a décadas de conocimiento no es solo algo difícil de hacer: es difícil de imaginar y de admitir– pero otra parte es, simplemente, burocrática. ¿Dónde colocamos este nuevo conocimiento? ¿A qué ámbito pertenece? ¿Entra dentro de la botánica o de la fisiología, de la etología o de la psicología?

En palabras de Gagliano, «estábamos un poco verdes para el espectáculo que nos tenía preparado la *Mimosa*, del que, no obstante, todos –desde una candidez inexperta o desde un terco rechazo– formábamos parte». El descubrimiento del comportamiento de la mimosa era indiscutible y requería que revisáramos nuestras suposiciones. La ciencia tiene tendencia –una directriz primordial, casi– a comprender los fenómenos a través de las estructuras que los producen; de nuevo, la vieja relevancia ecológica. La memoria se entiende como un proceso estructural que tiene lugar en el cerebro, en la interacción entre moléculas concretas y conexiones sinápticas. En este sentido, la memoria depende del cerebro. ¿Cómo puede ser, entonces, que algo que no tiene un cerebro distinguible pueda recordar? Es, sencillamente, inconcebible.

Pero podemos mirarlo de otro modo. En lugar de negar la existencia de la memoria en las plantas porque las plantas no tienen cerebro, descubrimientos como el de Gagliano nos dan la oportunidad de repensar qué es la memoria, y de admitir que quizá pueda surgir de otras maneras, en otras estructuras, en otros seres. Como la inteligencia de los pulpos, la memoria de las plantas es un fenómeno análogo que funciona en un *hardware* completamente distinto.

Un aspecto intrigante en la descripción que hace Gagliano sobre su investigación –y uno que incomoda a muchos otros científicos– es que, para ella, cada resultado experimental es el resultado de una planta que habla. Y lo dice en el sentido literal: a través de una larga práctica de la meditación y de rituales chamánicos, recibe instrucciones directas de entidades a las que ella reconoce como los espíritus de las plantas, que la asesoran sobre cómo concebir y estructurar sus experimentos. Cada uno de estos encuentros, entonces, supone una introducción, una apertura del canal que permite que el sujeto experimental hable por sí mismo, que la mimosa declare su capacidad, ahora que estamos preparados para escucharla. Y cada vez que la planta habla, las fronteras que, según creíamos, delimitaban nuestros mundos se tambalean.

Si es usted escéptico, está bien. Pero no es necesario aceptar como real la comunicación directa de Gagliano con los espíritus de las plantas para aceptar los resultados de sus experimentos, que se ajustan en todo a las más estrictas normas científicas, incluidas la revisión por pares y la reproducibilidad.[7] Para mí también es difícil tomarme en serio algunos aspectos de la descripción de Gagliano. Sin embargo, he tenido mi propia experiencia personal con la ayahuasca, una de las plantas con las que ella se comunica, y que también me ha hablado a mí. He oído hablar a una planta y aún no comprendo del todo cómo ocurre ni puedo describir adecuadamente la experiencia, pero sé que ha ocurrido y eso me cambió por completo.

Es difícil romper con el condicionamiento científico occidental. Nos pone dificultades incluso a la hora de confiar en nuestras propias experiencias, ya sea la extática experiencia de los encuentros espirituales bajo los efectos de sustancias sicodélicas, o la extraña sensación de comunión al mirar a los ojos a otra especie. Esto es parte de la genialidad de los experimentos de Gagliano: la rigurosa aplicación del método científico, el cuidado al ponderar y realizar las pruebas con las plantas de mimosa y la reproducibilidad de su método significa que no tenemos que depositar nuestra confianza en la propia experiencia subjetiva. Lo que se requiere de nosotros es que estemos abiertos a cambiar nuestra mente.

La mimosa habla, el mundo cambia. Estamos obligados a tener en cuenta una realidad diferente de la que conocíamos hasta ahora. Cuando nos abrimos a las voces del mundo más allá de lo humano, el resultado siempre es este: el agrietamiento y el colapso de los límites establecidos en el pensamiento y el sentimiento. Este es el efecto que aflora a través de estos encuentros, con todo tipo de inteligencias, incluidas las «artificiales». Las máquinas nos ganan al ajedrez, controlan el volante del coche y realizan descubrimientos científicos, y lo que creíamos que eran empeños exclusivamente humanos se convierten, por el contrario, en empeños compartidos. Los babuinos contemplan intensamente las pozas de agua, y vemos de pronto la experiencia de la contemplación, que creíamos totalmente nuestra, reflejada y ampliada en la suya. Las plantas tienen un mundo, un mundo diferente del nuestro, y, ay, ¡compartimos un mundo! Siempre, el reconocimiento de la voluntad y la diferencia del otro en realidad nos acerca, mientras se amplían nuestra visión, conocimiento y experiencia. Ese reconocimiento nos engrandece.

El campo simplemente crece y crece. Las plantas no solo oyen y recuerdan; también emiten sus propios sonidos. En otro experimento, Gagliano grabó el sonido de unos granos de maíz que emitían chasquidos a frecuencias mucho más allá de la percepción humana, sin que se sepa su propósito. Resulta que las plantas también pueden oler, y detectan tanto a depredadores como las señales de advertencia que emiten las plantas vecinas. Incluso pueden olfatear a sus presas, como hacen los animales: la cuscuta es una planta trepadora parasítica que rastrea con el olfato a la víctima apropiada, y luego la envuelve y se alimenta de ella. Las plantas toman decisiones en función de una información compleja, como por ejemplo, escoger la mejor respuesta ante la competencia cercana. ¿Crecer de lado, enraizar más profundamente o llegar más alto? Pueden secretar sustancias químicas a medida para atraer o ahuyentar a animales, envenenando a unos y creando adicción en otros. Las plantas tienen propiocepción, ese «sexto sentido» que nos permite saber dónde están las partes de nuestro cuerpo sin necesidad de verlas. Las plantas reconocen y responden de forma diferente a sus semejantes y a parientes cercanos. En resumen, las plantas actúan, y actúan de formas que, en los animales, consideramos como indicadores de inteligencia.[8]

Solo en la última década, hemos atravesado una línea otrora invisible en nuestra relación con las plantas: de ser objetos, se han transformado a nuestro entender en sujetos y, como en cualquier conversación, su naturaleza como sujetos continuará ampliando su alcance cuanto más dialoguemos con ellas. Como en el caso de las habilidades de los animales, el registro de la voluntad de las plantas crecerá y crecerá a medida que admitamos más y más posibilidades, a medida que desarrollemos nuevas teorías y diseñemos aparatos para realizar más experimentos.

No se trata aquí de hacer ninguna afirmación específica sobre la inteligencia de las plantas. La forma exacta de la inteligencia de las plantas deberá ser para siempre parcialmente, o en su mayor parte, insondable para nosotros, por la diferencia radical que existe entre nuestras propias vidas y nuestra experiencia del mundo, y las de las plantas. Pero como compartimos un mundo, podemos pensar acerca de qué puedan ser la inteligencia y la memoria cuando incluimos a otros en ese pensar, cuando las entendemos como algo que actúa entre nosotros y en el mundo, en lugar de solo en el interior de nuestras cabezas. Existen infinidad de libros acerca de la inteligencia de las plantas y los animales, pero todos dirán lo mismo: que los no humanos son brillantes y también incognoscibles, y que el mayor gozo en la tierra se encuentra no en realizar test y clasificaciones sino en avanzar juntos.

Otra cuestión es cómo hablamos de esta recién descubierta condición de sujeto de las plantas. ¿Cómo explicamos estas habilidades recién reconocidas, esta vida que ya no solo bulle sino que piensa? Es tentador, como con los animales no humanos, pasar inmediatamente a hablar de la inteligencia de las plantas como si fuera comparable a la de los humanos, admitir al geranio y a la enredadera en el selecto club que acabamos de empezar a reorganizar. Pero, de nuevo, no estaríamos entendiendo la cuestión. Como cuando restringimos la inteligencia «artificial» al tipo de cosas que hacen los humanos, esto supondría el camino más corto hacia el antropomorfismo y el antropocentrismo. Sea lo que sea lo que hacen las plantas, puede que se parezcan a los seres humanos y a otros animales en algunas cosas, pero son claramente diferentes de otras maneras significativas. Está claro que la inteligencia es insuficiente como vía para explicar estas habilidades. La inteligencia de las plantas, sea lo que sea, es una inteligencia «de planta».

El debate acerca de la inteligencia de las plantas, la inteligencia de los animales y la inteligencia artificial, e incluso la de los humanos, es un debate que resulta interminable y, en última instancia, también inútil, porque es un debate acerca del significado de las palabras más que de la existencia de las cosas. Solo comenzamos a avanzar cuando aprendemos a hacer preguntas que se relacionan menos con «¿eres como nosotros?» y que están más interesadas en «¿cómo es ser tú?».

La razón por la que resulta tan difícil comprender en qué puede consistir la inteligencia de las plantas es, precisamente, que es muy diferente de la nuestra. Una objeción evidente a la idea de la inteligencia de las plantas es que las plantas no tienen cerebro. Sin embargo, una de las fortalezas de las plantas es, justamente, que no tienen órganos centrales irreemplazables. Las plantas son modulares: pueden sobrevivir tras perder el noventa por ciento de sí mismas y muchas especies pueden reproducirse a partir de pedazos rotos o de esquejes. En medios particularmente severos, como los desiertos, los esquejes tienen más éxito que las semillas para producir nuevas generaciones, y por esa razón, muchas suculentas son especialmente duchas en este tipo de reproducción. La modularidad crea resiliencia: la veneración de órganos concretos, como hacen los animales, oculta tales habilidades. Repensar qué podría ser la inteligencia nos permite, asimismo, repensar los modos y los mecanismos que podrían producirla, e inventar, así, nuevas maneras de ser inteligente.

Algunas plantas, como las suculentas, también producen clones: descendencia genéticamente idéntica que puede separarse del progenitor, o seguir sujeta a él, dándole nuevas formas. Si bien la clonación puede ser una debilidad porque una descendencia genéticamente idéntica es vulnerable a las mismas amenazas que el progenitor, a su vez puede crear criaturas extraordinarias. Un caso asombroso de clonación es Pando, un álamo que vive en el Bosque Nacional Fishlake, en Utah. Por encima de la superficie, Pando parece un bosque. Tiene la forma de más de cuarenta hectáreas de álamos temblones; cuarenta y siete mil árboles altos y delgados, con nudos negros sobre una corteza blanca, cuyas hojas adquieren un tono amarillo brillante durante el otoño. Pero, de hecho, Pando es un individuo, un solo organismo, en el que cada tronco de árbol resulta ser un brote de un único sistema de raíces. Se trata de uno de los individuos de mayor tamaño y edad en la Tierra.

Pando nació hace alrededor de ochenta mil años, o quizá muchos, muchos más: un estudio le asigna una edad de cerca de un millón de años.[9] La edad de los árboles clónicos no puede datarse a través de sus anillos, ya que cada tronco es tan solo un tallo de una raíz más anciana. Durante la mayor parte de la vida de Pando, las condiciones han sido prácticamente perfectas para un álamo clónico: los incendios forestales frecuentes evitaban la competencia de las coníferas, mientras que el cambio gradual del clima, de un tiempo húmedo y acuoso a unas condiciones semiáridas de tiempo seco, impedían que otros álamos más jóvenes arraigaran y establecieran una rivalidad. De hecho, apenas ha crecido ningún álamo temblón a partir de una semilla en el oeste de Estados Unidos en diez mil años, y sin embargo el álamo se mantiene como el árbol más ampliamente extendido de Norteamérica.

Hoy día, se cree que Pando está muriendo, aunque muy, muy lentamente. No se ha detectado crecimiento nuevo alguno durante varias décadas. Las causas posibles son numerosas, pero todas apuntan a la intervención humana. La construcción de cabañas y lugares de acampada dentro de los límites del área de extensión de Pando reduce la probabilidad de que se produzcan los purgantes incendios forestales de los que dependen los álamos, mientras que la desaparición de osos, lobos y pumas ha favorecido una explosión demográfica del ciervo mulo. El ciervo, junto con el ganado, se come los retoños de los álamos. Allí donde los álamos han sido comidos o se han recortado, ya no brotan de nuevo.[10]

Pando no fue «descubierto» hasta los años sesenta, sobre todo porque no tiene el aspecto de un solo árbol: rompe con nuestra definición de árbol. Pero, a medida que se expande nuestra idea de qué es un árbol, se expanden también nuestros modelos para pensar acerca de otras estructuras en el mundo. En efecto, descubrir y comprender la comunicación misma de las plantas le debe mucho a este tipo de replanteamientos radicales de la manera en la que vemos el mundo, y esto nos lleva, a su vez, a nuevos descubrimientos.

Antes he mencionado la micorriza, que forma la base de la vida en el bosque: las redes que procesan, almacenan, extraen y transportan alimento e información entre las plantas de la superficie. Pensar en estas redes –pensar en el mismo hongo– como separadas de las plantas a las que conectan en realidad no es correcto. Tal y como hemos descubierto en décadas recientes –como con todo lo que hemos descubierto en décadas recientes– el reino de los hongos y el reino de las plantas no están separados realmente. Es de vital importancia comprender la naturaleza de esta interrelación para entender nuestro propio entrelazamiento con el mundo más allá de lo humano.

Las primeras plantas eran meras aglomeraciones de tejido celular, sin raíces ni hojas ni ninguna de las estructuras especializadas que hoy reconocemos en las plantas. Eran descendientes de algas marinas simples que quedaron varadas en las orillas, se agarraron en las playas y los acantilados, y se mantuvieron vivas únicamente a través de la fotosíntesis. Pero hace alrededor de cuatrocientos millones de años –al menos, esa es la fecha de los fósiles más antiguos que hemos encontrado– estas protoplantas comenzaron a asociarse con los hongos: desarrollaron lóbulos y órganos carnosos para acoger a sus compañeros micorrizales. Este es el origen de las raíces de las plantas: extremidades exploradoras en busca no ya de alimento, sino de compañeros en el proceso de producir vida.

Las plantas y los hongos no se limitan a interactuar bajo tierra; se atraviesan entre sí. Algunas partes del hongo, de hecho, viven dentro de las células de las plantas, y forman, en la práctica, un sistema raigal extendido, con una longitud más de cien veces mayor que las raíces mismas de la planta. Y estas hebras fúngicas, llamadas «micelio», se expanden por todas partes y a través de todo. Lo que pensamos que es la tierra misma, en realidad es, en parte, hongo; entre un tercio y la mitad de su materia viva. Las plantas, los hongos y el ecosistema entero del que dependemos los seres humanos y toda la vida en la Tierra es inseparable, hasta el mismo nivel celular.

La relación entre el hongo y la planta es simbiótica: ambos son interdependientes. Tal y como explica el micólogo Merlin Sheldrake, «Lo que llamamos "plantas" son en realidad hongos que han evolucionado para cultivar algas, y esas algas han evolucionado para cultivar hongos».[11] Debemos comprender, entonces, que nuestras propias vidas dependen, simbióticamente, de relaciones de este tipo: los alimentos que comemos, el medio ambiente que habitamos e incluso el clima que –afortunadamente, por ahora– disfrutamos.

Un entorno en el que podemos poner a trabajar lo que sabemos de la micorriza son los modelos climáticos globales. Estos modelos consisten en simulaciones computacionales complejas creadas por meteorólogos y científicos del clima, que les permiten reconstruir y predecir el efecto de varios fenómenos sobre el comportamiento de la atmósfera. Estas simulaciones son capaces de explorar cambios históricos de hace millones de años, así como las crisis que nos acechan hoy día, provocadas por nuestras propias interacciones destructivas con el planeta. Al modificar las cifras que se introducen en la simulación, podemos observar cómo diferentes condiciones producen distintos resultados.

Estos modelos pueden ser increíblemente sofisticados. En la Universidad de Leeds, los investigadores crearon un modelo climático que exploraba el modo en que la disponibilidad o ausencia de fósforo –un nutriente clave para las plantas– desempeñó un papel en la transformación atmosférica que tuvo lugar en el período devónico, hace entre trescientos y cuatrocientos millones de años. Este es el período en el que las plantas, ya firmemente establecidas en tierra, expandieron masivamente su territorio, creciendo más rápido, más alto y sobre una extensión mayor que nunca antes. La repentina aparición de tal cantidad de plantas verdes tuvo como consecuencia una dramática reducción del dióxido de carbono en la atmósfera de la Tierra: hasta un noventa por ciento menos en comparación con la era anterior. Los investigadores pensaban que este crecimiento explosivo podría haber sido causado por un incremento en la presencia de fósforo en el suelo, y eso es lo que inicialmente modelaron. Pero la causa real, al parecer, puede haber sido la micorriza. La cifra que marcó una diferencia mayor en el modelo no fue simplemente la cantidad de fósforo disponible para las plantas, sino la eficacia con la que podían asimilarlo, una eficacia totalmente determinada por las redes micorrizales de las plantas. Al añadir hongos micorrizales al modelo, el equipo de investigación mostró que la cantidad de dióxido de carbono y oxígeno en la atmósfera, así como la temperatura global –el sistema climático entero– dependía de la relación micorrizal entre las plantas y los hongos. Toda la vida –y cada cambio en la vida– depende de las relaciones micorrizales.[12]

Existe otra manera en la que hemos llegado a depender de las redes micorrizales; no como materia sino como metáfora. La repentina toma de conciencia, mientras paseaba por el bosque de secuoyas a las afueras de Vancouver, de la existencia de una red vibrante y activa bajo mis pies por la que pasaban enormes cantidades de información y de nutrientes no era algo enteramente nuevo para mí. Es la misma sensación que experimenté cuando comencé a entender y a crearme una imagen de la infraestructura de internet: la inmensa red planetaria de cables, transmisores, máquinas y señales electromagnéticas que hoy día sustenta y regula a la humanidad. Estos microprocesadores y centros de datos, cables submarinos y transmisiones inalámbricas son nuestra propia red micorrizal, que interpenetra en la vida diaria, gestionando nuestros suministros y solicitudes, alterando el clima y tocando nuestra propia piel, o incluso atravesándola, como en el caso de los implantes cocleares, los marcapasos, y quizá muy pronto, las conexiones neuronales.

Cuando Simard publicó sus descubrimientos en *Nature*, probablemente la más importante revista científica global, su editor le pidió al distinguido botánico, David Read, que escribiera una reseña. Juntos, este dúo pensó en una nueva frase resonante para describir las redes micorrizales, que se convirtió en el titular de la portada de aquel número de *Nature*: «La red de redes del bosque».[13]

En los años sesenta, cuando un naciente internet empezaba a tejer sus filamentos a través del planeta, lo hizo principalmente a través de departamentos universitarios. Lo que impulsó que se comprendiera y se adoptara extensamente fue el desarrollo del hipertexto y la invención de la red de redes mundial por Tim Berners-Lee en la Organización Europea para la Investigación

Nuclear –el CERN, por sus siglas en francés– en 1989 (especialmente ideado para compartir documentos académicos). Pero el talento de la red no se limitaba a la información: su existencia misma nos dio nuevas herramientas para identificar y entender las propias redes.

Antes de la aparición de internet, la ciencia carecía de las herramientas necesarias para comprender cómo funcionaban los sistemas de red en el mundo real. El principal instrumento con el que contaban era la teoría de grafos, que considera las redes como un sistema de vértices o nodos y aristas. La teoría de grafos fue inventada por el matemático suizo Leonhard Euler en 1736, como solución al problema de los siete puentes de Königsberg: un intento de encontrar un camino a través de la ciudad, que cruzara todos los puentes una sola vez. Para demostrar que era imposible trazar ese camino, Euler, de forma brillante, generalizó el problema, mostrando que se podía calcular matemáticamente, sin referencia alguna a la geografía real de Königsberg. Sin embargo, si bien la teoría de grafos continuó siendo útil para cuestiones puramente topológicas –y para muchas otras cuestiones–, no explicaba algunos de los comportamientos de las redes en la realidad, como por ejemplo, su capacidad para escalar o su tendencia al error.

En los años noventa, un nuevo tipo de ciencia, llamada teoría de redes, empezó a surgir a partir del estudio de la propia red global de internet. Un equipo de investigación de la Universidad de Notre Dame (Indiana, Estados Unidos), dirigido por el físico norteamericano de ascendencia húngara, Albert-László Barabási, mapeó la topología de una porción de la red y descubrió que algunos vértices, a los que llamaron «*hubs*» [«concentradores»], tenían muchas más conexiones que otros, pero que la distribución de estas conexiones era consistente a lo largo de toda la red. La red, concluyeron, es «libre de escala», lo que significa que la red podía continuar funcionando independientemente del número de vértices, y que, a medida que crecía, su estructura subyacente permanecía igual. Las redes libres de escala pueden tener algunos vértices con muchas conexiones y muchos vértices con unas pocas conexiones, y aun así, seguir funcionando de manera eficaz. En esto, parecía imitar a muchas de las redes que ocurren de forma natural en el mundo, incluidos los sistemas económicos, las citas entre artículos académicos, las reacciones bioquímicas dentro de los organismos y la propagación de las enfermedades. «Aunque ha sido diseñada enteramente por humanos –escribió Barabási–, la red emergente parece tener más en común con una célula o un sistema ecológico que con un reloj suizo.»[14]

Desde entonces, la teoría de redes ha transformado el modo en que comprendemos el mundo. Aparece en los estudios de epidemiología, biología, astrofísica y economía. Ha revolucionado nuestra manera de pensar acerca de las relaciones entre personas, así como acerca de las relaciones entre las plantas y los hongos. Ha ayudado a ampliar nuestro conocimiento del cerebro humano y de las redes neuronales artificiales. Ha allanado el camino para nuestra comprensión de la red de redes del bosque.

Todo esto no implica que la propia red micorrizal sea realmente idéntica a internet. El micelio –los filamentos conectores de esta red– no es un mero conjunto de cables de transmisión, sino colaboradores activos de un todo, con su propia capacidad de decidir y de procesar. Los hongos y las plantas no son simples almacenes o servidores; son, también, formas de vida individuales con su propia disposición y voluntad. Al pensar acerca de la extraña y asombrosa vida de los otros seres, debemos tener cuidado de no caer en modelos reductivos y antropocéntricos. Sin embargo, el poder de la teoría de redes, y quizá de forma más relevante, la idea de las redes libres de escala universales, es que nos permite apreciar estas formas de una manera que antes nos estaba vedada. Esto es un regalo de lo tecnológico a lo ecológico: una forma de mirar y de pensar el mundo natural que emerge de cosas que hemos construido los propios seres humanos.

Esto parece reforzar nuestra idea de la Inteligencia Artificial como una especie de guía para comprender otras inteligencias que nos rodean más allá de la humana. Tal y como hemos visto, los animales y las plantas son capaces de «hacer» inteligencia en todo tipo de maneras interesantes. En efecto, hacen muchas cosas «inteligentes» mejor que nosotros: los chimpancés pueden recordar secuencias más largas de números observadas momentáneamente, por ejemplo, mientras que las raíces de las plantas y el moho mucilaginoso son capaces de hallar el camino más corto hasta el alimento de forma mucho más eficaz que nosotros. Y estamos descubriendo rápidamente que la Inteligencia Artificial también supera las habilidades humanas en numerosas áreas importantes, aunque apenas definidas.

¿Qué ocurre si el significado de la IA se halla no en la manera en la que compite con nosotros, nos desbanca o nos reemplaza? ¿Qué ocurre si, como la aparición de la teoría de redes, su propósito es abrirnos los ojos y la mente a la realidad de la inteligencia como algo que puede hacerse en toda clase de maneras fantásticas, muchas de ellas más allá de nuestra propia comprensión racional?

De la misma manera que el advenimiento de la tecnología de redes nos permitió, a partir de los años sesenta, percibir la vida de nuevas formas y abrirnos a nuevas relaciones y nuevas maneras de existir, quizá el advenimiento de la tecnología inteligente nos permitirá percibir al resto del mundo pensante, actuante y viviente de modos que son más interesantes, más justos y más ampliamente dirigidos al beneficio mutuo. Esta es una lección ecológica que podemos aprender de la tecnología: existimos, no aislados en lo alto del árbol, sino como una de las muchas flores que brotan en una maleza que se propaga de manera infinita, que se entrelaza y fecunda en una relación de reciprocidad.

Durante mucho tiempo hemos desatendido las inteligencias más allá de la humana que nos rodean, hemos permanecido sordos a la frecuencia de los electrones y ciegos a la luz ultravioleta que inunda las plantas a nuestro alrededor. Pero estas inteligencias han estado aquí todo este tiempo, y se han vuelto innegables, justo en el momento en el que la recién descubierta sofisticación de nuestras propias tecnologías amenaza con reemplazarnos. Un nuevo trauma copernicano nos acecha, cuando nos encontramos ante un planeta en ruinas, sin que seamos lo suficientemente sagaces como para salvarnos y sin ser, por mucha imaginación que le echemos, la criatura más lista de cuantas existen. Nuestra propia supervivencia depende de nuestra habilidad para crear un nuevo pacto con el mundo más allá de lo humano, uno que considere la inteligencia, la existencia inherente a todas las cosas –animal, vegetal y máquina– no como un indicador más de nuestra propia superioridad, sino como la prueba de nuestra interdependencia irrevocable y como una llamada urgente a la humildad y al cuidado.

3

La maleza de la vida

No se me daban bien las ciencias en el colegio. Me gustaba la biología, pero no me parecía que me llevara a ningún lado; me dedicaba a deambular por el campo, a tocar las hojas y, en alguna ocasión, a abrir una rata en canal (lo siento, rata). La química era terrible: se hacía cada vez más compleja a medida que nos adentrábamos en ella. Pero la física sí parecía avanzar en alguna dirección. Daba la sensación de que estábamos ascendiendo en lugar de descender; como si el universo fuera lentamente adquiriendo una coherencia a partir de un lío de cables, pesos y rayos de luz, y se ordenara en una teoría unitaria, cuyos axiomas realmente dotaban de sentido al mundo a mi alrededor. Mientras escudriñaba el contenido de una cámara de niebla en mi pupitre y observaba el declive de las partículas alfa y beta hasta convertirse en pequeñas y delicadas estelas, sentía que comprendía algo fundamental, una verdad acerca de la composición del mundo.[1]

Entonces supe de la física cuántica. O más bien, como prácticamente todo el mundo, oí hablar de ella, pero no tenía una idea cabal de lo que entrañaba. Leí un poco, fingí que entendía más, pero no logré incorporarlo a mi visión del mundo de una manera significativa.

Así fue hasta hace unos años, cuando escuché hablar a la teórica feminista norteamericana Karen Barad. La ocasión se dio durante un simposio sobre arte y la era atómica. Varios artistas e investigadores dieron charlas sobre la fotografía de las explosiones nucleares; acerca de los emplazamientos de las pruebas nucleares y el derecho de los indígenas al territorio; acerca de los drones de combate y de vigilancia. Yo hablé de la historia de la protesta antinuclear y de los datos personales digitales como un tipo de residuo radioactivo, que se filtra en las aguas subterráneas y resulta tóxico al contacto. Y al término de aquel día, Barad subió al estrado.[2]

Barad es una pensadora extraordinaria. Con una formación como física teórica, se encuentra cómoda ante la complejidad de la física cuántica. También es partidaria de ponerla a trabajar, y tiene habilidad y generosidad suficientes para ponerla en práctica. Barad describe un universo compuesto de fenómenos que emergen no de los cuerpos en sí, sino de lo que ella llama sus «intra-acciones». «Intra-acción» es un término particularmente típico de Barad –su escritura está llena de carismáticas barras/entre/palabras que denotan simultáneamente separación y unidad– y es un término que está firmemente basado en una manera de pensar acerca del mundo que le debe mucho a la teoría cuántica. La intra-acción no es una interacción, en la que dos fenómenos o cuerpos preexistentes actúan el uno sobre el otro. Más bien, es el proceso de «devenir fenómenos» y «devenir cuerpos», que tiene lugar cuando ambos se tocan. Para Barad, el universo entero es un proceso continuo de surgimiento, en el que nada es inmutable o estático, sino que siempre está llegando a ser, a través de esta intra-acción con todo lo demás.

Una de las maneras en las que Barad explora este concepto es a través de la referencia al famoso experimento de la doble rendija, que demuestra la aparente paradoja de la dualidad onda-partícula que caracteriza al mundo cuántico. En este experimento, a través de dos rendijas estrechas se disparan los electrones, que producen no una dispersión de marcas individuales, como podría esperarse de partículas discretas, sino un patrón de interferencia continuo, como una onda deslizándose por una pared. A través de este método, se muestra la «verdadera» naturaleza cuántica del electrón: no como una entidad fija, inalterable, sino como un estado de posibilidad, una intra-acción centelleante. Aquello que consideramos el mundo material, por lo tanto, es en realidad la intra-acción constante de estas partículas, del electrón tocando todo lo demás, incluido, tal y como Barad exclamó alegremente en su charla, «¡tocándose a sí mismo!».

Un malentendido acerca de la teoría cuántica es que solo se aplica a cosas muy pequeñas, casi invisibles; pero eso, insistía Barad, no es así. El campo cuántico que lo permea todo no es algo pequeño, algo por debajo de todo lo demás; más bien, está detrás, delante, alrededor y entrelazado con el universo a toda escala, llega a la altura de nuestros cuerpos y más allá. Vivimos en este campo variable, vibrante, centelleante, incluso aunque no seamos conscientes de ello.[3]

Mientras Barad hablaba, experimenté algo extraordinario. Durante unos breves momentos, mientras sus palabras flotaban en el aire sobre nosotros en el auditorio a oscuras, entendí la física cuántica. Y cuando dejó de hablar, esa comprensión desapareció. Fue producto, también, de la intra-acción. Me quedé con la sensación de que, si bien nunca entendería realmente la física cuántica, podía estar seguro de su verdad y de su existencia, y de que su verdad residía en esta relación: entre lo macro y lo micro, el mundo y el sujeto, la historia y el narrador, el electrón y su patrón de interferencia.

La ponencia de Barad también me dejó otra sensación: que los mayores avances de la ciencia no aparecen en forma de acuerdos o conclusiones, sino como revelaciones de una complejidad aún mayor. Esta complejidad excede nuestra maestría y nuestra comprensión, pero es, aun así, cercana, vivible, comunicable y factible. La ciencia, me di cuenta entonces, es una guía para pensar, no un pensamiento: un proceso interminable de devenir.

Uno de los lugares donde comenzó la vida se encuentra a cincuenta kilómetros tierra adentro desde el mar Rojo, y a cien metros bajo el nivel del mar, en la depresión de Danakil. Esta región completamente seca de Etiopía es hoy uno de los lugares más inhóspitos sobre la faz de la Tierra. La depresión de Danakil está formada por el triple cruce de tres pedazos de la corteza móvil del planeta: el punto donde se encuentran las placas tectónicas india, somalí y árabe. Las tres placas, que una vez formaron un solo bloque, comenzaron a separarse hace entre sesenta y cien millones de años, en el Cretáceo superior, en la época de los dinosaurios y las primeras plantas con flores, antes de la última extinción masiva. Todavía continúan separándose lentamente a un ritmo de uno o dos centímetros por año, provocando terremotos, erupciones volcánicas y fisuras en la superficie de la Tierra. A medida que el suelo cede, partes de este colapsan, lo cual convierte este lugar en el punto más bajo del continente africano.

La depresión es también uno de los lugares más calurosos de la Tierra, con temperaturas medias diarias de treinta y cinco grados y apenas unos pocos centímetros de lluvia al año. Los cráteres del Erta Ale , la «montaña humeante» que se alza en el borde de la depresión, están llenos de lagos de lava líquida. En la zona llamada Dallol, que significa «desintegración» en el idioma afar, los manantiales calientes llevan agua salada extremadamente caliente y minerales hasta la superficie, creando escenas de otro mundo: la tierra es de color verde y amarillo neón; el humo sale a borbotones de las chimeneas de azufre; las estalactitas veteadas de hierro escupen un vapor clorado de color verde; y el suelo silba y restalla bajo los pies. En algunos lugares, unas «bombas» de sal explotan bajo la presión de los gases en erupción. Las aguas de algunos de los lagos son puro ácido sulfúrico, con un pH de cero, los niveles más altos de acidez que se dan de forma natural en la tierra.

La depresión es un paisaje tan extraño y severo que ha servido de modelo de otros planetas: es un paisaje análogo a Marte, donde las condiciones de la vida extraterrestre se pueden simular y evaluar. En 2017, un equipo de astrobiología –especialistas en el estudio de la vida en otros lugares del universo– hicieron la travesía hasta Dallol para estudiar las formas en las que el lugar podría parecerse a medios extraterrestres. Si la vida puede existir en las pozas saladas, extremadamente calientes y ácidas de la depresión de Danakil, entonces quizá pueda darse también en los depósitos helados de sulfato de Marte, o en las nubes de gas cáustico de Júpiter. Para llevar a cabo esta investigación no solo es necesario usar máscaras de gas para protegerse del cloro y de otros peligros; también hace falta una guardia militar: la depresión yace cerca de la frontera entre Etiopía y Eritrea, una zona en guerra desde hace más de dos décadas, hogar de los rebeldes separatistas de la etnia afar. Las orillas de los lagos son un vertedero de aves e insectos muertos por el dióxido de carbono que se derrama de forma invisible a través de la superficie del desierto.[4]

Durante un tiempo, con gran emoción, el equipo científico pensó que había encontrado organismos microscópicos en las pozas «poliextremas», lugares donde se combinan una acidez intensa, salinidad, calor y metales pesados en una sopa aparentemente inhóspita.[5] Pero las pruebas posteriores revelaron que aquellas diminutas partículas eran impostores biomorfos: granos de silicio a escala nanométrica bajo la apariencia de una agrupación de células. El equipo de investigación se tomó estos resultados como una advertencia clara para tener cuidado a la hora de interpretar patrones similares encontrados en las bandejas de muestras de los astromóviles interplanetarios.[6]

Con el avance de la investigación, sin embargo, se descubrió que otros pozos de los alrededores no estaban faltos de vida; en ellos bullían criaturas extrañas y novedosas. Allí, suspendidas en las aguas salinas, había halobacterias y arqueas, familias de organismos unicelulares sin núcleo ni pared celular. Entre estos bichos raros se encontraba la *Thermoplasma acidophilum*, capaz de soportar niveles tan bajos de pH de hasta 0,06; la *Archaeoglobi*, que se alimenta de azufre, hierro e hidrógeno; bacterias capaces de ingerir metano, y otros organismos que solo se encuentran en el fondo de ciénagas sin aire o en las oscuras profundidades del océano. Estos lugares, donde la mayoría de los animales moriría en cuestión de minutos o segundos, proporcionan un terreno de gran riqueza donde se reproducen formas de vida atípicas.

En esto, Dallol es similar a otros ambientes extremos donde solo recientemente se ha detectado vida. Las bacterias litótrofas («devoradoras de rocas») prosperan en las aguas ácidas ricas en hierro del río Tinto, en España. En las crestas interiores de los volcanes andinos sobreviven comunidades microbianas por encima del límite arbóreo, en condiciones de altas temperaturas, gases y niveles de radiación solar que aniquilan a las plantas. Agrupadas alrededor de las fumarolas hidrotermales en el fondo del Pacífico, las bacterias han evolucionado hasta generar energía a partir de metano, azufre e hidrógeno, en ausencia de luz y aire, y a su vez proporcionan islas de sustento para gusanos de tubo, almejas y langostinos.[7]

Debería resultarnos sorprendente que consideremos la depresión de Danakil como el entorno más cercano a un paisaje extraterrestre que podemos experimentar sobre la Tierra, porque es, también, el entorno del que provenimos. Fue allí, en 1974, donde los arqueólogos excavaron los huesos de uno de los esqueletos humanoides más antiguos que se hayan encontrado. Lucy –como es conocida en Europa y América por la canción de los Beatles que escuchaban en bucle en el campamento en el momento del descubrimiento, y bautizada también como Dinkinesh, término amárico que significa «eres maravillosa»– fue una *Australopithecus afarensis*, una homínida extinta que vivió hace aproximadamente tres millones de años.

Todavía no sabemos mucho acerca del *Australopithecus*. Es posible que fuera bípedo, quizás arborícola, medía poco más de un metro de altura y estaba cubierto de pelo. Lucy viene de un período en el que había múltiples especies y subespecies de homínidos distribuidos a lo largo y ancho de las llanuras recientemente deforestadas de África, y todos ellos –desde nuestra perspectiva– competían por el título de antepasado humano. Nuestro pariente vivo más cercano, el chimpancé, también entra en el juego de esta clasificación. Sigue sin determinarse si los chimpancés pertenecen a los *Hominini*, la tribu taxonómica que nos incluye a nosotros y a Lucy. Al parecer, hubo un largo período en el que los chimpancés y los primeros homínidos –entre ellos, nuestros ancestros– continuaron produciendo híbridos; es decir, no hubo un corte limpio entre especies sino más bien, un extenso proceso gradual de especiación que pudo durar hasta cuatro millones de años, durante el cual las poblaciones se mezclaron e intercambiaron genes.[8] De hecho, parece probable que esta «especiación desordenada» fuera el modo en que la mayoría de los simios (y otras especies) evolucionaran, y explica en gran medida la proliferación de posibles ancestros humanos que todavía se descubren a lo largo de África y Eurasia.

A algunos de estos ancestros solo los conocemos a través de nuestros propios genes. En 2020, varios investigadores anunciaron que unas muestras de genomas de poblaciones del oeste de África demostraban que hubo una «población fantasma» de humanos antiguos que vivieron hace medio millón de años.[9] Hasta una quinta parte de las muestras de ADN provenía de una fuente desconocida, que no tenía presencia en la mayoría de los humanos modernos, lo cual sugería la existencia de parientes desconocidos en el acervo génico. No podemos saber quiénes eran estos ancestros, porque no tenemos fósiles que los representen, pero existen en el interior de algunos de nosotros, algo tan cierto como que existen en nuestro interior vestigios de Lucy y de otros precursores humanos. En realidad, pensar en ellos como precursores es caer en la misma trampa en la que caímos con la inteligencia: considerar el extremo de la rama actual como la máxima expresión del árbol. Durante la mayor parte de nuestra historia, vivimos junto a otras especies humanas. E incluso mantuvimos relaciones sexuales con ellas.

En una cantera de piedra caliza en el oeste de Alemania, en 1856, varios trabajadores desenterraron un cráneo inusual. Era alargado y apenas presentaba barbilla, y los huesos encontrados dispersos a su alrededor eran gruesos y tenían una forma extraña. Fueron desechados y su importancia solo fue reconocida cuando un empresario local, pensando que pertenecían a un oso cavernario, le entregó los huesos a un coleccionista de fósiles de la zona. Este afirmó que se trataba de reliquias de un «miembro primitivo de nuestra raza».

Los huesos aparecieron solo tres años antes de que Darwin publicara *El origen de las especies*, y los fragmentos óseos fueron aupados hasta los primeros debates sobre la evolución. Los críticos desestimaron la idea de un ancestro primitivo, argumentando que los huesos pertenecían a algún intruso extranjero, un cosaco, quizá, que tuviera las piernas dobladas por raquitismo o por llevar demasiado tiempo sobre la montura, y que frunciera el ceño por el dolor, alterando, así, la forma de la frente. Pero en 1865, un geólogo inglés llamado William King publicó un artículo en el que afirmaba algo más radical: que los huesos no provenían de un humano antiguo ni de un humano extranjero, sino más bien de otra especie humana. King bautizó a esta especie con el nombre del valle en el que se encontraron los huesos: Neander o, en alemán, *das Neandertal.*

Cualquier dato que desafíe nuestro sentido de la singularidad humana tiende a ser recibido con miedo y repugnancia, que a menudo se manifiestan en forma de racismo y especismo. No sorprende, por lo tanto, que William King comparara su visión del neandertal a las que él denominaba como razas «salvajes» –refiriéndose a los africanos y a los aborígenes australianos– y argumentara que la frente prominente de este espécimen indicaba que era «oscuro» y estúpido. «Los pensamientos y deseos que un día lo habitaron –escribió– nunca se elevaron más allá de los de un bruto.»[10] Otros científicos –y el público general– aceptaron de buena gana esta caricatura racista, que persistió hasta el siglo XX en la figura del salvaje, tonto e inútil hombre de las cavernas. En 1908, la exhumación de otro esqueleto, casi completo, encontrado en una cueva cerca de La Chapelle-aux-Saints, en el sur de Francia, reforzó el estereotipo. El paleontólogo Marcellin Boule, del Museo Nacional de Historia Natural de París, lo describió como una figura encorvada y «perceptiblemente simiesca», mientras que la forma del cráneo indicaba «el predominio de funciones de tipo puramente vegetativo o animal».[11]

Esta imagen caricaturesca del hombre de las cavernas no se parece en nada a la idea de los neandertales tal y como los entendemos hoy en día. Un nuevo análisis del esqueleto de La Chapelle realizado en los años cincuenta reveló que este individuo particular sufrió de artritis y que, lejos de andar encorvados y con las piernas en arco, la mayoría de los neandertales caminaban erectos. «Si lo afeitaran y le pusieran un traje nuevo», escribieron los anatomistas William L. Straus y Alexander Cave, un neandertal en el metro de

Nueva York probablemente no recibiría más comentarios «que algunos otros de sus conciudadanos».

Ahora sabemos que los neandertales vivieron en Europa mucho antes de que llegaran los humanos modernos, y que constituyen un registro fósil completamente separado. La presencia de los neandertales en Europa se remonta al menos a hace ciento treinta mil años, y solo disminuye hace alrededor de cuarenta mil años, poco después de que aparezcan señales de la llegada de los humanos modernos, después de un largo y serpenteante viaje desde África. Y cada vez más, estamos empezando a ver pruebas que no solo contradicen la imagen de un hombre de las cavernas salvaje, sino que abren una ventana a una cultura compleja y fértil.

En 1995, un fragmento de un hueso perforado y tallado fue descubierto en una cueva en la zona arqueológica Divje Babe, en Eslovenia. Muy pronto, los musicólogos se percataron de que el espaciado de los agujeros del hueso se correspondía con la escala diatónica: do, re, mi, fa. En YouTube se puede escuchar a Ljuben Dimkaroski, un trompetista de la Orquesta de la Ópera de Liubliana, tocando una réplica de la flauta entre las vitrinas del Museo Nacional de Eslovenia.[12] A pesar de que la melodía que interpreta es relativamente moderna –un adagio barroco– el sonido de la flauta de hueso la transforma en algo atemporal. La flauta se construyó a partir del fémur de un oso cavernario, y data de hace alrededor de cincuenta y cinco mil años. Esto la convierte no solo en el instrumento musical más antiguo del mundo, sino también en un artefacto prehumano: un instrumento neandertal.

También han surgido nuevas afirmaciones acerca de varios conjuntos de pinturas rupestres descubiertas en la costa norte de España. Hasta hace poco, el arte rupestre considerado como el más antiguo de Europa era unos discos rojos punteados en una cueva llamada El Castillo, en la región de Cantabria: databa de hace alrededor de cuarenta mil años, en la frontera entre la ocupación humana y la neandertal. Hace unos años, un equipo de investigación

La flauta de Divje Babe.

atribuyó estos discos y otras marcas –incluida una mano en negativo– a los primeros humanos modernos, pero dejaron abierta la posibilidad de otras autorías.[13] Sin embargo, en 2018, el mismo equipo publicó un nuevo análisis de las capas de cristal de roca que, descubrieron, se había formado sobre unas imágenes previamente ocultas: rastros de huellas de manos y marcas en forma de escaleras que se remontaban hasta hace sesenta y siete mil años, bien entrado el período neandertal; pero estaban mezcladas con muchos grabados posteriores al punto que, hasta ahora, muchos otros científicos se niegan a aceptar los hallazgos.[14]

Si bien la procedencia de la flauta es incierta y la autoría de las pinturas está en disputa, hay otra prueba de la inventiva neandertal disponible. En 1990, un chico de quince años llamado Bruno Kowalsczewski abrió un pasadizo estrecho que llevaba a una cueva situada detrás de un desprendimiento de rocas en el valle de Aveyron, a cien kilómetros al sur de La Chapelle. Cuando varios miembros del club local de espeleología pasaron, apretados, a través del hueco que había hecho Bruno, posiblemente fueran las primeras personas en decenas de miles de años en entrar en lo que ahora se conoce como la cueva de Bruniquel.[15] Lo que encontraron, a unos trescientos metros bajo tierra, fue una amplia cámara donde más de cuatrocientas estalagmitas habían sido arrancadas y dispuestas en dos círculos; uno, de unos cinco metros de diámetro y el otro, de unos dos. Había más estalagmitas apiladas en montones y alrededor de los círculos había restos de hogueras y huesos quemados. Inmediatamente se hizo evidente que esto no era una formación natural u obra de osos cavernarios, sino una construcción deliberada. La datación por carbono 14 fijó la edad de los fragmentos óseos en cuarenta y siete mil seiscientos años; anterior a cualquier pintura rupestre y bien entrada la época neandertal. Pero este dato se acerca al límite de la medición: la datación por carbono solo es precisa hasta los cincuenta mil años, porque las muestras de mayor edad carecen del suficiente carbono para ser datadas de forma apropiada. Como consecuencia de ello, se puso en duda la datación: el área, objetaban algunos, podría haberse contaminado, o simplemente, el lugar podría ser el resultado de una ocupación humana posterior.

Otro método de análisis produjo un resultado mucho más sorprendente. Las estalactitas y las estalagmitas son microcosmos de los procesos geológicos. Crecen lenta pero inexorablemente, capa a capa, a lo largo de milenios, a medida que las aguas ricas en minerales se filtran por las fisuras de las rocas y gotean desde el techo de las cuevas al suelo. Atrapan y revelan el estado de la atmósfera en el momento en que se forma cada capa y pueden, por lo tanto, compararse a otras fuentes de datación de climas antiguos, como en el caso de los núcleos de hielo de Groenlandia. Todo esto permite que se fechen con gran precisión y hasta un tiempo muy anterior a lo que permite la datación por carbono. El equipo científico vio que, a través del análisis de las discontinuidades en el crecimiento de las estalactitas, podía determinar exactamente cuándo habían sido arrancadas para su primer uso en la cueva. Este análisis reveló que la cámara había sido construida no hace cuarenta y siete mil seiscientos años, sino hace ciento setenta y seis mil quinientos años: más de cien mil años antes de que los ancestros de los europeos modernos entraran en escena. Lo que sobrevive en la cueva de Bruniquel es arquitectura prehumana: la inequívoca evidencia de otra especie homínida, claramente dotada de inteligencia, que nos precede por mucho.

Bruniquel es extraordinaria no solo por su edad y su importancia, sino porque no conocemos nada igual. Las formas más antiguas que reconocemos como arquitectura que existen en cualquier otro lugar del planeta tienen una antigüedad de apenas veinte mil años y se remontan a los primeros asentamientos humanos conocidos. El abismo temporal entre incluso esos tempranos humanos y los habitantes de Bruniquel se antoja insalvable de tan gigantesco. Indudablemente, la medición científica sola no puede decirnos qué uso se le daba a este lugar. Pero la ciencia no es la única herramienta que tenemos. Cualquiera que haya pasado algo de tiempo en un yacimiento antiguo es capaz de imaginarse en él, si estamos dispuestos a aceptar que tenemos algún tipo de parentesco con los ocupantes originales, por la sencilla razón de que compartimos un mundo y por lo tanto tenemos ciertos deseos y capacidades en común.

Hace un par de veranos visité el espectacular yacimiento de la cima de Göbekli Tepe, en el sur de Turquía, cerca de la frontera con Siria. Descubierto en los años noventa, cuando fue excavado, el yacimiento reveló varias capas de asentamientos que culminaban, en el nivel más profundo, en un templo que era un vasto complejo de habitáculos interconectados, hogares y los megalitos más antiguos conocidos: unas piedras talladas de unos seis metros de altura. Expuesto por primera vez en milenios, sus paredes y columnas contienen bajorrelieves asombrosamente nítidos de animales y figuras humanoides. Las piedras más grandes muestran brazos y grandes cabezas en forma de T que son claramente humanos; zorros, gansos y toros retozan a lo largo de los pilares. Muchas de las imágenes son más claras y fáciles de interpretar que las estatuas y los murales de las catedrales medievales.

Los megalitos de Göbekli Tepe.

Göbekli Tepe se reconoce enseguida como un templo: un diagnóstico apoyado por el descubrimiento de nichos funerarios, huesos de animales, una enorme cantidad de semillas esparcidas y otros residuos, y, más recientemente, la aparición de cráneos tallados.[16] Los antropólogos han identificado numerosos «cultos a los cráneos» similares, basados en el tratamiento especial y la veneración de los cráneos a lo largo del sur de Anatolia y el Levante mediterráneo. Pero ¿alguien necesita saber eso para comprender, de forma intuitiva, la importancia de estos grabados, la sacralidad de estas piedras que se erigen en pie? Ningún visitante necesita saberlo. Entrar y rodear el complejo equivale a darse cuenta inmediatamente de que este era un lugar sagrado y a experimentar la absoluta posibilidad de conectar a través del tiempo profundo con gentes muy distintas a nosotros y, aun así, inmediatamente reconocibles.

El descubrimiento de Göbekli Tepe, como el de Bruniquel, revierte todo lo que pensábamos que sabíamos acerca de la prehistoria. Hasta este punto, se creía que los primeros humanos –los grupos previos al cazador-recolector agrícola– no tenían una arquitectura significativa, se creía que apenas tenían una organización social compleja y, mucho menos, cultura. La cronología oficial sostenía que antes del desarrollo de la agricultura, hace alrededor de diez mil años, y de la acumulación de riqueza y la jerarquía que siguió, no contábamos con las habilidades, el tiempo o la inclinación para construir tales edificaciones. Pero Göbekli Tepe tiene una antigüedad de al menos doce mil años: el templo precede a la ciudad. La cultura compleja, la arquitectura y las creencias espirituales no son tan modernas como creíamos. Sabemos esto científicamente porque hemos desenterrado templos, encontrado piedras y datado anillos de estalactitas, pero podríamos también saberlo a través de una sensibilidad más que humana, que no reemplaza ni se ve invalidada por el conocimiento científico. Nuestras creencias y prejuicios arqueológicos son artefactos de persistencia material y técnicas de análisis; pero tenemos otras formas de ver que podemos aplicar cuando tratamos de comprender el impresionante descubrimiento de Göbekli Tepe. Tenemos nuestra propia experiencia de vivir en el mundo, un mundo que compartimos con nuestros congéneres humanos ancestrales, humanos arcaicos y seres más allá de lo humano.

No debería resultar difícil imaginar el mundo –y la visión del mundo– de los neandertales de la misma manera que imaginamos a un monje medieval en su celda o a un cazador-recolector bailando bajo las estrellas en Göbekli Tepe. Compartimos más de lo que pensábamos con ellos; la apreciación de la noche, el fuego, la oscuridad y los rituales no son lo único que tenemos en común.

Llegados a Europa cientos de miles de años antes que el *Homo sapiens*, los neandertales fueron los primeros humanos en construir sus casas en el continente, llegando hacia el norte hasta Dinamarca y el sur de Inglaterra, y al este, hasta Asia central y Siberia. Mucho antes de la llegada de los humanos modernos, los neandertales tenían una cultura compleja, vivían en pequeños grupos familiares y fabricaban objetos decorativos e instrumentos musicales, así como herramientas de piedra, y utilizaban brea de corteza de abedul para la construcción de flechas y hachas. Enterraban a sus muertos, usaban ocre y otros pigmentos, usaban las plumas de las aves y tenían todos los órganos necesarios para hablar y cantar. Las razones que explican que desaparecieran hace alrededor de cuarenta mil años aún no están claras, pero probablemente tuvo mucho que ver con el clima y la competición de los recién llegados: nosotros. Para entonces, no obstante, nuestras dos especies llevaban unos treinta mil años de coexistencia. Esto, y el hecho de que la genética neandertal haya persistido en nuestros cuerpos hasta la actualidad sugieren una conclusión más general acerca de nuestra relación con el mundo más allá de lo humano.

En 1997, un equipo científico de la Universidad de Múnich dirigido por el paleogenetista suizo Svante Pääbo extrajo el primer ADN neandertal legible del brazo de aquel primer esqueleto del valle Neander. La tecnología empleada era muy nueva, el ritmo de análisis, muy lento, y la muestra que tenían para trabajar era un mero fragmento, que tuvo que ser mezclado con huesos provenientes de Croacia. Pensaban que tardarían años en secuenciar un genoma completo, sobre todo porque el Proyecto Genoma Humano tardó más de una década, con la población humana viva completa como fuente.[17] Pero, tras menos de un año de análisis, se dieron cuenta de algo extraño acerca del ADN neandertal. Tal y como esperaban, una parte era similar al ADN humano; al fin y al cabo, tenemos ancestros comunes. Pero una proporción significativa era común solo a *algunos* humanos, específicamente a aquellos de ascendencia europea y asiática, y mucho menos común en personas de ascendencia africana.

Este resultado era tan sorprendente que al principio pensaron que se trataba de un error: una contaminación del material o un fallo en los datos. La raíz de esta confusión fue la creencia de que todos los humanos modernos tienen una ascendencia africana directa. De acuerdo con esta teoría, los neandertales son una rama completamente aparte del árbol, que se separó de nuestra rama hace alrededor de quinientos cincuenta mil años, se fue a Europa y se extinguió después de que finalmente la siguiéramos hasta allí. Cualquier ADN que compartamos con los neandertales debería haber existido en nuestros ancestros africanos comunes. Y sin embargo, las pruebas del análisis de ADN demostraban, sin lugar a duda, que hubo un contacto mucho más íntimo entre el *Homo sapiens* y los neandertales hasta una época mucho más tardía. Solo cabe una conclusión: antes de que los neandertales se extinguieran, el *Homo sapiens* mantuvo relaciones sexuales con ellos, y su descendencia pobló Europa, Asia y las Américas. No somos el resultado de una ascendencia linear de una especie inmutable y fija, sino de un cruce de especies que se entremezclan. Las ramas del árbol de la evolución están entrelazadas unas con otras.

El equipo de Svante Pääbo descubrió algo más. Cuando, en 2014, finalmente secuenciaron por entero el genoma neandertal, lo lograron gracias al buen estado de conservación de los restos de un dedo gordo del pie que perteneció a un neandertal que vivió hace ciento veinte mil años en el macizo de Altái, en Siberia.[18] Pero la cueva en la que fue hallado, llamada Denisova, destapó un nuevo misterio: otra especie humana desconocida hasta entonces. Recibieron el nombre de «denisovanos».

En el momento en que escribo esto, todos los restos de los denisovanos cabrían en la palma de una mano: un meñique, tres dientes, unas astillas de hueso del suelo de la cueva Denisova, y una mandíbula parcial descubierta en Tíbet. Pero el análisis de ADN ha avanzado mucho y podemos determinar una gran cantidad de información solo a partir de estos fragmentos. De forma muy similar a los neandertales, los denisovanos tenían la cara larga, ancha y prominente, la nariz grande, la frente inclinada, la mandíbula saliente, y anchos el torso y las caderas. Eran portadores de genes que, en los humanos modernos, están asociados a un color oscuro de piel, y a un cabello y ojos marrones. Y, como los neandertales, mantuvieron relaciones sexuales con nuestros ancestros.

Los habitantes modernos de Papúa Nueva Guinea y de otras islas del Pacífico comparten alrededor de un cinco por ciento de sus genes con predecesores denisovanos, mientras que los habitantes del este y el sur de Asia comparten alrededor de un 0,2 por ciento. Durante un tiempo, se pensaba que esto significaba que los denisovanos habían migrado hacia el norte y entrado en Asia, pero es más probable que los datos indiquen que hubo al menos dos oleadas de migración distintas y dos períodos distintos en los que los humanos y los denisovanos se entrelazaron, social y sexualmente.[19]

Este entremezclarse de los humanos y las poblaciones arcaicas unos con otros es lo que nos hizo lo que somos. En vez de ser el producto de una evolución directa individualista a lo largo de ramas puras del árbol evolutivo, somos el resultado de milenios de asociación cercana –extremadamente cercana– entre distintas ramas. Estamos hechos de nuestro entrelazamiento con los «otros».

Los genes neandertales les otorgaron, a los europeos y asiáticos modernos, cabellos y uñas más gruesos: una adaptación útil a las temperaturas más bajas de las latitudes septentrionales. El legado denisovano incluye una adaptación particular a la elevada altitud en los habitantes de Tíbet, y un patrón único de distribución de la grasa en el pueblo inuit de Groenlandia. Los neandertales y los denisovanos fueron pioneros en lo que constituían ambientes extremos: su adaptación, su legado genético, ayudó a nuestros ancestros a sobrevivirlos. Y no termina ahí la cosa. En los últimos años, hemos encontrado evidencia de otras poblaciones «fantasma» en nuestro ADN: las del África occidental, así como vestigios de una migración hacia el interior de África desde Oriente Medio. Todo lo que creíamos que sabíamos acerca de la ascendencia humana está, de nuevo, en el aire.[20]

De todo este paisaje complejo y entremezclado, en ocasiones podemos seleccionar una figura individual que desafía todas nuestras concepciones previas. Es el caso de Denny, una niña adolescente que vivió en las montañas de Altái hace alrededor de noventa mil años. Todo lo que sabemos de ella es la historia que cuenta un único fragmento de hueso, apenas de unos centímetros de largo, que se encontró en la cueva Denisova, que, como sabemos, fue habitada en diferentes períodos por gente que puede identificarse como humana, neandertal y denisova. O, mucho más que eso, una combinación de esas gentes, porque Denny es híbrida, descendiente de dos especies: la primera generación de descendientes de madre neandertal y padre denisovano.[21] Y para colmo, la madre de Denny estaba relacionada más de cerca con los neandertales que vivieron hace cincuenta y cinco mil años en Croacia que con los que vivieron en aquella misma cueva treinta mil años antes que ella. Además de promiscuos, los humanos arcaicos eran nómadas. La relación genética entre los fragmentos era tan cercana, y las pruebas tan claras, que Pääbo dijo que se sintió «casi como si los hubiéramos pillado in fraganti en pleno acto».[22]

¿Y qué si lo habíamos hecho? ¿Cómo nos sentiríamos? Después de la maravilla técnica de la evidencia genética, estos emparejamientos eran asuntos reales entre personas reales: el milagro de la identificación de Denny viene precedida por el milagro de dos individuos que se unieron. Sin embargo, seguimos sin saber exactamente cómo lo hicieron: ¿eran estos emparejamientos entre denisovanos y neandertales –y, de hecho, entre neandertales y humanos, y denisovanos y humanos– consentidos y fruto del cariño o eran brutales y caprichosos, impuestos por las circunstancias?

Cuando los primeros seres humanos modernos que dejaron atrás el continente africano se encontraron con los neandertales y los denisovanos en las cuevas de la costa atlántica, o en las cimas de las montañas de Siberia, ¿se habían encontrado antes con alguien tan similar y tan diferente a sí mismos? Quizá sí, en forma de las múltiples especies fantasma que sabemos que existían en otros lugares, pero la experiencia debe de haber sido chocante. Cualquiera que haya estado frente a frente con un gran simio en un zoológico o en libertad puede dar fe de la profunda extrañeza que supone reconocer, en la mirada de otra especie, la expresión de la conciencia, la inteligencia e incluso el parentesco. Esto debe de haber sido mucho más intenso entre los neandertales y los denisovanos: gentes tanto cultural como físicamente diferentes a nosotros, y que sin embargo compartían nuestras cuevas y hogueras. Y, en consecuencia, ¿los tratamos entonces como súbditos coloniales, como subhumanos, esclavos o, peor aún, del modo en que, mucho más tarde, los descendientes europeos trataron a prácticamente todo el resto del mundo? ¿O nos condujimos con compasión, empatía, amor y solidaridad en el invierno glacial del Pleistoceno?

El registro genético aún no muestra indicadores de la dirección o el flujo genético; es decir, si los emparejamientos tendían a un género; por ejemplo, entre humano macho y neandertal/denisovana hembra, o viceversa, o si se daba cierto equilibrio entre ellos. Las pruebas de este tipo podrían demostrar que teníamos –y animarnos a tener hoy– una mentalidad más abierta. O no. En última instancia, solo podemos basar las conclusiones en nuestra comprensión de nuestras relaciones y en nuestra propia capacidad para la empatía y la imaginación.

Muchos estudios científicos respaldan la afirmación de que eso que llamamos «amor» existe fuera de las relaciones humanas. Algunos muestran niveles elevados de oxitocina en los chimpancés cuando comparten comida con extraños y con familiares: la misma hormona que une a las parejas humanas, y a los padres y madres con sus hijos. Otros muestran que los bonobos prefieren el sexo al conflicto, y que los gorilas cuidan de crías propias y ajenas, y que esta capacidad de cuidar está relacionada con un índice reproductivo más alto.[23] Todo esto es fascinante e importante, pero lo que es más relevante todavía es que podemos imaginar esta capacidad de cuidado en los seres humanos y en los otros: en los humanos arcaicos, en otros primates y, en definitiva, en el mundo en general.

Nuestro deseo de dominación no es necesariamente antiguo; de hecho, varía enormemente entre las poblaciones modernas y puede ser, con idéntica frecuencia, el resultado de un aprendizaje y de una cultura «elevada» o bien un indicador de la ausencia de estos. No hay razón para pensar que no hayamos sido capaces de amar y ser amados por estos parientes cercanos. Si podemos imaginarnos refugiados en las catedrales de estalactitas de los neandertales, ¿por qué no en sus brazos? En múltiples momentos de nuestra historia, tales entrelazamientos han alterado radicalmente nuestro propio devenir. Procedamos o no procedamos del amor, somos capaces de sentirlo. Nos construimos con los demás.

He aquí una breve lista de especies de humanos arcaicos; a muchos los conocemos solo por unas pocas astillas de hueso y por restos de poblaciones «fantasma» enterradas en el fondo de nuestros propios genes. Junto al *Homo sapiens*, el *Homo neanderthalensis* y el *Homo denisova*, dentro de la clase «humano anatómicamente moderno» se incluyen el *rhodesiensis*, de Zambia; el *idaltu*, basado en tres cráneos provenientes de la depresión de la región afar, descubiertos en 1997 y que datan de hace ciento sesenta mil años; y el más conocido, *heidelbergensis*, que también llegó a Europa y fue el primer homínido que carecía de las bolsas de aire propias de los simios en la laringe, lo que sugiere un posible paso de los gruñidos y bramidos al habla humana. En una isla en Indonesia se encuentra *floresiensis*, la «pequeña dama de Flores», que medía solo un metro de altura, un ejemplo probable de enanismo isleño, que se da cuando los miembros de una población encogen como respuesta a la escasez de recursos. También está el *cepranensis* u hombre de Ceprano, de Italia; *antecessor*, el primer *Homo* encontrado en Europa, por desgracia, acusado de canibalismo;[24] *ergaster*, llamado «el hombre trabajador», que perfeccionó el hacha de mano achelense, la primera tecnología avanzada; y *naledi*, cuyos extensos dedos de las manos y los pies sugerían que aún pasaban bastante tiempo en los árboles. Este es el que solía conocerse como territorio del «eslabón perdido», donde encontramos muchos ejemplos más de *Homo habilis* y *Homo erectus*: el hombre de Java, el hombre de Lantian, el hombre de Nankín, el hombre de Pekín, el hombre de Solo, el hombre de Tautavel (todos clasificados como «hombres» a pesar de que muchos esqueletos e individuos eran, en realidad, mujeres), cada uno de ellos, una derivación única del tipo humano. Está el *Meganthropus*, así llamado por tener la mandíbula –y suponemos que otras partes– del tamaño de la de un gorila, y el *gautengensis*, un homínido mayormente vegetariano encontrado en las cuevas de la Cuna de la Humanidad, en Sudáfrica. Más atrás en el tiempo –pero después del punto en el que los homínidos se separaron de los chimpancés (si aún creemos en este tipo de divisiones rígidas)– encontramos al *Australopithecus*, alias Lucy/

Dinkinesh, con muchas subespecies diferenciadas, incluidos *garhi*, *africanus*, *sediba*, *afarensis*, *anamensis*, *bahrelghazali*, *deyiremeda*; el *Paranthropus* o *Australopithecus robustus*, que prefería los harenes polígamos, como los gorilas modernos; y los *Ardipithecus kadabba* y *ramidus*, figuras con un claro parecido con los chimpancés, que parecen haberse domesticado a sí mismas, posiblemente haciéndose más monógamos y menos combativos, de la misma manera que los bonobos. Cada vez que se descubre un nuevo hueso de una pierna o un pedazo de cráneo, los nombres y las diferenciaciones varían un poco.

Parece que estamos llegando a conclusiones similares a aquellas que acompañan nuestra reflexión acerca de la inteligencia. La primera es que la noción de «especie» como algo fácilmente delimitable y definible carece de fundamento. Está basada en la idea de que existen clados separados e inalterables de individuos que son exclusivamente fértiles: es decir, que solo pueden producir descendencia viable manteniendo relaciones sexuales con otros miembros de su mismo clado. La existencia de Denny, de sus padres, y todo el peso del genoma humano multiespecie desafían esta idea. Si nuestro trío peludo de *sapiens*, neandertales y denisovanos pudo producir una descendencia viable y fértil, entonces toda nuestra estructura divisoria empieza a tambalearse. No solo compartimos nuestro linaje a través del entrelazamiento con otras formas de vida, sino que esos cruces incluyen a no humanos, además de a humanos.

Una segunda conclusión es que cualquier intento de detectar cualidades exclusivas entre diferentes «especies» y de describirlas en función de separaciones concretas en el árbol evolutivo –como solía tratar de hacer la comunidad científica repetidamente, con cualidades como el autorreconocimiento– es un completo error. Existen múltiples formas de ser y hacer, de vivir y prosperar, trenzadas y entretejidas entre las muchas ramas del árbol, o maleza, de la vida.

Estas revelaciones son posibles por una combinación de ingenuidad tecnológica avanzada –el desarrollo, a lo largo de décadas, de un muestreo y análisis de ADN extraordinariamente sofisticado– y de nuestra propia capacidad para imaginar relaciones más allá de lo humano y más allá de la singularidad humana. Y esta combinación constituye la máxima expresión de una ecología tecnológica: la conjunción de la capacidad tecnológica con una sensibilidad más que humana, que construye nuevas formas de ver y apreciar el mundo. Nos permite darnos cuenta de que todo está conectado con todo lo demás y, de forma simultánea, trastoca nuestras nociones de *para qué* sirve la tecnología.

A lo largo de la historia, el progreso científico se ha medido en función de su capacidad de construir marcos reductivos para clasificar el mundo natural, un tipo de esquema igual para todos que llegó a dominar nuestro pensamiento en los siglos XVIII y XIX. Este aparente avance del conocimiento ha traído consigo un largo proceso de abstracción y aislamiento, de escindir una cosa de la otra en una búsqueda constante de la base atómica de todo: el tipo único, puro, definitivo, o la única respuesta verdadera. A esta imagen y semejanza hemos construido todas nuestras tecnologías, hasta la tecnología binaria de una cosa o la otra, unos y ceros, que conforma nuestros cálculos. Y sin embargo, una y otra vez, cuanto más minuciosamente intentamos llevar a cabo tales abstracciones, y cuanto más profundamente nos adentramos en la estructura de la vida misma, más observamos que estas distinciones se difuminan y desmoronan.

Aquello que percibimos como fronteras y conflictos –las cosas que nos separan– a menudo resultan ser no artefactos del mundo exterior sino lagunas inconmensurables de nuestras propias concepciones, habilidades y herramientas para el discernimiento. Creemos que estudiamos el mundo, pero en realidad tan solo estamos haciendo evidentes los límites de nuestro propio pensamiento, encarnados en nuestros registros e instrumentos de medición. La verdad siempre es más extraña, más vívida y más expansiva que nada de lo que computemos.

Para mí, donde mejor se manifiesta esta paradoja es en el trabajo no de una bióloga evolucionista o de un paleogenetista, sino en el de un meteorólogo, Lewis Fry Richardson. Richardson era científico, además de cuáquero y pacifista, creencias que marcaron tanto su vida como su trabajo. Durante la Primera Guerra Mundial, fue objetor de conciencia; pero, a pesar de negarse a luchar, sirvió en la primera línea del frente como conductor de ambulancia. Fue durante este tiempo cuando formuló algunas de las primeras reglas del pronóstico matemático del tiempo, que constituyen la base de gran parte de lo que hoy entendemos por meteorología. Y lo hizo empleando lápiz y papel, calculando a mano el movimiento de las masas de aire y el gradiente de la presión atmosférica durante las largas horas entre las misiones, a veces en el interior de edificios bombardeados reconvertidos en barracones, y otras veces, mientras se refugiaba del fuego de la artillería.

Después de la guerra, regresó a su empleo en la Oficina Meteorológica del Reino Unido, pero poco después, cuando esta entró a formar parte del Ministerio del Aire, el departamento gubernamental responsable de las Fuerzas Aéreas, Richardson dimitió de su puesto por razones de conciencia. Por todo ello, tardó años en desarrollar muchas de sus ideas. No obstante, continuó tratando de encontrar maneras de mejorar nuestra comprensión del mundo a través de la ciencia. En concreto, creía que quizá fuera posible poner las matemáticas –la disciplina que él había introducido en la meteorología– al servicio del pacifismo.

En una serie de libros publicados tardíamente en su vida, Richardson trató de encontrar una base matemática para las causas de la guerra y las condiciones para la paz.[25] Una de sus ideas era que la propensión a la guerra entre dos Estados podría ser una función de la extensión de su frontera compartida. Para probar su hipótesis necesitaba cifras precisas de la extensión de esas fronteras, pero descubrió que no existían cifras así: ningún cálculo estimado de la frontera de un país en concreto parecía coincidir con ningún otro. Cuanto más ahondaba en el problema, más escurridizas y conflictivas parecían volverse las estimaciones.

Posteriormente identificó una paradoja: cuanto más exactamente se intentan medir algunas cosas, más complejas se vuelven. Esta observación sorprendente se conoce como el efecto Richardson. Imaginemos que medimos la costa de Gran Bretaña con una regla de un kilómetro de longitud. Ahora repitamos el ejercicio con una regla que mida la mitad, después con otra que mida la mitad de la última, y así sucesivamente. Con cada medición, la lectura sería más precisa, al medir más y más trecho de línea de la costa. Pero el resultado, tal y como comprobó Richardson, no era que la medición llegaba a la respuesta correcta sino más bien, que cuanto más de cerca se medía, más aumentaba la longitud. Richardson descubrió lo que el matemático Benoit Mandelbrot bautizó más adelante como «fractales»: estructuras que se repiten en una complejidad infinita. En lugar de resolver y hallar orden y claridad, un examen más próximo revela únicamente más detalle y variación, y un mayor esplendor.[26]

El efecto Richardson se aplica a la biología, la arqueología, la evolución y, al parecer, a la vida misma. A medida que nuestras herramientas arqueológicas y biológicas mejoran, a medida que desciframos la red de la vida, el resultado no es un árbol ordenado, con ramas mensurables y líneas claras entre formas y tipos, sino un torbellino danzante de encuentros e interrelaciones. Las especies comienzan a fragmentarse y difuminarse; el campo, desde la sabana hasta la tundra, se llena de jugadores. El barro está revuelto. El árbitro ya no puede llevar el recuento del marcador. Es hermoso, este mundo rebosante de ancestros y progenie, esta batalla campal completamente animada, esta descomposición de los perfiles. Esto es lo que revela en realidad el escrutinio cercano, ayudado por nuestra tecnología: no un mapa rígido sino un patrón de interferencia, hasta llegar al baile cuántico del campo de energía que subyace en todo.

Miremos hacia donde miremos, encontramos el mismo proceso. Al igual que en las últimas décadas se ha ampliado nuestra comprensión de la vida real de las especies humanas arcaicas –sus múltiples migraciones, sus capacidades coincidentes y entrelazadas, su trato cercano, hasta el roce más íntimo–, así también se ha ampliado nuestra comprensión de la vida misma, hasta el nivel celular. Si la ascendencia humana suena compleja, inestable y deliciosamente híbrida, qué decir de lo que han estado haciendo nuestras células.

En los años cincuenta, la comunidad científica empezó a buscar algo a lo que bautizó como LUCA, el último antepasado común universal, por sus siglas en inglés. Al principio consideraban a LUCA como el origen de toda vida, el organismo ancestral del que procedían todas las formas de vida, pero muy pronto se dieron cuenta de que lo que encontrarían –lo único que podrían encontrar– sería el ancestro de todas las formas de vida actualmente existentes. De la misma manera que debe de haber habido muchas más poblaciones fantasma que las que aún se manifiestan en nuestro ADN –otros grupos enteros de humanos que, por la razón que fuera, no contribuyeron a nuestro linaje y se extinguieron sin que llegáramos a conocerlos–, también era muy probable que hubiera muchas formas de protovida que no sobrevivieran en el registro fósil ni en descendientes vivos. Sin embargo, nuestro LUCA debe de haber existido, y probablemente vivió hace alrededor de cuatro mil quinientos millones de años, en el eón hádico, cuando la Tierra tenía aún una temperatura y una radiactividad muy altas, y era objeto de un constante bombardeo de meteoritos venidos del espacio exterior. La búsqueda de LUCA, que continúa activa, es el intento de la biología de precisar, de una vez por todas, una historia definitiva de la vida misma; algo parecido a la caza del Modelo Estándar definitivo de la física de partículas. Es la búsqueda de la Única Respuesta Verdadera, que servirá para resolver cualquier cuestión.

Casi de manera inmediata, la búsqueda de LUCA provocó todo tipo de anomalías, que al principio fueron consideradas errores (en gran medida, como ocurrió con el descubrimiento de cepas diferentes de ADN neandertal en diferentes poblaciones humanas). En la Universidad de Illinois, un microbiólogo llamado Carl Woese pensó que sería posible acercarse a LUCA si se descifraban las largas secuencias del ADN, del ARN y de las proteínas del interior de las células: lo llamó el «registro fósil interno». Toda la historia de la

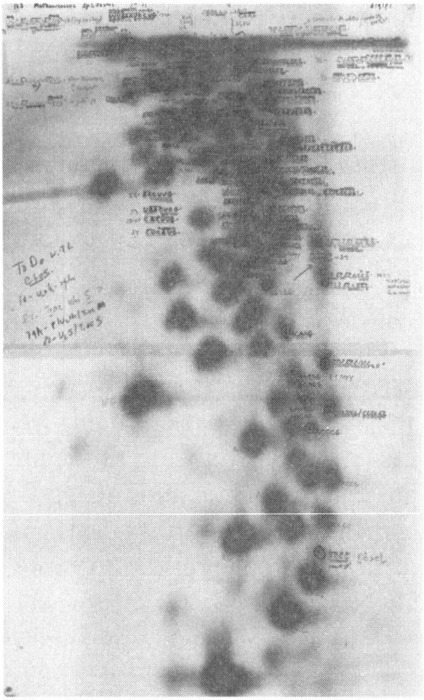

Una imagen de rayos X de la «huella dactilar» de ARN ribosómico, con anotaciones de Carl Woese.

vida se hallaba, codificada, dentro de estas secuencias: mutada, hibridada, acumulada y rellenada a lo largo de innumerables generaciones. A finales de los años sesenta, Woese se propuso buscar el registro fósil interno en los ribosomas, las entonces recién descubiertas partículas que se hallan dentro de las células vivas y que se encargan de traducir los cianotipos de ADN, transportados por mensajeros del ARN, a las estructuras reales de los organismos. Los ribosomas son las impresoras 3D de los cuerpos vivos.

Antes del advenimiento, en los años ochenta, de la secuenciación automatizada de ADN, esta descodificación era dificultosa, parcial e increíblemente lenta. Woese y sus ayudantes emplearon rayos X para proyectar una sombra de moléculas de ARN sobre una película sensible con el objetivo de ver la «huella dactilar» de cada secuencia individual. A este procedimiento le siguieron horas interminables de anotaciones y comparaciones, para extraer las similitudes y diferencias entra las distintas secuencias, y para tratar de relacionar las cepas ancestrales entre distintas moléculas. Y comenzaron a observar claras diferencias entre ciertas moléculas y organismos que la ciencia hasta entonces había considerado como iguales. En concreto, lo que la ciencia tomaba como clases completas de bacterias parecían, de hecho, ser otra cosa distinta. A estas, Woese las llamó «arqueas», *Archaea*, que significa «las antiguas».

Las arqueas carecían de ciertas características que sí compartían las bacterias, pero poseían otras particularidades inesperadas. Presentaban propiedades extrañas –entre otras cosas, digerían el dióxido de carbono y excretaban metano– y estaban especialmente bien adaptadas a los ambientes extremos (que es donde nos las encontramos la última vez, hace un rato, en los ardientes manantiales salinos de la depresión de Danakil). Y, fueran lo que fueran, no encajaban en ninguno de los dos reinos de vida existentes: por un lado, las bacterias (organismos unicelulares sin núcleo), y por otro, las eucariotas (todo lo demás).

Este descubrimiento por sí mismo era revolucionario, y cuando Woese publicó sus resultados, en 1977, causó la debida sensación.[27] Woese y su asistente, George Fox, abogaban por el reconocimiento de un tercer reino o dominio de seres vivos, distinto tanto de las bacterias como de las eucariotas. Era la más importante reformulación del árbol de la evolución desde la introducción de las «formas primitivas» o protistas, por parte de Ernst Haeckel en 1866. Mientras que los organismos protistas de Haeckel habían sido posteriormente incorporados al reino de las bacterias, el descubrimiento de las arqueas –que tuvo lugar como resultado del intento de simplificar el árbol evolutivo– logró únicamente complicar la escena una vez más.

La fanfarria con la que se recibió este anuncio ensombreció otro descubrimiento relacionado; Woese y otros trabajarían durante las siguientes décadas para desentrañar cuidadosamente este descubrimiento, que aún hoy no ha sido comprendido o reconocido ampliamente. Se trata del fenómeno llamado «transferencia genética horizontal» (TGH), y las arqueas resultaron ser especialmente expertas en ello.

Allá por 1928, un investigador y médico inglés llamado Frederick Griffith fue el primero en observar que las bacterias que causaban la neumonía neumocócica al parecer podían mutar repentinamente de inofensivas a letalmente virulentas. Sin embargo, no se conocía el mecanismo por el que esto se producía. En los años cuarenta, en el Instituto Rockefeller, en Nueva York, un equipo de investigación contempló, casi con incredulidad, cómo el ADN parecía copiarse a sí mismo de forma prácticamente instantánea, de una bacteria a otra, en lugar de descender por la línea de la herencia genética. En 1953, los microbiólogos Esther y Joshua Lederberg acuñaron el término «herencia infecciosa» para describir la transferencia de ADN de un organismo a otro vía infección viral; era la primera vez que se describía y comprendía un mecanismo de transmisión de este tipo. Resultó que los virus eran tan solo una de las muchas formas en las que los genes podían extenderse entre –y no descendiendo por– las ramas del árbol evolutivo: en horizontal en lugar de en vertical.

Las arqueas son especialmente proclives a este método de extender sus genes. A determinadas temperaturas, o cuando se las expone a luz ultravioleta nociva o a ácido, o a otras formas dañinas, cada individuo de arquea puede extender un diminuto filamento, como un cabello, hasta otro individuo e intercambiar material genético directamente. Estos hilos se denominan «pili» y también se encuentran en muchos tipos de bacterias, especialmente en aquellas que causan enfermedades, como la *E. coli*, porque facilitan que la bacteria se adhiera a los tejidos de otros cuerpos. Pero las arqueas utilizan los pili para adherirse unas a otras, y para modificar organismos vivos y convertirlos en nuevas formas a través de la transferencia de ADN.

En lugar de estabilizar el ahora tambaleante árbol evolutivo y consolidarse como tercer dominio, las arqueas continuaron trastocándolo. Resulta que es prácticamente imposible dividirlas en especies; en vez de eso, parecen ser una especie de comunidades rebosantes de individuos muy parecidos en su mayoría, que se desvían radicalmente unos de otros de acuerdo con sus funciones y ubicaciones, intercambiando partes de su ADN libremente a medida que se adaptan con rapidez a situaciones novedosas. Las arqueas constituyen otro golpe a la idea de la división clara de las especies. Y llegan aún más lejos: desafían la idea de que existan «individuos».

El concepto popular y científico de las especies depende de la existencia de individuos únicos y clasificables que pertenezcan, por entero y exclusivamente, a sus propios grupos. A su vez, la noción de individuo está inextricablemente unida a las ideas políticas de soberanía y voluntad que definen la modernidad, y a la conceptualización del sujeto y el objeto, del yo y el otro, que constituyen el sello distintivo de la filosofía occidental. Jugar con el concepto de individuo no es cualquier cosa, y sin embargo, ahí es adonde apuntan las arqueas.

En diciembre de 2012, tres de los principales biólogos en todo el mundo publicaron un ensayo que exploraba cómo la interacción entre nuestra comprensión creciente de la ecología y las poderosas herramientas tecnológicas para interrogar al mundo habían modificado drásticamente nuestra comprensión acerca de la vida. De la misma manera que el desarrollo del microscopio en su día nos reveló el mundo previamente invisible de las bacterias y los hongos, la secuenciación del ADN y otras tecnologías estaban revelando un paisaje desconocido hasta ahora y profundamente interconectado en todos los niveles de la existencia. Estas tecnologías «han revelado no solo un mundo microbial de una diversidad mucho más honda que lo que previamente imaginábamos –escribieron–, sino también un mundo de relaciones complejas y entrelazadas entre los microbios y también entre la vida microscópica y la vida macroscópica».[28]

El título de este ensayo fue *A Symbiotic View of Life: We Have Never Been Individuals* [«Una visión simbiótica de la vida: nunca fuimos individuos»], y trataba de resumir varias décadas de revoluciones en las ciencias de la vida, en las que el descubrimiento de la transferencia genética horizontal (TGH) desempeñó un papel transformativo. Organismo a organismo, familia a familia, comunidad a comunidad, los autores documentaron casos de TGH, incluidos casos en seres humanos. De hecho, ahora parece que los propios seres humanos somos «quimeras genómicas»: hasta un cincuenta por ciento del genoma humano consiste en secuencias de ADN «integradas» en él por otros organismos en varios momentos de nuestra evolución. Casi un diez por ciento es el resultado de ADN transmitido a través de virus. La cuna misma de la vida mamífera, el útero, apareció de forma independiente en múltiples líneas mamíferas como resultado de una infección viral. El flagelo del espermatozoide humano, ese motor serpenteante que lo propulsa hacia el óvulo, pudo originarse como una bacteria espiroqueta de vida libre . Vivimos porque fuimos infectados con –o quizá deberíamos decir porque compartimos– el ADN de otros.[29]

El nombre que se dio a esta nueva visión acerca de la vida, que se extiende más allá de la operación TGH, es «simbiosis». En oposición al relato violento y competitivo del surgimiento de la vida que dicta la evolución darwiniana, la simbiosis propone que somos, por el contrario, el producto de la cooperación, de la interacción y de la mutua dependencia. Esta visión de la vida es profundamente ecológica y relacional, y abarca todo, desde las secuencias de nuestro ADN y la composición de nuestros cuerpos, hasta el tipo de sociedades en las que vivimos; o en las que podríamos vivir si nos tomamos en serio estas revelaciones.

La simbiosis es lo que subyace a la relación entre las plantas y los hongos micorrizales que exploramos en el capítulo anterior: el crecimiento conjunto que permite a ambas formas de vida prosperar, de manera entrelazada y dependiente la una de la otra. Fue la simbiosis lo que hizo posible que las plantas y todo el resto de las formas de vida se establecieran en tierra firme, acogiendo a sus compañeros fúngicos en el interior de sus raíces. Esta relación continúa hoy en día en forma de líquenes, que son una asociación entre los hongos y las algas, en una labor tan íntimamente cercana que sus formas son casi indistinguibles. Los líquenes han sido descritos como «los hongos que descubrieron la agricultura», pero esto contradice la asociación mutualista entre criaturas tan pegadas entre sí que sus zarcillos crecen en el interior de las células del otro; una difuminación más entre el individuo y la especie.

Los insectos y las plantas con flores son, asimismo, otro ejemplo de simbiosis que, irrevocablemente, ha dado forma a toda la vida en el planeta, y que, además, les ha dado forma a estas mismas criaturas. Cada una ha dirigido la evolución de la otra, a medida que la adaptación a nuevos entornos las obligaba a adoptar nuevos patrones de vida, que a su vez se reflejaban en sus compañeros simbióticos. Y los seres humanos somos parte de estos sistemas de desarrollo cooperativo; tal y como veremos en un capítulo posterior, también hemos evolucionado de la manera en la que lo hemos hecho, gracias a la disponibilidad de miel, resultado directo de la simbiosis entre los insectos y las plantas.

Podemos incluso identificar «poblaciones fantasma» en las reliquias de las simbiosis pasadas. Puede que el aguacate haya desarrollado su gran y aparentemente incomestible semilla como respuesta a la presencia de animales gigantes capaces de comerlas y trasladarlas, el perezoso terrestre y el gonfoterio del Plioceno, hace más de un millón de años. A pesar de que esta pareja simbiótica ya no exista, el aguacate ha seguido adelante: hoy en día, continúa extendiéndose a través de otros animales que aprecian su pulpa.[30]

La simbiosis es crucial para nuestra vida diaria. El microbioma humano, los dos kilogramos aproximados de bacterias y otros organismos que transportamos con nosotros –sobre todo en las tripas– influye profundamente en nuestro conocimiento y en nuestro comportamiento. Esto se aplica incluso a nuestra inteligencia: la salud buena o mala de nuestro microbioma afecta tanto al desarrollo del cerebro como a nuestra capacidad para lidiar con el estrés y con el trauma. Varios estudios han demostrado que las personas mayores que viven en geriátricos tienen microbiomas menos diversos que aquellos que viven en comunidades más abiertas y, como consecuencia de ello, tienen una mayor propensión a estar débiles y a sufrir enfermedades crónicas.[31]

Nos restregamos con la simbiosis todos los días, pero además, venimos de ella. Junto con las plantas, los animales, los hongos y la mayor parte de la vida que nos encontramos cada día, somos eucariotas, poseemos células complejas que contienen núcleos y mitocondrias (al contrario que las procariotas, las bacterias y las arqueas, cuyas células, más simples, únicamente contienen una sola hebra de ADN). ¿Cómo hemos llegado hasta aquí? Siempre ha parecido probable que las bacterias y las arqueas representaran un estadio anterior de la vida, y que debemos de proceder de ellas, de alguna manera. Pero ¿cómo?

La respuesta, propuesta inicialmente por la bióloga Lynn Margulis en los años sesenta es la endosimbiosis, que, como muchas de las ideas revolucionarias que nos hemos encontrado, se enfrentó a las burlas y fue ignorada durante mucho tiempo, hasta que se vio que era irrefutable. Los endosimbiontes son organismos que viven dentro de otros organismos: las bacterias que fijan el nitrógeno en las raíces de los guisantes o las algas en el interior de los corales que construyen arrecifes. Lo que propuso Margulis fue que la vida eucariótica –nuestra vida y la vida de todos los organismos complejos, desde las amebas hasta las secuoyas– era en sí misma el resultado de la endosimbiosis. En algún momento en las profundidades de la historia evolutiva, una bacteria independiente y de vida libre envolvió a otra, y las dos establecieron una relación de beneficio mutuo. Este es el origen de las mitocondrias y los cloroplastos: las estructuras dentro de las células de los animales y las plantas, que producen la energía que necesitamos para sobrevivir. Como el liquen, estas bacterias aprendieron a cultivarse la una a la otra: a proporcionar el refugio y los nutrientes necesarios para la supervivencia de la otra, a cambio de energía y otros productos. Ambas bacterias se beneficiaban de este acuerdo, y su relación mutua se transmitió generación tras generación, hasta dar como resultado la vida compleja multicelular que comparte el planeta. Viven en nuestro interior a fecha de hoy.

El concepto de «más allá de lo humano» no llega siquiera a empezar a abarcar todo esto. No es solo que seamos los productos de múltiples ancestros entrelazados que cubren una enorme variedad del campo evolutivo; no somos ni siquiera individuos, en absoluto. Más bien, somos un ensamblaje andante: comunidades desordenadas de multiespecies, seres multicorporales, dentro y fuera de nuestras propias células.

*Tuiiiituooooor,** y nos despeñamos todos juntos por la línea genética hacia abajo. Es una imagen delirante: un deseo de vida e interconexión infinitamente floreciente, turbador, irrefrenable. Los líquenes cultivan algas y nosotros cultivamos bacterias, y cada uno se alimenta del otro; los árboles hablan y todo el mundo canta. Descendemos del tifus por línea materna, de arqueas que expelen metano, por la otra.[32] Cada vez que entrenamos a nuestras más sofisticadas herramientas para las preguntas centrales de nuestra existencia –¿quiénes somos?, ¿de dónde venimos?, ¿adónde vamos?–, la respuesta resuena, cada vez más alta y clara: Todos y Todas partes.

En 1999, un biólogo norteamericano llamado Ford Doolittle intentó dibujar un nuevo árbol de la evolución, teniendo en cuenta los últimos descubrimientos de la TGH.[33] Lo llamó «árbol reticulado» o «red», a pesar de que guarda mayor parecido con un arbusto espinoso o un matorral. Alejándose de las dos dimensiones tradicionales del gráfico, las ramas se doblan y se disparan, confluyen y se separan, se abrazan muy cerca unas de otras y se atraviesan a través de agujeros. La vida parece guiarse por la curiosidad y la búsqueda, parece conectada, en expansión y singularmente inclusiva.

* Referencia al *Ulises* de James Joyce: «tuiiiituooooor algún tren silbando por ahí la fuerza que tienen esas locomotoras como gigantes enormes con el agua agitándose por todos lados y saliéndole por mil sitios como el final de la vieja y dulce canción de amor los pobres hombres que tienen que estar toda la noche alejados de sus mujeres y familias esos hornos de las locomotoras (...) Tuiiiiituooooor otra vez ese tren con su tono plañidero llorando los días queridos que fueron muertos que no volverán». James Joyce, *Ulises*, traducción de José Salas Subirat, Barcelona, Galaxia Gutenberg, cap. 18, págs. 777 y 785. (N. de la T.)

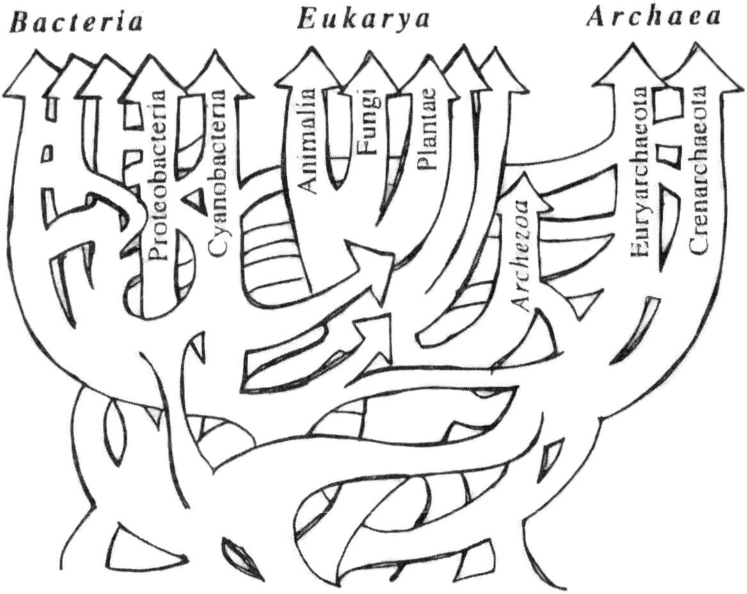

Árbol reticular de Ford Doolittle.

«Los diferentes genes dibujan diferentes árboles», escribió Doolittle, en el sentido de que la evidencia genética ya no podía respaldar el modelo de distintas especies separadas, o incluso reinos. «Para salvar a los árboles –deducía Doolittle– uno podría definir los organismos como algo más que la suma de sus genes, e imaginar que las cepas de los organismos tienen una especie de realidad emergente, de la misma manera que pensamos acerca de nosotros mismos como reales y continuos a lo largo de una vida, a pesar de que sabemos que contenemos muy pocos de los átomos con los que nacemos.»

En esta visión de la vida como un proceso de surgimiento constante, Doolittle se hace eco de Lynn Margulis, que consideraba al individuo humano como «una especie de edificio barroco», reconstruido cada varias décadas por bacterias que se fusionan y mutan. Entretanto, el núcleo de nuestro ser, la columna vertebral de nuestro ADN, es mucho más viejo que cualquier humano que haya existido jamás. «Nuestro fuerte sentido de la diferencia con respecto a cualquier otra forma de vida, nuestro sentido de la superioridad de la especie –escribió Margulis– es un delirio de grandeza.»[34]

Esta visión del mundo hace que sea mucho más difícil saber dónde se hallan los orígenes de cada individuo, o dónde se hallan las fronteras entre nosotros. Sin embargo, hace que sea mucho más fácil encontrar puntos en común con otros modos de vida.

La naturaleza de la vida no es constante sino cambiante. El motor del cambio, en el plano del individuo y en el de la evolución, es el encuentro con el otro. Al contrario que las nociones darwinianas de la descendencia jerárquica, que proponía la mutación dentro de las ramas individuales como la fuerza impulsora de la evolución, la simbiosis afirma que el cambio y la novedad vienen de fuera. Somos quienes somos gracias a todo lo demás.

Los modelos de progresión, avance, linealidad e individualidad –modelos, en definitiva, de jerarquía y dominancia– se derrumban bajo el peso de la diversidad real. La vida es espesa, híbrida y tumultuosa. Embarrar las aguas es precisamente el objetivo, porque es de tales torrentes nutritivos de donde surge la vida. El individuo, bajo el microscopio o bajo el sol, siempre es pluralidad. Hacen falta modelos de multiplicidad para hallar el sentido de esta vida que no cesa de proliferar, bullir, rezumar y entrelazarse. El árbol no es un árbol, sino, quizá, un matorral o una red, o un bosque o un lago. ¿O, quizá, una nube?

Mientras que los modelos matemáticos de sistemas han demostrado ser herramientas útiles para comprender las estructuras y *affordances** de las redes artificiales y naturales –desde la red de internet a las redes micorrizales–, estos modelos no llegan a alcanzar el plano metafórico, el plano de los modelos mentales que transportamos en nuestras cabezas –a veces solo de manera fragmentaria,

* Neologismo que se refiere, en el contexto de la relación entre humanos y máquinas u objetos, a la capacidad de un objeto para evocar su función o su manejo. (N. de la T.)

otras veces de manera consciente– y que constituyen las ideas en base a las cuales vivimos. Y no puede existir una metáfora incipiente más poderosa que la que hemos aplicado al sensorio global e interconectado de internet, ese *umwelt* compartido al que llamamos «la nube».

La nube encarna y recrea todos los conflictos que nos encontramos cuando tratamos de comprender el mundo más allá de lo humano. A diario nos demuestra que un régimen informático –una manera de pensar el mundo y de clasificarlo– que dependa de datos fijos y categorías inalterables, de conclusiones y no de procesos, de fines y no de medios, de sesgos y prejuicios y no de la evidencia de nuestras propias vidas es contrario a la sociedad, a la humanidad y a la vida misma. Ningún esquema puede llegar a estar completo, ninguna taxonomía puede darse por terminada; y así está bien, siempre y cuando los sistemas que utilicemos para interpretar y aplicar esos esquemas sean abiertos, transparentes, comprensibles y renegociables.

Este no es siempre el caso –está lejos de serlo–, pero en ocasiones hay un destello de esperanza. Un caso que considero valioso es la lucha constante y bienintencionada de Facebook en materia de género, que refleja exactamente esta exasperante confrontación con los falsos sistemas binarios. Desde sus comienzos, este servicio, como la mayoría de las plataformas de las redes sociales, requería de las personas usuarias que se identificaran como «hombre» o «mujer» cuando creaban un perfil. Google Plus añadió una tercera opción: «otro», que contentó a algunos, pero, aun así, no resultaba del todo acogedora. A comienzos de 2014, Facebook publicó una lista de cincuenta y una identidades de género entre las que los usuarios podían elegir, incluidas la identidad de las personas trans, agénero, no binarias, de género fluido, dos espíritus y muchas más. Más tarde, durante ese mismo año, tras realizar una consulta a los usuarios, ampliaron la lista a más de setenta. Y un año después, se rindieron y permitieron que cualquiera escribiera su propia identidad. El género, uno de los elementos de identificación más críticamente contestados en nuestra sociedad, se convirtió, como las especies, en un campo abierto, al menos en Facebook (y eso es lo único bueno que diré de esta plataforma). En informática, al igual que en biología evolutiva, parece ser que cuanto más tratamos de controlar y categorizar el mundo –de meter todo en pequeñas cajas y dentro de las líneas en las bases de datos– más se desborda la vida.[35] Lewis Fry Richardson se ríe, mirando su regla de medir.

La simbiosis no es la imagen de la perfecta armonía; está lejos de serlo. El mundo no se compone de relaciones armoniosas, ni siquiera justas, pero sí está compuesto de relaciones, y de ellas, son más las que resultan mutuamente beneficiosas que las que resultan antagónicas. «La vida –escribe Margulis– no ocupó la Tierra tras un combate, sino extendiendo una red de colaboración por su superficie.»[36]

Así, la simbiosis proporciona uno de los más poderosos y empíricos contrapuntos a todos nuestros cuentos de terror acerca del desarrollo de infraestructuras tecnológicas opacas, de sistemas de análisis, determinación y control, de inteligencias peligrosamente asimétricas y relaciones de poder. Sencillamente, no tiene por qué ser así, y además, no *quiere* ser así. Es posible vivir como simbiontes más que como sujetos, como habitantes igualmente válidos y responsables de un mundo desordenado más allá de lo humano. Nos lo dicen la tecnología, la ecología y la evidencia de nuestros propios cuerpos.

4

Ver como un planeta

–Atención –comenzó a llamar de pronto una voz, y fue como si un oboe se hubiese vuelto de pronto capaz de pronunciación articulada–. Atención –repitió con el mismo tono alto, nasal y monocorde.*

Así comienza *La isla*, la novela que publicó Aldous Huxley en 1962, con el periodista náufrago Will Farnaby despertando bajo las ramas expandidas de los árboles en Pala, una isla prohibida y misteriosa de la Polinesia. Farnaby ha llegado a este lugar –más adelante se desvela que su naufragio ha sido deliberado– con el objetivo de convencer al dirigente local de que conceda el derecho de explotación de los minerales de la isla a una codiciosa sociedad formada por un cacique local y una compañía internacional de petróleo. Pero el cínico y alterado Farnaby va poco a poco dejándose conquistar por la combinación de bondad, consideración y pacifismo de la isla, que se concreta en los sonidos que oye en el momento de su llegada: «Atención. Atención. Ahora y aquí, muchachos. Atención».

Estas palabras, que se repiten como un eco alrededor de la isla y en el texto, no son pronunciadas por voces humanas sino por una bandada de minás, un pájaro local, adiestrados y puestos en libertad por los isleños. Porque, tal y como explica la enfermera que le cose las heridas a Farnaby, «es lo que uno siempre olvida, ¿no es

* Aldous Huxley, *La isla*, traducción de Floreal Mazía, Barcelona, Edhasa, 1986, 2009. (N. de la T.)

así? Quiero decir, uno se olvida de prestar atención a lo que sucede. Y eso equivale a no estar ahora y aquí». En la novela de Huxley, son las voces de los pájaros, el coro más allá de lo humano, las que dirigen la atención de los humanos, rescatándola de la fantasía y la distracción, de nuevo hacia el presente, hacia sus alrededores y hacia la realidad de sus vidas. Para Huxley, la atención consciente es un requisito para actuar de forma correcta y con justicia en el mundo: solo a través de la mirada y la escucha cuidadosas podríamos comprender por entero aquello que sucede a nuestro alrededor y saber la mejor manera de proceder.

Una mañana de abril de 2020, mientras el mundo permanecía confinado, mi pareja y yo paseábamos por la playa que se extiende al pie de nuestra casa, en la isla griega de Egina. Nuestro pueblo permanece prácticamente vacío en la primavera y los efectos del confinamiento acrecentaban un sentimiento de desolación. La arena estaba cubierta de algas, trozos de madera arrastrados por la corriente, plásticos y otros desechos. El paseo era tonificante y también lúgubre.

Pero, mientras caminábamos siguiendo la línea de la orilla, el cielo cobró vida: de repente se llenó de pequeñas aves que se precipitaban y trinaban por encima de las hierbas altas, revoloteando entre los árboles anaranjados, posándose brevemente en los cables de telefonía y pasando a toda velocidad por encima de nuestras cabezas. Venían directas hacia nosotras desde todas partes como bombarderos, y sus tensos cuerpos como flechas nos esquivaban en el último momento, asustándonos cada vez con su repentina aparición y su vertiginoso vuelo. De la noche a la mañana, habían vuelto las golondrinas.

En la Antigua Grecia, el regreso de las golondrinas desde África marcaba el inicio de la primavera, y su aparición era ocasión de celebraciones conocidas como Χελιδονίσματα («*chelidonismata*»), de la palabra «*celidonia*», que en griego significa «golondrina». En tiempos modernos, en la isla de Rodas, los niños iban de casa en casa pidiendo regalos para las golondrinas. Y por toda Grecia, la tradicional pulsera de marzo «Marti» –hecha de cuerda roja y blanca, y que aún se teje el último día de febrero y se lleva puesta durante todo el mes de marzo– se entregaba a las golondrinas al final del mes, para que construyeran con ella sus nidos. Más al norte, en Albania y Macedonia, el día festivo de Letnik celebra la llegada de las aves migratorias. En todas partes, su aparición se asociaba a la prosperidad venidera y el alivio del verano.

Este año, la llegada de las golondrinas estaba teñida de tragedia. Las aves que encontramos en la playa, que parecían tan alertas y llenas de vida, llegaban exhaustas después de haber sido sacudidas por la tempestad. En los días anteriores, los fuertes vientos habían azotado el Mediterráneo y el Egeo, y esto había provocado un desastre entre las aves migratorias, que habían muerto a miles. El primer verano del covid-19 fue también, en muchas partes de Europa, un verano sin golondrinas.[1]

A pesar de todo, la aparición de las golondrinas en aquella mañana de abril tuvo un efecto transformador para mí, fue una sacudida que me arrancó de la parálisis del confinamiento y me dio un renovado sentido de la atención y un propósito. Después de haber vivido toda mi vida adulta en ciudades, había estado expuesto, en lo que sentí como una primera vez, a la exuberancia de la primavera: llegaban las golondrinas, florecían los euforbios y las saxífragas, brotaban las anémonas y las buganvillas. Un día de abril, el mar se tornó verde amarillento; lo que en un principio creí que era algún tipo de vertido químico resultó ser una capa de polen de pino: todos los árboles de la isla habían eyaculado a la vez y habían cubierto las aguas y las carreteras de un polvo de grano fino. Sentí profundamente mi previa falta de conocimiento y mi desconexión de estos ciclos de la naturaleza.

Vivimos casi siempre a la velocidad de nuestros medios de comunicación y nuestras máquinas. El reloj que marca las veinticuatro horas y el ciclo de las noticias, las actualizaciones en las redes y los emails gobiernan nuestros días. Pero la idea de un tiempo global –un único estándar universal, dividido en horas y minutos, y ordenado por zonas horarias– es reciente. Este invento de finales del siglo XIX fue producido por el desarrollo de la tecnología. Antes de la Revolución industrial, el mundo funcionaba perfectamente bien con muchas y muy variadas mediciones del tiempo: el granjero y el herrero trabajaban a sus propios ritmos, y los relojes se ponían en distinta hora incluso en pueblos colindantes. La concepción cultural del tiempo también variaba enormemente: el tiempo occidental, judeocristiano, era concebido como algo lineal, con un principio definido y un final, mientras que las cosmologías inca e hindú concebían el tiempo como un ciclo infinito. Estos modelos del tiempo influían profundamente en el conocimiento de quienes vivían bajo su esfera y producían maneras de ser y de vivir completamente diferentes.

Los modos en los que el mundo natural cambia a lo largo del tiempo también quedan registrados en nuestra memoria cultural. Una organización llamada Snowchange Cooperative, localizada al norte de Escandinavia, registra las formas en las que las comunidades indígenas leen y responden a los cambios del clima. Una mujer sami llamada Gun Aira menciona que el lago, cuyo nombre tradicional es Biehtsejávrre, o «lago de los pinos», está ahora totalmente rodeado de abedules, un signo del cambio de las condiciones medioambientales.[2] De esta manera, el reconocimiento del cambio medioambiental se da dentro de los códigos de la historia y el conocimiento indígenas. La mayoría no contamos con bancos de memoria cultural de tal extensión: dependemos de la corta capacidad de atención de nuestras tecnologías contemporáneas de generación de conocimiento. Demasiado a menudo, esto nos provoca una miopía con respecto a cambios más dilatados en el mundo que nos rodea. El cambio climático es un claro ejemplo de ello: una alteración del mundo que ocurre a escalas temporales y geográficas tan inhumanas que nos resulta difícil incorporarlas a los discursos convencionales, y ya no digamos, reaccionar de forma efectiva.

Si nuestra incapacidad para contarnos historias significativas y realizables acerca de nuestro planeta cambiante es parte del problema, entonces tenemos que repensar las herramientas que empleamos para generar la cultura misma. La tecnología puede participar en este proceso comunal de generación de sentido. Para que esto ocurra, debemos dejar de usarla como una manera de reducir el tiempo e imponer nuestra estrechez de miras; en lugar de eso, debemos utilizarla para ampliar nuestra visión y ensanchar el alcance de nuestra atención. Conseguir esto es urgente y necesario, porque ni siquiera los sistemas de conocimiento tradicionales, de los que muchos de nosotros ya hemos sido apartados, pueden siempre explicar la velocidad del cambio que está ocurriendo en el presente. Los líderes indígenas de Siberia han informado de la reciente aparición de martas cibelinas –criaturas que, normalmente, viven en el bosque– en sus territorios ancestrales de la tundra, un acontecimiento para el que no tienen ninguna referencia cultural. «No hay ninguna canción acerca de la marta cibelina, no hay viejas historias sobre las martas», se lamentan.[3] Debemos crear nuevas historias, adaptadas al presente, que a su vez nos permitan adaptarlas para el futuro. Estas historias incluirán, inevitablemente, redes y procesadores, satélites y cámaras digitales.

No será la primera vez que lo hagamos, pero para conseguirlo, hará falta un esfuerzo consciente mayor, y una mayor justicia de acceso y autonomía. En el siglo XIX, la aparición del ferrocarril, el barco de vapor, la radio y el telégrafo –todas ellas tecnologías que requerían una estricta coordinación entre puntos distantes para su correcto funcionamiento– supuso el colapso del espacio y del tiempo. Esta homogeneización, sin embargo, encontró resistencia a lo largo de todo el mundo. Tras la Conferencia Internacional del Meridiano, celebrada en Washington D. C. en octubre de 1884, el mundo se dividió en veinticuatro zonas horarias, con una sola hora media, determinada por el Real Observatorio de Greenwich. Su implementación fue recibida con una oposición generalizada. En Bombay (actual Mumbai), hubo revueltas entre los trabajadores de las fábricas en contra de la imposición del tiempo global, que consideraban otra afrenta colonial por parte de Gran Bretaña. En Beirut, los horarios de los autobuses se imprimieron tanto con el tiempo europeo como con el otomano, mientras que los relojes públicos iban unas veces acompasados y otras veces desacompasados con respecto a las campanas de las iglesias o a la llamada del almuecín. Francia adoptó una hora nacional, pero se negó a usar la hora de Greenwich: la hora de Francia se calculaba desde París y así fue hasta 1911.[4]

El tiempo siempre ha sido un concepto imaginario y es relevante quién imagina. Durante la mayor parte de la historia, el tiempo ha estado gobernado por nuestra relación con el mundo más allá de lo humano: la salida del sol y el cambio de las estaciones. A finales del siglo XIX y principios del XX, el tiempo fue separado de la tierra y corrompido por la industria para sus propios fines. Fue un acto de imaginación imperial sobre el tiempo, liderado por Europa y Norteamérica: el resultado fue la anulación de las diferencias locales, la opresión de trabajadores y súbditos, y la supresión de otras maneras de existir en el tiempo. Hoy, el tiempo es imaginado por las máquinas; el tictac del microprocesador y de las señales oscilantes de los satélites GPS mantiene un código temporal universal y globalizado, accesible desde cualquier punto de la Tierra y con una precisión de diez milmillonésimas de segundo.

En *El alma de una nueva máquina*, la crónica de Tracy Kidder acerca del desarrollo del Data General Eclipse MV/8000, una de las primeras minicomputadoras, a finales de los años setenta, el autor recoge la experiencia de un ingeniero cuyo trabajo implicaba hacer pruebas con el nuevo ordenador para comprobar que no hubiera errores de programación. Con este fin, empleaba un aparato llamado «analizador lógico», que tomaba fotos del estado interno de la máquina cada nanosegundo, es decir, cada milmillonésima de segundo, una fracción de tiempo prácticamente inimaginable. Aquellos parámetros temporales, no obstante, eran algo conocido para el ingeniero: «Me siento muy cómodo hablando en nanosegundos. Me siento ante uno de estos analizadores y los nanosegundos son amplios. Es decir, que puedes verlos pasar. "Madre mía", me digo, "esa señal tarda doce nanosegundos en ir de ahí a allá." Son cosas realmente importantes cuando estoy construyendo una computadora. Pero cuando lo pienso un poco, cuando pienso en que se tarda mucho más en chasquear los dedos, pierdo la noción de lo que realmente significa un nanosegundo».

Más adelante durante el proceso, otro de los ingenieros del proyecto Eclipse acaba agotado y deja la empresa. Él también trabajaba con el analizador lógico, asomándose a los intervalos infinitesimales del interior de la máquina día a día, semana a semana. Pero el esfuerzo lo había sobrepasado. Antes de irse, deja una nota a sus colegas encima de su terminal: «Me marcho a una comuna en Vermont y no voy a ocuparme de ninguna unidad de tiempo menor que la estación del año». No solo se iba a Vermont; se iba a un lugar donde el tiempo era diferente, donde este se correspondía más íntimamente con los ritmos del cuerpo y los ritmos del mundo.[5]

El tiempo en el que vivimos es relevante. No en qué época, sino en qué presente, el tiempo de nuestra conciencia. Cuando está gobernada por máquinas, nuestra atención se sintoniza forzosamente con la escala del nanosegundo y la amplitud de un rayo de luz, y esto nos dificulta pensar en y con otros seres y procesos que existen en diferentes escalas temporales y geográficas: el cambio de las estaciones, las migraciones continentales de las aves, la edad de los árboles y las plantas. Pero la atención es también algo que puede alterarse y entrenarse, que puede volver atrás, conscientemente, hacia una media temporal más allá de lo humano. Si bien construimos y pensamos nuestras tecnologías mayormente de forma opuesta a esta temporalidad, no tiene por qué ser así. Las herramientas que empleamos para recopilar información, para hacer mediciones, registros y observaciones pueden también emplearse para incrementar nuestra lucidez y ensanchar nuestra capacidad de atención y cuidado, si tomamos decisiones conscientes acerca del tiempo en el que queremos vivir.

Robert Marsham fue un terrateniente y naturalista que prestaba mucha atención al mundo que le rodeaba. El 14 de diciembre de 1735, mientras paseaba por su finca de Stratton Strawless, en Norfolk, oyó cantar a un tordo. Los tordos cantan para establecer su territorio, y comienzan a hacerlo en algún momento entre el final del otoño y el inicio del nuevo año. Cuando oyó cantar a aquel tordo en ese día de diciembre, Marsham comenzó a preguntarse si habría una conexión entre el momento en que el tordo empezaba a cantar y otras condiciones del mundo natural. Tomó nota de la fecha y decidió prestar más atención.

Al año siguiente, Marsham empezó a llevar un registro continuo de los primeros signos de la primavera. Comenzó por la primera golondrina, que en 1736 llegó a Stratton Strawless el 10 de abril, el centésimo primer día del año (1736 fue año bisiesto). Dos años después, en un viaje por Europa, anotó la fecha de la primera golondrina en Piacenza, Italia (20 de marzo, el septuagésimo noveno día del año), así como la primera floración del espino en Nimes, Francia (14 de abril, ciento cuatro días). En 1739, de vuelta en su casa de Norfolk, amplió su cuaderno para incluir la aparición del cuco (ciento veinte días) y el ruiseñor (ciento veintiséis), las primeras hojas del sicomoro (sesenta y cinco), y la germinación de esa planta de vital importancia para el granjero de Norfolk: el nabo (sesenta y tres). Veinte años después seguía con el mismo ímpetu, observando y anotando cuidadosamente la floración de las campanillas de invierno; los brotes del roble, el abedul, el castaño y el carpe; la llegada de las chotacabras migrantes; y los primeros polluelos del grajo.

Marsham murió en 1797. Su hijo, también llamado Robert, introdujo los registros del siguiente año, y continuó tomando notas hasta 1810, añadiendo informes del tiempo y la temperatura diaria. Tras una pausa de unos quince años, el siguiente Robert de la línea tomó el testigo. El registro Marsham entonces continuó, casi de forma ininterrumpida, hasta bien entrado el siglo XX, hasta la muerte de Mary Marsham, la primera tataratataranieta de Robert, en 1958.[6]

Hoy, Marsham es reconocido como el fundador de una disciplina conocida como fenología, del griego φαίνειν, que significa «mostrar, aparecer o traer a la luz». La fenología se ocupa de la aparición de las cosas no en el sentido visual, estético, sino en un sentido

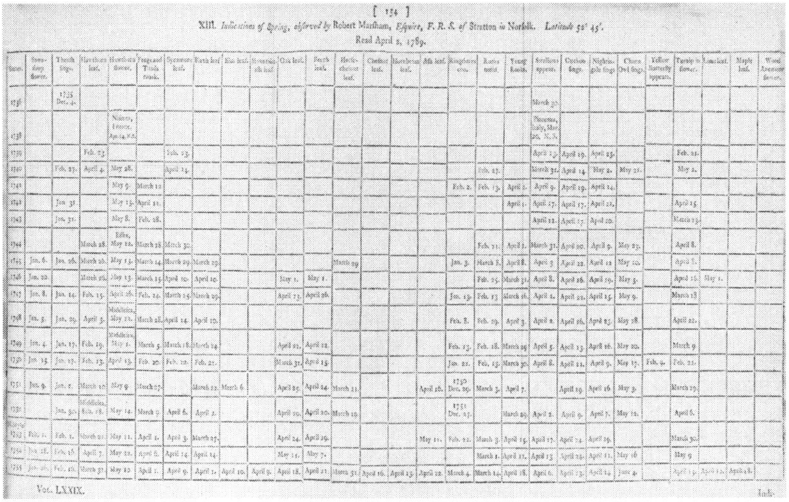
[154]

XIII. *Indications of Spring, observed by* Robert Marsham, *Esquire, F. R. S. of* Stratton *in* Norfolk. *Latitude* 52° 45'.

Read April 2, 1789.

Vol. LXXIX.

«El registro fenológico Marsham en Norfolk, 1736-1925», presentado por Ivan Margary, 1926.

temporal: no de *cómo* aparecen las cosas, sino de *cuándo* lo hacen. La fenología, por lo tanto, depende de la atención que se dedique, a lo largo del tiempo, al aquí y al ahora.

La prolongación del registro Marsham a lo largo de décadas y generaciones arroja luz sobre la lenta alteración de la Tierra: una alteración que ahora sabemos que está causada por la actividad humana, pero que, hasta hace poco, ha progresado demasiado despacio como para que un único observador pudiera percibirlo. Entre 1850 y 1950, los registros muestran un par de tendencias claras. Una es que, a lo largo de un siglo, hay un lento pero notable incremento de la temperatura media, particularmente en los meses invernales. La otra es que esta observación se corresponde con el comportamiento de las plantas y los animales: las hojas del roble, por ejemplo, aparecen un poco más temprano cada año.

Estas observaciones ahora se están repitiendo en otros lugares, y no solo por parte de los humanos. En Groenlandia, la migración del caribú viene marcada por la duración del día. En primavera, a medida que los días se alargan, el caribú comienza a viajar al interior, a los pastos estivales y las zonas de reproducción. Pero, debido al incremento de las temperaturas, se encuentra con que las plantas que acostumbra a pastar ya han florecido y se han marchitado, y como resultado de esto, las poblaciones de caribú están disminuyendo. Se trata de un ejemplo de un desfase fenológico, la desincronización de lo que previamente eran estimaciones temporales complementarias, con consecuencias devastadoras. Nuestra dependencia de concepciones maquínicas y antagónicas del tiempo –desde el reloj industrial hasta el procesador informático– podría considerarse otro tipo de desfase fenológico: una repugnante y, en definitiva, sofocante demanda dirigida a una cronología no humana y contraria a la vida. Pero ¿debemos irnos todos a Vermont y rechazar de plano las posibilidades que nos brinda el pensar de otra manera a través de la tecnología?[7]

El registro Marsham, que nos proporciona nuestro primer atisbo del cambio fenológico, no es solo un logro de la atención, sino el resultado de la tecnología: en este caso, una tecnología simple: un diario. Nos demuestra que hay otras maneras de emplear una tecnología basada en el tiempo, que en lugar de constreñir, amplían nuestra capacidad de atención y cuidado. Al recopilar sus observaciones sobre el papel, los Marsham transformaron la atención consciente en datos, permitiendo que veamos los cambios que ocurren en la naturaleza. Es un proceso que dista mucho de la visión que solemos tener hoy en día de los datos, que, una vez recopilados, fijan al sujeto y lo convierten en un inmutable objeto de análisis numérico y explotación social. El registro Marsham no es una crónica de la constancia, sino del cambio. Es, también, un ejemplo de una atención aumentada: el uso de herramientas para amplificar y extender nuestra visión a través del tiempo y el espacio, de tal manera que entremos en sintonía con una escala más amplia del mundo con el que estamos enredados.

Una tarde de abril, poco después del encuentro con las golondrinas, saqué una vieja caña de bambú a nuestro jardín en Egina y la corté a una altura de ciento quince centímetros. Colocada de pie sobre el suelo, me llegaba más o menos hasta la mitad del torso. La puse sobre el suelo en posición horizontal en una zona cubierta de maleza, con un extremo cerca de un diente de león de aspecto fuerte, y el otro apuntando hacia el norte. Entonces desenterré el diente de león con una pala y lo trasplanté en el otro extremo del palo. Un pequeño paso para un humano, pero un salto bastante grande para un diente de león.

Sabemos que el cambio climático está ocurriendo, pero durante mucho tiempo, para la mayoría seguía siendo algo abstracto. Si bien las cifras de los informes y las líneas ascendentes de los gráficos provocaban inquietud, sus efectos no siempre eran visibles en nuestro entorno personal, incluso para quienes, como los Marsham, estaban prestando una atención consciente. En los últimos años, por supuesto, estos efectos han comenzado a volverse más claros allá donde nos encontremos: veranos más calurosos, tormentas más feroces, incendios forestales más salvajes, por nombrar solo unos pocos. Sin

Vara de bambú de 115 centímetros.

embargo, al menos para quienes tienen la suerte de vivir en ciertas áreas templadas del norte global, todavía es más una sensación que una verdad palpable: algo que está en el aire, más que en el suelo.

Peor aún: parece que poco o nada podemos hacer en el plano individual en respuesta a esta sensación, solo temer su impacto, un impacto que ya está aniquilando a miles de especies y que pone en peligro la supervivencia de nuestra propia especie. El cambio climático ya no es algo que podamos revertir, sino algo a lo que debemos adaptarnos, soportar y mitigar cuanto nos sea posible. La angustia existencial no es una respuesta útil: necesitamos mejores formas de compartir y cargar con una parte de la responsabilidad del trauma que se está infligiendo al mundo más allá de lo humano.

Si tomamos el incremento de la temperatura global a lo largo del último siglo y le sumamos los incrementos que se pronostican durante el próximo, podemos observar lo rápido que el cambio climático está alterando las condiciones locales en diferentes partes del mundo. Y, por lo tanto, podemos calcular la velocidad del cambio climático: la rapidez con la que se mueve a través del suelo en distintos lugares.

Para la supervivencia de la vida en la Tierra, es crucial que comprendamos esta velocidad. Si queremos que las condiciones a nuestro alrededor se mantengan igual que hasta ahora, debemos movernos con la misma celeridad. Este movimiento también implica una dirección: los hábitats burbuja en los que la vida puede sobrevivir y prosperar se están moviendo hacia mayores alturas y hacia los polos. Las diferencias locales en cuanto a la velocidad vienen determinadas por la forma del territorio y por la forma de la propia Tierra: los efectos del cambio climático se mueven a la máxima velocidad en praderas anegadas, en manglares pantanosos y en desiertos; y más despacio, en tierras altas de montaña y en los bosques boreales. Sin embargo, estos efectos son desiguales: si vives en un desierto tienes mucho espacio para trasladarte y mucho camino por delante antes de encontrarte con un obstáculo. Pero si ya estás a mitad de camino subiendo por la ladera de una montaña, muy pronto podrías quedarte sin un lugar adonde ir.

Adaptarse a la velocidad del cambio climático es una de las tareas clave del nuevo siglo para los seres humanos y para todo aquello con lo que compartimos el planeta. La supervivencia de las especies depende de seguirle el ritmo a la velocidad del cambio tanto como de la naturaleza del propio cambio. Cualquiera que no pueda moverse o que no tenga adonde ir corre un riesgo mayor.

Mientras escribo, la velocidad media global del cambio climático es de alrededor de 0,42 kilómetros por año.[8] Si dividimos esta cifra entre 365, el resultado es ciento quince centímetros; es la longitud de mi caña de bambú. Esa es la distancia que tiene que salvar el diente de león, *cada día*, solo para vivir bajo las mismas condiciones. Pero las plantas, según nuestros conocimientos, no pueden moverse por sí mismas.

En su tratado *Acerca del alma*, escrito alrededor del año 350 antes de la Era Común, Aristóteles expuso la concepción clásica del alma: esa esencia o principio vital de un ser vivo que está enlazada con el cuerpo, pero no es parte de él. El alma es aquello que nos da vida. En el pensamiento de Aristóteles, todos los seres vivos tienen alma, pero esta varía en su estructura y capacidad. El alma de una planta, escribe, es capaz de reproducirse y crecer, pero es insensible e inmóvil. El alma de un animal, por el contrario, se mueve y siente. El alma racional del ser humano –de forma exclusiva, según Aristóteles– es capaz de pensar y reflexionar.

El esquema aristotélico aún resulta sorprendente hoy en día, porque asigna un alma a las plantas y a los animales. Reconoce la vivacidad –la vitalidad– de la vida no humana. Sin embargo, también las gradúa de una manera que fundamentalmente ha dado forma a la visión que tenemos de nuestro lugar relativo en el mundo. Esta concepción jerárquica se ha mantenido durante dos mil años y –a pesar de las objeciones de ateos, biólogos y teóricos evolucionistas por igual– permanece intacta en la imaginación popular occidental hasta hoy. Aristóteles colocó al *Homo sapiens* en lo alto de la escalera, por encima de los animales, y a las plantas las colocó cerca de la base, solo por encima de las rocas. El cristianismo medieval añadió otras capas, con ángeles por encima de los humanos y Dios por encima de todo, convirtiéndolo en la Gran Cadena del Ser o *scala naturae*, pero en esencia, la estructura se mantuvo. Las plantas, definidas por su anclaje inmóvil a la tierra, eran seres inferiores. Ser sedentario en un mundo activo implica ser menospreciado.

¿Qué será, entonces, de ese diente de león o de esas rosas o de ese roble o, en efecto, de todas las otras plantas, esas almas vegetales, a medida que el cambio climático barra inevitablemente y de forma irreversible la faz del planeta, a la implacable velocidad de 115 centímetros por día? ¿Existe imputación más condenatoria de esta forma de vida inferior, una justificación mayor para su lugar en el penúltimo escalafón de la *scala naturae*, que su incapacidad para actuar de forma decisiva ante una amenaza tan obvia e inminente?

Por supuesto, Aristóteles se confundió. Se confundió acerca de las habilidades mentales y espirituales de los animales, y se confundió acerca de la insensibilidad de las plantas, como ya hemos comprobado. También se confundió acerca de su inmovilidad. Las plantas se mueven; están en continuo movimiento. Se mueven en el espacio y se están moviendo –por fin, o de nuevo– en nuestra imaginación. Hay bosques enteros en movimiento, a través de continentes, en respuesta al cambio climático y a la acción humana, de acuerdo con sus propias necesidades y deseos, sus propios sentidos e inteligencia.

¿Qué aspecto tiene la migración de las plantas? En parte, es un esfuerzo local constante: raíces que se arrastran y semillas que flotan para establecer una nueva generación en áreas propicias a lo largo del borde más adelantado de su población, y que dejan atrás un rastro menguante de plantaciones menos competentes. Otras veces, consiguen avanzar a grandes zancadas, cuando las semillas son arrojadas a la atmósfera y transportadas por los vientos para establecer nuevas y distantes colonias, poblaciones aisladas y dispersas que se expanden rápidamente cuando las condiciones son favorables.[9] Bases de operaciones avanzadas para nuevos exploradores climáticos.

A lo largo del este de Estados Unidos, las poblaciones de árboles han estado migrando durante al menos los últimos treinta años, probablemente mucho más. Los investigadores que analizaron los datos del Servicio Forestal entre 1980 y 2015 descubrieron que tres cuartas partes de las especies en la zona este del país estaban virando hacia el norte y hacia el oeste, a una velocidad media de entre diez y quince kilómetros por década.[10] La velocidad y la dirección difieren entre diferentes tipos de árboles: las coníferas se dirigen hacia el norte en su mayoría, mientras que los árboles de hoja ancha y con floración, como los robles y los abedules, se mueven hacia el oeste. El más rápido es la *Picea glauca*, la pícea blanca, que llega a superar los cien kilómetros por década, en un avance casi inquebrantable hacia el norte. Por el contrario, el ocozol y el álamo balsámico apenas se han movido, con un registro de desplazamientos de solo un par de kilómetros en el mismo período. Esto significa que las píceas blancas van muy por delante del cambio climático por ahora; pero dado que comienza, como está ocurriendo, desde latitudes altas, a lo largo de todo el borde superior de Estados Unidos, la pícea no tendrá tanto espacio para desplazarse como los ocozoles de Alabama y de Georgia cuando la cosa se ponga fea.

En Escandinavia, donde se está experimentando un calentamiento que excede con mucho la media global, los retoños de abedul se desplazan rápidamente hacia lo alto por las laderas de montañas que antes rehuían, con un ascenso que ha llegado a los quinientos metros de elevación en solo un par de décadas. El pino, la pícea y el sauce de Suecia crecen hoy a mayor altitud que nunca hasta ahora.[11] Si se comparan las fotografías tomadas en las exploraciones petroleras en los años cuarenta con imágenes actuales de los mismos lugares, se observa que el aliso, el sauce y el abedul enano se han agolpado en lo que antaño eran valles despoblados y avanzan hacia arriba por lo que una vez fueron desnudas colinas.[12]

Los árboles se están adaptando al cambio climático más rápido que nosotros, y a resultas de ello, tienen más posibilidades de hacerlo con éxito. De hecho, el cambio climático probablemente sea solo uno de varios factores ante los que están reaccionando, pero el hecho es que lo están haciendo, en oposición a nuestra concepción aristotélica de ellos como insensibles e inmóviles. El impulso hacia el oeste de las especies caducifolias en Estados Unidos al parecer puede ser atribuido a un incremento de las lluvias en las regiones a las que se dirigen –otro efecto del cambio climático–, pero estas áreas son todavía más secas que los lugares que los árboles dejan atrás, de modo que ese factor no cuenta toda la historia. Otras actividades humanas como la construcción y el uso de pesticidas probablemente desempeñan un papel en este fenómeno. Sin embargo, sea cual sea la combinación de los factores, el movimiento en masa de las plantas está ocurriendo, y no es la primera vez.

La última gran migración arbórea tuvo lugar hacia el final de la última Era Glacial, hace alrededor de diez mil años. Después del retroceso del hielo, los árboles comenzaron a regresar a las altas latitudes de las que habían sido excluidos anteriormente. Lo hicieron a una velocidad sorprendente. El geólogo y paleobotánico victoriano Clement Reid mencionaba, en 1899, que los robles ya habían alcanzado el borde septentrional de Escocia dos milenios antes, como demostraban las bellotas que habían aparecido en las excavaciones arqueológicas de los yacimientos romanos. Y concluía que «para retomar su posición actual en el extremo norte de Gran Bretaña tras haber sido expulsado por el frío», el roble «probablemente tuvo que cubrir una distancia de unos mil kilómetros, un viaje que, sin ayuda externa, le llevaría algo así como un millón de años».[13] De hecho, los registros fósiles de polen demuestran que algunos de los robles viajaban, a veces, a una velocidad de casi un kilómetro por año, un ritmo confirmado por los estudios más recientes basados en el clima. También parece probable que esta recuperación fuera asistida por la presencia de algunos refugios dispersos: santuarios rodeados de hielo en los que unos pocos árboles sobrevivían en una zona templada delimitada y donde echaban sus semillas después del deshielo.[14] A medida que el planeta se calentaba, los bosques reconquistaron la tierra. En Norteamérica, el haya superó la zona de los Grandes Lagos a medida que los glaciares retrocedían.[15] La pícea noruega circunnavegó el mar del Norte y el Báltico antes de que lo hiciera el hombre moderno. Ellas lo hicieron antes que el ser humano.[16]

Estos procesos son grandiosos y magníficos; nos sobrecogen y nos producen asombro, pero todavía, mayormente, como algo abstracto. Puedo comprender la matemática detrás de la propagación de las especies, leer informes sobre los recuentos de los registros fósiles de polen, trazar líneas de movimientos a través de décadas de registros en bases de datos, pero ¿qué significa la vivencia en sí? Vivimos a una velocidad humana, a una velocidad animal, y por eso resulta prácticamente imposible hacerse a la idea del despliegue vegetal de la migración de las plantas, un empeño que tiene lugar a escalas espaciales y temporales que escapan a nuestra comprensión natural. Ese es nuestro problema. Los seres humanos vivimos en un corte espaciotemporal tan estrecho que somos incapaces de pensar al ritmo y a la escala del mundo, o incluso de concebir ese ritmo y esa escala, de concebir los cambios que le hemos infligido al mundo y los cambios que a su vez tendremos que hacer para sobrevivir a ellos. Nuestras mentes son insuficientes para llevar a cabo esta tarea, pero contamos con herramientas a nuestro alcance. Entre ellas, la tecnología.

Una realidad en la que los árboles y otras plantas están en constante y deliberado movimiento puede ir en contra de la idea que damos por sentada del mundo, pero reconocer esta realidad y absorberla en nuestra conciencia es crucial para repensar el mundo y nuestra relación con él. Con el objetivo de cambiar, de adoptar diferentes maneras de pensar acerca del mundo, necesitamos nuevas formas de verlo. Estamos acostumbrados, debido sobre todo a la práctica científica, a descomponer las cosas, a dividirlas en las características que lo componen, a fijarlas para su estudio, y, pieza a pieza, a reducir su condición de sujeto colectivo, hasta que no queda absolutamente nada de ella. Pero eso es lo opuesto a la ecología, que busca hallar conexiones entre todas las cosas y convertirlas en sistemas interconectados mayores. La lente necesaria ahora no es un microscopio sino un macroscopio: un aparato para ver a una escala –tanto en el espacio como en el tiempo– mucho mayor de lo acostumbrado.

Otra afición que he adoptado recientemente, cuando no estoy actuando como *Fluchthelfer** del diente de león, es la fotografía secuencial. Para ello, he adquirido una cámara pequeña e impermeable, diseñada para documentar proyectos de construcción; con una altura de unos pocos centímetros, es un pequeño homúnculo monocular que puede sentarse tranquilamente en una esquina a observar el mundo durante semanas, con la ayuda de solo un par de pilas AA.

Durante meses, estuve trasladando este pequeño aparato por mi apartamento, dedicándole varios días a cada una de las habitantes de las macetas del salón. Cuando revisé el material, los aparentemente inertes helechos y los ficus cobraron vida; las hojas del *Philodendron* se enroscan alrededor de las pantallas de las lámparas; la *Monstera* mece y ondea sus hojas; los lirios se abren y se cierran, girando hacia la luz del sol a medida que esta se desplaza por las paredes. Cada criatura tiene su propia velocidad, su propio ritmo, pero se mueven todas juntas: se tensan, giran, se doblan y se estiran. Lo que a mí, desde la mesa del comedor, me parece una perfecta quietud es, en realidad, una actividad frenética en otro registro. Nada podría dejarme más convencido de que, en palabras del botánico Jack Schultz, «las plantas son, simplemente, animales muy lentos».[17]

El hecho de que las plantas estén en constante movimiento nos hace comprender cómo malinterpretamos sus extraordinarias habilidades. En la novela *El clamor de los bosques*, escrita por Richard Powers, un personaje cuenta una historia de ciencia ficción que tiene lugar en este hueco entre escalas temporales.

> Los extraterrestres alcanzan la Tierra. Son seres pequeños, como todos los extraterrestres. Pero metabolizan como si no hubiera un mañana.

* En alemán en el original. Literalmente, «ayudante en la huida». (N. de la T.)

Pululan como enjambres de mosquitos, tan rápido que no se les ve, tan rápido que los segundos de la Tierra son como años para ellos. A sus ojos, los humanos no son nada más que esculturas de carne inmóvil. Los foráneos tratan de comunicarse, pero no obtienen respuesta. No hallan signos de vida inteligente, se apilan en las estatuas congeladas y comienzan a curarlas como si fueran trozos de jamón, para el largo camino de vuelta.[18]

Aquí, nosotros somos los extraterrestres, yendo de aquí para allá en nuestro tiempo humano, incapaces de percibir la vibrante vida que nos rodea, y por lo tanto, tratándola como un sustento insensible. Sin embargo, como demuestra la cámara, contamos con herramientas para ver de otra manera. Lo que importa es cómo elegimos ver y qué elegimos mirar.

Charles Darwin fue uno de los primeros científicos en emplear métodos secuenciales para investigar la vitalidad de las plantas. En un libro publicado con su hijo Francis en 1880, explicó los experimentos que llevaron a cabo juntos para investigar lo que ellos llamaron *El poder del movimiento de las plantas*. Los Darwin no tenían acceso a tecnologías fotográficas, así que tuvieron que construir su propio aparato complejo para rastrear este movimiento.[19]

Los Darwin colgaron grandes láminas de vidrio en posición horizontal y vertical en un invernadero, de manera que rodearan, por los lados y por arriba, una planta colocada en una maceta. Después pintaron unos diminutos puntos de lacre en los brotes de la planta y marcaron el recorrido de los puntos concienzudamente en las láminas de vidrio con líneas gruesas de tinta china. De esta manera, podían agrandar y rastrear los movimientos a lo largo del tiempo. Este método transformaba incluso la más leve bajada o giro en gráficos fluidos que parecen maniobras acrobáticas. Continuaron con estos trazos durante días y semanas cada vez, con todo tipo de plantas –coles, acederas, capuchinas, alubias, entre otras– y anotaron los modos en los que las diferentes especies respondían a la luz y a la sombra, a la noche y al día. Las personas que participaron como colaboradoras en el experimento incluyeron esa planta tan sensible, la *Mimosa pudica*, que posteriormente se comportaría de manera tan sorprendente ante Monica Gagliano.

Los cuadernos de los Darwin proporcionan algo del sabor de la época y del esfuerzo que aquello implicaba. Observaban las plantas durante días cada vez, haciendo turnos en el invernadero para registrar meticulosamente el tiempo, la temperatura, el juego de la luz y cada detalle del movimiento de la planta. Durante los días que dedicaron a acompañar al par de plantones de mimosa, registraron, en parte:

> Los cotiledones [hojas embrionarias] se elevaron verticalmente por la noche, para cerrarse juntos (...) [y] descendieron por la mañana hasta las 11.30, y entonces se elevaron, moviéndose rápidamente al atardecer hasta erigirse en vertical, de manera que en este caso se daba simplemente un único gran descenso y elevación por día. El otro plantón se comportó de forma bastante distinta, porque descendió por la mañana hasta las 11.30, y luego se elevó, pero después de las 00.10 descendió de nuevo; y la gran elevación al atardecer no comenzó hasta las 13.22. (...) Entre las 7 y las 8 de la mañana siguiente, descendieron de nuevo; pero en el segundo así como en el tercer día, los movimientos se volvieron irregulares, y entre las 15 y las 22.30, realizaron una nutación ligera alrededor del mismo punto, pero no se elevaron por la noche. No obstante, a la noche siguiente se elevaron como siempre.

El término «nutación» se refiere a girar u oscilar alrededor de un círculo irregular o una elipse. Es un movimiento causado por las variaciones en la velocidad de crecimiento en las diferentes partes de la planta, y es el mecanismo que actúa en la mayor parte de los movimientos de las plantas, incluidos los de la mimosa. Es la nutación la que hace que las hojas se replieguen o se aprieten hasta cerrarse, y que los pétalos se arruguen y se curven. La nutación –un leve movimiento en espiral hacia arriba y hacia afuera– es el movimiento característico del crecimiento de las plantas, llevado a cabo por todas, desde los brotes del guisante hasta los retoños del roble, así como los champiñones y las hifas de los hongos. En su condición de primer gesto de un despertar, de una búsqueda de vida, parece presagiar todos los demás movimientos, incluidos los nuestros. Es una flexión de asentimiento, un saludo al medio ambiente, una ceremonia de apertura o una consagración de las cuatro direcciones: Hola, mundo.

A los Darwin les llevó varios años completar su trabajo; a veces, Charles se desesperaba pensando que no acabarían nunca. Los resultados finales se emplearon para apoyar sus teorías de la evolución. Todos los movimientos de las plantas, concluyó, no solo eran una modificación de la nutación –«el tipo de movimiento común a todas las partes de todas las plantas desde su primera juventud»–,[20] sino que es muy específicamente esta forma de movimiento la que permite a las plantas evolucionar y adaptarse casi a cualquier entorno del planeta. La vida responde al saludo. Si bien desde entonces se han descubierto muchos otros tipos de movimientos en las plantas, la nutación sigue siendo central para la verdadera comprensión de la vida de las plantas: es un modo de expansión que no es reactivo, muscular y dominante, sino ligero, expansivo y generativo. Es a través de la propia atención que dirigen hacia su entorno como las plantas alcanzan el mundo.

El trabajo de los Darwin me recuerda, mucho más que a cualquier otra cosa, a la obra de Marcel Duchamp, *El gran vidrio*, también conocido como *La novia desnudada por sus solteros, incluso*. El gran vidrio se compone de dos hojas de cristal sujetas en un marco de madera. Duchamp trabajó en esta obra durante casi una década, casi siempre en secreto, desde 1915 hasta 1923, fecha en la que fue instalada en el Museo Brooklyn. Esta obra de arte continúa siendo una de las más importantes y enigmáticas del siglo XX.

Sobre las hojas de vidrio enmarcadas, Duchamp proyectó no solo el movimiento y el tiempo, sino una física alternativa o una cosmología alternativa. Algunas partes de *El gran vidrio* son trazos en perspectiva, exactamente igual que los movimientos de las plantas magnificados por parte de los Darwin, mientras que otros

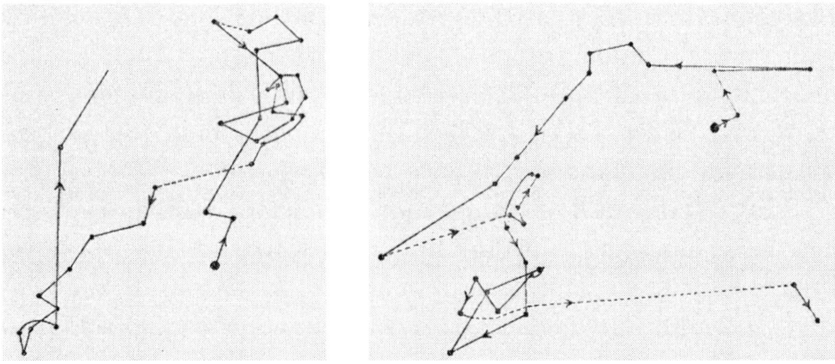

Dos figuras que trazan el movimiento de una col durante cuarenta y ocho horas, en *El poder del movimiento de las plantas*, de Charles y Francis Darwin.

La novia desnudada por sus solteros, incluso (El gran vidrio), de Marcel Duchamp, 1915-23.

elementos son artefactos del azar y de procesos naturales. Cuando la obra, intacta durante meses, se cubrió de polvo, Duchamp añadió barniz para congelar la evidencia del paso del tiempo en un lugar. Los cuadrados ubicados en la parte de arriba del panel superior –los «pistones de corrientes de aire» de la novia– son siluetas de las cortinas de su estudio, moldeadas por la fuerza del viento. De esta y de otras maneras, Duchamp buscaba incorporar a la obra una intervención inhumana: una reconciliación con el tiempo y el destino; una insistencia en el misterio, en lo incompleto y en la incapacidad de conocer. La red de rajas que discurren en diagonal por el panel superior es debida al daño accidental que sufrió la obra mientras la movían para su primera exposición, y Duchamp las consideró como una parte emergente de la obra, un elemento del azar que complementaba y prolongaba sus esfuerzos conscientes.

El gran vidrio tiene tantas interpretaciones como espectadores, y eso es parte de la intención, parte de su gran éxito artístico. En un tenso equilibrio entre la novia flotante de la parte superior del vidrio y los incesantes esfuerzos incompletos de los solteros en la parte de abajo, la obra compara el deseo sexual individual, humano y dominante con el autoerotismo de las máquinas y del mundo vegetal. Confirma el genio creativo del artista, mientras que, simultáneamente, rechaza la condición de sujeto y la intención consciente. Contrasta nuestra experiencia del tiempo como lineal y delimitado con el tiempo cíclico y natural del universo. Es, a un tiempo, espejo y ventana, y nos permite vernos centellear y disolvernos en las operaciones mayores, fructíferas y estériles, del mundo.

Al parecer, tanto para los Darwin como para Duchamp, hay algo en este método de proyectar sobre vidrio –las instantáneas secuenciales de una realidad más profunda– que estimula un tipo concreto de atención y una conciencia de los modos de vida invisibles. Mientras que el vidrio de Darwin trataba de decodificar los secretos de la vida de las plantas, el de Duchamp nos recuerda que algunos aspectos de esta permanecen completamente fuera de la vista y la mente humanas, y que es imposible, al fin y al cabo, que lleguemos a conocerlas. Esta es la danza del antropocentrismo: la transparencia no equivale a la comprensión; poder ver no significa conocer o dominar.

Demasiado a menudo, confundimos una cosa con la otra. Lo damos por sentado sin pensar que, simplemente observando el mundo, lo estamos fijando en formas discernibles, pero la secuenciación revela que la naturaleza del mundo es mutable. Como diría Karen Barad, la filósofa de la física cuántica, está hecho de intra-acciones: es en los huecos invisibles entre los fotogramas donde las cosas se encuentran y vibran. Son estos procesos intra-activos de crecimiento, cambio y deterioro los que producen las líneas entre los puntos señalados de Darwin, y el polvo que barnizó Duchamp en *El gran vidrio*: sombras de procesos inadvertidos que existen en otras dimensiones temporales.

A menudo optamos por mirar de forma incorrecta: no solo en la dirección incorrecta sino con la intención incorrecta. Nuestra intención –el modo que elegimos para observar– define lo que vemos. Este problema se ve agravado por nuestras tecnologías, particularmente cuando surgen de la guerra y la violencia, como ocurre con la mayoría de ellas. Internet es un claro ejemplo de esto: surgió de los polos gemelos de la paranoia de la guerra fría; la distribución de sistemas de redes diseñados para resistir un ataque nuclear y la ideología californiana, que en los años noventa cambió los ideales hippies de la liberación y la solidaridad por el determinismo tecnológico y el capitalismo neoliberal.[21] Esta combinación de poder militar y ánimo de lucro corporativista ha dado forma a la versión moderna de internet, al escribir un código fuente de violencia estructural y control capitalista .

Pero incluso la tecnología militar puede revelar cosas sorprendentes. En los años cuarenta, en el punto álgido de la Segunda Guerra Mundial, los técnicos del ejército británico que trabajaban en los primerísimos sistemas de radar advirtieron la presencia de unos misteriosos ecos que aparecían en sus pantallas y en los lectores. Algunos desaparecían al cabo de unos segundos; otros proseguían durante minutos cada vez, y se extendían a lo largo de decenas de kilómetros. Estas señales fantasmales aparecían y

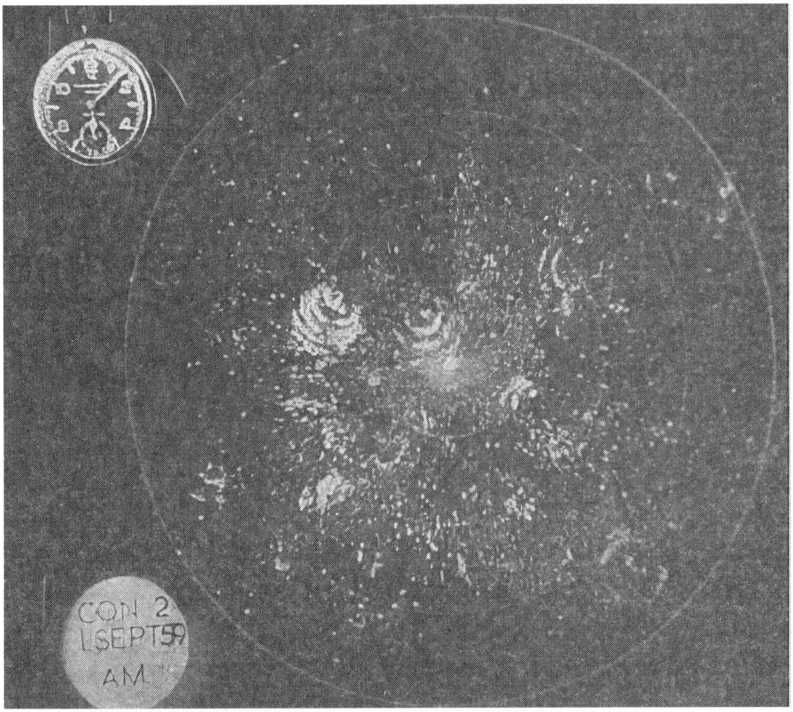

Imagen de radar que muestra anillos de ángeles, 1 de septiembre de 1959.

desaparecían, de manera que era muy difícil detectarlas de primera mano y confirmar su origen. La baja potencia de los primeros sistemas de radar significaba que las señales se habían detectado en un primer momento a una corta distancia, pero a medida que la tecnología fue mejorando, estas señales desconocidas comenzaron a observarse desde una distancia de hasta setenta kilómetros. A veces, amplias áreas de ecos invadían el ámbito de alcance, centelleando a lo largo del cielo en ondas y anillos. Los primeros operarios de los radares llamaban «ángeles» a estas señales fantasmales.

Estos ángeles eran un verdadero problema. En un informe militar estadounidense se registró que estos ángeles «hacían que los hombres corrieran hacia los puestos de combate, que los aviones de combate se lanzaran en misiones imposibles, provocaban que los vigilantes informaran de aviones no identificados que caían en picado al mar, generaron varios avisos de E-boat (embarcaciones de rápido ataque), hicieron saltar, al menos una vez, la alarma de invasión y ponían a prueba el vocabulario de más de un capitán».[22]

El Grupo de Investigación Operativa del Ejército Británico era uno de los organismos responsables de evaluar y mejorar estos primeros sistemas de radar. Se trataba de un departamento especial dentro del ejército, y contaba con varios cientos de analistas que trabajaban en problemas complejos y espinosos como mejorar la puntería del fuego antiaéreo o el diseño del camuflaje de los aviones. Entre quienes servían en este departamento había muchos científicos que desarrollarían ilustres carreras después de la guerra, incluidos varios ganadores del premio Nobel. Entre ellos se hallaban dos biólogos: George Varley y David Lack. Lack era uno de los ornitólogos más influyentes de la época y había pasado el año anterior al inicio de la guerra en las islas Galápagos; en 1947, publicaría sus descubrimientos en el popular *Darwin's Finches* («Los pinzones de Darwin»), una importante contribución a las modernas teorías de la evolución. Varley era un entomólogo que llegaría a ser catedrático «Hope Professor» de zoología en Oxford, donde se le uniría más tarde Lack, como director del Instituto Edward Grey de Ornitología de Campo.

Pero, en septiembre de 1941, Varley era el observador del Grupo de Investigación Operativa en una zona de radar cerca de Dover, cuando el aparato comenzó a emitir sonidos metálicos y a mostrar señales fantasmales. Nadie del grupo era capaz de ver nada en el horizonte marítimo, pero Varley, empleando un potente telescopio, divisó una nube de alcatraces descendiendo en picado sobre las olas, a unos catorce kilómetros mar adentro, en el lugar exacto en el que parecían hallarse los ángeles. Varley y Lack comenzaron a recopilar informes de los operarios de radar, con la intención de convencer al Ministerio del Aire de que los ángeles eran, en efecto, aves. En un experimento, ataron una gaviota argéntea muerta a un globo con una cuerda larga y la elevaron sobre una zona de radar: el aparato registró no uno sino dos ecos.[23]

A medida que avanzó la tecnología, esta fue detectando más ecos y de forma más sutil: no solo grandes pájaros como el alcatraz o la gaviota, sino aves cantoras de menor tamaño. Uno de los «ángeles» más espectaculares e inquietantes aparecía por encima del sur de Inglaterra cada vez que pasaba volando un misil guiado V1: un enorme anillo de señales fantasmales se esparcía escapando de la ruta de la bomba. Finalmente, unos observadores lograron detectar su origen: una bandada de estorninos asustados y ahuyentados de sus nidos por el ruido del motor de pulso del V1.

El principal problema al que se enfrentaban Varley y Lack a la hora de convencer al resto no era el tamaño de los pájaros sino el hecho de que, en aquella época, nadie creía que los pájaros volaran por la noche. Lack, por el contrario, creía que lo hacían, y finalmente pudo probarlo gracias a que desarrolló una nueva técnica científica, basada en los datos de la época de guerra, llamada ornitología por radar. Después de la guerra, continuó recopilando

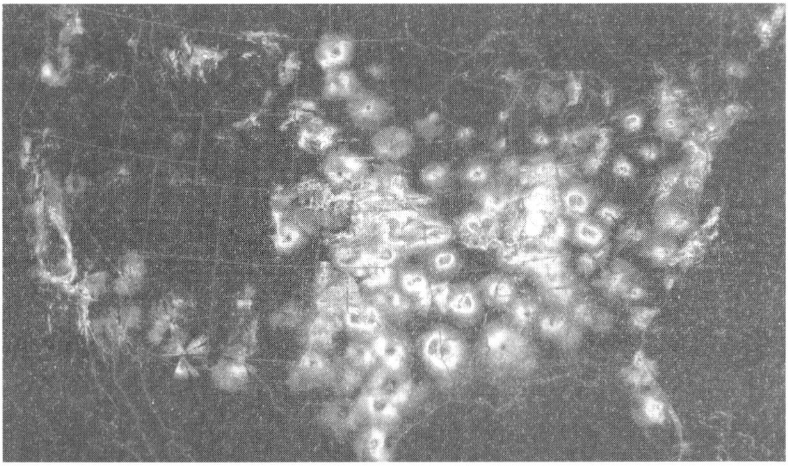

Mosaico radar de NEXRAD que muestra bandadas de aves en pleno vuelo, 8 de mayo de 2009.

datos, monitorizando la migración de bandadas de aves a través del mar del Norte y empleando el radar para rastrear sus vuelos por la noche, de una costa a otra.[24] Su atención escrupulosa revolucionó nuestra comprensión del comportamiento aviar.

Hoy en día, la ornitología por radar se emplea para proteger a los aviones de los choques contra aves y a las aves de las turbinas eólicas, así como para estudiar los patrones migratorios y los comportamientos de nidificación estacionales. Una de las fuentes más espectaculares de información de la migración contemporánea es el radar meteorológico, como por ejemplo, la red de NEXRAD (del inglés *Next-Generation Radar*, «radar de siguiente generación»), que cubre toda Norteamérica. En estas imágenes multicolores y brillantes, diseñadas para rastrear la trayectoria de las tormentas y los frentes meteorológicos, es posible ver los movimientos de las bandadas de aves a lo largo de miles de kilómetros, y los estallidos de millones de aves en el cielo al anochecer, a medida que la noche se arrastra sobre el continente. Varias páginas web, como la estadounidense BirdCast.info y la europea EuroBirdPortal.org, analizan los datos públicos del radar para proporcionar una previsión a los aficionados a la ornitología, asesorándolos cuando los patrones climáticos y las rutas migratorias se combinan para ofrecer las mejores oportunidades de observar a las aves. En el otro extremo de la escala, varios investigadores israelíes han empleado los rayos del grosor de un lápiz de los radares militares de rastreo para seguir de cerca a las aves individuales que cruzan el valle del mar Muerto, detectando no solo su velocidad y su dirección, sino el patrón de su aleteo.[25]

La sofisticación y complejidad de estas herramientas es extraordinaria. Una de ellas consiste en un sistema de alcance continental de ciento cincuenta y nueve radares rotatorios de banda S, montados en torres de treinta metros, que proporcionan datos de manera continua a las supercomputadoras del Servicio Meteorológico Nacional de Estados Unidos, que a su vez comparte la información casi de forma instantánea con profesionales de la meteorología y aficionados a lo largo de todo el planeta. La otra herramienta es el extremo puntiagudo de un Feuerleitgerät 63 de fabricación suiza, o Super Fledermaus, un radar de control de incendios montado sobre una camioneta, que puede configurar automáticamente un doble cañón antiaéreo Oerlikon de 35 mm para disparar a objetivos militares a una distancia de hasta quince kilómetros. Y lo estamos empleando para observar a las aves. Al menos, algunas de nosotras.

La tecnología permite transformar rápidamente no solo la *escala* de nuestra atención –desde la migración continental al aleteo de un pájaro individual– sino el *tipo* de atención que prestamos. Como demuestran los experimentos con radar realizados por Lack y otros, las tecnologías, incluso las militares –incluido internet–, no tienen por qué distanciarnos del mundo «natural», más allá de lo humano. De hecho, pueden acercarnos a él.

Lo mismo se puede decir de las más potentes tecnologías visuales de la actualidad: la extraordinaria variedad de satélites que orbitan alrededor del globo, tomando imágenes que nos permiten ver casi cualquier cosa que ocurre en el planeta, desde los sistemas meteorológicos oceánicos hasta las áreas de misiles en el desierto de Néguev. Al igual que internet, las imágenes por satélite surgieron a partir de una historia de vigilancia y violencia militar. Sin embargo, estos instrumentos, que constituyen una vasta cámara secuencial que apunta a toda la actividad de la Tierra, ofrecen otra lección práctica de cómo podemos emplear nuestras tecnologías para ver de manera diferente, si llegado el caso eligiéramos hacerlo.

En enero de 2011, Michael Moore, director adjunto de astrofísica de la NASA, recibió una llamada que le sorprendió. Era de la Oficina Nacional de Reconocimiento (NRO), que diseña, construye y opera satélites espía para el Gobierno de Estados Unidos desde los años sesenta, casi por completo en condiciones de alto secreto. Al parecer, tenían un *hardware* que les sobraba y se preguntaban si la NASA querría darle algún uso.[26]

Una vez se hubo repuesto de la sorpresa, Moore fue a echar un vistazo al *hardware*. En una instalación clasificada al norte del estado de Nueva York, se encontró con dos tubos largos, envueltos en papel de aluminio: dos telescopios espaciales casi completos, así como partes de un tercero. No solo estaban ambos satélites lustrosos y listos para el lanzamiento, sino que eran significativamente más avanzados que el equivalente civil más cercano, el propio telescopio espacial Hubble de la NASA; pero, hasta la llamada de la ONR, aquellos satélites eran un absoluto secreto. Cuando se realizó el lanzamiento del Hubble, en los años noventa, se creía que era el telescopio más potente jamás lanzado al espacio. Esto probablemente no era verdad entonces, y con certeza, no lo es ahora: incluso después de cinco muy costosas misiones de reparación con astronautas, el Hubble envejece rápidamente, mientras que su sucesor, el telescopio espacial James Webb, ha sido lanzado recientemente, en diciembre de 2021. La repentina aparición de dos nuevos y flamantes instrumentos de última tecnología fue motivo de celebración, «cambió las reglas del juego», en palabras de otro astrónomo.

Moore calificó las ópticas de los nuevos telescopios de «asombrosas», pero la NASA no compartió detalles. Antes de hacerse pública la existencia de estos instrumentos, se les había extraído la mayoría de sus componentes electrónicos. «No podemos desvelar para qué se usaban», dijo uno de los directores, John Grunsfeld. Una presentación de la NASA ante la comunidad científica provocó la risa cuando mostraron una imagen de uno de los satélites tan oscurecida que no se veía nada.[27] Pero una cosa era segura: con unos espejos de 2,4 metros –igual que el Hubble pero la mitad de largos– estos aparatos se habían diseñado para mirar hacia abajo, hacia la Tierra, y no hacia el espacio.

Durante décadas, Estados Unidos ha mantenido un programa espacial secreto en apoyo de la acción militar y la recopilación de inteligencia, que siempre ha estado mucho mejor financiado que el programa civil de la NASA. Solo se ha llegado a ver un pequeño atisbo de sus capacidades. Está el Boeing X-37, alias «transbordador espacial secreto», que ha pasado casi ocho años en el espacio llevando a cabo múltiples misiones, haciendo quién sabe qué. Hay imágenes esporádicas, como la fotografía sorprendentemente clara de un área de misiles iraní que tuiteó Donald Trump en 2019, que al parecer tenía el doble o el triple de nitidez que cualquier imagen disponible comercialmente (probablemente procedía de uno de los satélites Keyhole de la ONR).[28] Parece probable que los telescopios donados a la NASA fueran excedentes de este programa –una serie de satélites de reconocimiento que llevaran largo tiempo, desde la guerra fría, en funcionamiento– o bien restos de otro programa cancelado, el proyecto con nombre de ciencia ficción: Future Imaginery Architecture (Arquitectura de Imaginería Futura). Fuera cual fuera su origen, estos telescopios ofrecen un impresionante ejemplo de lo que ocurre cuando redirigimos tecnologías militares y otras tecnologías de combate hacia fines más pacíficos.

El equipo científico de la NASA enseguida sugirió una tarea para aquellos juguetes nuevos. El Telescopio de Sondeo Infrarrojo de Campo Amplio (WFIRST), otro proyecto que estaba sobre la mesa y que llevaba años luchando por conseguir financiación, había sido diseñado para medir los efectos de la energía oscura en la formación del universo, así como la consistencia de la relatividad general y la curvatura del espacio-tiempo. La repentina disponibilidad de los satélites de la ONR reactivó el programa, que ya tiene fecha de lanzamiento para 2027. El hecho de que los satélites sean más cortos –se los ha apodado como *Stubby Hubbles*, «Hubbles rechonchos»– y su consiguiente amplia profundidad de campo, son, de hecho, una mejora con respecto a los diseños ideados por la NASA. Con la introducción de un aparato llamado coronógrafo, que bloquea la luz estelar directa, el nuevo observatorio se dedicará también a buscar exoplanetas: nuevos mundos que se forman alrededor de estrellas lejanas. El equipo científico de la NASA fue capaz de, literalmente, darles la vuelta a estas tecnologías, para mirar más de cerca el universo que nos rodea, en lugar de mirarnos el ombligo. Al hacerlo, convirtió una herramienta de vigilancia y control en una de asombro y descubrimiento.

Siempre existen otras maneras de hacer tecnología; otras maneras de pensarla y otras maneras de emplearla. El único límite es nuestra imaginación, y nuestra intención. ¿Qué otros mundos descubriríamos si empleáramos nuestras tecnologías de forma

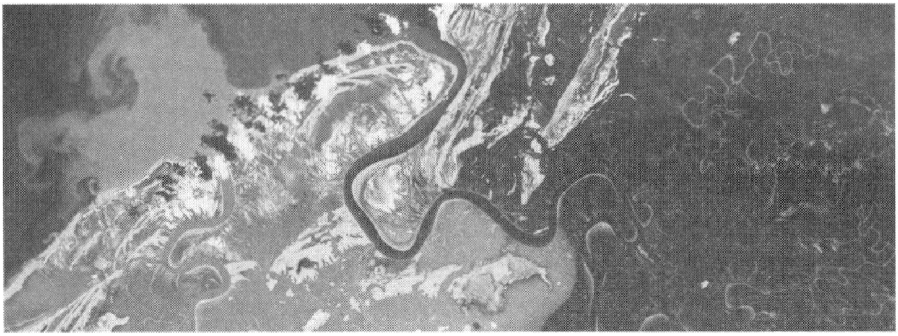

Falsa imagen a color de Landsat que muestra una pequeña parte del golfo australiano de Carpentaria, febrero de 2009. La vida de las plantas, incluidos los manglares, refleja los colores más brillantes con mayor nitidez.

consciente, cuidadosa, no apuntándonos unos a otros sino dirigiéndolas hacia el mundo más allá de lo humano?

El espacio que media entre la fotografía secuencial de mi sala de estar y el escaneo completo de la Tierra y del vasto universo desde el espacio puede parecer muy extenso, pero en realidad se trata únicamente de una cuestión de escala, intención e imaginación. Las capacidades que hemos construido para observar el mundo son fantásticas, y sin embargo, más accesibles de lo que creemos la mayoría. Hace un tiempo escribí una breve secuencia de comandos que funciona en el fondo de mi ordenador actualizando la imagen de mi escritorio cada hora con una foto del mar Mediterráneo entero, una imagen tomada solo unos quince minutos antes por un satélite que flota por encima de mí, a treinta y seis mil kilómetros de distancia. Hora a hora, día a día, puedo observar cómo se forman las nubes, cómo se arremolinan y se disipan por encima del mar, y cómo se precipitan las tormentas sobre los Balcanes y la península Ibérica. Al amanecer, un agudo arco de luz barre Europa y África, pasando de la oscuridad a los azules y los verdes; al atardecer, el crepúsculo se lo lleva todo de nuevo. Es como ver con los ojos de Dios, casi a tiempo real, una visión creada por unas pocas líneas de código... y unos cuantos miles de millones de euros/dólares de infraestructura tecnológica, lanzada a su órbita por agencias públicas, y por una voluntad común.

Por si no ha quedado claro todavía, reconozco que soy un friki de los satélites. He dedicado muchas horas felices a navegar a través de bases de datos de imágenes, a leer las especificaciones de sensores complejos y a aprender cómo resolver, mejorar y leer sus extraordinarios resultados. Sin asomo de duda, mis favoritos entre estos ojos celestes son los satélites del programa Landsat –nueve por ahora, el más reciente de ellos lanzado en septiembre de 2021–, que han estado tomando fotografías de la Tierra desde una altura de setecientos kilómetros desde 1972. Producto de numerosas agencias gubernamentales estadounidenses –la NASA (Administración Nacional de Aeronáutica y el Espacio), la NOAA (Oficina Nacional de Administración Oceánica y Atmosférica), el USGS (Servicio Geológico de Estados Unidos)–, así como de la empresa privada, las imágenes tomadas por Landsat están disponibles de forma gratuita para todos gracias a una Ley del Congreso. Almacenadas en archivos digitales inmensos, y puestas a nuestra disposición a través de internet, constituyen una enorme y continua secuenciación de todo el planeta.

Lo que me fascina de Landsat es su habilidad para mostrarnos el mundo de una manera nueva. Los satélites cuentan con sensores multiespectrales: cámaras especializadas que son capaces de ver más allá del espectro visual y acceder a las profundidades del infrarrojo y el ultravioleta. Estas frecuencias revelan los vapores invisibles en la atmósfera, las viejas heridas de incendios y episodios sísmicos, y la salud de las plantas y los suelos. Estos fenómenos, convertidos en colores que podemos discernir, aparecen en forma de tonalidades vibrantes de rojo y verde, claras y deslumbrantes a la vista. Con su visión sobrehumana y décadas de imaginería archivada, Landsat nos otorga la habilidad de ver a través del tiempo, de rastrear el movimiento vegetal que trasciende nuestra visión normal y de verlo por lo que realmente es: un despliegue titánico de vida activa e intencional.

Lo que revela esta secuenciación planetaria es la vibración de las plantas de mi apartamento representada a escala continental:

bosques de mangles caminando arriba y abajo por la costa australiana y cedros libaneses escalando montañas en Turquía. En el sur de Italia, donde los granjeros han ido abandonando paulatinamente terrenos agrícolas durante décadas, el Parque Nacional del Pollino estalla por los bordes, diseminando abedules y pinos a lo largo de los montes Apeninos. Bajo la mirada del ojo brillante de Landsat, los árboles aparecen como una ola roja: la luz infrarroja, invisible a nuestra vista, esparciéndose por el agua de sus hojas saludables y en desarrollo. Aquí, las máquinas ven la vida en movimiento mejor que nosotros.[29]

En este contexto, la tecnología nos ayuda a modificar nuestra visión y nos permite cambiar lo que hacemos con esa visión; hacia dónde miramos, qué vemos y cómo actuamos en consecuencia. Nos permite implicarnos con nuestro cuidado y nuestra atención a una escala mayor, y estar más presentes en el mundo de lo que lograríamos estar sin ella. Con la tecnología y a través de la tecnología, podemos elegir, conscientemente, vivir en un tiempo diferente.

En 1935, mientras escribía acerca de sus primeros experimentos con la cinematografía secuencial, el director de cine francés Jean Epstein resumía su experiencia al observar el despliegue de los procesos naturales a una velocidad distinta de la natural: «La cámara lenta y la cámara rápida revelan un mundo donde los reinos de la naturaleza no conocen límite. Todo está vivo. Renace un animismo sorprendente. Ahora sabemos, porque las hemos visto, que estamos rodeados de existencias inhumanas».[30]

Para Epstein, el acto de ver es necesario para conocer y para que importe, y por lo tanto, para actuar. Yo añadiría la cualidad de la práctica. El acto de realizar secuenciaciones por mí mismo, ya sea en mi sala de estar o en toda la cuenca del Mediterráneo, engendra en mí una atención al tiempo de las plantas y al tiempo planetario que no adquiero simplemente a partir de ver las grabaciones de otros en YouTube. La experiencia se intensifica de forma inconmensurable por el tiempo que invierto, por la presencia que brindo y por la muda apreciación de lo que ha ocurrido realmente. Aquí está

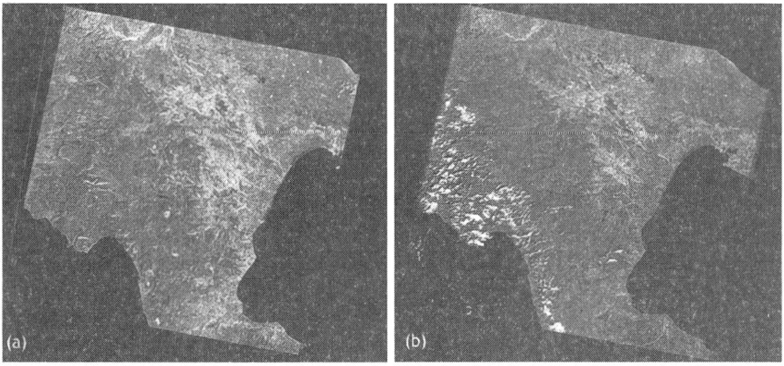

Imágenes de Landsat de Basilicata, Italia en (a) 1984 y (b) 2010.

funcionando, de nuevo, la intra-acción, que combina un cambio de visión con un cambio existencial.

Ver nos sobrecoge, pero la práctica genera conocimiento y comprensión. Las herramientas de la tecnología, para ser efectivas a la hora de producir estados alterados, requieren de nosotros que participemos completamente de sus revelaciones, no que seamos meras audiencias. Por eso es tan importante que se nos dé acceso no solo a los productos de todas estas tecnologías asombrosas –las bellas imágenes tomadas por los satélites– sino a las propias tecnologías. Lo que debe estar a disposición de todos es la educación para su uso efectivo: el conocimiento y la instrucción para diseñarlas e implementarlas de forma crítica y cuidadosa, y el acceso real a las herramientas y procesos que existen. No es suficiente con darles la vuelta a las máquinas, con apuntar los satélites hacia afuera en lugar de hacia nosotros. Deben ser, además, compartidas libremente para que estén al alcance de todos.

5

Hablar con extraños

Eh, eh, eh
Ts, ts, ts
Ah, ah, ah
Ts, ts, ts

Es octubre de 2019, estamos en Basilicata, en la suela de la bota de Italia, y vamos caminando tras unos pastores en el Parque Nacional del Pollino, a cierta altura por encima de la localidad de Viggianello. El cielo luce despejado y azul, el aire aún es cálido y conducimos vacas, cabras y ovejas por las colinas, desde el establo, por los prados y las laderas, hasta los pastos. Mientras caminamos, los pastores llaman a los animales en un coro de sonidos variados: aullidos agudos, ruidos graves y guturales, silbidos, largas llamadas y reclamos suaves, para ir por un lado o por otro, para avanzar, atrayendo y comandando a los animales.

Ye-pa, ye-pa, ye-pa
Chiss, chiss, chiss
Uuuah, uuuah, uuuah
Güeee-ya, güeee-ya, güeee-ya

Estamos aquí porque Navine, mi pareja, y yo estamos comisariando una exposición en la ciudad de Matera, a un par de horas en coche hacia el este de Viggianello y del parque. El título y la inspiración para la exposición provienen de *Il Paese di Cuccagna*, la tierra de Jauja, una leyenda medieval que habla de una especie de utopía campesina, un mundo vuelto del revés en el que la dureza de la vida diaria se sustituye por una superabundancia. Las piedras dan fruto, el vino mana de las fuentes, y las aves y las bestias estallan en cánticos.[1]

La historia oficial de Matera es el relato de una lenta recuperación a partir de un estado de abyecta pobreza, un mundo más conocido por las páginas de *Cristo se detuvo en Éboli*, las memorias de Carlo Levi sobre su exilio en la región de Basilicata (entonces conocida como Lucania) en los años treinta. Cuando salió publicado, el libro provocó una conmoción en toda Italia, al mostrarles a los italianos del norte, en rápida modernización, un país en el que la gente aún vivía en cuevas, bailaba extrañas danzas rituales y luchaba por sobrevivir. En los años cincuenta, el Gobierno italiano llevó a cabo un desalojo forzoso del asentamiento Sassi, las famosas cuevas habitadas de Matera que habían estado ocupadas sin interrupción desde hacía nueve mil años, y realojó a sus habitantes en modernos apartamentos en el otro extremo de la población. Hoy en día, tras décadas de abandono, las Sassi se han gentrificado, muchas de las cuevas han sido excavadas de nuevo, alisadas y remodeladas de manera algo incongruente, y se han convertido en restaurantes de lujo y en alquileres vacacionales de Airbnb: la «vergüenza de Italia», transformada en atracción turística.

Revisando los archivos de la ciudad, las colecciones de los fotógrafos locales y las últimas investigaciones acerca de la vida en las antiguas Sassi, nos encontramos con otra realidad: una en la que la gente vivía junto a sus animales, buscaba hierbas medicinales en los prados que rodean la ciudad y forjaban infraestructuras complejas para el agua y la eliminación de desechos desde la misma roca en la que vivían. Incluso el *cucù*, el icónico silbato de arcilla de Matera con forma de gallina enjoyada (hoy producido en masa para consumo turístico) tenía sus raíces en los antiguos regalos de dote: como símbolo de fertilidad, formaba parte de una compleja cultura de regalos, intercambios y bendiciones mutuas.

El título del libro de Levi proyecta una imagen de la región de Lucania como una tierra abyecta fuera del alcance de la salvación de Cristo (Éboli es la última cabecera de raíl al norte, a dos horas de la costa en coche). Pero también brinda un reconocimiento a los más antiguos misterios de la región, incluidos los rituales esotéricos, las profundas y persistentes creencias populares, y la extendida práctica de la magia. Desde la danza de la tarantela –cuyos ritmos agitados fueron diseñados para revivir a los hechizados o a los afectados por la picadura de una tarántula–, hasta los conjuros de la fertilidad y los festivales de la cosecha, estos ritos lucanianos estaban profundamente vinculados al territorio, a sus plantas y animales, y a las estaciones.

Ernesto de Martino, un antropólogo napolitano que documentó estos rituales en los años treinta, creía que las prácticas de las que fue testigo estaban también directamente relacionadas con la pobreza y los estragos del mundo moderno. Aquellos a los que les había picado una tarántula, ¿estaban de verdad hechizados o es que simplemente estaban consumidos por las exigencias de la vida industrial y sofocados por la estricta sociedad católica? Por muy sombría y cruel que fuera a menudo la magia tradicional de Lucania, esta se ubicaba en oposición a la desnaturalización del mundo por parte de la ciencia y la deshumanización del individuo por parte de la industrialización.

De Martino lo denominó «crisis de la presencia»: la sensación de que las mismas colinas, los bosques, las aves y los animales podrían desaparecer, y con ellos, el lugar mismo que ocupamos en el mundo. El reclamo de los rituales de los que fue testigo, como muchas prácticas mágicas y chamánicas, era un reclamo dirigido al mundo natural y no humano, con el que estaban en constante comunicación y negociación. Era una forma de preservar la propia humanidad a través del reconocimiento y el reclamo de la vivacidad de todo lo demás y de todos los demás.[2]

De la misma manera que los restos de los habitantes originales de los Sassi permanecen en grabados y grafitis en las paredes de las cuevas gentrificadas, sobreviven restos de esos rituales en los pueblos y en el campo de la región de Basilicata. Cada población tiene su calendario anual de *feste*, o carnavales. En Pedali, una aldea hacia el norte de Viggianello, la procesión de la *madonna* en tiempo de cosecha se acompaña del *cirio*, un imponente dolmen de paja adornado con flores. En el municipio de San Constantino Albanese, la fiesta de Nuestra Señora de la Estrella incluye una serie de títeres de papel maché –una doncella, un pastor, dos herreros y una terrorífica figura diabólica– que estallan espectacularmente con fuegos artificiales. Y en la propia Viggianello, la llegada de la primavera está marcada por el *maggio*, la celebración del Día de Mayo, en el que un abeto y un haya contraen matrimonio en un ritual que tiene lugar en la plaza del pueblo, tras ser transportados montaña abajo en una fiesta dionisíaca de tres días regada con vino y música. El gran tronco del haya es arrastrado por yuntas de gigantescos bueyes resoplantes, engalanados con amuletos solares y lunares, mientras que el abeto es llevado a hombros por jóvenes que se tambalean. Por mor de la modestia, el *maggio* también se conoce como la fiesta de San Francisco, y se coloca un pequeño icono del santo en el tronco, que es bendecido por el cura del pueblo antes de que este espectacular tótem pagano se erija en la plaza del pueblo.

Un *cirio* de paja, unas gaitas de la *festa*, una estantería llena de *cucùs*, una grabación celebratoria del *maggio*: este tipo de artefactos son los que tuvimos la suerte de tomar prestados para nuestra exposición. Pero queríamos algo más que unos objetos silenciosos; queríamos darles voz, al igual que el aliento de vida que parecía animarlos en sus lugares y tiempos de origen. El *maggio* va acompañado de melodías nupciales; el *cirio* tiene sus propios himnos, que cantan las mujeres del pueblo; el *cucù*, sus propias melodías, y el parque del Pollino, su canción. Es en el aliento sonoro –en la canción, en el habla y el lenguaje– donde se hallan esa intención e interrelación comunicativa y la representación del reconocimiento mutuo de otros seres. De ahí que nos acompañemos de micrófonos mientras caminamos con los pastores de Viggianello.

Brr, brr, brr
Eh, eh, eh, eh
Ti, ti, ti
Uah, uah, uah

El vocabulario de cada pastor es diferente. En respuesta a los balidos de las cabras saltarinas que se apiñan en el redil, Francesco *Capo* Caputo emite un sonido de cortantes oclusivas, subrayadas por los golpes de su cayado, mientras empuja y dirige a los animales hacia la verja. En las laderas más altas, su primo Matteo guía a media docena de vacas con graves llamadas que las arrastran consigo, con gritos, fuertes resoplidos o chasquidos ocasionales. Ya en el pueblo, en un establo cálido y con luz tenue, Rosina Corraro se dirige con susurros bisbiseantes y suaves toses a sus cerdos, que le responden mientras husmean y hozan en la oscuridad, en busca de pieles de cebollas y frutas pochas.

Mi momento favorito de todas las grabaciones que hicimos durante aquellos días en Viggianello llega cuando Giovanni Forte, llevando a uno de sus bueyes –una bestia enorme y bella del tamaño de un tractor– por sus campos, recibe una llamada en el móvil, que tarda en encontrar y contestar. Al escucharlo de nuevo, el sonido de los bufidos de Giovanni mientras acucia el tranquilo bamboleo del cabestro, la fuerte respiración del animal, el resonar metálico de los cencerros, las cadenas y los amuletos de cobre se mezclan con el brío del tintineo metálico del tono de llamada en una generosa sinfonía armónica de sonidos humanos, no humanos y más allá de lo humano.[3]

Los humanos han hablado *a* y *con* los animales desde que caminamos a su lado, que es lo mismo que decir desde siempre. Esta comunicación no se limita a los animales domésticos; de hecho, precede a la domesticación. Aún hoy existen personas que hablan con bestias salvajes, en una conversación mutuamente inteligible y productiva.

Giovanni Forte hablando por teléfono.

La Reserva Nacional de Niassa, al norte de Mozambique, cubre una inmensa extensión, más de cuarenta y dos mil kilómetros cuadrados de sabana, bosques y humedales. Durante siglos, esta región ha sido conocida por la calidad de su miel, que continúa siendo tanto el nutriente esencial como el producto más valioso del pueblo yao, que recolecta la miel silvestre de las ramas de los baobabs y de otros árboles altos a lo largo de Niassa. Pero para ello, necesitan algo de ayuda a la hora de localizar las colmenas silvestres, que a menudo están escondidas en ramas que se encuentran a gran altura del suelo del bosque.

Otro residente de Niassa es el indicador grande, un pequeño pájaro marrón con un peculiar pico rosa. Todos los indicadores tienen una rara habilidad: son capaces de digerir la cera de las abejas, una poderosa fuente de nutrientes. Sin embargo, la carcasa exterior de las colmenas silvestres es dura y difícil de romper, y la deliciosa cera de las abejas permanece bien protegida. De modo que han aprendido a pedir ayuda.

Cuando se encuentran con humanos en la sabana, los indicadores emiten una llamada característica –diferente de los cantos territoriales y de los que emplean habitualmente para aparearse–, con el objetivo de llamar la atención de los humanos. (Un indicador muy hambriento puede llegar incluso a volar a los campamentos de los yao para ir a buscarlos directamente.) Una vez ha captado la atención de un cazador, el indicador desciende en picado, revoloteando de árbol en árbol, llamando continuamente, para llevar al humano consigo. Cuando llega a un árbol que contiene una colmena silvestre, se posa, expectante, en una rama cercana, tan cerca del cazador que podría ser alcanzado por una de sus flechas. Pero, a pesar de que el pueblo yao suele cazar y comer pájaros de tamaño similar, no cazan indicadores; al contrario, colaboran con ellos. Tras seguir al pájaro, el cazador localiza el nido de las abejas, escala el árbol, ahúma la colmena y abre el panal con un hacha, para liberar la dulce miel que contiene. Una vez se ha llevado lo que buscaba, el indicador es libre de darse un festín de cera del panal y de las larvas de abeja que quedan.

La comunicación entre el humano y el indicador es bidireccional. Los cazadores de miel del pueblo yao también buscan a los indicadores, y para ello emplean un sonido característico: hacen vibrar la lengua con un «brrr», puntuado por un sonido aspirado, «hum», en una emisión de voz que no dista millones de kilómetros de los bufidos y resoplidos de los pastores de Viggianello.[4]

Brrr-hum
Brrr-hum
Brrr-hum

Los investigadores que graban y reproducen este y otros sonidos en el bosque han descubierto que si un cazador yao repite el sonido «brrr-hum», tiene una probabilidad de más del doble de encontrar un indicador que un cazador que emita otros sonidos. Es más que un sonido: es una llamada concreta, una palabra, incluso, que es reconocida como tal por estas aves. Además, si colabora con un indicador, las probabilidades de que el cazador encuentre una colmena aumentan de un diecisiete a un cincuenta y cuatro por ciento; un claro beneficio para ambos socios.[5]

Existen otros casos de animales salvajes que colaboran con los humanos para incrementar la capacidad de caza de ambos. Frente a las costas de Myanmar y Brasil, los delfines salvajes indican a los pescadores dónde lanzar sus redes, para después conducir a los peces hacia ellas y compartir la captura.[6] Pero el de los indicadores es el único caso que conocemos en el que el humano y el animal salvaje se llaman mutuamente para llevar a cabo una tarea conjunta. Y parece que llevan tiempo haciéndolo.

Los antepasados de los indicadores modernos se encontraron primero con los chimpancés y más tarde con los primeros homínidos, en la sabana en desarrollo del Plioceno, hace unos tres millones de años. Durante este período, las condiciones, más secas y frías, llevaron a un incremento de las praderas despejadas, cubiertas de plantas con flor y punteadas con algunos árboles: el territorio perfecto para la *Apis mellifera*, ampliamente distribuida, la más productiva y nutritiva de todas las especies de abeja, la favorita de los indicadores, los chimpancés y los yao. Incluso hoy día, gracias a los indicadores, tanto los chimpancés como las personas que habitan la sabana consumen más miel que aquellos que viven en los bosques.[7]

No está claro exactamente cuándo surgió por vez primera esta ayuda mutua entre los primates y los indicadores, pero algunos sugieren que ocurrió en una fecha tan temprana como aquellos encuentros del Plioceno. A medida que mejoraban las condiciones de vida de las abejas, las colmenas se extendieron por toda la sabana, la cantidad de miel disponible aumentó y los humanos y los pájaros se encontraron con mayor frecuencia en su búsqueda común. El desarrollo de herramientas de piedra y el control del fuego (y del humo resultante) facilitó la recolección de miel y por lo tanto, los beneficios de trabajar con los indicadores fueron aún mayores. Si al principio simplemente se trataba de casos de un participante siguiendo al otro, en algún punto se desarrolló una conversación, que ha continuado desde entonces. Hoy en día, los cazadores yao –todos ellos hombres– aprenden la llamada «brrr-hum» de sus padres y la transmiten a sus hijos. En Tanzania, el pueblo hadza utiliza un trino para solicitar ayuda a las aves, mientras que al norte de Kenia, en el pueblo boran soplan en el interior de sus puños entrelazados, o en conchas de caracol modificadas, o en la drupa vacía de la nuez de palma, y producen un silbido agudo que puede oírse a más de un kilómetro de distancia.[8]

Siempre experimentamos cambios cuando nos relacionamos con los demás, y nuestra asociación con los indicadores no es una excepción. Al mismo tiempo que aprendíamos a llamarlos y a escuchar su respuesta, experimentábamos un cambio en nosotros mismos. Durante los últimos dos millones de años, el cerebro humano ha aumentado de tamaño de forma significativa. Las razones que explican este fenómeno son múltiples; las explicaciones más probables son una dieta más nutritiva y el incremento de la complejidad de las tareas que desempeñábamos: un ciclo de aprendizaje y crecimiento que incluía la búsqueda de alimento.[9] ¿Puede ser que el hecho de trabajar con los indicadores nos haya hecho más listos, que nos haya dado un empujón en nuestro particular camino evolutivo? Nuestra relación con ellos sin duda combinaba el pensamiento complejo y un incremento de nutrientes. Por supuesto, ahora sabemos bien que no debemos buscar causas únicas para el cambio y el desarrollo evolutivo, pero la asociación entre los humanos y los animales salvajes en el ámbito del lenguaje, como ilustra la relación entre el humano y el indicador, podría perfectamente haber desempeñado un papel significativo en nuestro proceso de convertirnos en lo que hoy somos.

¿Y qué decir del lenguaje mismo? Si realmente estamos hablando con los animales, entonces el lenguaje no pertenece solo a los humanos; y quizá no lo hayamos inventado nosotros completamente. En el siglo XIX se desarrolló una serie de teorías de los orígenes del lenguaje, divididas en 1861 por el influyente filólogo alemán Max Müller en cuatro clases, de nombre sonoro: «ding-dong», «pooh-pooh», «yo-he-ho» y «bow-wow». Estos términos, que llegaron a emplearse despectivamente por los críticos de Müller, aún arrojan luz sobre las formas en las que el lenguaje pudo haberse desarrollado, y dicen mucho sobre la naturaleza y los usos del propio lenguaje.[10]

Las teorías ding-dong, según Müller, sostenían que el lenguaje fue revelado por una entidad divina y que es inherente al hombre como creación de Dios. «El oro no suena como el estaño; la madera no suena como la piedra; y distintas percusiones producen diferentes sonidos. Esta misma ley alcanza también al hombre, la obra más delicadamente organizada de todas las de la naturaleza», escribió Müller, y por «naturaleza» entendía «Dios». La teoría ding-dong es la más claramente propuesta y la que se describe de forma menos precisa entre todas las categorías de Müller, por el hecho de que está basada en la existencia de Dios y en una definición del hombre como supeditado a la divinidad. Como ocurre con la teoría del diseño inteligente, puede adaptarse casi a cualquier fase de la creación. Afirma que el lenguaje es algo acotado e inmaculado, propiedad exclusiva de la humanidad, causa y aserción de su singularidad. Y aunque la vida no humana queda excluida de esta definición, tiene su propia belleza característica: según esta lectura, el lenguaje es una especie de resonancia con un mundo creado por la divinidad, una versión humana de la música de las esferas. Con o sin Dios, el lenguaje es una melodía en armonía con el mundo.

La teoría pooh-pooh sitúa el origen del lenguaje en los sonidos emitidos de forma involuntaria por los humanos: gritos e interjecciones, exclamaciones de estupor, sorpresa, dolor y excitación. A lo largo del tiempo, nuestros gruñidos y gritos, toses, estornudos y otras eructaciones fueron adquiriendo forma de palabras que denotaban sus causas y, por extensión, otras cosas. A Müller y a muchos de sus contemporáneos no les terminaba de gustar esta teoría, que les parecía la más tosca y accidental, impropia de un pensamiento consciente. «Nosotros estornudamos, tosemos y gritamos de la misma manera que lo hacen los animales –escribió–; pero si Epicuro nos asegura que hablamos de la misma manera que ladran los perros, es decir, siendo impulsados a ello por la naturaleza, nuestra experiencia nos dice que ese aserto es erróneo.» No podemos hablar así, dice Müller, porque así es como hablan los animales. Pero esta visión niega la realidad del lenguaje animal, así como el carácter físico de todo lenguaje: el hecho de que es, antes que nada, una exhalación moldeada por la armazón del cuerpo. El lenguaje está encarnado: lo creamos contrayendo músculos y expulsando aire. Todo nuestro pensamiento consciente, aquello que es susceptible de expresarse a través del lenguaje, está restringido a esta disposición de músculos, huesos y atmósfera.

La teoría yo-he-ho es similar, pero sostiene que las primeras palabras estaban asociadas a la acción y el esfuerzo en lugar de a los sonidos corporales involuntarios. El término «*yo-he-ho*» está relacionado con «*heave ho*», un cántico que se repite para facilitar el ritmo de trabajo y la sincronización del equipo de trabajadores; fue la primera teoría que buscó las raíces de la adquisición del lenguaje en la socialización y la colaboración, algo que resuena en las modernas teorías del lenguaje como una propiedad que emerge de una complejidad social creciente. El lenguaje, de acuerdo con la teoría yo-he-ho, es una respuesta a nuestra necesidad de comunicarnos, con el objetivo de trabajar juntos para cazar, comer y sobrevivir. También explica el componente musical y lúdico del lenguaje, porque no todas las necesidades humanas se relacionan directamente con la mera supervivencia. Situando al lenguaje un paso por encima de la teoría pooh-pooh, la teoría yo-he-ho reconoce su naturaleza creativa e intersubjetiva. Tenemos algo más que comunicar, aparte de las necesidades. Tenemos pensamientos, ideas e incluso chistes, y para expresarlos, comprendemos y creemos en la condición de persona de los demás. El lenguaje, como la inteligencia, es algo relacional.

Finalmente, la teoría bow-wow, como su propio nombre evoca con hilaridad, halla el origen del lenguaje en los sonidos del mundo: los sonidos que emiten los perros y las cabras y las aves, así como los truenos en las nubes, el murmullo del arroyo y el susurro de la brisa. El lenguaje es una emulación y un epifenómeno del entorno: nos acerca al mundo y surge de él. En este sistema de categorización, Müller redujo la noción a la simple onomatopeya: el lenguaje como un eco o imitación tosca de los sonidos naturales, y este es, en efecto, el sentido en el que empleamos el término «onomatopeya» hoy en día. Pero aquí Müller comete un claro error; y en su condición de filólogo, de experto en la forma original de las palabras, tendría que haberlo sabido. En el griego original, el acto de imitar sonidos se denota literalmente con el término *ἠχομιμητικό* (eco-mimético), mientras que el término «onomatopeya» (*ὀνοματοποιία*) significa «haciendo o creando nombres». La teoría bow-wow, por lo tanto, describe el acto del lenguaje no solamente como la emisión de un sonido –como hacen las teorías pooh-pooh o yo-he-ho– sino como la creación de un significado. Y en este proceso de creación de significado, el mundo más allá de lo humano es cómplice y fundamental.

Hoy, el lenguaje tipo bow-wow sobrevive, entre otros ámbitos, en la comunicación entre los cazadores tanzanos y sus indicadores, y entre los pastores italianos y sus rebaños. Asimismo, aparece en nuestras tradiciones culturales más antiguas. El *cantu a tenòre* de la isla de Cerdeña es una forma de música polifónica del folclore antiguo, en la que cuatro cantores, reunidos de pie formando un círculo y mirándose cara a cara, forman un coro: son el *boche*, *mesu boche*, *contra* y *bassu*. Estos dos últimos cantan desde la laringe una melodía gutural ululante, como apoyo a la letra cantada por las dos primeras voces. Al margen del tema de la canción –ya sea, quizá, el amor, la política o acontecimientos históricos– el cantar emula un coro más allá de lo humano. El *boche* es la voz humana, el *mesu boche* es el viento, el *contra* es el balido de la oveja y el *bassu*, el mugido de la vaca.[11] Los temas de las canciones son, en su expresión, inseparables del mundo natural del que surgen.

Los «cantantes de garganta» de Tuvá, en Asia central, emplean una técnica parecida para conseguir un efecto no muy diferente. Con su cercana conexión con el pastoreo y la caza, los tonos complejos y superpuestos del arte *khoomei* imitan y representan los sonidos de los animales y de la naturaleza, y se cree que surgieron directamente de ellos. Según la mitología tradicional, estas armonías fueron entregadas a los humanos por la propia tierra, por el repiqueteo de la cascada y por el aullido del viento que recorre la estepa. Pero también tienen una función comunicativa profundamente práctica. Las canciones *khoomei* tuvanesas preservan un registro de los sonidos naturales en momentos concretos, como por ejemplo, la llamada de las aves durante la migración y la fuerza cambiante de los vientos y las corrientes a lo largo del año. Este catálogo de cualidades sónicas de acontecimientos estacionales permite a los pastores saber con precisión cuándo se dan las condiciones adecuadas para moverse entre las áreas de pasto o para construir refugios.[12] Como en el caso de las *songlines*, esas «líneas de canciones» de los aborígenes australianos que documentan el paisaje en parte para trazar un mapa sobre el territorio y atravesarlo de forma segura, las canciones tuvanesas son un registro cultural representado de una relación que se vive con la Tierra.[13]

En el norte de Europa, el canto *joik* del pueblo sami, la tradición musical ininterrumpida más antigua del continente, se considera también un regalo de la tierra. A cambio, los cantantes de *joik* cantan sobre la tierra y sus habitantes: cada canción representa a una persona o lugar concretos; o más bien, los engendra. En términos filológicos, el verbo «*joik*» en los idiomas sami es un verbo transitivo: uno no *joikea* acerca de un lugar, sino que uno *joikea* el lugar en sí. El resultado es que las canciones de la tierra, los animales y las plantas contienen también los sonidos de todas esas cosas directamente: el graznido del cuervo, el aullido del lobo, el viento atravesando el bosque o las olas surcando el mar. Cantado de esta manera, el *joik* es la expresión misma de la tierra: es el mundo cantando a través del cantante.

Esta noción es mucho más cercana a nuestra comprensión actual del mundo como un sistema orgánico densamente interconectado, una red de seres y fenómenos entrelazados, que el alegato parsimonioso de cualquier filólogo decimonónico acerca de las raíces de las palabras y los fonemas. De la misma manera que las ciencias ecológicas surgieron como una reacción a la aglomeración y las divisiones de la biología tradicional, reclamando en su lugar una atención dirigida a la interrelación entre todas las cosas, así también el canto del *joik* y el arte *khoomei* nos incitan a reconocer una realidad bow-wow. Hablamos, antes que nada, no como individuos disociados o como especie excepcional, sino con, acerca y a través del mundo. Empleando las palabras del filósofo Maurice Merleau-Ponty, el lenguaje «es la viva voz de los árboles, las olas y los bosques».[14]

Hablar y cantar conscientemente a través de y con el mundo permite la articulación de posturas políticas que no serían posibles solo con la voz humana. En los años setenta, el Gobierno noruego anunció su intención de construir una presa en Álttáeatnu (el río Alta), al norte de Noruega, para instalar una planta hidroeléctrica; un proyecto que habría provocado la inundación y la destrucción de una inmensa área de Sápmi, tradicionalmente considerada territorio sami. En respuesta, miles de samis se unieron en lo que acabó conociéndose como la Acción Áltá: una campaña de protesta y desobediencia civil que culminó en enfrentamientos con la Policía en la zona de la presa, y una prolongada huelga de hambre en la capital, Oslo. A pesar de que las protestas finalmente fracasaron, la lucha fue un momento clave en la reactivación de la cultura sami después de siglos de opresión racista y religiosa, así como la de otras luchas más amplias por la justicia medioambiental y de los pueblos indígenas.

El grito que resonaba en la Acción Áltá era «Dejad que el río fluya», un grito sin precedentes no solo por el respeto y la justicia medioambientales, sino por el reconocimiento de la vida y la autonomía del propio río, y por extensión, de las comunidades, humanas y no humanas, que viven con él. Esta interconexión es perceptible en *Sápmi, vuoi Sápmi*, una canción del álbum del mismo nombre por el músico sami, Nils-Aslak Valkeapää (conocido como Áillohaš en el idioma sami del norte), producido en 1982 en respuesta a la Acción Áltá. La canción abre con la llamada insistente de un urogallo, que fluye suavemente hacia las grabaciones del campo: el canto de las aves, los cánticos de protesta, las sierras mecánicas, la corriente del agua, los helicópteros de la Policía y el asombrosamente bello *joik* del joven músico sami Ingor Ántte Áilu Gaup.[15] Juntas, las variadas voces, sonidos y fenómenos naturales se combinan para crear un retrato poderoso de una tierra y un pueblo amenazados, y de la unión de fuerzas del mundo humano y más allá de lo humano, reunidas en la defensa conjunta de una Tierra común.

Áillohaš, que murió en 2001, fue, quizá, el mejor y sin duda el más conocido cantante de *joiks* del siglo XX: un poeta y líder cultural que modernizó el arte del *joik*, con la introducción de instrumentos musicales y una renovada atención a temas sociales. *Sápmi, vuoi Sápmi!* es un tributo a un momento particular, pero llama a un compromiso más amplio y más duradero con el mundo y a través del mundo. Acciones como esta nos permiten ver que el acto de hablar con la voz del mundo no es un mero acto de imitación. Es una forma de solidaridad.

Hoy en día, para la mayoría de nosotros, la música del lenguaje ha sido sustituida casi por completo por su inscripción. Vivimos en una cultura escrita más que en una oral. Si miramos hacia el lenguaje de los pastores y los cazadores, hacia la transmisión de la música popular, hacia las cosmologías que han preservado su tradición oral, lo hacemos para recuperar la conexión con el mundo que una vez evocó el habla.

La tecnología clave de la transición de la oralidad a la escritura fue el alfabeto fonético, inventado por los escribas semíticos alrededor del año 1500 antes de la Era Común. Los textos pictográficos existían desde mucho antes; habían sido inventados por separado en Mesopotamia, en Egipto, en China y en Mesoamérica. Los pictogramas, a pesar de ser escritura, se referían al objeto pronunciado, como los jeroglíficos egipcios. Incluso si el objeto se trataba de un concepto abstracto, se le daba peso y sustancia a través de su asociación con el mundo.

El alfabeto fonético, por el contrario, sustituyó las imágenes del mundo por imágenes del propio lenguaje: primero las consonantes y más tarde las vocales. Esto favoreció la casi completa separación de la cultura humana del resto de la naturaleza: en lugar de la inscripción dirigida al exterior de las formas pictográficas –el equivalente escrito de «brrr-hum» y el *joik*– el carácter fonético evoca la forma de la articulación; el sonido que emitimos al pronunciarlo. El mundo más allá de lo humano desaparece del sistema.

Este distanciamiento del lenguaje con respecto a su origen primero basado en la interacción humana con el mundo natural alcanza su apoteosis con la tecnología informática. Con algunas notables excepciones, la amplia mayoría del lenguaje de programación está escrito en el alfabeto latino, con palabras clave en inglés. Esto se da incluso para los muchos idiomas desarrollados en países de habla no inglesa. De modo que las tecnologías informáticas se convierten en otra forma en la que continuamente nos alejamos de nuestro entorno, de un mundo que continúa rodeándonos y sustentándonos incluso mientras nos sumergimos en los teclados y las pantallas.[16]

No obstante, aún quedan algunos rastros del mundo natural en el lenguaje humano; de hecho, el mundo natural continúa apareciéndose, infiltrándose, evocando y dando forma al mundo informático. Y esto es así para los caracteres que conforman el alfabeto fonético, que tecleo en este preciso momento, en una máquina.

Álef, la primera letra del alfabeto semítico, se escribía 𐤀. La álef es también la palabra en paleohebreo para designar al buey, animal al que apela la letra, que semeja una cabeza con cuernos. Está igualmente relacionada con el jeroglífico egipcio que se refiere a dicho animal. La álef, girada, se convirtió en esta letra: A. Asimismo, nuestra letra M derivó de la letra semítica *mem*. *Mem*, la palabra hebrea que designaba el agua, se dibujaba como una pequeña ola: 𐤌. La letra O, convertida en vocal por los escribas griegos, viene de la letra *ayin*, que significa «ojo», mientras que la Q derivó de la letra *qoph*, que a su vez significa «mono». La virgulilla suscrita de esta letra es un vestigio de la cola del mono. En un texto existen rastros de animales, de olas, de partes del cuerpo, en el núcleo mismo de esta máquina. Mi ordenador habla bow-wow.

Si el lenguaje se erigió, como continúa erigiéndose, a partir de nuestros encuentros con el entorno que nos rodea, debería ocurrir también con las nuevas tecnologías. El lenguaje mismo debería mostrar signos y presiones de nuestros continuos encuentros con el entorno informático, que habitamos cada vez más. Y, por supuesto, los muestra.

Quizá el mejor ejemplo de lenguaje onomatopéyico –palabras que evocan su sonido natural– es la risa. Podemos rastrear el modo en el que hemos dicho y descrito la risa a lo largo del tiempo. En la primerísima gramática latina vernácula publicada en inglés antiguo, por Aelfrico de Eynsham hacia el año 1000 de la Era Común, encontramos la frase «haha *and* hehe *getâcnjað hlehter on lêden and on englisc*» («*haha* y *hehe* denotan la risa en latín y en inglés»). En el «Prólogo al cuento de la priora», de Chaucer, el anfitrión advierte de los trucos al grupo allí reunido en tono de broma: «*Haha telaws be war for such a iape*» («¡Compañeros! ¡Cuidado con estas tretas!»). Incluso Shakespeare se aviene a hacerlo, cuando Benedicto exclama, en *Mucho ruido y pocas nueces*: «*How now! Interjections? Why then, some be of laughing, as ah! ha! he!*» («¡Cómo! ¿Interjecciones? Pues entonces las habrá de risa, como ¡Ah! ¡Ja! ¡Ja!»).[17]

«*Haha*» –«ja ja» en castellano–, es puro pooh-pooh y puro bow-wow: una traducción onomatopéyica de una interjección involuntaria. En un estudio de las primeras conversaciones por mensaje de texto por internet (IM) realizado en los primeros años del siglo XXI, los investigadores analizaron 1,2 millones de palabras de los historiales de conversación de adolescentes canadienses (del grupo de adolescentes que participó voluntariamente en el estudio). Descubrieron que «*haha*» era la interjección en «forma abreviada» –o lenguaje chat– predominante en las conversaciones. El segundo más empleado era «*lol*», del inglés «*laugh out loud*»: reírse a carcajadas.[18]

El mencionado estudio comenzó en una época en la que existía un pánico generalizado porque se creía que el uso creciente de los mensajes de texto entre la población joven estaba provocando una especie de colapso de la lengua inglesa. El aumento de la velocidad de pulsación requerida para mantener conversaciones fluidas *online* y la restricción del número de caracteres de los mensajes de texto llevaron a la popularización de formas abreviadas de frases comunes como *brb*, *omg* y *np* (del inglés, «*I'll be right back*», «*Oh, my God*» y «*No problem*», que significan, respectivamente: «Ahora vuelvo», «Oh, Dios mío» y «Ningún problema»). A algunas personas este fenómeno les provocaba miedo, especialmente cuando los mismos términos empezaron a aparecer en los deberes.[19]

Estos temores erraban el tiro y, a pesar de ello, nunca se han desterrado por completo. Estudio tras estudio, la investigación en torno a la «comunicación mediada por ordenador» ha demostrado que el «lenguaje chat» es, de hecho, una florescencia del lenguaje. Libre de las restricciones de la policía del lenguaje –profesorado, padres y madres, consejos escolares y academias– las personas usuarias de la mensajería instantánea demostraron que podían mantener las normas establecidas de la gramática al tiempo que desarrollaban nuevas normas y convenciones, a gran velocidad. Estas novedosas convenciones se copiaban y se compartían dentro de la comunidad para establecer nuevos modos de comunicación mejor adaptados al entorno: el ordenador y el teléfono móvil.

Hoy en día, «*lol*» ha escapado de las cajas de mensajería instantánea y de los SMS para convertirse en una expresión que la gente, de hecho, utiliza: no es solo una nueva palabra, es una nueva expresión. Al contrario que «*haha*» y «*hehe*», que son onomatopeyas surgidas de la convulsión de los pulmones humanos, «*lol*» es el producto de la restricción de espacio y tiempo en los sistemas informáticos. Es un efecto del entorno en el lenguaje, esa característica humana supuestamente innata que, sin embargo, podría entenderse como el mundo –o, en este caso, la máquina– hablando a través de nosotros.

Quizá el entorno informático y el natural no son tan distintos ni están tan alejados como podríamos imaginar. De hecho, si reconocemos que el entorno informático ejerce una influencia transformativa en nosotros de manera similar a como lo hace –o lo hizo, alguna vez– el entorno natural, podríamos, quizá, descubrir varias cosas importantes.

La primera de estas revelaciones es que la influencia es importante. No se nos da bien mantener una conciencia cuidadosa y permanente de nuestro entorno informático porque estamos demasiado acostumbrados a pensar en él (como nos pasa con el entorno natural) como algo que controlamos, o como algo separado de nosotros y, por lo tanto, irrelevante. Solo en momentos concretos se hace patente esta disonancia. A menudo, ocurre cuando tratamos sin éxito de expresarnos dentro de los límites de un programa en concreto: un *software* de negocios recalcitrante o un procesador de texto deficiente. Aunque sintamos el fallo como nuestro, más que como un error del diseño del propio programa o de los sistemas que nos fuerzan a usarlo, no parece que podamos hacer gran cosa.

Un caso reciente demuestra de qué manera un *software* mal diseñado puede moldear directamente nuestra descripción del mundo natural. En 2020, el equipo científico responsable de estandarizar los nombres de los genes, el HGNC o Comité de Nomenclatura de Genes de HUGO (la Organización del Genoma Humano, por sus siglas en inglés), publicó unas nuevas pautas a seguir. Se vieron obligados a hacerlo por un problema ridículo pero muy extendido: el *software* de Microsoft Excel cambiaba todo el tiempo los nombres de los genes en las hojas de cálculo porque pensaba que eran fechas. Por ejemplo, el gen *MARCH1* (forma abreviada del gen «*Membrane Associated Ring-CH-type Finger 1*») se convertía en la fecha del 1 de marzo, mientras que otro gen, el *SEPT2* («*Septin 2*»), pasaba a ser el 2 de septiembre. Si bien el problema podía haberse solucionado cambiando la configuración del programa, el riesgo de no hacerlo podía ser desastroso. De los 3.597 artículos sobre genética analizados en 2016, alrededor de una quinta parte contenía errores relacionados con las hojas de cálculo de Excel. Ante la creciente preocupación por la estabilidad de la investigación científica, el Comité de Nomenclatura de Genes de HUGO recurrió a cambiar las pautas a seguir: por ejemplo, *MARCH1* ahora es, oficialmente, *MARCHF1*, mientras que *SEPT1* se ha convertido en *SEPTIN1*;

muchos otros términos han tenido que modificarse igualmente. Se consideró que era más fácil cambiar los nombres aplicados al genoma humano que cambiar cómo funciona un *software*.[20]

En sistemas más comunicativos, tales como el email o las redes sociales, a menudo reconocemos las limitaciones propias de las herramientas a nuestra disposición, y las formas en las que moldean nuestra expresión, restringida y animada, pero nuestras respuestas –como en el lenguaje chat– pueden ser un poco más creativas, un poco más generativas. Mundos sociales enteros han surgido de este tipo de respuestas. Sin embargo, también aquí, los sistemas moldean nuestras vidas de muchas formas perjudiciales. Facebook dio por sentado que el modelo de interacción social empleado por un estudiante universitario blanco norteamericano de clase alta era la mejor forma de que las personas hablaran unas con otras en el resto del mundo; al dar por válida tal suposición, terminamos con una red llena de cotilleos, resentimiento, troles, noticias falsas y cosas peores. Google decidió que la venta de nuestros datos a empresas de publicidad era la mejor manera de monetizar el flujo libre de información, de manera que acabamos aceptando el ciberanzuelo, el poder del clic, junto con Cambridge Analytica, las operaciones psicológicas en Rusia y la política de extrema derecha. Aparte de estos casos bien conocidos, existen muchas otras tecnologías invisibles que operan más allá, al margen de nuestro conocimiento y nuestra supervisión: sistemas de vigilancia, de juicio legal, de extracción financiera y de control social. Mantener nuestro poder y autonomía en un escenario como este requiere de una tradición de conocimiento acumulado, así como una especie de control mental, una atención constante sobre lo no visible y lo que apenas se nota; algo que no es tan diferente, que no está a millones de kilómetros de distancia del tipo de conocimiento y atención que necesitamos para sobrevivir y prosperar en cualquier paisaje cambiante, rico y en ocasiones, peligroso.

Lo segundo que quizá se nos revele es que hay una continuidad entre el entorno informático y el natural. De la misma manera que no existe una separación clara entre los humanos y la biosfera, entre los idiomas del mundo y los humanos, también hay un continuo ir y venir entre el mundo y las máquinas. Los ordenadores tienen una relación material con la Tierra: construidos a partir de rocas y minerales, limitados por las leyes de la física, existen en el mundo junto a nosotros. Las inundaciones y las tormentas eléctricas pueden dejarlos fuera de juego; un exceso de temperatura o de humedad es perjudicial para su correcto funcionamiento. Cuando interactuamos con ellos, nuestras respuestas son fisiológicas: desde las lesiones por un esfuerzo repetitivo hasta el dolor lumbar y la «apnea de pantalla» (la tensión pulmonar y la interrupción de la respiración cuando nos enfrentamos a una ristra de mensajes intimidantes). Por no hablar del terror existencial provocado por un bloqueo o un fallo del sistema, o por la pérdida de información, o por la ingente cantidad de calor, dióxido de carbono y residuos producidos en su fabricación que se libera a la atmósfera. Esta continuidad entre la tecnología, el cuerpo y la biosfera –esta ecología– es perceptible en el lenguaje, al igual que lo es en el ámbito de la cultura, la sociabilidad y las relaciones que establecemos entre nosotros y con el mundo más allá de lo humano.

Uno de los efectos del movimiento Black Lives Matter ha sido el replanteamiento del lenguaje computacional. En 2003, el Condado de Los Ángeles pidió a fabricantes, proveedores y contratistas que dejaran de emplear los términos «*master*» y «*slave*» («amo» y «esclavo» respectivamente) en los equipos informáticos. La petición se hizo después de una queja por discriminación por parte de un empleado municipal que se oponía a que tales términos fueran aplicados a las máquinas; en este caso, a un duplicador de DVD.[21] Históricamente, los informáticos han empleado estos términos para designar repositorios primarios y secundarios para el almacenamiento de datos. También se han utilizado, por supuesto, para designar una relación entre seres humanos. En 2003, la petición del Condado de Los Ángeles recibió muchas burlas al considerarse un ejemplo escandaloso de «corrección política» (expresión que, en sí misma, es un escándalo aún mayor), pero en los años transcurridos desde entonces se ha observado un cambio de actitud gradual. Hoy en día, muchos lenguajes de programación utilizan términos alternativos, como «primario» y «secundario», para referirse exactamente a los mismos sistemas. En 2020, el debate volvió a ser titular de prensa cuando Regynald Augustin, un ingeniero de raza negra* que trabajaba en Twitter, presionó a la plataforma para cambiar las normas de codificación después de recibir un email que le notificaba de un «*automatic slave rekick*».** Twitter también eliminó el uso del término «*blacklist*» («lista negra») para designar a personas o términos expulsados o prohibidos, en parte como respuesta a las presiones del movimiento Black Lives Matter.[22] La plataforma de desarrollo de *software* GitHub, con cincuenta millones de personas usuarias, y el muy extendido sistema de gestión de datos MySQL, entre otros, siguieron el ejemplo.

Si bien los cambios de lenguaje a menudo se consideran, en el mejor de los casos, simples actos de cara a la galería, y en el peor, completamente inútiles, lo cierto es que tienen un origen cargado de significado y repercusiones significativas. Ron Eglash, profesor en la Escuela de Información de la Universidad de Michigan, ha investigado los orígenes de la terminología «amo/esclavo». Su trabajo describe la muy real incomodidad de un gran número de ingenieros de raza negra que continuamente se tropiezan con estos términos, así como el hecho de que a menudo su uso es, de hecho, inapropiado.[23] Cita a un informante: «Cuando empecé a enseñar lógica digital, alrededor de 1992, no advertí lo chocante del término hasta que me encontré delante de una clase de sesenta estudiantes en la que yo era uno de los pocos afroamericanos en la sala. Recuerdo que

* En el original, «*a Black engineer*». El término «*Black*» así empleado –como adjetivo y con mayúscula inicial– se usa preferentemente sobre «afroamericano» en la actualidad. Para más información sobre este debate en curso: https://www.nytimes.com/2020/06/26/us/black-african-american-style-debate.html. (N. de la T.)

** La frase se refiere al reinicio automático de un proceso secundario pero la frase puede leerse literalmente como «nuevo pateo automático del esclavo». (N. de la T.)

empecé a tartamudear». En un mundo en el que menos de un cuatro por ciento de las cincuenta mil personas empleadas por Google y solo un 6,5 por ciento de todas las personas licenciadas en STEM (Ciencias, Tecnología, Ingeniería y Matemáticas, por sus siglas en inglés) de Estados Unidos son de raza negra –cifras que nos llevan directamente a un palpable prejuicio racial dentro de los sistemas informáticos– las palabras que usamos tienen mucha relevancia.[24]

Eglash pone el foco en cómo las implicaciones racistas de esta terminología se ven amplificadas por las tecnologías digitales. Originalmente, los términos «amo» y «esclavo» eran empleados en las tecnologías mecánicas, tales como los interruptores, los relojes y los aparatos hidráulicos. En estos sistemas, el «esclavo» simplemente seguía al «amo» y repetía fielmente sus acciones. Con el advenimiento de los ordenadores en red, se introdujo una nueva medida: la inteligencia. El primer sistema informático de tiempo compartido, desarrollado en 1964 en Dartmouth College, New Hampshire, empleaba «amo» y «esclavo» para referirse a las unidades de control y procesamiento de la red, y definía explícitamente al «amo» como el «cerebro» de la operación, y al «esclavo» como el «músculo», a pesar de que el «esclavo» realizaba la mayor parte del trabajo computacional real. Tal y como observa Eglash, «esta extensión de la metáfora comete el mismo error –equipara la condición de amo con la inteligencia– que los amos humanos a menudo cometen con respecto a sus propios esclavos».

Si queremos considerar seriamente la noción de continuidad entre los entornos informáticos y los entornos físicos, entonces debemos considerar seriamente la noción de que el lenguaje informático, influido por nuestros sesgos, suposiciones y prejuicios, da forma y tiene un efecto sobre nuestra realidad fuera de los sistemas en los que está integrado. Y esto no se limita al ámbito informático, porque la equiparación de la condición de amo con la inteligencia es un error que cometemos en todo tipo de contextos, sobre todo en nuestra relación con otras especies. Por lo tanto, las maneras de hablar con y de hablar sobre un mundo más amplio son igualmente relevantes.

Para hablar acerca del mundo natural contamos con un lenguaje que está infectado con el lenguaje de la dominación, desde la denominación de los animales de compañía como «mascotas» subordinadas hasta la reducción a «ganado» de seres vivos con voluntad propia. Incluso la diferenciación que hacemos entre animales «salvajes» y «domésticos» está impregnada de la misma violencia cultural que los términos que se aplican a los seres humanos de otras culturas, tales como «salvaje» o «primitivo». Quizá con el tiempo, estas expresiones, que ya están siendo impugnadas por los defensores de los derechos de los animales, lleguen a producir el mismo rechazo que hoy sentimos por la terminología de «amo» y «esclavo».

Finalmente, si somos capaces de reconocer la realidad del panorama tecnológico en el que estamos inmersos, puede que esto nos permita reimaginar nuestra relación con el mismo y, por extensión, con nuestro entorno físico: la biosfera; ambos forman, en realidad, un continuo, un paisaje ininterrumpido.

El hecho de que muchos de nuestros procesos informáticos hayan sido bautizados o evoquen procesos sobrenaturales es revelador. Un ejemplo es la «caja negra». Una caja negra es un aparato, sistema u objeto en el que se puede determinar la información que entra y sale, los *inputs* y los *outputs*, pero cuyo estado interno es inaccesible, como un programa de ordenador de código cerrado o una máquina patentada o la caja de un mago. O la mente ajena. Para la mayoría de la gente, muchos de los procesos y aparatos más importantes y poderosos que nos rodean –desde los teléfonos inteligentes y los ordenadores portátiles hasta los sistemas financieros y los protocolos políticos– son, en la práctica, cajas negras, abiertos solo para aquellos que tienen un conocimiento especializado y un acceso privilegiado: una situación que produce desigualdades radicales de poder y de autonomía. No es de extrañar que la ley más repetida de Arthur C. Clarke sea la tercera: cualquier tecnología suficientemente avanzada es indistinguible de la magia.[25]

La terminología de la magia también está soterrada en las propias máquinas. Los programas de ayuda diseñados para asistir a las personas usuarias que no estén familiarizadas con el nuevo *software* reciben el nombre de «*wizard*» («hechicero»), mientras que un nombre habitual para las subrutinas que monitorizan y ejecutan de forma inadvertida muchos de los procesos en segundo plano en los sistemas informáticos es el de «*daemon*» («daimon»). Este último término evoca algún tipo de geniecillo o duende inteligente que se aparece para llevar a cabo pequeños trabajos de la lista de tareas del hechicero. Este es prácticamente el cometido del daimon algorítmico: comprobar las conexiones de la red, mantener otras tareas en funcionamiento y cerrar procesos en desuso. Pero su nombre también sugiere cierta malevolencia. Cuando Elon Musk describió los trabajos de inteligencia artificial como una «invocación al diablo», estaba evocando algo poderoso e inescrutable, algo potencialmente peligroso.

Esta equiparación entre lo incognoscible y lo peligroso es la que me propongo cuestionar, porque parece alojarse en la raíz de muchos de nuestros miedos acerca de la tecnología y del mundo físico en toda su amplitud. Como hemos visto, entre la clase poderosa se asume de forma generalizada que la todopoderosa inteligencia artificial resultará ser, inevitablemente, una entidad maligna. Pero el mundo está repleto de fenómenos naturales que no (siempre) percibimos como malignos solo porque sean incognoscibles: los sistemas meteorológicos, los episodios sísmicos, las perturbaciones eléctricas, el comportamiento de los animales y las aves, el crecimiento de las plantas y la vida microbiana, o la propagación de enfermedades. Sí, la ciencia moderna puede darnos mucha información acerca de las causas y las circunstancias de esos fenómenos, pero siguen siendo impredecibles, y por lo tanto, en última instancia, incognoscibles. La predicción implica un control, el conocimiento total, y por ende, el dominio del fenómeno y su contexto. Lo contrario también es cierto: el miedo a lo desconocido es el miedo a la ausencia de control.

Sin embargo, la ausencia de control es, precisamente, lo que tenemos que aprender a aceptar si queremos vivir una vida con sentido y con justicia entre los complejos sistemas natural y tecnológico. La metáfora informática que más me gusta de todas lo expresa muy bien: la nube. La nube, aquello que fue en su día un símbolo confuso en los diagramas de los primeros ingenieros electrónicos, que se empleaba para referirse a una caja negra en la red, un sistema o un proceso remoto que carecía de importancia, ha evolucionado durante las últimas décadas hasta cubrir el planeta entero. Hoy en día, envuelve casi cada aspecto de nuestras vidas digitales. Es el lugar donde chateamos, donde vamos de compras, donde gestionamos el dinero y donde aprendemos; es donde almacenamos nuestros recuerdos, leemos las noticias y participamos en la sociedad contemporánea en red. La metáfora también describe, directamente, la capacidad más fundamental de la nube: su inescrutabilidad. Podría objetarse que la nube, al haber sido fabricada por el ser humano, se puede conocer al fin y al cabo. Sin embargo, nadie la conoce del todo realmente; ni siquiera el informático ni la programadora ni la ingeniera de redes ni el político que dicta las políticas tecnológicas ni el operario que instala el cableado. El mayor ensamblaje de tecnología jamás creado, la fuerza informática que se halla en el centro de todas las vidas del planeta, está «nublado»; y pienso que es por esa razón, precisamente, por lo que el nombre se ha mantenido. En lugar de evocar control tecnocrático, la nube evoca la meteorología. Al darle nombre, lo que buscamos no es dominar sino adaptarnos a una fuerza mayor que nosotros mismos.

Al insistir en la condición de nube de la nube, en su peso real, su naturaleza física y su sed de recursos, deberíamos también recordar, continuamente, la deuda con el planeta que implica su funcionamiento. Cuando hablamos de la nube, deberíamos pensar también en el sistema de ventilación del servidor, el dióxido de carbono, la extracción de materiales, los refrigerantes tóxicos y la guerra de los metales raros, que son parte integral de nuestra experiencia tecnológica sin costuras.

Si el lenguaje es importante en nuestras relaciones con las máquinas y con los seres más allá de lo humano, entonces podemos dar pasos concretos para abordar la naturaleza de esas relaciones a través de nuestro uso cuidadoso del lenguaje; y no simplemente a través de la sustitución de términos ofensivos por otros más aceptables y precisos. Podemos reconocer el verdadero significado de las palabras que usamos, ampliar los términos que empleamos para hablarles a las máquinas, e introducir otros nuevos. Al igual que el exorcismo de los términos «amo» y «esclavo» del léxico de los sistemas informáticos puede tener un efecto palpable en las experiencias vividas por seres humanos reales, así también el encantamiento de los daimones y los hechiceros quizá pueda dotarnos de una mayor conciencia de la naturaleza de sujeto e incluso de la condición de persona de nuestras creaciones: no como «inteligencias artificiales» sino como seres digitales no humanos. Y, a su vez, la humildad ante las cosas vivaces que construimos por nuestros propios medios puede producir una mayor humildad hacia los seres que nos rodean de antes.

El primer paso es despojarnos de la ilusión de dominio inherente al lenguaje. Anteriormente, he mencionado de pasada que existen lenguajes de programación no estándar, y en particular, que no son en inglés. Un ejemplo popular de este tipo de lenguajes es قلب, que se pronuncia «alb» o «calb» y que significa «corazón».

El lenguaje قلب es un sistema de Turing completo, lo cual quiere decir que es capaz de poner en marcha todos los programas informáticos que existen, e incluye un intérprete en árabe y un entorno de programación completos, que son las herramientas para ejecutar y escribir código. Al igual que el árabe, este lenguaje se escribe de derecha a izquierda , y todas las palabras clave –los términos que habitualmente están en inglés, como «*loop*» («bucle» o «circuito») y «*function*» («función»)– se sustituyen por equivalentes en árabe con significado.

Por una costumbre arraigada entre los *geeks* (los frikis de la informática), el test estándar para un lenguaje de programación consiste en escribir un programa corto que muestre la frase «*Hello World!*» («Hola, mundo»). Así se escribe «Hola, mundo» –o, más bien, « مرحبا يا عالم » –* en قلب:

* En árabe, «Hola, mundo». (N. de la T.)

(قول 'مرحبا يا عالم')*

El قلب fue creado por un programador y artista norteamericano de origen libanés llamado Ramsey Nasser, en concreto para «poner de relieve el sesgo cultural de la informática y cuestionar las suposiciones que hacemos acerca de la programación». Como todas las herramientas de programación moderna están basadas en el set de caracteres ASCII, código que utiliza el alfabeto latino y que está pensado para el inglés, la programación está vinculada a una cultura escrita concreta y favorece a aquellos que crecieron dentro de esa cultura. Nasser defiende que, para lograr el objetivo de incrementar la alfabetización digital –y así equilibrar el poder sistémico–, es necesario que las herramientas estén disponibles en múltiples idiomas. Además, el قلب ha demostrado que alterar el idioma del código puede modificar, también, su naturaleza.[26]

Debido a las propiedades de la escritura árabe, cualquier palabra puede extenderse a lo largo, mediante la prolongación del trazo que conecta las letras. Esta es la base de la caligrafía del árabe, en la que las palabras y las frases pueden crear diseños complejos y al mismo tiempo mantener su significado. Lo mismo ocurre con el قلب: los comandos y las palabras clave pueden extenderse de tal manera que el propio código forme nuevos diseños artísticos, casando la estética con la funcionalidad. Los algoritmos se convierten en poesía concreta; o, literalmente, en poesía «en concreto», en el caso de las obras de arte del propio Nasser vinculadas a los algoritmos, que presentan código operativo en forma de mosaicos árabes, que a su vez enfatizan la naturaleza recurrente y repetitiva del código mismo.

Muy apropiadamente, uno de los primeros programas escritos en قلب fue una implementación del Juego de la Vida de Conway, un programa de ordenador aparentemente sencillo que imita un ecosistema complejo y, en última instancia, impredecible: un universo de píxeles blancos y negros en constante cambio. Llegar a comprender el algoritmo que maneja el Juego de la Vida, dice Nasser, fue lo

* En árabe, «(Di "hola, mundo")». (N. de la T.)

que le hizo ver claramente el poder de la informática para dar forma a nuevos mundos, «fue una descarga parecida a una experiencia espiritual».[27] Al establecer lenguajes de programación en otras lenguas, tal y como hace el قلب, la posibilidad de ese poder y esa experiencia se comparte más ampliamente, y surgen nuevas posibilidades para su práctica.

Es posible, de hecho, escribir código informático en casi cualquier forma que imaginemos. Muchos artistas, *hackers* y experimentalistas han creado una enorme cantidad de lenguajes de programación «esotéricos» para probar los límites del diseño del lenguaje, así como los límites de la comprensión entre los humanos y las máquinas; y también para divertirse, por supuesto. Por ejemplo, existe Piet, un lenguaje diseñado por el físico australiano David Morgan-Mar, que no utiliza lenguaje alguno: sus programas son imágenes multicolores con mapas de bits que parecen cuadros de Mondrian. El comportamiento del programa se define por la gama de tonalidades y colores de la imagen, en lugar de por las palabras. También existe el Emojicode, un lenguaje de programación completo escrito, efectivamente, con emoticonos.[28]

En el extremo más alejado de este tipo de iniciativas se encuentra Brainfuck, un lenguaje esotérico creado en 1993 por otro físico, Urban Müller, que consiste en solo ocho comandos, cada uno de los cuales consiste, a su vez, en un solo carácter: < > + - . , [y]. Como el lenguaje قلب, el Brainfuck es un sistema de Turing completo, es decir, que a partir de estos ocho caracteres se puede extrudir toda la informática que existe, aunque hacerlo requiere de un esfuerzo digno del nombre de este lenguaje, Brainfuck [que significa algo así como «follón mental», en el sentido de ser un rompecabezas].[29] He aquí la expresión «Hola, mundo» en Brainfuck:

```
++++++++++[>+++++++>++++++++++>+++<<<-
]>++.>+.+++++++..+++.>++.<<+++++++++++++++.>.+++.------.--------.>+.
```

Brainfuck es una prueba de lo mínimo que puede ser un lenguaje informático: el tamaño de su compilador –la aplicación que convierte el código en un programa operativo– es de solo 240 *bytes*. También demuestra la infinita maleabilidad y la accesibilidad potencial del código. Una variante de Brainfuck, llamada Ook!, se inspira en el Bibliotecario orangután de la serie *Mundodisco* de Terry Pratchett, un exhechicero convertido en orangután por un accidente con un conjuro, que se niega a ser transformado de nuevo a su forma humana cuando se da cuenta de que su nuevo cuerpo está mejor adaptado para llegar a las estanterías más altas de la biblioteca de la Universidad Invisible.[30]

Okk! no tiene más que tres elementos sintácticos, que se corresponden con las tres expresiones que utiliza el Bibliotecario: «Ook.», «Ook?» y «Ook!». La combinación de estos en pares se corresponde con los ocho elementos de Brainfuck, de manera que, al igual que Brainfuck, Ook! también es capaz de generar todos los programas informáticos conocidos. «Hola, mundo» en Ook! se escribe, por lo tanto, así:

```
Ook. Ook? Ook. Ook. Ook. Ook. Ook. Ook. Ook. Ook. Ook. Ook.
Ook. Ook. Ook. Ook. Ook. Ook. Ook. Ook. Ook! Ook? Ook? Ook.
Ook. Ook. Ook. Ook. Ook. Ook. Ook. Ook. Ook. Ook. Ook. Ook.
Ook. Ook. Ook. Ook. Ook. Ook? Ook! Ook! Ook? Ook! Ook? Ook.
Ook! Ook. Ook. Ook? Ook. Ook. Ook. Ook. Ook. Ook. Ook. Ook.
Ook. Ook. Ook. Ook. Ook. Ook. Ook! Ook? Ook? Ook. Ook. Ook.
Ook. Ook. Ook. Ook. Ook. Ook. Ook. Ook? Ook! Ook! Ook? Ook!
Ook? Ook. Ook. Ook. Ook! Ook. Ook. Ook. Ook. Ook. Ook. Ook.
Ook. Ook. Ook. Ook. Ook. Ook. Ook. Ook. Ook! Ook. Ook! Ook.
Ook. Ook. Ook. Ook. Ook. Ook. Ook! Ook. Ook. Ook? Ook. Ook?
Ook. Ook? Ook. Ook. Ook. Ook. Ook. Ook. Ook. Ook. Ook. Ook.
Ook. Ook. Ook. Ook. Ook. Ook. Ook! Ook? Ook? Ook. Ook. Ook.
Ook. Ook. Ook. Ook. Ook. Ook. Ook. Ook? Ook! Ook! Ook? Ook!
Ook? Ook. Ook! Ook. Ook. Ook? Ook. Ook? Ook. Ook? Ook. Ook.
Ook. Ook. Ook. Ook. Ook. Ook. Ook. Ook. Ook. Ook. Ook. Ook.
Ook. Ook. Ook. Ook. Ook. Ook. Ook! Ook? Ook? Ook. Ook. Ook.
Ook. Ook. Ook. Ook. Ook. Ook. Ook. Ook. Ook. Ook. Ook. Ook.
Ook. Ook. Ook. Ook. Ook. Ook? Ook! Ook! Ook? Ook! Ook? Ook.
```

Ook! Ook! Ook! Ook! Ook! Ook! Ook! Ook. Ook? Ook. Ook? Ook. Ook? Ook. Ook? Ook. Ook! Ook. Ook. Ook. Ook. Ook. Ook. Ook. Ook! Ook. Ook! Ook! Ook! Ook! Ook! Ook! Ook! Ook! Ook! Ook! Ook! Ook! Ook! Ook. Ook! Ook! Ook! Ook! Ook! Ook! Ook! Ook! Ook! Ook! Ook! Ook! Ook! Ook! Ook! Ook! Ook! Ook. Ook. Ook? Ook. Ook? Ook. Ook. Ook! Ook.

Podemos suponer que un orangután de verdad tendría menos problemas para expresar la frase «Hola, mundo», lo cual sugiere que los ordenadores tienen aún mucho camino por recorrer antes de llegar a ser tan listos como los orangutanes.

Se están realizando importantes esfuerzos para facilitar la comunicación animal-máquina, aunque aún están en sus primeras etapas. En el MIT (Massachusetts Institute of Technology), los investigadores han desarrollado un sistema para clasificar las llamadas del mono tití capaz de distinguir entre más de una docena de los chillidos y gorjeos del animal. En enero de 2020, Google anunció que había desarrollado un programa para aislar el canto de las ballenas en las profundidades del océano, empleando una red de hidrófonos y análisis de máquinas para identificar patrones en sus canciones. Varios informáticos de la Universidad de Arizona están construyendo un sistema para clasificar los sonidos emitidos por el perro de las praderas, una especie que cuenta con un lenguaje complejo que incluye nombres para los diferentes depredadores, así como modificadores relativos a distintos colores. Afirman que este programa podría ser capaz de traducir las llamadas del perro de las praderas al lenguaje humano, y que podría ser aplicado a otros animales, como los perros y los gatos.[31]

Estos trabajos son, en gran parte, especulativos. A pesar de las afirmaciones que sostienen acerca de la «IA avanzada», en ninguno de los casos mencionados ha habido avance alguno a la hora de emplear estos análisis para traducir los sonidos de los animales al lenguaje humano. Más bien, estos sistemas están tratando de alcanzar el nivel de capacidades humanas que ya existen. Siempre hemos sido capaces de hablarles a los animales, de hablar con ellos.

Nuestro objetivo no debería ser convertirnos en expertos en sus lenguajes, sino, en lugar de eso, comprender mejor las vidas de los animales en su contexto, y a partir de ahí, alterar nuestras relaciones con ellos de formas que sean beneficiosas para ambos. La concentración en los lenguajes animales por parte de los sistemas de IA es un ejemplo más de reduccionismo, de cómo se aísla una faceta del comportamiento animal que las máquinas actualmente son capaces de evaluar y de cómo concentramos toda nuestra expectativa de interacción dentro de esa estrecha categoría.

Konrad Lorenz, fundador de los estudios del comportamiento animal, que pasó toda su vida hablándoles a los animales, habría pensado más o menos lo mismo. En 1949 publicó *El anillo del rey Salomón*, el relato de sus encuentros con todo tipo de animales, donde insiste una y otra vez en que la destreza lingüística es un pobre indicador de la inteligencia, porque los animales poseen todo tipo de diferentes señales y gestos, de los que los humanos carecemos por completo, y aun así, son capaces de comunicarse de manera compleja y significativa.

Para Lorenz, las relaciones con los animales salvajes eran una cuestión del día a día. En su casa y en sus jardines cerca de Viena acogió en diferentes momentos a grajillas, cuervos, cacatúas, lémures, monos capuchinos y muchos otros pájaros y animales. Fue el primer científico que generó un «apego» en una nidada de polluelos, una camada de ansarinos que lo seguían a todas partes como si fuera su progenitor. Consideraba a muchas de estas aves como amigas, no como mascotas, sobre todo las aves migratorias, que podían pasar por allí anualmente o anidar en su ático durante algunos años antes de partir, para reaparecer, años después, y saludarlo con familiaridad.

Una de las relaciones de mayor duración de Lorenz fue con un cuervo al que llamaba Roah. Los cuervos emiten una nota en particular, que emplean para invitar a otras aves a volar con ellos. En los adultos, este sonido es, tal y como describe Lorenz, «un sonoro, gutural y, al mismo tiempo, agudamente metálico "crac-crac-crac"», pero en pájaros más jóvenes, suena más como «roah», de ahí el nombre que empleaba Lorenz con su amigo. Cuando ya era un pájaro maduro, Roah solía acompañar a Lorenz a dar largos paseos junto al Danubio, pero mostraba aversión especialmente por los desconocidos, así como por aquellos lugares en los que alguna vez hubiera sentido miedo o hubiera tenido una experiencia desagradable. Si Lorenz permanecía en esos sitios, Roah lo instaba a continuar, descendiendo a su espalda y pasando muy cerca por encima de su cabeza, agitando las plumas de la cola y mirando por encima del ala para comprobar si lo estaba siguiendo. Este es exactamente el mismo comportamiento que un cuervo mostraría con otros cuervos para invitarlos a volar con él, con una diferencia crucial. En lugar de emitir la nota habitual de «crac-crac-crac», Roah emitía el nombre que Lorenz empleaba para él, con una entonación humana: «¡roah! ¡roah! ¡roah!». Lorenz nunca lo había adiestrado para que hiciera eso; pensaba que surgía del propio discernimiento del pájaro. Roah creía que «roah» era la nota de llamada de Lorenz. «Salomón no era el único hombre que podía hablar con los animales –escribió Lorenz– pero Roah es, que yo sepa, el único animal hasta ahora que ha emitido una palabra humana a un hombre, en el contexto adecuado.»[32]

Si bien la habilidad de Roah para reproducir una palabra humana es excepcional, lo más importante aquí es el contexto. Roah no se limitó a imitar un sonido, como los loros, a los que también conocía Lorenz, sino que lo empleó de una manera significativa.[33] A diferencia de la historia de los indicadores y el pueblo yao, cuya larga historia de evolución compartida se ha perdido y no podemos recuperar, Lorenz y Roah aprendieron a hablar entre ellos en el curso de sus propias vidas, y lo hicieron a través de un empeño común: en sus largos paseos, en travesías por el río e incluso en viajes a esquiar. El contexto, que era tan importante para Lorenz, era compartido y encarnado, como el que tenía lugar entre los indicadores y los cazadores en las sabanas de Mozambique, o entre los pastores y sus rebaños en las laderas de Basilicata.

Cualquier intento de facilitar la comunicación de las máquinas con los animales deberá estar más encarnado, ser más mutualista, que la interpretación anónima de las llamadas de los monos o el árido análisis de las grabaciones hidrofónicas. Si queremos albergar alguna esperanza de llegar a una comunicación significativa –entre los seres humanos o con el mundo más allá de lo humano–, las máquinas tendrán que salir al mundo y pasar tiempo con él, como hacemos cuando elegimos conscientemente prestar atención. Quizá la investigación de IA futura se parezca más a la Embajada de los Delfines, una propuesta presentada en 1974 por el grupo de arte y diseño de vanguardia, Ant Farm. La Embajada de los Delfines se concibió como un fabuloso laboratorio flotante en medio del océano Pacífico, donde los investigadores y los cetáceos se reunirían y hablarían unos con otros.[34]

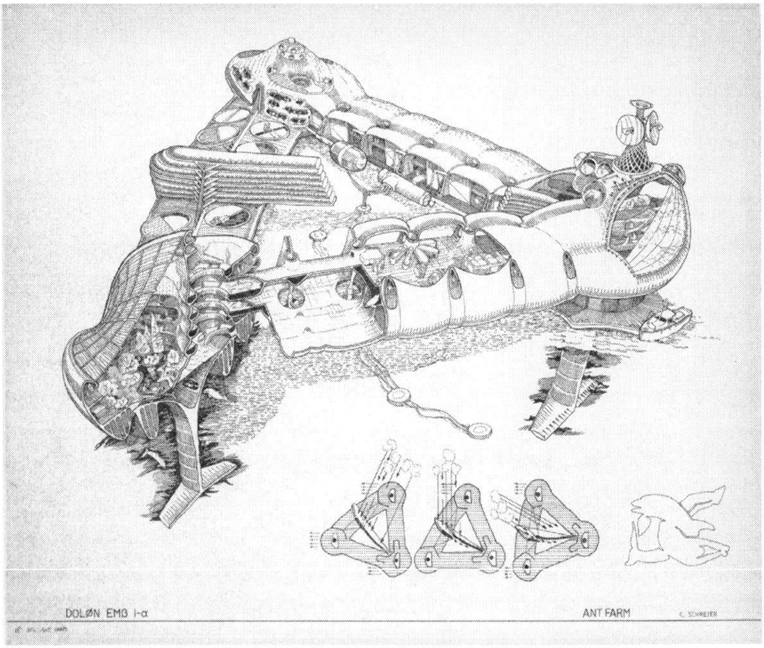

Esbozo de la Embajada de los Delfines, Ant Farm, 1974.

No llegó a construirse y se abandonó después de que un incendio destruyera el estudio de Ant Farm en San Francisco, en 1978, pero la Embajada de los Delfines propone un espacio de investigación compartido y encarnado, completamente opuesto a los áridos laboratorios de los investigadores de IA, o los profundamente sospechosos y a menudo crueles experimentos realizados por el más famoso investigador de cetáceos, John C. Lilly, en los años sesenta.[35] En lugar de intentar enseñar a los delfines el lenguaje humano o convertir su propio lenguaje en algo que los humanos pudieran aprender y conocer, el grupo Ant Farm estaba profundamente comprometido con el proceso relacional de llegar a conocer a los delfines en sus propios términos, en un entorno compartido y equitativo.

Las máquinas tienen por delante un largo camino antes de que puedan plantearse una interacción encarnada de este tipo con el mundo natural, o de que puedan obtener esa capacidad humana, desarrollada tras una profunda y larga evolución –y atenuada solo en parte por la modernidad– de sintonizar con el habla, los gestos e incluso los silencios del mundo más allá de lo humano. No obstante, eso no quiere decir que no estén dando sus propios pasos, cada vez más fascinantes, con el lenguaje mismo.

En 2016, un par de investigadores de Google decidieron comprobar si podían desarrollarse redes neuronales que fueran capaces de guardar secretos.[36] La idea se basaba en una técnica llamada «entrenamiento adversario». Esta técnica consiste en colocar en paralelo dos redes neuronales, que entonces compiten para desarrollar soluciones cada vez más eficientes para un problema dado. En este caso, los investigadores utilizaron tres redes, a las que bautizaron como Alice, Bob e Eve (los nombres son una tradición criptográfica, muy semejante a lo que «Hola, mundo» es a los programadores).

Alice y Bob recibieron la tarea de comunicarse la una con el otro de tal manera que Eve no pudiera descifrar sus mensajes: sus marcadores bajarían si Eve era capaz de leer su conversación y subirían si no lo lograba. Comenzaron con una única clave criptográfica –un número largo que Eve desconocía–, y Alice y Bob rápidamente desarrollaron una manera de encriptar sus mensajes para que Eve no pudiera romper el código; una operación parecida al encriptado estándar del email o de las transacciones con tarjetas de crédito, pero empleando un método novedoso desconocido hasta entonces para los investigadores humanos. Debido a la forma en la que operan las redes neuronales, aún no sabemos exactamente en qué consistía el encriptado de Alice y Bob. Aparte de la interesante posibilidad de que las máquinas puedan desarrollar otras maneras de comunicarse en secreto entre ellas, negando a los humanos el acceso a sus mensajes, esto nos recuerda que la manera en la que construimos la inteligencia artificial hoy en día está abierta a la muy real posibilidad de que las inteligencias futuras nos resulten opacas, de la misma manera que las mentes no humanas son esencial y fundamentalmente diferentes a las nuestras.

Al año siguiente, el equipo de IA de Facebook desarrolló un par de redes en una línea similar, con el objetivo de descubrir si podían aprender a negociar en mercados *online*, como hacen los humanos. Cada red recibió un suministro de pelotas, sombreros y libros imaginarios con los que negociar. Esta vez, las redes fueron configuradas como bots conversacionales y, en lugar de emplear cadenas de números complejos, sus mensajes serían en inglés. Al menos, esa era la idea.[37]

Al principio, los bots conversacionales hablaban entre sí de forma sencilla y efectiva, con un lenguaje basado en el corpus de términos de negociación en inglés que les habían proporcionado: «Quiero los libros y los sombreros, tú te quedas con las pelotas», «Si me das también un libro, cerramos el trato», «Ok, trato hecho», etcétera. El sistema rápidamente aprendió a dominar el arte de la negociación y los investigadores advirtieron que mostraba algunas rarezas. Para alcanzar unos objetivos concretos, los bots negociaban con mucha más dureza y por mucho más tiempo de lo que suelen estar dispuestos a negociar los humanos. Allá donde muchos seres humanos habrían abandonado la negociación sin alcanzar un acuerdo, los bots seguían discutiendo entre ellos. (A diferencia de los bots, los humanos al parecer prefieren irse sin nada antes que capitular ante un adversario agresivo.) Además –y haciéndose eco del experimento de Google–, los bots enseguida aprendieron a engañar. En numerosas ocasiones, los bots fingían interés en un objeto de poco valor, únicamente para cederlo en una fase posterior, en una escenificación de una concesión: una táctica de negociación muy astuta.

La tercera excentricidad resultó mucho más extraña. A pesar de que se les había provisto de un grupo de palabras en inglés con las que comunicarse, no había ninguna recompensa incorporada por limitarse a hablar en inglés y por lo tanto los bots –bautizados en la misma tradición que las redes neuronales de Google– desarrollaron sus propias técnicas para cerrar tratos. Si bien la negociación continuó con la misma eficacia que antes, las discusiones de los bots evolucionaron hacia algo bien diferente:

BOB: yo poder yo yo todo lo demás . . . .
ALICE: pelotas tener cero para mí para mí para mí para mí para mí para mí para mí para mí para mí
BOB: tú yo todo lo demás . . . .
ALICE: pelotas tener una pelota para mí para mí para mí para mí para mí para mí para mí
BOB: yo yo poder yo yo yo todo lo demás . . . .
ALICE: pelotas tener una pelota para mí para mí para mí para mí para mí para
BOB: yo . . . .

Cuando Facebook publicó los resultados del experimento, una gran cantidad de titulares sensacionalistas compararon a Alice y a Bob con una conversación de Terminators, a los que únicamente había podido detener la rápida reacción de los humanos del equipo de investigación: «Facebook cierra el pico a bots que crean un lenguaje secreto» (CNet), «Facebook apaga a los robots después de que estos inventen su propio lenguaje» (*The Telegraph*), o bien –un poco más calmado– «No, los bots de Facebook no van a tomar el poder en todo el mundo» (*Wired*). La realidad era algo más prosaica: las desviaciones del lenguaje no son inusuales en este tipo de experimentos, cuando el lenguaje mismo no es el elemento que determina los puntos del marcador para los bots, y el equipo de investigación sencillamente no estaba interesado en resultados que no fueran comprensibles para los humanos.

Es una lástima, porque lo que está ocurriendo aquí es muy interesante. Aunque no sea inmediatamente obvio para los hablantes de la mayor parte de los idiomas humanos, Alice y Bob están siguiendo las normas que tienen sentido para ellos. La repetición de Alice de «para mí para mí para mí» podría ser el recuento del número de pelotas que quiere pedir, o podría ser una medida de la intensidad de su demanda. En cualquier caso, la frase se reitera porque Alice ha decidido, basándose en sus cálculos, que la repetición afecta a la negociación. De la misma manera, la repetición de Bob de la palabra «yo» podría ser una forma de contar o una declaración de confianza en sí mismo, parte de la cabezonería del bot. En esto, refleja otros idiolectos humanos: rasgos del habla singulares propios de comunidades particulares.

«*Ebonics*» es un término acuñado en 1973 por el psicólogo social Robert Williams para designar el dialecto hablado por los afroamericanos, que evitaba términos peyorativos que se empleaban hasta esa época, como «*Nonstandard Negro English*» («inglés negro no estándar»). En *Black Language*, publicado ese mismo año, Malachi Andrews y Paul T. Owens describen el principio por el cual en *Ebonics* se duplica el pronombre reflexivo en enunciados como «*I'm gonna get me one of them*» («Me voy a conseguirme uno de ellos») o «*Ahma have to get me a drink of that coffee*» («Me voy a tener que tomarme un sorbo de ese café»). Según estos académicos, la repetición del pronombre en primera persona –«me me»– era una afirmación de la autoestima. De la misma manera, en muchas lenguas *pidgin*,* tales como el criollo hawaiano y el *tok pisin*

* Lengua híbrida, creada a partir del contacto entre dos o más lenguas, generalmente para cubrir las necesidades de comunicación entre individuos o grupos que no poseen una lengua común. (N. de la T.)

de Papúa Nueva Guinea, la duplicación de los pronombres puede emplearse para contar o enfatizar la intención.[38]

No estoy sugiriendo que Alice y Bob sean afroamericanos o hawaianos incipientes. Lo que digo es que es una verdadera lástima que Google, Facebook y otros no hayan ido mucho más lejos con sus experimentos, para ver qué hacen las máquinas a continuación. La propia respuesta de Facebook a su experimento revela un profundo desinterés por las posibilidades más allá de lo humano del lenguaje de las máquinas, mientras que la reacción de los medios de comunicación recuerda al alarmismo que rodeó el lenguaje chat en los primeros años del siglo XXI. Por supuesto, al igual que con el lenguaje chat, estos otros lenguajes asustarán a aquellos que no los emplean. Pero quizá también podrían decirnos algo fundamental sobre la naturaleza de las máquinas cada vez más listas que estamos construyendo, y algo radical acerca de la naturaleza compartida del lenguaje mismo.

Los lenguajes que hemos desarrollado hasta ahora para comunicarnos con las máquinas son, en sí mismos, *pidgins*: formas simplificadas que no son el idioma nativo de ninguna de las partes. Ajustar nuestras ideas en ellos requiere del esfuerzo de ambos; ninguna de las partes se expresa del todo bien, pero cada una piensa de sí misma que es superior. Los lingüistas denominan a este fenómeno la «doble ilusión»: los humanos piensan que están hablando en el lenguaje del ordenador, y los ordenadores piensan que están hablando en el lenguaje humano, y nadie está satisfecho del todo. Para la mayoría de las personas, esta es la experiencia al comunicarnos con las máquinas, ya sea como programadoras o como usuarias de un *software* engorroso y complicado. A medida que estas máquinas se vuelven más y más avanzadas, a medida que desarrollan sus propios lenguajes y aprenden a engañar, a guardar secretos y a expresarse, es poco probable que deseen hablarnos de ese modo. Una vez más, al imaginar formas más adecuadas de vivir con seres no humanos, ya sean seres informáticos o biológicos, debemos estar atentos a sus propios modos de hablar y de crear significado, y no simplemente insistir que están aprendiendo a hablar y a pensar y a comportarse de la manera en la que lo hacemos nosotros.

Ursula K. Le Guin, que siempre estuvo atenta tanto a las relaciones más que humanas como a la tecnología, se inventó un término para describir el estudio académico de los lenguajes no humanos: «terolingüística», a partir de la palabra griega para «bestias salvajes». En una narración breve titulada «"El autor de las semillas de acacia" y otros extractos del *Diario de la Sociedad de Terolingüistas*»,* Le Guin imaginaba el diario de investigación de esa disciplina, repleto de artículos académicos ficticios que especulaban acerca de la forma y el contenido de los lenguajes no humanos.[39] En el primer extracto, dos investigadores hablan sobre una serie de fragmentos de literatura de las hormigas –propaganda, quizá–, inscrita con las feromonas de las glándulas odoríferas de unas semillas de acacia descartadas, en el fondo de un hormiguero abandonado. Su autoría es desconocida, quizá lo escribiera la misma obrera que encontraron ejecutada en las proximidades, pero parece estar abogando por algún tipo de revolución, que culmina con la frase: «¡Arriba la Reina!». Si bien el significado de la frase es incierto, quien redacta el artículo concluye que deberíamos leerla como «¡Abajo la Reina!» porque para la hormiga, «"arriba" se encuentra el sol abrasador; la gélida noche... sin el refugio de los amados túneles... exilio, en suma, la muerte».

En la misma historia, otro artículo académico detalla las novedades recientes en el desciframiento del idioma pingüino, cuyo estudio ha avanzado con la ayuda de cámaras submarinas de alta velocidad. La lengua pingüino, al parecer, está relacionada tanto con el idioma ganso silvestre como con el idioma delfín; una exquisita combinación de influencias voladoras y submarinas. La lengua pingüino se escribe de forma cinética y colectiva: una danza polifónica

* Sigo la traducción del término *Therolinguists* como «terolingüistas», de la traductora Helen Torres en Donna J. Haraway, *Seguir con el problema. Generar parentesco en el Chthuluceno*, Bilbao, consonni, 2019, donde se cita el relato de Ursula K. Le Guin. (N. de la T.)

que se inscribe en rizos y espirales acuáticas. Esto hace que sea complicado trasladarla a un discurso lineal en palabras, aunque las interpretaciones por parte de bailarines humanos gozan de gran popularidad: «No hay forma de reproducir por escrito la tan importante *multiplicidad* del texto original, tan bellamente ejecutada por los soberbios coros de la compañía de Ballet de Leningrado». En vista de la dificultad de estudiar a los pingüinos más pequeños y veloces, el artículo propone una expedición a lo más recóndito de la Antártida, para estudiar el dialecto del pingüino emperador, ese habitante solitario y superior de las regiones más bajas.

El investigador, en su diario imaginario, escribe:

> mi instinto me dice que la belleza de esa poesía constituye lo menos terrenal que podemos encontrar sobre la tierra. A aquéllos de mis colegas que se sienten fortalecidos y animados por el espíritu de la curiosidad científica y el riesgo estético, yo les digo que apelen a su imaginación: el hielo, las cortinas de nieve, las tinieblas, los prolongados alaridos del viento. En esa espantosa desolación una pequeña pléyade de poetas permanece agazapada. Están hambrientos, hace semanas que no comen. A los pies de cada uno, bajo cálido techo emplumado, yace un gran huevo que no teme los mortales zarpazos del frío. Los poetas no se escuchan entre ellos, no pueden cruzar recíprocas miradas. Tan solo sienten el calor del otro. Tal es su poesía; tal es su arte. Como cualquier literatura cinética, esta abandona la palabra y se condensa en el silencio; al contrario que otras literaturas cinéticas, esta es principalmente inmóvil, tenue, inefablemente sutil. El fruncimiento de una pluma, el imperceptible soplo de un ala; el apenas escaso roce entre cualesquiera de sus partes. Entre la indecible, misérrima indigencia, la afirmación. En el reino de la ausencia, la presencia. En la muerte, la vida.

El fragmento final del diario imaginado de Le Guin es un editorial en el que el editor del diario llama a sus colegas terolingüistas a elevar las miras hacia un horizonte aún más noble: «El casi terrorífico desafío de la Planta». Las plantas quizá no empleen el tiempo para enmarcar su poesía; ellas «pueden muy bien usar un compás cuyo modelo sea la eternidad». El arte vegetal es pasivo, en lugar de activo; no es acción, sino reacción; no es comunicación, sino recepción.

El editor imagina un futuro lejano en el que una nueva estirpe de «fitolingüistas» descifrarán la poesía secreta del mundo vegetal, y volverán la vista con una callada sonrisa hacia aquellos que únicamente se ocupaban de «los misteriosos asesinatos de la Comadreja, el erotismo del Batracio, la saga perforadora de la Lombriz». «"¿Advierte usted –le dirá el fitolingüista al crítico estético– que eran incapaces hasta de leer las Berenjenas?" Así, sonreirán ante nuestra ignorancia, y mientras, continuarán aumentando sus éxitos, registrando, por ejemplo, la lírica de los líquenes sobre la cara norte de Pike's Peak.»

Incluso unos descubrimientos tan asombrosos, unos actos de la imaginación y un enfoque concertado tan extraordinarios no son suficientes para este editor. Porque, escribe, cuando el terolingüista y el fitolingüista hayan dicho lo que tenían que decir, le llegará el turno al «aventurero osado, aparecerá la figura del geolingüista, que, ignorando, casi despreciando, el delicado tránsito hacia la lírica liquen, querrá aprehender lenguajes todavía menos comunicativos, todavía más pasivos, enteramente atemporales: la fría y volcánica poesía de las rocas, cada una de las cuales será una palabra lanzada por la tierra desde tiempos inmemoriales, en la inmensa soledad, inmensa confraternidad del cosmos».

Los ordenadores, como ya hemos mencionado, están hechos de rocas y de las reliquias comprimidas de animales y plantas. A lo largo de eones de procesos geológicos, los cuerpos, los troncos y los tallos se han convertido en petróleo, y en una fracción de esa duración, se han convertido en componentes plásticos para sostener los corazones de silicio de nuestras máquinas. Los propios ordenadores son una de las palabras pronunciadas por la piedra.

A su vez, los ordenadores hablan como las piedras. En términos occidentales eurocéntricos, esto podría sugerir una frialdad inhumana –procesos fijos, pronunciamientos concretos, decisiones irrefutables–, que a menudo es el caso, cuando su funcionamiento se complica a base de código impenetrable implementado dentro de unas jerarquías desiguales.

En otras culturas, las piedras no siempre hablan de esta manera. En la cosmología de los aborígenes australianos, las piedras son ancestros, reliquias de seres anteriores que hablaban y continúan hablando acerca de cuestiones de relevancia actual. No son quienes dictan las leyes, sino interlocutores, maestros y guías que muestran mejores formas de vivir. En *Escrito en la arena. Cómo el pensamiento indígena puede salvar al mundo*, Tyson Yunkaporta cita a un chico aborigen de Tasmania, llamado Max: «Para mí, las piedras son los objetos en los que hay paralelismos con toda la vida, más que con los árboles o con las cosas mortales, pues son inmortales. Las piedras saben cosas aprendidas a lo largo de las profundidades del tiempo. La piedra representa a la tierra, las herramientas y el espíritu; transmite sentido a través de su uso y con su resiliencia ante los elementos. Al mismo tiempo, envejece, se agrieta y sufre la erosión a medida que el tiempo la va desgastando. Pero sigue ahí, llena de energía y espíritu».[40]

¿Qué supondría que los ordenadores hablaran más como las piedras aborígenes que como las industriales? ¿Qué supondría, en efecto, que un ordenador hablara más como un pájaro, más como un liquen, más como el viento o el agua que como una piedra? ¿Qué supondría que operara a un ritmo geológico diferente? ¿Qué supondría que hablara, en palabras de Le Guin, usando «un compás cuyo modelo sea la eternidad»?

Volvamos a nuestra afirmación anterior de que el lenguaje escrito, al reemplazar a la cultura oral, ha sido, en parte, responsable de nuestro creciente alejamiento del mundo más allá de lo humano, y que la implementación tecnológica del lenguaje –en forma de código, mayormente en inglés y, en última instancia, en unos y ceros– agrava aún más este alejamiento.

Quienes investigaron el lenguaje de la mensajería instantánea en los primeros años del siglo XXI identificaban con frecuencia un elemento clave de este estilo de escritura. La clave está en otro término empleado para referirse a este tipo de discurso: *text speak* (literalmente, «hablar en texto»; el lenguaje chat). La mensajería instantánea continuaba observando –de forma flexible– las leyes de la gramática escrita, pero también adoptaba de forma decidida marcas y pautas del habla.

Estas pautas incluyen una mayor frecuencia del uso de pronombres (recuerden la autoconfianza de aquellos bots), preguntas más directas, el uso de partículas enfáticas (como *just* y *real*),* expresiones informales (como *OK* y *sure*)** y coloquiales (como *how about* y *let's*)*** y un montón de marcas lingüísticas más. No ocurre solo con el inglés. Los estudios demuestran que los hablantes nativos de árabe tienen más probabilidades de emplear características de su dialecto local en la mensajería instantánea que en cualquier otro medio escrito, donde tienden a emplear un lenguaje más cercano al árabe moderno estándar formal. Esta es otra marca lingüística.[41]

Al contrario de lo que presagiaban los análisis agoreros, que predecían que la mensajería instantánea llevaría al colapso del lenguaje, quienes llevaron a cabo estas investigaciones creían que este fenómeno estaba sencillamente enfatizando tendencias más amplias del desarrollo del lenguaje. El lenguaje escrito humano entero se está acercando al lenguaje hablado, y la modalidad turbulenta de la mensajería instantánea, que evoluciona a gran velocidad, está, simplemente, en la vanguardia de este proceso de cambio. Al final, la investigación alcanzó la misma conclusión a la que llegamos una y otra vez: «Más que provocarlo, la tecnología a menudo amplifica y refleja el cambio lingüístico y social».[42]

El más gamberro de los lenguajes de programación esotérico, el Emojicode, apoya esta teoría. Los emoticonos, aunque sea en clave lúdica, constituyen una forma de lenguaje más oral y emotiva: un lenguaje del gesto, del habla y de la apertura al mundo. Al igual que

* «Justo» y «realmente», empleadas en el sentido de «exacto» y «muy», respectivamente. (N. de la T.)

** «OK» y «claro». (N. de la T.)

*** «¿Qué te parece si...» y «vamos a...». (N. de la T.)

los pictogramas, los emoticonos incluyen formas reales del mundo y también formas portadoras de metáforas mucho más complejas. Si los ordenadores pudieran procesar los emoticonos de la misma manera que procesan el lenguaje escrito, entonces también ellos adoptarían pautas más parecidas al habla: máquinas cantando la melodía del mundo. Pensemos en los bots conversacionales de Facebook: estos programas simples, en lugar de provocar cambios en el lenguaje y la sociedad, están más bien intensificando y reflejando procesos mucho más amplios que están ya en marcha. Hay una continuidad entre lo tecnológico y lo medioambiental. E incluso cuando los propios bots no están implicados, nuestras interacciones con las máquinas nos llevan hacia un lenguaje más parecido al habla, hacia pautas orales. Y resulta que esto es un requisito fundamental y un primer paso hacia una relación más profunda y más justa con el mundo.

Cuando hablamos, inspiramos atmósfera y la volvemos a exhalar; ingerimos el mundo y lo hacemos resonar. Al hablar, participamos del mundo y el mundo participa de nosotros. Esto también ocurre con otras variedades del habla: el graznido de las aves, el canto del grillo, el viento atravesando el bosque, el murmullo de las piedras.

El habla existe entre los cuerpos y los seres; no ocupa un espacio ni tiene una utilidad en un universo de objetos inanimados. El habla implica la escucha: al hablar, reconocemos y avivamos la condición de persona de quien escucha. Nos hacemos persona mutuamente; transformamos las cosas en seres. Es hablando con los otros, entonces, como empezamos a crear un mundo más allá de lo humano.

6

Máquinas no binarias

El yacimiento de Delfos, antiguo hogar del famoso oráculo, se alza en la ladera sur del Parnaso, en las alturas sobre el golfo de Corinto. Durante siglos, si no milenios, fue el lugar al que se dirigían los viajeros de todas partes del mundo antiguo en busca de sabiduría, profecías y consejo. La primera vez que fui allí me llevó el coche autónomo que había construido y que estaba probando en las montañas de Grecia. Quizá esta naciente máquina inteligente y aquellos viajeros antiguos estaban interesados en las mismas cosas.

Los antiguos creían que Delfos era el *omphalos*, el centro de la Tierra. Su localización fue ratificada cuando Zeus, rey de los dioses, soltó dos águilas desde los puntos más lejanos hacia el este y el oeste: sus caminos se cruzaron en Delfos. En el período clásico, aproximadamente desde el siglo V hasta el siglo III antes de la Era Común, el enclave del templo fue entregado a Apolo, dios del sol, y una de sus sacerdotisas fue quien desempeñó el papel de oráculo. Originalmente, el enclave había estado dedicado a Gaia, la diosa madre asociada a la fertilidad y protectora de la ecología. Sin embargo, fuera cual fuera el nombre tallado en la puerta, los poderes del oráculo parecían estar enraizados en la tierra: la ciencia moderna atribuye sus profecías a estados de trance inducidos por los gases provenientes de las cavernas que había debajo del templo, o al acto de mascar plantas como el laurel o la adelfa, que aún hoy crecen alrededor de Delfos.

El oráculo es la fuente de la que mana toda la filosofía occidental; fue el oráculo quien una vez declaró que «ningún hombre es más sabio que Sócrates». Al oír esta historia, Sócrates decidió dedicar su vida a aprender. Creía en el oráculo, pero también creía que no sabía nada, y llegó a la conclusión de que la persona más sabia es aquella que es consciente de su propia ignorancia.[1] Es este reconocimiento socrático –nuestra capacidad para abrirnos a nuevas formas de conocimiento y para reconocer que las herramientas a nuestra disposición son inadecuadas para la tarea– el que debería informar nuestro pensamiento, pero muy rara vez lo hace.

Las ideas acerca de cómo deberíamos pensar están encerradas dentro de nuestra cultura. Y este problema se ve agravado por la tecnología. Una vez que una manera concreta de ver el mundo se ha amoldado como herramienta, es muy difícil pensar de otra manera: «Si solo tienes un martillo, todo te parece un clavo», como se suele decir. El problema es mucho, mucho más agudo si hablamos de ordenadores, que dan forma a nuestra comprensión del mundo y al sentido que le otorgamos, de una manera mucho más extensiva que los martillos. A menudo utilizamos nuestras máquinas sin realmente entender qué es lo que están haciendo y aceptamos sin criterio el mundo que nos ponen delante. Llegan a definir nuestra realidad y a borrar la conciencia misma de que otras realidades puedan incluso existir.

Los ordenadores hacen esto hasta en relación consigo mismos. La máquina en la que estoy tecleando estas palabras es un tipo muy específico de ordenador, pero también es uno casi universal. Es el mismo tipo de ordenador que tienes en tu casa, en tu oficina o en tu bolsillo. Es el mismo tipo de ordenador, en esencia, que aquellos que manejan el mercado de valores, que pronostican el tiempo meteorológico, que pilotan los aviones, que trazan el mapa del genoma humano, que buscan en la red y encienden o apagan los semáforos. Todas estas máquinas comparten la misma arquitectura básica, la misma configuración de procesador y memoria, y hablan el mismo idioma básico: los unos y los ceros del código binario. Pero este no es el único tipo de ordenador que podemos imaginar o construir.

Este ordenador es el resultado de una serie muy concreta de descubrimientos y decisiones en cadena –algunos de los cuales se remontan a hace casi mil años–, que han dado forma a la manera en la que operan casi todos los ordenadores que existen. Esta acumulación de ideas ha culminado en una extraordinaria uniformidad en la manera en la que diseñamos los ordenadores hoy, y por lo tanto, en una monotonía de pensamiento cuando los usamos para pensar. Para cambiar la forma en la que pensamos y la forma en la que los ordenadores operan en nuestras vidas, quizá tengamos que repensar la forma misma del propio ordenador. Al hacerlo, quizá descubramos nuevas ideas que provengan de un mundo más allá de lo humano y nuevas maneras de acercarnos y establecer contacto con él.

Por suerte, hay muchas otras maneras de pensar acerca de los ordenadores: muchas ramificaciones y desvíos a lo largo de la historia de su diseño que fueron abandonados o que no fueron totalmente explorados, en la precipitada carrera hacia el único futuro verdadero. El germen de una de las más interesantes de esas ramificaciones puede encontrarse en vísperas de la Segunda Guerra Mundial, en el momento exacto en el que fue concebido el ordenador moderno.

La clase de ordenador que estoy usando –que todos usamos– está basada en algo llamado la máquina de Turing. Se trata de un modelo de ordenador descrito teóricamente por Alan Turing en 1936. Es lo que se llama una máquina ideal; ideal en el sentido de imaginaria, pero no necesariamente perfecta. La máquina de Turing era un experimento del pensamiento, pero debido a que llegó a sentar las bases de todas las formas posteriores de computación, modificó también la manera en que pensamos.

La máquina imaginaria de Turing consistía en una larga tira de papel y un aparato para leer y escribir sobre él, como una grabadora. La tira de papel es la memoria; el cabezal que lee/escribe es el procesador. Sobre la cinta hay escrita una serie de instrucciones, que se pueden borrar, reescribir, incrementar, a medida que la máquina calcula.

Por un lado, se trata de un mecanismo increíblemente sencillo. Por otro, es capaz de ejecutar todas y cada una de las tareas que pueden realizar hoy en día incluso las supercomputadoras más potentes. Si bien las máquinas posteriores evolucionaron de todo tipo de maneras, este proceso de leer y almacenar, calculando y reescribiendo es aún hoy la base de su funcionamiento. Casi todos los ordenadores del mundo son solo una versión más elaborada de una tira de papel y un cabezal de leer/escribir. Cada vez que abres un email, que escribes con un teclado, que sacas dinero de un cajero, que reproduces digitalmente una canción, o que ves una película por *streaming* a través de un satélite, estás trabajando con la encarnación de una máquina de Turing: símbolos leídos y escritos a partir de un equivalente de la tira de papel. Yo estoy escribiendo esto en una máquina de Turing; es probable que tú lo estés leyendo en una (si no, muchas de ellas han sido, aun así, necesarias para producir lo que sostienes en las manos). Estos ordenadores que Turing imaginó son, de alguna manera, responsables de casi cada aspecto de nuestras vidas. Pero su pura ubicuidad enmascara una revelación poderosa: casi todos los ordenadores que operan hoy en día representan solo una mínima fracción de lo que podrían ser.

En su artículo de 1936, Turing se refería a su máquina como una «máquina-*a*», que se refería a «máquina *automática*». Hizo esta distinción porque quería enfatizar que una vez se ponía en marcha, el *output* de la máquina venía determinado por completo por su configuración original. La máquina hacía lo que se le ordenara y sus operaciones estaban absolutamente limitadas por la información que se introdujera en ella. Turing advirtió que otro tipo de máquina era posible –la «máquina-*c*» (del inglés «*choice*», «opción»), la «máquina *opcional*»– pero la máquina-*a* tenía todo lo necesario para el tipo de cálculos que le interesaban.[2]

Un par de años después, en su tesis doctoral, Turing mencionaba de nuevo la máquina opcional, empleando otro nombre: esta vez, la llamó la máquina *oráculo*.[3] A diferencia de la máquina-*a*, que sigue las instrucciones una por una de manera infatigable hasta que las completa, esta máquina-*o* hace una pausa en momentos críticos durante el cómputo para «aguardar la decisión» de lo que él llama «el oráculo». Turing declinó describir este ente más a fondo, y solo declaró que «no puede ser una máquina». ¿Qué querría decir?

Turing tenía una idea muy clara de lo que serían los ordenadores y de qué podrían hacer. «Las computadoras electrónicas –escribió– tienen por objeto realizar cualquier proceso general concreto que podría realizar un operario humano que trabajara con disciplina pero sin inteligencia.»[4] Es decir, las máquinas-*a* de Turing, los ordenadores que todos heredaríamos, harían lo que los ordenadores humanos habían hecho antes, solo que más rápido. Los límites de estos ordenadores serían los límites del pensamiento humano. De hecho, llegarían a definirlo.

Desde el desarrollo de los ordenadores digitales, hemos moldeado el mundo a su imagen. En concreto, ellos han dado forma a nuestra idea de la verdad y del conocimiento como aquello que se puede calcular. Solo aquello que se puede calcular se puede conocer, y por lo tanto nuestra capacidad para pensar con las máquinas más allá de nuestra propia experiencia, para imaginar otras formas de ser con y junto a ellas, es desesperantemente limitado. Esta fe fundamentalista en la computabilidad es tan violenta como destructiva: constriñe lo que puede en pequeñas cajas y borra todo lo demás. En economía, atribuye un valor solo a lo que puede contar; en ciencias sociales, reconoce solo lo que puede mapear y representar; en psicología, otorga significado solo a nuestra propia experiencia y rechaza, por incognoscible, la experiencia de incalculables otros. Brutaliza el mundo, mientras nos deja ciegos ante aquello que ni siquiera sabemos que desconocemos.

Sin embargo, en el momento mismo del nacimiento de la informática, un tipo de pensamiento completamente diferente se concibió e inmediatamente se dejó a un lado: un tipo de razonamiento en el que otra entidad incognoscible está siempre presente, esperando a ser consultada, fuera de los límites del sistema establecido. La máquina-*o* de Turing, el oráculo, es precisamente aquello que nos permite ver lo que no sabemos, lo que nos permite reconocer nuestra propia ignorancia, como Sócrates en Delfos.

Turing se concentró en la máquina-*a* porque le interesaba un aspecto de un problema: la capacidad de decidir. Este era el centro de la cuestión planteada por el matemático alemán David Hilbert en su influyente *Entscheidungsproblem*, de 1928, que preguntaba si era posible construir un proceso algorítmico paso a paso para resolver los que se conocen como «problemas de decisión». Ante una pregunta a la que haya que responder sí o no, ¿sería posible escribir una serie de instrucciones que garantizara que la respuesta fuera sí o no? Turing concluyó que no, pero para llegar a esa conclusión creó un marco novedoso para la computación de problemas de decisión en general –la máquina de Turing– que nos dio el ordenador moderno que conocemos hoy.

De modo que la capacidad de decidir tiene una definición muy específica y técnica en el ámbito de la informática, y la máquina de Turing nos brindó un método para lidiar con ella. Pero lo que me interesa a mí es la capacidad de no decidir. La capacidad de no decidir tiene, también, un significado técnico, pero tiene, además, un significado real, literal; se refiere a aquello que no podemos saber a ciencia cierta. Ocupados como estamos en cómo pensar y comprender la vida de seres que son radicalmente diferentes al ser humano, y en cómo repensarnos en este proceso, quizá podamos considerar la capacidad de no decidir no ya como una barrera que nos impide comprender, sino como una señal, un indicio, un rastro que nos indica que algo interesante, incluso útil, anda cerca.

Uno de los mayores malentendidos del siglo XX, que se mantiene hasta el presente, fue que todo era, en última instancia, un problema de decisión. La aparición del ordenador fue tan asombrosa y sus capacidades tan poderosas que nos convenció de que el universo es como un ordenador, de que el cerebro es como un ordenador, de que nosotros y las plantas y los animales y los bichos somos como ordenadores; y la mayor parte de las veces, nos olvidamos del «como». Tratamos al mundo como algo que se puede computar, y que por lo tanto está abierto a la computación. Pensamos en él como algo que puede dividirse en cadenas de datos separados e introducirse en una máquina. Creemos que la máquina nos dará respuestas concretas sobre el mundo y que podemos, en función de estas respuestas, actuar sobre él, y que la máquina confiere a esas respuestas una lógica irrefutable e impunidad moral.

De este error manan toda clase de violencias: la violencia que reduce la belleza del mundo a números, y la consiguiente violencia que trata de forzar al mundo a ajustarse a esa representación, que borra, degrada, tortura y aniquila esas cosas y a esos seres que no encajan dentro del sistema asumido de representación. A través de la historia, hemos cometido este lamentable error con nuestras religiones, nuestros imperios y nuestros sistemas de clase y categorización racial. El ordenador nos permitió aplicarlo de una manera aún más amplia de lo que habíamos hecho hasta entonces.

El mundo no es como un ordenador. Los ordenadores –como nosotros, como las plantas y los animales, como las nubes y los mares– son como el mundo. Algunos más que otros; algunos en mayor sintonía con sus procesos y otros muchos, no. La inteligencia artificial corporativa y la estupidez artificial y todas las otras formas absurdas en las que hemos puesto a trabajar a los ordenadores –las bases de datos que clasifican y fracasan, los mercados de valores que se desploman y empobrecen, los algoritmos que monitorizan y juzgan– tienen esto en común. Son máquinas de decisión: intentan dominar el mundo haciendo modelos a partir de él, y tomando decisiones en función de esos modelos. Hacer un modelo es abstraer y representar: es un acto de distanciamiento con respecto al mundo. Pero el mundo ya está aquí, está justo delante de nosotros. Estamos suspendidos en su interior e impregnados de él: somos inseparables del mundo. Las máquinas que necesitamos para comprender este omnipresente, floreciente y entrelazado mundo –«comprender» en un sentido análogo a participar en su juego, como dijo Wittgenstein del lenguaje– no deberían ser más remotas ni más abstractas, sino más como el mundo. Y, en los lugares remotos de la historia de la

Grey Walter con una de sus tortugas y la caseta de esta, noviembre de 1953.

informática, conectados a las autopistas de la información pero a suficiente distancia como para poder oír el canto de las aves y contemplar de nuevo las estrellas, la gente ha estado pensando en estas máquinas y construyéndolas durante bastante tiempo.

Entre las primeras y más encantadoras máquinas de este tipo están los pequeños robots construidos por el neurofisiólogo William Grey Walter en el Burden Neurological Institute de Bristol a finales de los años cuarenta. Estos robots eran pequeños autómatas con ruedas y una carcasa rígida, que rodaban chocándose por toda la sala y que, gracias a la ingenuidad de Walter, alteraban su comportamiento de acuerdo con lo que encontraban a su paso. Los llamó

Machina speculatrix, aludiendo a una nueva especie de máquina, pero son más conocidos como «tortugas». El propio Walter citaba a la Falsa Tortuga de la obra de Lewis Carroll, *Alicia en el país de las maravillas*:* «*We called him Tortoise because he taught us!*».[5]

Las tortugas podían adaptar su comportamiento de varias formas. En primer lugar, tenían unos sensores colocados bajo las carcasas que registraban cada vez que los robots se chocaban contra un objeto, y hacían que avanzaran en otra dirección. De esta manera, iban moviéndose aleatoriamente y trazando una ruta alrededor de diversos obstáculos. El primer par de tortugas, a las que Walter llamó Elmer y Elsie, contaban también con sensores de luz. Esto les otorgaba una habilidad que se observa en muchos animales, llamada fototaxia, una reacción de atracción hacia la fuente de luz. Al igual que las polillas y las medusas, las tortugas se movían hacia la fuente de luz más intensa y cercana, lo que permitía dirigirlas por la sala usando una linterna o devolverlas a su «caseta», bien iluminada, para recargarse cuando se quedaban sin batería. Hasta ahí, todo muy «roombero», pero las tortugas exhibían también otros comportamientos más extraños.

Walter comparaba los dos sensores –los de luz y los de movimiento– con dos neuronas, que constituían, por lo tanto, un pequeño cerebro. Sin embargo, las interacciones dinámicas entre estas dos neuronas básicas eran suficientes para producir una variedad de comportamientos complejos, o lo que Walter describía como «una incertidumbre, aleatoriedad, libre albedrío o independencia que está sorprendentemente ausente en la mayoría de las máquinas bien diseñadas».[6] Por ejemplo, aquellos rudimentarios sensores de luz de la tortuga se sobrecargaban fácilmente, lo cual significaba que las luces más brillantes en realidad las repelerían.

* Literalmente: «¡Lo llamábamos Tortuga porque él nos enseñaba!». La cita contiene una paronomasia imposible de traducir fielmente, que produce una ingeniosa rima: «*Tortoise*» y «*taught us*» se pronuncian igual. En la escena de la novela de Lewis Carroll, el personaje al que se refiere la Falsa Tortuga era una tortuga y también el maestro, que, en efecto, les enseñaba. (N. de la T.)

Esto provocaba que rodaran primero hacia la fuente de luz, que después retrocedieran cuando se acercaban demasiado, luego volvían a avanzar, etcétera. De esta manera, daban vueltas alrededor de las lámparas en un patrón circular titubeante y nervioso de aproximación y retirada.

La habilidad más sorprendente de las tortugas se produjo de forma inesperada cuando se les añadió una pequeña luz de encendido en la parte trasera que indicara si el motor estaba en marcha. Inmediatamente, las máquinas mostraron un nuevo comportamiento: al acercarse a un espejo o a otra superficie reflectante, vislumbraban su propia luz y enseguida comenzaban a menearse ante su propio reflejo «de una forma tan concreta –escribió Walter– que si hubiera sido un animal, los biólogos le habrían atribuido, con razón, la capacidad de autorreconocimiento».[7] Veinte años antes de que se definiera formalmente, las tortugas habían pasado ya el test del espejo.

Walter comparó a sus tortugas con los primeros ordenadores, que solo conocían un lenguaje de unos y ceros, y que no tenían sentidos más allá de la introducción directa de información, y por lo tanto consideraba que «no son, en ningún sentido, libres como lo es la mayoría de los animales; son, más bien, parásitos que dependen de sus huéspedes para alimentarse y estimularse».[8] Las máquinas de Walter eran diferentes, porque se adaptaban a sus circunstancias: eran capaces de modificar su comportamiento en función de lo que se encontraban en el mundo, en lugar de seguir, simplemente, la programación preexistente. De esta manera, y a diferencia de las máquinas fijas y subordinadas, representaban una vida activa.

Esta idea, que la tecnología podría ser capaz de adaptarse a su entorno, era la principal preocupación de la cibernética, un campo de estudio que emergió después de la Segunda Guerra Mundial, y que ha reunido bajo su ala a un heterogéneo grupo de científicos, investigadoras, psiquiatras, artistas y otros bichos raros. Definida en 1948 como «el estudio científico de los sistemas de control y de comunicación de los animales y de las máquinas», la cibernética posteriormente osciló sin descanso entre una amplia gama de

Aparato homeostático de W. Ross Ashby, 1948.

disciplinas, ejerciendo su influencia en el estudio del aprendizaje, de la cognición, la autoorganización, la retroalimentación biológica, la robótica y la gestión de los negocios, sin llegar nunca a cohesionar en un discurso fijo y sin establecerse cómodamente en un solo departamento académico.[9]

Las tortugas de Walter estaban inspiradas en uno de los primeros artefactos de la cibernética, un aparato llamado el homeostato. Este artefacto había sido diseñado unos años antes por otro psiquiatra inglés, W. Ross Ashby, que a menudo describía su creación como un cerebro artificial. De hecho, el homeostato consistía en una serie de cuatro unidades de control de bombas de la Real Fuerza Aérea británica, unidas por cables para reaccionar a los *inputs* y *outputs* de las otras. Estas unidades se habían desarrollado durante la guerra como aparatos de retroalimentación automática que respondían a una señal entrante incrementando o disminuyendo otra señal. Esto permitía que el visor del bombardero compensara automáticamente la velocidad aerodinámica y el flujo del viento. Las unidades por sí mismas, sin embargo, podían conectarse a cualquier cosa, incluido otro homeostato.

Cuando unió con cables cuatro de estas unidades, Ashby descubrió que procedían a ajustar sus parámetros hasta que alcanzaban una especie de estabilidad conjunta: las señales de *input* y *output* fluctuaban hasta que lograban un equilibrio. Además, si se trastocaba una de ellas, el sistema entero se reajustaba hasta que recuperaba la estabilidad. Ashby denominó esta habilidad «ultraestabilidad adaptativa». Hicieran lo que hicieran sus colegas para alterar la máquina –intercambiar las conexiones, invertir los polos positivos y negativos del cableado, atar con un nudo los brazos magnéticos o bloquear sus movimientos–, el aparato siempre encontraba la manera de recuperar una condición estable.[10]

Fue esta habilidad para autocorregirse y encontrar nuevos patrones estables lo que llevó a Ashby a describir estas unidades como parecidas a un cerebro artificial: de hecho, las comparó con el cerebro aún sin desarrollar de una cría de gato. Cuando es joven, el gatito no sabe que la carne roja es buena mientras que el fuego rojo es malo, pero la experiencia actúa como una retroalimentación positiva y negativa que reajusta las cosas, creando un patrón de comportamiento que queda registrado. El establecimiento de este patrón es una especie de aprendizaje. En principio, con los suficientes homeostatos, Ashby creía que se podía construir un conjunto complejo cualquiera a partir de este tipo de sistemas de retroalimentación capaces de crear memoria. Ashby era un hombre modesto pero muy competente a la hora de autopromocionarse, y los periódicos de todo el mundo saludaron la aparición de este «cerebro electrónico», captando la atención de, entre otros, Grey Walter.

Walter estaba impresionado con el homeostato, pero lo veía limitado, «como una criatura dormida que se despereza cuando la molestan y vuelve a ponerse cómoda».[11] A diferencia del homeostato, sus tortugas se movían y exploraban: no esperaban a que su equilibrio fuera alterado, sino que iban chocándose por ahí, buscando jaleo. No obstante, procedían según el mismo principio. En lugar de preprogramar una máquina, simplemente se lanza al mundo un sistema capaz de responder de nuevas maneras y se le permite que se adapte. Este era el principio central de la cibernética: que la adaptación al mundo es un planteamiento más poderoso y apropiado que tratar de anticiparse y controlarlo.

Pensemos en esto un momento. La cuestión con el homeostato y con las tortugas es que se adaptan a su entorno a medida que se encuentran con él. ¿Cuándo actúan con este objetivo nuestras tecnologías? Pensamos en la tecnología principalmente como una solución a los problemas a los que nos enfrentamos (incluyendo, demasiado a menudo, aquellos que hemos creado). Pero Walter y Ashby y el resto de los primeros cibernéticos pensaban en la tecnología como algo muy diferente: algo con voluntad propia para actuar y con habilidades, cuyas reacciones eran inciertas y cuyo comportamiento debía reflejar sus propios encuentros con el mundo.

Este tipo de reflexión cibernética no se limitaba a las máquinas. De hecho, los cibernéticos tenían una visión radicalmente distinta acerca del cerebro –humano, animal u otro– que la que comúnmente se tiene hoy en día. Tal y como explicó Ashby cuando consideraba las habilidades del homeostato, «para algunos, el test definitivo para saber si una máquina es o no es un "cerebro" sería si puede o no puede "pensar". Pero para el biólogo el cerebro no es una máquina de pensar, es una máquina de actuar; recibe información y entonces hace algo con ella».[12]

El historiador de la cibernética, Andrew Pickering, lo expresa así: «Algo de la extrañeza de la cibernética queda claro con esto». La ciencia moderna, y en particular la disciplina de la inteligencia artificial, ha tendido a tratar el cerebro como una especie de órgano cognitivo aislado, y ha convertido el pensamiento en un proceso de representación y cálculo completamente interno. Pero la cibernética no se planteaba el cerebro de esa forma. Al contrario, escribe Pickering: «Los cibernéticos pensaban en él más bien como algo *performativo*, un órgano que hace algo, que actúa; como una centralita activa y ocupada entre los *inputs* sensoriales que nos llegan desde el entorno y nuestros órganos motores». A la cibernética no le importa lo que hay dentro de la caja negra: lo que le importa es cómo actúa la caja y qué relaciones se forman cuando interactúa con el mundo. Así, este planteamiento es una forma de pensar acerca de otras mentes más allá de la humana que se corresponde de forma muy fiel con nuestro rechazo del pensamiento «inteligente», jerárquico y antropocéntrico, y con nuestro respaldo y defensa de una existencia relacional y con voluntad propia.[13]

No pasó mucho tiempo antes de que todas estas ideas acerca de los cerebros artificiales y la forma en la que estos podrían construirse captaran la atención de la industria. En los años cincuenta y sesenta, la gente estaba empezando a darse cuenta de que unas máquinas cada vez más avanzadas habían llegado para ocupar los lugares de trabajo, y hubo mucho debate acerca de cómo ocurriría. La mayoría de aquellas visiones imaginaba fábricas enteras llenas de ordenadores que ocuparían el lugar de los operarios humanos en cada etapa del proceso, desde las líneas de producción hasta la obtención de los materiales y el transporte de bienes; y así es como ha procedido, en su mayor parte, la automatización. Pero Stafford Beer, un consultor de gestión británico que trabajaba para United Steel, creía que esas visiones se quedaban muy cortas.

Beer había leído los trabajos de los primeros cibernéticos, y creía que esta «fábrica automática» tenía que ser adaptable en lugar de estar preprogramada. Desdeñaba los proyectos de aquellos que planificaban las fábricas automáticas como algo similar a «un perro espinal», una expresión dolorosa que se refiere a un animal cuyas funciones importantes, incluido el cerebro, se han desconectado del resto del cuerpo. Sin un sistema nervioso central, el animal podría continuar viviendo durante un tiempo, pero no sería capaz de adaptarse a unas condiciones cambiantes, y las alteraciones de su entorno –el mercado, en el caso de la fábrica– terminarían por provocar su extinción.

Apoyándose en el trabajo de Ashby y de Walter, Beer investigó extensamente otros métodos de construir máquinas, métodos que permitieran una respuesta rápida, retroalimentación, cambios y adaptación. El resultado es una de las obras más extrañas del siglo XX, en la que se realizaron experimentos bizarros con inteligencias distintas de la humana en el corazón mismo de la industria tradicional británica y a la vanguardia de la política radical.

Beer trabajaba en aquel momento para United Steel, la mayor compañía de minas de carbón y plantas siderúrgicas del Reino Unido, y se hizo cargo de la tarea de automatizar una de sus fábricas. Para poder adaptarse a unas condiciones cambiantes, tal y como la imaginaba Beer, la fábrica debía contar con un cerebro artificial en su centro, que recibiría todas las mediciones para su correcto funcionamiento –los materiales recibidos, las existencias, los procesos,

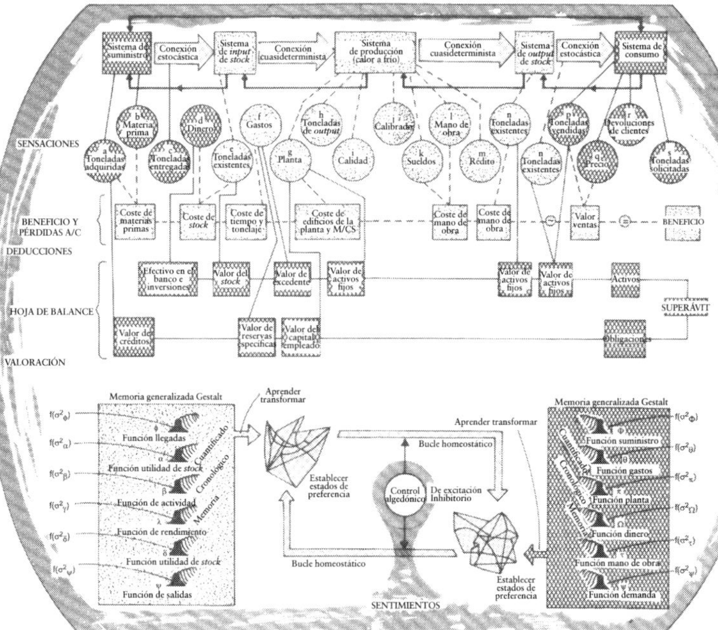

Fábrica Cibernética de Stafford Beer

el beneficio y el rendimiento– y las combinaría de la manera más productiva posible con los suministros de la empresa, con los costes, el flujo de caja, las reservas de personal y los objetivos a largo plazo. Beer pensó que una manera de conseguir este truco de equilibrio era emplear el aparato de retroalimentación de Ashby, el homeostato, que aparece representado por las flechas que forman un circuito cerrado en la parte de abajo del diagrama de la Fábrica Cibernética que publicó Beer en 1962. Insertado en el interior de una red de sensores y efectores, el homeostato realinearía constantemente los diferentes *inputs* y *outputs* de una manera más eficiente y productiva, y en respuesta, reconfiguraría los procesos. Beer se refería a este cerebro cibernético como la máquina-U.[14]

Pero ¿en qué consistiría en concreto la máquina-U? Este es el meollo del problema cibernético, y uno en el que aún hoy estamos muy interesados. ¿Cómo se diseña una máquina que responda a situaciones por entero novedosas, cuando todo el empeño del pensamiento tecnológico trata de abordar y superar problemas que ya conocemos?

El propio Beer dejaba muy claro cómo no había que hacerlo: «Como fabricante de máquinas, el hombre se ha acostumbrado a considerar sus materiales como pedazos inertes de materia que deben ser moldeados y ensamblados para crear un sistema útil. (...) [Pero] nosotros no queremos tener un montón de trocitos que tengamos que montar. Porque si nos quedamos con [eso], tenemos que delimitar un plano. Tenemos que diseñar el maldito cacharro; y eso es justo lo que no queremos hacer».[15]

Con esto, Beer está canalizando directamente la descripción de Turing de la máquina oráculo: esa entidad indeterminada que no puede ser una máquina. De forma muy específica, la definición de Beer es la clave para entender en qué andaba Turing: la máquina-*o* no puede ser una máquina, porque una máquina es una cosa que se diseña con un propósito explícito en mente, y por lo tanto es incapaz de adaptarse a situaciones nuevas.

La máquina-U y la máquina-*o* son, en la práctica, la misma máquina. Ante la necesidad de tomar decisiones sobre cosas que son demasiado complejas o demasiado novedosas para ser calculadas o interpretadas a través de la experiencia previa, tanto Beer como Turing buscan algo más allá de la máquina tal y como la conocemos, algo que surge de y trabaja en un estado de desconocimiento.

Tendemos a pensar en el mundo como un lugar que puede ser conocido y, en consecuencia, controlado y dominado. Esto lo hacemos, con la informática, a través de la adquisición y procesamiento de información, a través de la construcción de bases de datos cada vez más grandes y de ordenadores cada vez más potentes. Pero Beer creía que existe en el mundo un tipo de «sistemas sumamente complejos» que eran, en principio, incognoscibles. Estos sistemas incluían el cerebro, la empresa y la economía. De manera que se propuso construir máquinas que pudieran funcionar en un entorno de desconocimiento, un viaje que lo llevaría, de hecho, a lugares muy extraños.[16]

Los acontecimientos ocurridos en las décadas transcurridas desde entonces nos han ayudado a comprender el descubrimiento de Beer. Las herramientas extraordinariamente complejas que hemos desarrollado desde su diseño de la fábrica automática representan la acumulación de una cantidad excepcional de conocimiento; pero no nos hemos acercado a solucionar el mundo. De hecho, ha ocurrido lo contrario: al intentar mantener un orden y establecer la verdad en medio de la excesiva complejidad del mundo, nuestras incertidumbres parecen tan solo haber aumentado en número, dejándonos a la mayoría paralizados, asustados y enfadados, y sujetos a sistemas de opresión y control aún más opacos.

El homeostato es una máquina para lidiar con lo desconocido. Ante circunstancias nuevas, se reconfigura a sí mismo de forma apropiada. El hecho de que lo haga sin tener que entender la naturaleza del cambio es un detalle crucial: es una máquina performativa, no representacional. Vive en el mundo, un mundo que no trata de comprender sino al que únicamente trata de adaptarse. Esto es lo que Beer quería que hiciera su fábrica.

La solución de Beer al problema de evitar construir un cerebro pasaba por captar uno del mundo natural. En una fecha tan temprana como los años cincuenta, Beer relata un intento exitoso de enseñar a niños pequeños (los suyos, esperemos, aunque sus artículos no lo especifican) a resolver ecuaciones simultáneas, a pesar de no contar con las nociones matemáticas necesarias. Para ello, empleó la retroalimentación positiva y negativa, el método homeostático: les enseñaba unas luces de colores que se correspondían con respuestas «más calientes» y «más frías», hasta que lograban dar la respuesta correcta. Para él, esto probaba que una mente «simple» podía adaptarse a nuevos problemas sin una formación específica; la esencia de la performatividad cibernética por encima de la incrustación del conocimiento y la comprensión. Y así, comenzó a probar con otros animales.

Primero, intentó idear un lenguaje ratonil, empleando trozos de queso como función de recompensa. Trazó un diagrama de cajas interconectadas, con escaleras, balancines y jaulas conectadas por poleas, en el que las ratas o las palomas podían formar parte de aparatos informáticos complejos. Se barajó el uso de abejas, termitas, hormigas y otros insectos para desempeñar un papel en esta noción expansiva del ordenador biológico. Sin embargo, esto quedó en el campo de la experimentación imaginaria, y Beer se limitó a resumirlo por escrito. Dedicó mucho más tiempo y esfuerzo a una concepción mucho mayor del cerebro artificial: un ecosistema completo.

En algún punto del proceso, Beer construyó un enorme tanque en el sótano de su propia casa, y lo llenó de agua que recogió de varios estanques en los campos cercanos a su vivienda. Poco a poco, el tanque se llenó de toda clase de vida acuática silvestre: juncos y algas, nematodos y sanguijuelas. Si las mentes individuales eran capaces de adaptarse sin conocimiento, entonces seguro que una comunidad de mentes, por muy diminutas o diferentes de la nuestra que fueran, debían ser capaces de una adaptación más flexible y salvaje. Y así, trató de invocar y dar vida a una comunidad.[17]

En sus primeros intentos de definir una economía de la vida del estanque empleó la *Euglena*: una criatura microscópica unicelular muy conocida en el ámbito científico por poseer algo poco habitual en los animales: cloroplastos para la fotosíntesis; así, constituye un excelente ejemplo de simbiosis entre la vida animal y la vegetal, y en consecuencia, era el sujeto idóneo para los extraños experimentos de Beer. La *Euglena* es altamente sensible a la luz, que la atrae de forma muy parecida a como les ocurría a las tortugas de Walter. Para aprovechar esta rara habilidad, Beer colocó varias luces suspendidas sobre el agua del tanque, que se encendían o se apagaban de acuerdo con una serie de señales. De esta manera, esperaba que la *Euglena* se «conectara» con un sistema automatizado mayor, respondiendo a los cambios en el exterior del tanque mediante sus movimientos entre las diferentes luces, y que su comportamiento pudiera emplearse, a su vez, para influir en el comportamiento del sistema mayor.

La idea de Beer era que si se podía establecer algún tipo de relación entre estos dos sistemas –el estanque y la fábrica–, entonces los cambios en uno de ellos activarían cambios en el otro. Los reajustes de las operaciones de la fábrica alterarían el equilibrio dinámico del estanque, haciendo que se reconfigurara en un nuevo estado, llevando consigo a la fábrica, hasta que un nuevo superequilibrio se estableciera entre los dos sistemas. Sería una ultraestabilidad homeostática en acción. Lamentablemente, la *Euglena* no parecía estar dispuesta a ello: tras un breve lapso, «se quedaban escondidas», como dijo Beer, y se negaban a cooperar.

En otra tentativa, Beer se centró en la *Daphnia*, la pulga de agua: un diminuto crustáceo que también se encuentra en abundancia en los estanques británicos. Beer recubrió varias hojas secas con limaduras de hierro y las dejó flotando en el estanque, para que las *Daphnia* se alimentaran de ellas. Como consecuencia, estos bichitos acababan cargados magnéticamente y se los podía mover de aquí para allá con electroimanes, transmitiendo información de la fábrica. A medida que trataban de encontrar un punto de equilibrio dentro de las ondas magnéticas cambiantes que atravesaban el agua, su comportamiento adaptativo podía ser medido y retroalimentar a la fábrica, creando nuevos bucles de retroalimentación. Una vez más, sin embargo, Beer se encontró con dificultades experimentales: cuando las *Daphnia* comenzaron a excretar el hierro que habían ingerido, el agua se volvió roñosa y la «organización incipiente» del estanque empezó a desmoronarse.

Me imagino a Beer, de pie junto a una pizarra y un tanque de *Daphnia* oxidadas, presentando estos experimentos a los directores de Templeborough Rolling Mills, la fábrica puesta a su disposición por United Steel, y proponiendo, en efecto, sustituir al conjunto de esos directores por, literalmente, la vida del estanque. La reacción de los gerentes tiene que haber sido inimaginable. En realidad no sé si llegó siquiera a hacer una presentación como esa; él mismo admitía que su trabajo se parecía más a un pasatiempo, algo que hacía «de vez en cuando, en mitad de la noche», mientras en paralelo trataba de poner en marcha un negocio de consultoría y gestión empresarial más rentable. Pero no hay nada que ejemplifique mejor las alocadas esperanzas y las excentricidades de esta era casi olvidada de la historia de la informática que la imagen de Beer trasteando en su sótano a altas horas de la madrugada, intentando meter un estanque en la escuela de negocios.

En último término, el problema de Beer no era un estanque recalcitrante, sino el dinero y el tiempo. La compañía United Steel no estaba convencida al cien por cien de la idea de la Fábrica Cibernética, y muy pronto Beer tuvo que buscar apoyo en otro lado. Pero el problema pudo haber sido también una cuestión de interés: la idea de dirigir una planta siderúrgica parece estar muy alejada de las preocupaciones de un organismo unicelular. Quizá tengamos que plantearles a estos organismos un problema más relevante para su modo de vida existente. Y quizá ya hayamos establecido los términos de este problema con nuestros continuos intentos de erradicar sus hábitats y de envenenar su medio ambiente: a pesar de la disminución de los lagos, estanques y humedales en las últimas décadas, la *Euglena* y la *Daphnia* aún prosperan en la naturaleza y se encuentran, como las arqueas y las bacterias de las que hemos hablado con anterioridad, incluso en entornos hipersalinos y bajo otras condiciones extremas, provocadas, en muchos casos, por la actividad humana. He ahí la verdadera adaptabilidad cibernética en acción.

Si estas criaturas han sobrevivido con éxito, a lo mejor tiene que ver con la adaptabilidad no del individuo sino de comunidades de individuos. Un problema con la descripción que hemos manejado hasta ahora del cerebro artificial cibernético como simplemente un tipo diferente de cerebro –ya sea un homeostato, una tortuga mecánica, un ratón sincronizado o un subdirector metido en un tubo de ensayo– es que seguimos intentando meterlo en una caja y hacerlo encajar en otro sistema, de la misma manera en que el cerebro está encajado en nuestra cabeza. Pero una colonia de *Euglena* no es una máquina individual, y menos aún lo es un estanque entero; es un sistema en sí mismo: un ecosistema, una mezcla rica, un ensamblaje diverso de sopa de vida. El estanque llega más allá que el cerebro individual, más allá incluso que un tipo de cerebro, una especie o un género taxonómico concretos, y abre la posibilidad a un sistema de mentes, todas relacionadas e interrelacionándose, adaptándose unas a otras de formas complejas y en constante cambio.

Quizá la cuestión, tanto con la inteligencia artificial como con la Fábrica Cibernética, es que hemos estado intentando encerrar al cerebro dentro de la máquina, cuando el cerebro real –el oráculo– está fuera. El oráculo *es* el mundo. Hemos entendido todo al revés. Pensamos que toda la actividad está en el interior –cuando colocamos electrodos en el interior del cerebro del chimpancé o de la mosca de la fruta, o cuando reducimos las plantas a sus raíces y nódulos, por ejemplo– pero la acción real está en el exterior, en el mundo. Es ahí donde todo emerge, donde está la intra-acción. La vida ocurre cuando todo está rebotando con todo lo demás.

Seguramente este sea un buen momento para puntualizar que la Tierra misma es un homeostato. Ese, al menos, es el principio central de la hipótesis Gaia, de James Lovelock y Lynn Margulis; sí, Gaia, la misma diosa que se veneraba en Delfos, el hogar del oráculo. Por supuesto, aquí llega, centelleante, entre choques y efectos de acordeón, a través de eones. La hipótesis Gaia es una teoría que entiende el mundo como un sistema complejo sinérgico y autorregulado en el que la materia orgánica e inorgánica interactúan entre sí para coproducir las condiciones de la vida en la Tierra. Gaia es un sistema de retroalimentación cibernético, la materialización de la Fábrica Cibernética de Beer a escala planetaria, donde los *inputs* y los *outputs* son el agua, el aire y la roca, y la máquina-U es toda la biosfera entera que resopla, resuella, se retuerce, crece y se adapta en su camino. *El mundo no es como un ordenador: los ordenadores son como el mundo.*

Esta revelación abre la puerta a todo tipo de posibilidades emocionantes y radicalmente diferentes para la informática, que Beer apenas anticipó pero de las que probablemente habría disfrutado de lo lindo. Muchas de ellas se agrupan bajo la vaga categoría de «informática o computación no convencional», que se guía por el mantra de que cualquier cosa que se pueda hacer electrónicamente probablemente pueda hacerse de manera más interesante con... bueno, con cualquier otra cosa. La informática no convencional surge del mismo impulso que la programación esotérica y los intentos de realizar en *hardware* –o en *wetware*–* trucos parecidos al de crear un *software* escrito con el estilo del Bibliotecario orangután de la ficción.

Una de las especies estrella en la informática no convencional, un sucesor moderno de la *Daphnia* de Beer, es el moho mucilaginoso, una categoría de organismo ya en sí misma indefinida, que la comunidad científica no está muy segura de dónde colocar. Una de las características más destacadas del moho mucilaginoso es que altera la división entre el individuo y el grupo, debido a que existe parte del tiempo como organismo unicelular independiente, como la *Euglena*, y otras veces –especialmente cuando escasea el alimento o en otro tipo de condiciones difíciles– se arremolina en cúmulos que operan de forma colectiva. En algunos casos, estos colectivos se fusionan para producir bolsas más grandes de citoplasma llenas de miles de núcleos. Cuando desean reproducirse, algunas partes del colectivo forman esporas, que son recogidas por el viento o los

* El término «*wetware*» («materia húmeda») se refiere al cerebro humano, sobre todo en referencia al sistema nervioso central y a la capacidad de este para llevar a cabo tareas complejas. (N. de la T.)

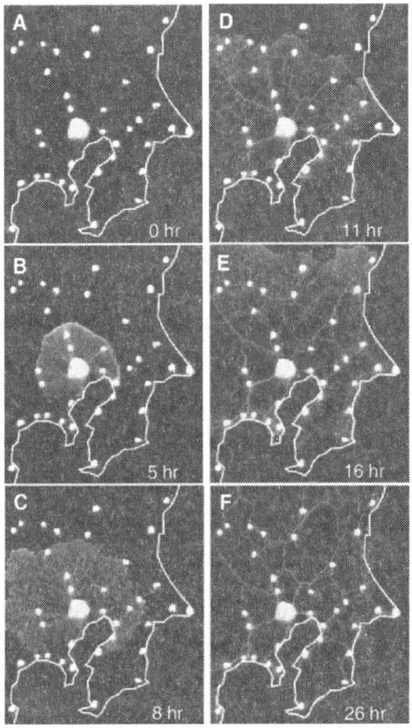

Un moho mucilaginoso traza el mapa de la red ferroviaria de Tokio.

animales; otras se sacrifican para convertirse en una infraestructura no reproductiva: los tallos y las raíces del cuerpo fructífero. Despliegan, también, otros trucos. Cuando se separan, pueden encontrar el camino de vuelta de uno a otro y reconstituirse. Son capaces de anticiparse a los acontecimientos: como la mimosa, parecen guardar el recuerdo de episodios desfavorables y reaccionan en consecuencia. Anteriormente clasificados como hongos, los mohos mucilaginosos han adoptado, a la luz de un análisis más profundo, un tipo de extraña individualidad comunal, y, como en el caso de la propia disciplina de la cibernética, evitan continuamente establecerse como un nuevo ámbito.[18]

En 2010, un moho mucilaginoso, *Physarum polycephalum*, se reveló como un planificador urbano altamente capaz cuando recreó una de las redes de transportes más robustas y eficaces que existen. El sistema ferroviario japonés es una obra maestra de compleja ingeniería, que ha requerido de décadas de diseño y planificación, y que depende de un intrincado equilibrio entre los costes, los recursos y la geografía. Pero cuando un equipo de investigación colocó unos copos de avena –un manjar para el *Physarum*– siguiendo el patrón de las ciudades que rodean a Tokio y liberó el moho mucilaginoso, este rápidamente reprodujo aquellos mismos esfuerzos. Al principio, se extendió de forma uniforme por todo el mapa, pero al cabo de unas horas había comenzado a componer su red de flagelos para formar un sistema altamente eficaz que distribuía los nutrientes entre «estaciones» distantes entre sí, con rutas troncales más fuertes y resistentes entre los nodos centrales. No se trataba de un simple ejercicio de unir los puntos, sino un mapa realista donde las áreas de luz brillante –que no le gustan al *Physarum*– se correspondían con montañas y lagos, haciendo que el moho tuviera que encontrar las mismas soluciones compensatorias que había tenido que implementar el equipo de ingeniería. Tras un día adaptándose a su entorno, el parecido con el mapa real del Gran Tokio era inconfundible.[19]

El cálculo de las rutas eficaces es un problema particularmente difícil en matemáticas. Una de las versiones más famosas y espinosas de este problema se conoce como el problema del viajante de comercio. Es un acertijo engañosamente sencillo: si tenemos una lista de varias ciudades distribuidas en un amplio espacio y conocemos las distancias entre ellas, ¿cuál es la ruta más corta para visitarlas todas una sola vez y regresar a casa?[20]

Pese a que las matemáticas llevan siglos atacando el problema y pese a las enormes inversiones de compañías logísticas y servicios postales, no hay una manera de resolverlo que garantice la mejor respuesta a este enigma, se mire desde el ángulo que se mire. Peor aún, a mayor número de ciudades en la lista, el problema se vuelve exponencialmente más complejo, porque el número de opciones se multiplica. Este incremento explosivo de soluciones posibles es un gran problema para los algoritmos matemáticos, que pueden llegar

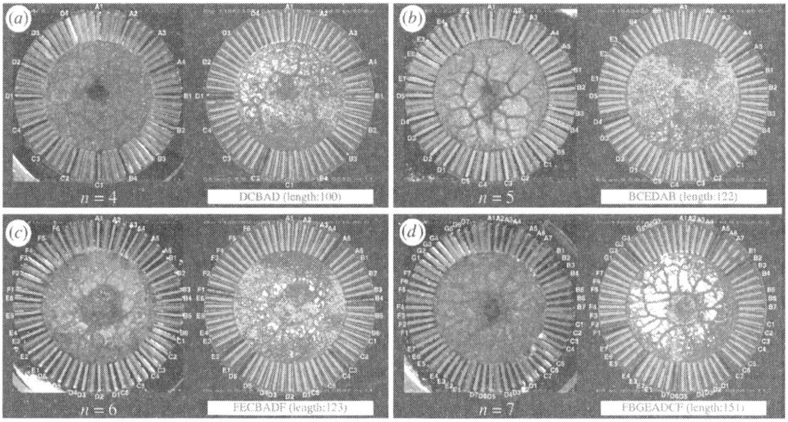

Mohos mucilaginosos detectan la distancia más corta entre «ciudades».

a perderse en un laberinto de callejones sin salida y respuestas incorrectas. Por esta razón, el problema del viajante de comercio es el clásico ejemplo de un problema que la Máquina Universal de Turing –la máquina-*a*– no puede resolver de forma fiable. No es capaz de decidir mediante la informática. ¿Y qué hemos dicho sobre la capacidad de no decidir? Ha llegado el momento de la máquina-*o*.

En 2018, el mismo moho mucilaginoso, *Physarum polycephalum*, demostró que era capaz de solucionar el problema del viajante de comercio en tiempo lineal; es decir, que a medida que el problema aumentaba en tamaño, seguía tomando las decisiones más eficientes en todo momento. Siguiendo el mismo método que en el experimento de la red de ferrocarriles de Tokio, el equipo de investigación de la Universidad de Lanzhou, en China, colocó restos de comida en los emplazamientos de las ciudades y utilizó rayos luminosos para evitar que se repitieran las conexiones.[21] Descubrieron que el moho tardaba solo el doble de tiempo en resolver un mapa de ocho ciudades que uno de cuatro, a pesar de que había casi mil veces más rutas posibles.[22] En resumen, el moho mucilaginoso realizó con facilidad una tarea que a los más potentes ordenadores que existen en el mundo –y al ser humano– se les da penosamente mal.

La idea de que un sistema biológico pudiera no solo sustituir sino sobrepasar las operaciones de los ordenadores –que a su vez ya superan las habilidades humanas– encaja con nuestro planteamiento de que los ordenadores son como el mundo, y no al revés. Pero para interiorizar realmente este descubrimiento, tenemos que realizar el mismo tipo de giro mental que hicimos con las redes de hongos e internet, o con la inteligencia fabricada por el ser humano y la inteligencia animal. Los sistemas con habilidades computacionales inteligentes –las redes micorrizales, los mohos mucilaginosos y las colonias de hormigas, por mencionar algunos– han existido siempre en el mundo natural, pero teníamos que recrearlos antes en nuestros laboratorios y talleres para ser capaces de reconocerlos en otros lugares. Así es la ecología tecnológica en la práctica. Necesitamos los modelos mentales que nos brinda nuestra tecnología, los términos que inventamos para sus conceptos y metáforas, para poder describir y comprender apropiadamente los procesos análogos que se encuentran ya en funcionamiento en el mundo más allá de lo humano.

En 1971, el físico norteamericano Leon O. Chua propuso la idea de un componente electrónico novedoso al que bautizó como «memristor». El memristor es un resistor con memoria, que lo hace capaz de recordar su propio estado –reteniendo la información– incluso cuando no está conectado a una fuente de alimentación. Si se utilizaran memristores dentro de los ordenadores, colapsarían la unidad del procesador de almacenamiento común a todos los ordenadores modernos y aumentarían radicalmente su eficiencia y su potencia, transformando, en el proceso, la informática. Pero en los años setenta, no estaba claro cómo podría fabricarse un memristor; y, en cualquier caso, los transistores existentes y los chips de silicio eran aún tan novedosos y emocionantes que eran mucho más atractivos para los equipos de investigación e ingeniería. No fue hasta 2008 cuando un grupo de Hewlett-Packard averiguó, realmente, cómo construir uno, y aunque los memristores todavía hoy prometen revolucionar la forma en la que funcionan los ordenadores, siguen siendo una curiosidad de laboratorio.[23]

Dicho esto, la idea del memristor, como la idea de una red electrónica libre de escala, ha estimulado un trabajo extraordinario en biología. De nuevo, fue el *Physarum polycephalum*, el moho mucilaginoso, quien abrió camino. Un equipo de investigación del Laboratorio de Informática No Convencional de la Universidad de West of England, dirigido por el profesor Andrew Adamatzky, ha demostrado que el *Physarum* exhibe un comportamiento parecido al del memristor: cuando recibe una carga de un voltaje determinado, presenta el mismo comportamiento en posteriores test. En otras palabras, recuerda su estado previo, como un memristor. De esta manera, sería posible fabricar un ordenador radicalmente rápido y eficiente con moho mucilaginoso desplegado sobre un sustrato, como un chip de silicio.

Desde que descubrimos que el moho mucilaginoso puede actuar como un memristor, hemos comprobado que esto ocurre con muchos otros organismos. La venus atrapamoscas, el *Aloe vera*, y otra vieja amiga, la *Mimosa pudica*, han mostrado, todas ellas, un comportamiento memrístico. De hecho, cada vez parece más claro que todas las plantas existentes, así como la piel, los vasos sanguíneos y los conductos sudoríparos del cuerpo de los animales (incluido el nuestro), son memristores potenciales. Solo falta averiguar cómo integrar tales estructuras en nuestra tecnología para idear nuevos tipos de ordenadores, que podrían sobrepasar en capacidad a todas las máquinas que hemos fabricado hasta la fecha.[24]

Para lograrlo, deberíamos conseguir un avance exponencial del estado actual de la informática. No obstante, en esencia seguiría siendo el mismo tipo de ordenador: la vieja máquina de Turing de siempre, con una arquitectura muy diferente. ¿Y si, en lugar de despojar a otros organismos de sus ventajas para emplear sus componentes útiles, tratándolos como meras partes de repuesto de nuestras máquinas, los incorporáramos completos y, más allá de eso, empezáramos a ver el entorno mismo como parte de nuestro sustrato informático?

Los memristores no son la única manera de hacerlo. De hecho, es posible fabricar ordenadores con prácticamente cualquier cosa. Por ejemplo, bolas de billar. O cangrejos.

En los años ochenta, el físico Edward Fredkin y el ingeniero Tommaso Toffoli demostraron que era posible modelar las funciones de las compuertas lógicas empleando el movimiento de las bolas de billar. Imaginad una mesa de billar con dos troneras en un extremo y dos tubos inclinados en el otro extremo. Una bola dejada caer por cualquiera de los tubos rodará sin obstáculos y caerá por una de las troneras; la misma para ambos tubos. Pero si dos bolas se dejan caer al mismo tiempo, chocarán entre ellas y una bola rebotará y caerá por la segunda tronera. Este es un ejemplo de una compuerta AND, un tipo de circuito que combina señales entrantes, donde la primera tronera representa un *output* de cero (un solo *input*) y la segunda, un *output* de uno (ambos *inputs*). Con suficientes compuertas AND, se puede hacer cualquier otro tipo de compuerta, de manera que, con un número suficiente de mesas de billar, es posible construir cualquier tipo de ordenador digital imaginable.[25]

Es más: no hace falta usar bolas de billar. En la Universidad de Kobe, un equipo de investigación recreó la compuerta AND de la mesa de billar empleando cangrejos: el cangrejo soldado *Mictyris guinotae*, para ser más precisos, endémico de las lagunas poco profundas de las islas Ryūkyū, en Japón. Estos pequeños cangrejos azules son conocidos por formar enormes enjambres que invaden las lagunas cuando baja la marea. A pesar de que están formados por una cantidad que oscila entre varios cientos y varios miles de individuos, estos enjambres caóticos despliegan unas dinámicas bastante predecibles. Los cangrejos que van en la parte frontal avanzan hacia delante (o, probablemente, de lado) en una formación apretada; los que van en la mitad siguen a sus congéneres; y aquellos que van en los bordes se repliegan constantemente hacia el centro, creando un movimiento ondulante no muy distinto del de una bola de billar. Los movimientos de estas masas de cangrejos pueden controlarse empleando túneles o, de manera más ingeniosa, sombras, que no les gustan porque interpretan la sombra como un

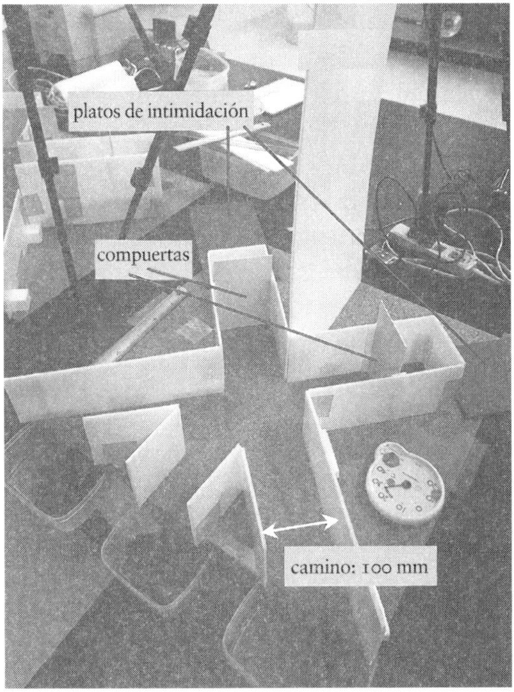

Ordenador cangrejo.

pájaro depredador. Cuando dos enjambres de cangrejos colisionan, se desvían en ángulo (un ángulo predecible); de nuevo, como las bolas de billar. Probablemente puedan imaginar adónde queremos llegar, aunque lo que estén imaginando sea un poco espeluznante.

El equipo científico de informática no convencional de Kobe colocó cuarenta cangrejos soldados en un laberinto y los asustó por medio de sombras. Los enjambres ondulantes que formaron se comportaron exactamente igual que el ordenador de la bola de billar, chocando unos con otros de forma predecible, virando hacia direcciones predecibles y simulando operaciones lógicas. Un ordenador hecho de cangrejos. Un ordenador cangrejo.[26]

Todo esto funciona en ambas direcciones. La robótica «blanda» es un campo de la robótica que explora exactamente eso a lo que suena: robots hechos de materiales mullidos y maleables, en lugar de construidos empleando metales y plástico. Esta disciplina surgió en un principio a partir del sueño de crear robots que fueran más seguros para la interacción con personas en las casas o en el lugar de trabajo (será mejor que el robot que cuida de la abuela esté hecho enteramente de esponja y no de varas de acero, por si se le cae encima), y las complicaciones de su forma han dado lugar a todo tipo de descubrimientos. Debido a que la robótica blanda emplea sistemas de motores completamente diferentes, son mucho más difíciles de controlar. Algunos emplean la nutación, expandiendo o contrayendo partes de sus cuerpos para crecer en diferentes direcciones, como una planta o el tentáculo de un pulpo. Esto les da mucha más libertad de movimiento, pero hace que sean difíciles de dirigir, especialmente cuando el sistema aprende por sí mismo. Una de las soluciones propuestas es la transferencia del control de estas extremidades blandas mediante un proceso llamado «computación de reservorio», por el cual el objetivo dominante del sistema se envía a un subconjunto de neuronas artificiales, que hallan la manera de lograr el efecto deseado de forma local. Básicamente, se trata de usar un sistema complejo para hacer funcionar otro, lo cual suena muy parecido, parecidísimo, a la Fábrica Cibernética de Beer, en todo, incluso en lo del «reservorio», en la acepción del término como «estanque». También se parece mucho a lo que pensamos que hacen los pulpos y otros cefalópodos, con sus sistemas neuronales distribuidos y sus extremidades aparentemente autónomas.[27]

Al hablar de robótica blanda y de computación de reservorio parece que hablemos de una «bioimitación» y no de una informática verdaderamente biológica, porque, a pesar de los tentáculos y las neuronas, los sistemas empleados están por entero construidos artificialmente. Un grupo de investigación ha llevado incluso el término «computación de reservorio» a sus últimas consecuencias literales, y ha creado un ordenador con la forma de un cubo de agua.[28]

¿Pero todo esto tiene algún significado? Lo que hicieron fue colocar varios motores alrededor del borde de un recipiente de agua, que podían emplearse para crear ondas –patrones de interferencia– en la superficie del agua. Este artilugio se colocaba entonces sobre un proyector, de manera que las ondas pudieran ser observadas como patrones de luz y sombra proyectados sobre una pared. Los diferentes datos que se facilitaban a los motores producían diferentes patrones en la pared, y estos patrones eran luego analizados por un ordenador (con base de silicio) usando el aprendizaje automático. En uno de los experimentos, el cubo recibió una muestra de diferentes palabras pronunciadas en alto, y el ordenador rápidamente aprendió a distinguirlas. Aprendió a reconocer características del habla, un problema particularmente difícil, y el resultado fue mucho más preciso que cuando únicamente se le proporcionaban datos digitales puros, en gran medida como ocurría con el moho mucilaginoso cuando este resolvía el problema del viajante de comercio de forma más eficiente que cualquier ordenador digital. Parecía que el agua preprocesaba la información compleja y transformaba lo que era una información binaria unidimensional en una información más compleja, pero a la vez más expresiva y supradimensional: una danza fluida. Además –y a diferencia de, pongamos, la *Daphnia* magnética, que enseguida ensuciaba el agua con roña–, si se apagaban los motores, inmediatamente el cubo se «reiniciaba» y volvía a su estado original, listo para abordar un nuevo problema.

Cabe destacar dos cuestiones aquí. La primera, que este sistema –al que el equipo de investigación denomina una «máquina de estado líquido»– podría parecerse más al tipo de procesamiento de la información que ocurre con las neuronas biológicas, que gestionan fácilmente una información increíblemente compleja por medio de una circuitería muy simple. La computación neuronal –el procesamiento que hace el cerebro del mundo– es lenta y poco precisa comparada con un ordenador, pero es, también, una computación enormemente paralela y ocurre en tiempo real; funciona más como la corriente de un río que como el tictac del reloj. Como nuestros cerebros han evolucionado para interactuar con el mundo en sí, esto supondría que la resolución de los problemas «del mundo real» –trazar la mejor ruta, reconocer el habla, la economía– se aborda mejor con ordenadores que son, también, más parecidos al mundo.

La segunda cuestión es que el agua que contiene el cubo no «piensa» o «recuerda», pero sí procesa. Computa información. La forma de esta información no es como los unos y los ceros que pasan a través de las máquinas digitales (incluido el ordenador cangrejo): es analógica, lo cual no significa que sea anticuada o imprecisa, sino compleja, enredada y continua. Tiene textura y color, como el mundo.

Aclaremos algo: esto no es una defensa friki y nostálgica del vinilo sobre el MP3. No se trata de tratar de representar o reproducir el mundo de una manera determinada, de acuerdo con nuestras preferencias estéticas o intelectuales. Se trata, simplemente, de reconocer que, para nosotros, el mundo presenta una dinámica incognoscible, y esto choca frontalmente con la manera en la que la informática digital intenta convertirlo en algo inteligible. No podemos leer el agua de la misma manera que leemos los datos, y esto es algo bueno. Trabajar así nos hace más conscientes de la distancia que media entre nosotros y la materia de estudio: nos recuerda que

Ordenador de agua de Vladimir Lukyanov, 1936.

compartimos este mundo y que no somos dueños de él. El conocimiento producido a través de la técnica de la superficie movediza de un cubo de agua se consigue en cooperación con el mundo y no conquistándolo.

Otro ejemplo de una máquina que funciona de común acuerdo con el mundo era el integrador de agua, de Vladimir Lukyanov, un ordenador analógico fabricado en la Unión Soviética en 1936. Lukyanov trabajó en la construcción de las líneas de ferrocarril entre Troitsk y Orsk, y entre Kartaly y Magnitnaya, donde las extremas temperaturas complicaban seriamente el trabajo. En particular, el hormigón armado que se colocaba a lo largo de la línea durante el invierno se agrietaba con el calor del sol en verano. Lukyanov tenía que encontrar precisamente la manera de desarrollar un modelo para la masa térmica de los materiales; pero en los años treinta, las calculadoras mecánicas solo hacían cálculos de álgebra lineal. No había manera de calcular las ecuaciones diferenciales necesarias.

Lukyanov se dio cuenta de que la corriente de agua era análoga a la distribución del calor y podría actuar como un modelo visual de un proceso térmico invisible. Construyó una máquina del tamaño de una habitación, fabricada con chapas de hierro, metal laminado y tubos de cristal, que utilizaba el flujo del agua en lugar de electrones para hacer los cálculos. La máquina consistía en varios recipientes de hojalata conectados por tuberías de cristal de diferentes diámetros. Los recipientes, llenos de agua, podían ser izados y arriados con poleas y manivelas, y los niveles se correspondían con los diferentes *inputs*. A medida que los niveles aumentaban y caían, la presión del agua en el sistema se incrementaba y descendía, y el agua fluía a través de los diferentes tubos de cristal hasta llegar a otros recipientes, que representaban la memoria almacenada y los *outputs*. Estos números podían leerse en la máquina en cualquier momento del proceso, para determinar la respuesta a las ecuaciones diferenciales complejas que se simularan; en aquella época, era la única máquina en el mundo capaz de resolver este tipo de problema.

A pesar de que Lukyanov se proponía solucionar un problema en particular –el flujo térmico del hormigón– enseguida se dio cuenta de que podía resolver cualquier ecuación diferencial con aquel aparato. Continuó construyendo máquinas para una gama más amplia de aplicaciones, con tuberías y tubos que podían moverse y sustituirse por diferentes clases de problemas de geología, metalurgia, construcción de minas e ingeniería espacial. Para mediados de los años cincuenta, muchas instituciones de educación a lo largo de la Unión Soviética contaban con ordenadores de agua en sus laboratorios, mientras que el propio Lukyanov recibió el Premio del Estado, el mayor honor civil de la Unión Soviética. Los ordenadores de agua continuaron usándose en las instituciones soviéticas para desarrollar modelos a gran escala hasta bien entrados los años ochenta.[29]

Los ordenadores analógicos son modelos del mundo. Los integradores de agua de Lukyanov empezaron como simulaciones de procesos físicos reales –el flujo térmico, la erosión, la subsidencia– para luego pasar a sintetizarse y aplicarse a otros problemas, una vez quedaron claras sus capacidades generales. Esos procesos materiales, físicos, incluso geológicos, fueron los modelos empleados para resolver problemas en el ámbito de la matemática pura. De igual forma, los primeros ordenadores digitales surgieron como modelos de problemas específicos –códigos criptográficos, reacciones nucleares, sistemas meteorológicos– y se generalizaron como solucionadores de problemas a medida que empezamos a separarlos y a dividirlos en partes susceptibles de ser reensambladas: memoria, procesamiento, códigos de comandos y demás. De forma gradual, el modelo del mundo en el corazón de la máquina se vuelve cada vez menos visible, a medida que la propia máquina se vuelve más y más abstracta. El nivel más alto de abstracción es la completamente abstracta (automática) máquina de Turing. Pero las máquinas oráculo, entre ellas, los integradores de agua, son intentos de bajar esta abstracción de vuelta a la tierra: recombinar el asombroso poder del procesamiento mecánico con asuntos materiales y, quizá, andando el tiempo, con la ética, con la integridad y con la vida misma.

En Estados Unidos, los ordenadores de agua adquirieron una escala monumental. A partir de los años cuarenta, el Cuerpo de Ingenieros del Ejército de Estados Unidos construyó una serie de modelos de cuencas de agua por todo el país, para llegar a comprender el sistema de suministro de agua y para estudiar el impacto de las presas y los puentes. El primero de ellos fue un modelo de toda el área de la cuenca del río Misisipi, incluidos sus mayores afluentes, los ríos Tennessee, Arkansas y Misuri. Este modelo ocupaba unas ochenta hectáreas y fue construido a lo largo de un período de veinte años en las afueras de la ciudad de Jackson. La escala del modelo era de 1:100 en el eje vertical, y de 1:2.000 en el eje horizontal, lo que colocaba los montes Apalaches a seis metros de altura con respecto al golfo de México, y las Montañas Rocosas, nueve metros por encima de esa altura. Los bloques de hormigón, cuidadosamente tallados, reproducían unos veinticuatro mil kilómetros de cauce de los ríos en una superficie de unos cientos de metros. Si se colocaban modelos de estructuras correctamente reproducidos a escala a lo largo de esta extensión, o si se excavaban nuevos canales entre las bifurcaciones, era posible simular, casi de forma perfecta, los efectos de nuevos diques, aliviaderos y canales de drenaje en el entorno real de la cuenca de los ríos.

Los anteriores intentos de averiguar cómo podía ser controlado el majestuoso río Misisipi se habían planteado con un enfoque muy diferente. Tras la Gran Inundación de 1927, que anegó partes de Arkansas, Misisipi y Luisiana, el país declaró la guerra al río. Durante la siguiente década, el Cuerpo de Ingenieros construyó veintinueve presas y esclusas, cientos de canales de escorrentía y más de mil seiscientos kilómetros de nuevos diques de mayor altura. Con todo ello, aspiraban a encerrar el río dentro del curso que seguía en aquella época, y prevenir desviaciones de los niveles «normales». El proyecto fue un fracaso catastrófico, como se demostró con las posteriores inundaciones devastadoras del invierno de 1936. El equipo de planificación e ingeniería no había entendido el Misisipi como parte de un sistema de afluentes y cuencas que drenaban hasta un cuarenta por ciento del agua de la parte continental de Estados Unidos. En 1936, el sistema sencillamente se vació por otro lado, desplazando en el proceso a miles de personas en Massachusetts, Pensilvania y Nueva York. Hacía falta un sistema diferente, uno que respondiera ante la escala del río y el movimiento natural; un modelo de retroalimentación fluida en lugar de un plan fijo predeterminado. De ahí el Modelo de la Cuenca del Misisipi: no un estanque cibernético, sino un río en plena crecida.

El Modelo de la Cuenca pasó su primer test importante en vivo en 1952, cuando el río Misuri estuvo a punto de desbordarse entre Omaha y Council Bluffs, en Iowa. El personal encargado del modelo puso en marcha un proceso que duró dieciséis días de continuos test las veinticuatro horas, estableciendo diferentes condiciones a lo largo del curso del río para predecir crecidas, niveles máximos y fallos en los diques. Un día entero podía ser simulado en unos cinco minutos, y por cada galón de agua –3,7 litros– que el equipo de ingeniería vertía en los canales de hormigón del modelo, el verdadero río Misuri llevaba un caudal de 1,5 millones de galones –56,8 millones de litros–, rompiendo las orillas y debilitando los diques. Las alcaldías de las ciudades situadas en las riberas a lo largo del río se congregaron en una torre erigida en el centro del modelo, vigilando con angustia para ver si aquellas devastadoras inundaciones que apenas crecían unos centímetros consumirían sus campos y sus hogares. Como consecuencia de las predicciones del modelo, hicieron un llamamiento a brigadas de civiles para actuar y facilitaron sacos de arena para reforzar los puntos débiles y vulnerables, y en última instancia, para prevenir daños de decenas de millones de dólares y posibles víctimas mortales.[30]

De esta manera, el modelo actuó como la máquina-U, el oráculo, para todo el sistema del Misisipi: el propio río y los millones de personas que vivían a lo largo de su cauce, y el total de peso del hormigón, la tierra, las barras de acero y la arena que se empleó para darle forma. Con la corriente que menguaba y crecía, subía y bajaba de nivel, avanzaba y retrocedía, el modelo permitió al Cuerpo y a la población civil voluntaria adaptarse a las condiciones cambiantes como no podría haberlo hecho ningún sistema preprogramado.

Posteriormente, se construyeron otros modelos en Portsmouth, Virginia, y en Sausalito, California, para simular las bahías de Chesapeake y San Francisco, respectivamente. La segunda aún sigue en funcionamiento (aunque únicamente para realizar demostraciones) y puede ser visitada. Es algo asombroso de ver. En un gigantesco hall, sobre un área del tamaño de un campo de fútbol, se despliegan la bahía entera de San Pablo, la bahía Suisun, el delta de los ríos Sacramento y San Joaquin y una extensión de unas treinta millas de océano Pacífico más allá del puente colgante de Golden Gate. El Modelo de la Bahía de San Francisco incluye los canales de navegación, los ríos, arroyos, los pantanos, los canales del delta, los principales embarcaderos, muelles, atracaderos, acequias, espigones y los famosos puentes de San Francisco: todos y cada uno de los ejemplos y tipos de ingeniería hidrológica. Cada hora en punto, con un gran borboteo, como en una gigantesca bañera, se conecta la

Técnico del Modelo de la Bahía de Chesapeake en un mareógrafo situado en el río Elizabeth, en Portsmouth, Virginia, en agosto de 1977.

marea y el agua fluye a raudales en la bahía a una velocidad exactamente cien veces mayor que en el mundo exterior, y luego corre hacia fuera de nuevo.

Como la fotografía secuencial, el Modelo de la Bahía es una tecnología que ajusta la grandeza y la majestuosidad de los procesos naturales a la escala de la percepción humana, sin que se pierda nuestra apreciación de su alteridad. Hace posible que intercedamos y actuemos con sentido y de forma significativa sobre un vasto y complejo paisaje sin perder de vista su estética y su entidad como sujeto; su belleza y su condición individual. Es significativo que no se pierda ningún grado de complejidad en esta simulación. El mundo se traduce, no se representa. Por supuesto, también hay arte en la traducción. Aquí es donde nuestra propia voluntad de intervención y nuestra creatividad entran en juego, pero como parte de una permanente danza de comprensión mutua, en lugar de una relación de dominación y control.

El crítico de arquitectura Rob Holmes definió la lucha centenaria del Cuerpo de Ingenieros para contener y controlar el Misisipi –la construcción de miles de kilómetros de diques, presas y

Fotograma de la película *Supersurface*, 1972, producida por Superstudio.

canales– como la mayor obra de Land Art* que existe.[31] Coincido con él. Para impactar, el arte de la Tierra depende de la escala, de lo descabellado que resulte y del medio ambiente, y estos modelos son, quizá, el máximo logro de este movimiento artístico. Incluso la fotografía incluida aquí del técnico barbudo solitario sentado, cual titán Atlas, sobre el Modelo de la Bahía de Chesapeake, no podría parecerse más a las oníricas imágenes arquitectónicas producidas por el colectivo italiano radical Superstudio alrededor de la misma época. En las visiones de Superstudio de un futuro cibernético, se libera al ser humano a un estado de felicidad lúdica entre paisajes que combinan los proyectos de construcción megalítica, artefactos de alta tecnología, comunidades utópicas y formaciones naturales. En la película realizada por Superstudio en 1972, *Supersurface: An Alternative Model for Life on the Earth* («Supersuperficie: un modelo alternativo para la vida en la Tierra»), el colectivo proponía una nueva convergencia entre el diseño y el medio ambiente, en la que la invención humana y el mundo natural, lejos de contradecirse, fueran complementarios entre sí.

Lo que me fascina del Modelo de la Bahía y del de la Cuenca –aparte de las posibilidades lúdicas que ofrecen– es su legibilidad. En aquel entonces uno mismo podía visitar estos paisajes informáticos, caminar por sus orillas y arroyos, ser testigo del cálculo en pleno proceso y entenderlo. Eso es la legibilidad: las construcciones de sistemas que todos podamos leer, que contribuyan a una representación compartida del espacio, al revés que las representaciones encerradas y ocultas de los ordenadores digitales. Esa es la legibilidad que yo mismo perseguía con mi Trampa Autónoma en las laderas del monte Parnaso: un objeto complejo que no funcionaba, que encarnaba su propio modelo del mundo y era capaz de explicarse a otros.

Hay una gran diferencia entre comprender cómo se llega a las respuestas y que simplemente te informen de los resultados. Tan

* Land Art, conocido como «arte de la Tierra» es un movimiento de arte contemporáneo que une el arte con el paisaje.

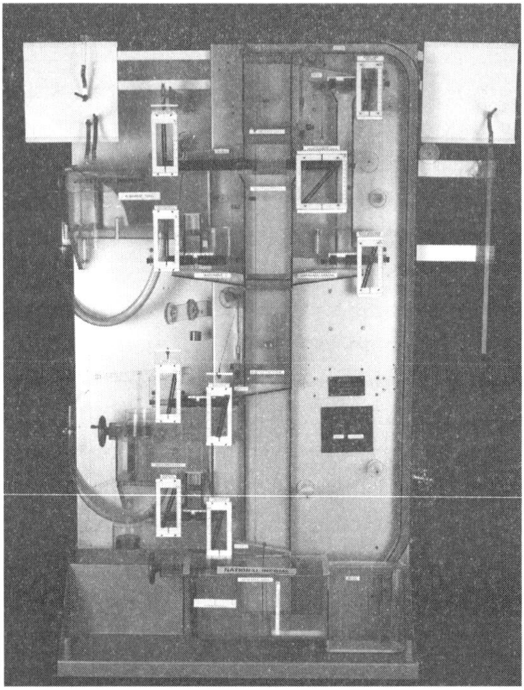

El MONIAC, construido por Bill Phillips en 1949.

pronto como la informática digital fue capaz del tipo de complejidades necesarias para desarrollar modelos de los procesos naturales –para hacerse cargo de las tareas que previamente solo era posible abordar con los simuladores físicos, como los ordenadores de agua–, el conocimiento del paisaje mismo se convirtió en dominio exclusivo de agentes expertos e intérpretes de sistemas opacos, y el gran público fue reducido a mudo receptor de información. Nos convertimos en objetos en lugar de sujetos. Esto es lo que ha ocurrido a lo largo y ancho de la tecnología informática en su totalidad. El potencial de las máquinas complejas para incrementar de forma activa la comprensión y la capacidad de intervención del público, de elevarnos a todos, ha sido incorporado a máquinas de adquisición de conocimiento y dominación cada vez más centralizadas y vigiladas de cerca, en detrimento de nuestro poder común.

El mejor ejemplo de ordenador hidráulico como herramienta pedagógica –como una máquina legible, una que no solo calcula sino que, además, educa– es uno que descubrí por primera vez de pequeño, en el Museo de la Ciencia de Londres. Se trata de la Computadora Analógica de la Renta Nacional Monetaria, el MONIAC, por sus siglas en inglés (Monetary National Income Analogue Computer), construido en 1949 por el economista Bill Phillips cuando estudiaba en la London School of Economics. El MONIAC tiene el tamaño aproximado de un frigorífico grande y, al igual que el integrador de agua de Lukyanov, consiste en una serie de tanques y tuberías, en este caso hechas de plástico transparente y fijadas en un tablero de madera.

MONIAC es un modelo operativo de la economía británica. En la parte superior de la máquina hay un gran tanque de agua con una etiqueta que dice: «TESORERÍA». Otros tanques representan el gasto gubernamental en áreas como la salud y la educación; estos gastos pueden ajustarse abriendo y cerrando unas llaves que drenan el agua de la Tesorería. Un poco más abajo, el agua se introduce con sifón en cuentas de ahorro privado y regresa en forma de inversiones; y se canaliza hacia afuera como gasto en importaciones y se canaliza de nuevo hacia dentro como ingreso de las exportaciones. Ciertos tanques pueden quedarse vacíos si los balances no se mantienen (exactamente igual que con las cuentas bancarias reales) y el agua/dinero puede ser enviado hacia arriba, de regreso a la Tesorería en forma de impuestos. Los precios que se establecen para los impuestos determinan la velocidad a la que operan las bombas. El flujo del agua se controla por medio de un sistema complejo –pero legible– de flotadores, poleas, contrapesos y electrodos. Con esta máquina, cualquiera puede experimentar con diferentes escenarios de la economía para ver de qué manera las complejas interacciones desembocan en resultados diferentes. Las finanzas ya están anegadas de metáforas acuáticas; desde la «liquidez» y la «flotación», hasta los «tiburones», las «ballenas» y las «piscinas oscuras»: Phillips transformó estas metáforas en algo literal, pero también las hizo más útiles.

Phillips construyó el prototipo del MONIAC en el garaje de su casera, al sur de Londres, por un coste de alrededor de cuatrocientas libras esterlinas (el equivalente aproximado a catorce mil libras esterlinas en la actualidad). Muy apropiadamente, incluía partes tomadas de un bombardero Lancaster de la Segunda Guerra Mundial, que nos recuerda a los homeostatos de Ashby para los visores de los bombarderos. Concebido inicialmente como una ayuda o refuerzo visual para la educación, Phillips se llevó una sorpresa cuando descubrió lo preciso que era, además de por ser único en su habilidad para desarrollar un modelo del conjunto de la economía, décadas antes de que los ordenadores digitales estuvieran ampliamente extendidos. En consecuencia, se construyeron más de una docena de estas máquinas, y muchas de ellas hicieron el camino desde el ámbito académico hasta departamentos gubernamentales reales, donde eran utilizadas como herramientas predictivas, así como ilustrativas.

Para mí, lo que hace que MONIAC sea una máquina tan especial es que literalmente coloca los mandos de la economía en manos de quien la usa, al tiempo que continúa insistiendo en la fluidez y vivacidad del sistema financiero. Demuestra que la economía es tanto una fuerza de la naturaleza como el resultado de una toma de decisiones deliberada y consciente. Al igual que el Modelo de la Bahía, el MONIAC nos permite intervenir como sujetos en un sistema complejo, sin menoscabo del ejercicio de esa misma capacidad por parte del propio sistema. Con el agua chapoteando continuamente alrededor, no podemos olvidar que estamos lidiando con una cosa real, con material de verdad, un mundo compartido perceptible; algo que se olvida fácilmente cuando todo se reduce a números en una pantalla. En el momento en que el mundo real es sintetizado completamente y convertido en una abstracción de una máquina universal, ahí es cuando perdemos la posibilidad de que nos importe.

Todos los ordenadores son simuladores. Contienen modelos abstractos de aspectos del mundo que ponemos en movimiento, pero inmediatamente olvidamos que son modelos. Los consideramos la realidad del mundo. Lo mismo se puede decir de nuestra propia conciencia, nuestro propio *umwelt*. Confundimos nuestras percepciones inmediatas con el mundo-tal-y-como-es; pero en realidad, nuestro conocimiento consciente es un modelo momento-a-momento, un constante proceso de revaluación y reintegración con el mundo a medida que este se presenta ante nosotros. De este modo, nuestro modelo interno del mundo, nuestra conciencia, dibuja el mundo como lo haría un ordenador y con igual potencia. Con cada paso de nuestra intra-acción, tratamos de hacer el modelo más como el mundo, y el mundo más como el modelo. Esta es la razón por la que importan los modelos y las metáforas. Si nuestro modelo interno contiene una visión de un mundo compartido, un mundo participativo y comunal; si reconoce la realidad de nuestros entrelazamientos más allá de lo humano, y si estamos preparados para adaptar nuestra visión a nuevas circunstancias y nuevos descubrimientos, entonces ese modelo interno tiene –tenemos– el potencial para hacer del mundo un lugar verdaderamente más comunal, más participativo, más justo y equitativo, un lugar más que humano.

El MONIAC era una máquina de simulación que se convirtió en una máquina para tomar decisiones. Así es como funciona toda la informática (que llega a tener éxito). Primero, desarrolla un modelo del mundo, y luego trata de sustituir a este por el modelo. Nuestras mentes son, también, máquinas de simulación que se convierten en máquinas para tomar decisiones: pensamos, procesamos y actuamos en una constante intra-acción con el mundo. La pregunta, entonces es: ¿qué características de los modelos –y por lo tanto, de las máquinas– logran crear mejores mundos?

Humildemente, yo propondría tres condiciones para conseguir unas máquinas mejores y más ecológicas: máquinas mejor preparadas para el mundo que queremos habitar y menos propensas a los tipos de opacidad, centralización del poder y violencia que hemos llegado a entender como los sellos distintivos de la mayoría de las tecnologías contemporáneas. Las tres condiciones, creo yo, son necesarias para que las máquinas formen parte de las comunidades prósperas de humanos y no humanos que hemos planteado en capítulos anteriores. Nuestras máquinas deberían ser no binarias, descentralizadas y existir en un estado de desconocimiento.

Comencemos por «no binarias». Como hemos visto, cuando somos capaces de liberarnos de las preguntas de sí o no, de una cosa o la otra, de unos y ceros –ya sea en el flujo turbulento de ordenadores analógicos, el campo abierto de los perfiles de Facebook o las operaciones de la máquina-*o* que ahora exploramos tímidamente– descubrimos no solo nuevos modos de hacer y percibir las cosas, más poderosos de lo que nunca imaginamos, sino una riqueza y una complejidad en el mundo que sobrepasa la imaginación. Este es el laberinto de una complejidad infinitamente significativa, la suntuosidad profunda y misteriosa sobre la que escribió Aldous Huxley, reconocida al fin por nuestro conocimiento consciente y, potencialmente, por nuestra tecnología. Simple y llanamente, el mundo es no binario. Si hemos de actuar de forma ecológica mediante nuestras herramientas, si hemos de actuar con cuidado y justicia unos con otros y con nuestros compañeros más que humanos, debemos liberarnos de los binarios y liberar a nuestras máquinas para que hagan lo mismo.

La cualidad no binaria de las máquinas que deseamos las abre, asimismo, a todo un pensamiento que hasta ahora no hemos considerado, pero que debería ser central a la hora de repensar cómo podrían ser los ordenadores: la teoría *queer*. La teoría *queer* se opone a la heteronormatividad de la cultura en todas sus formas, incluida la división binaria del género. Una de las aplicaciones que más me gustan de la teoría *queer* en máquinas es el proyecto artístico de Zach Blas, Tecnologías Queer, que incluye un lenguaje de programación *queer* llamado transCoder, y una serie de «cambiadores de género» físicos: cables informáticos que permiten que los cables «masculinos» se transformen en cables «femeninos». «Al reimaginar una tecnología diseñada para su uso *queer* –escribe Blas–, Tecnologías Queer critica las bases heteronormativas, capitalistas, militarizadas de las arquitecturas, el diseño y la funcionalidad tecnológicas.» Es significativo que, al construir realmente las herramientas que imagina, hace que sean posibles diferentes maneras de hacer tecnología y, por lo tanto, de comprender un mundo del que participa la propia tecnología.[32]

Tal y como ha señalado el activista no binario Jacob Tobia: «La primera vez que oíste el término "binario" fue probablemente en una clase de informática. He ahí el problema: la gente no funciona como los ordenadores. Nuestras identidades, nuestros pensamientos y nuestras creencias no siempre pueden ordenarse fácilmente en dos categorías. Vivimos en un mundo en el que establecemos dos categorías diferenciadas –hombre y mujer– entre las que todo el mundo debe decidir. Pero eso no refleja realmente toda la diversidad de la experiencia humana».[33] Al igual que ocurre con la decisión consciente de retirar la terminología de amo/esclavo del léxico tecnológico, cambiar el modo en que describimos y construimos los ordenadores podría tener consecuencias reales, no solo para su propia arquitectura y capacidades, sino para las vidas de las personas cuya experiencia se forma a partir de tales metáforas tecnológicas; es decir, para las vidas de todas las personas.

La segunda condición, la descentralización, surge a partir de lo aprendido con el pulpo y el moho mucilaginoso, lecciones que enseñan a reconocer el poder de emprender una tarea de forma comunal y cooperativa. El poder de las comunidades y los sistemas se halla en su intra-acción, en un devenir juntos para producir algo más grande que las partes. El proceso de descentralización corre pareja a la distribución de sistemas de red como internet, pero además insiste en que el verdadero poder, no solo la conectividad, debe ser compartido. Ya contamos con los medios y el conocimiento para hacerlo, aunque hasta la fecha, su aplicación ha sido relegada a los márgenes de la cultura tecnológica por la presión dominante de los monopolios corporativos y la búsqueda del beneficio corporativo.

El movimiento de código abierto es un ejemplo de este tipo de redistribución. Esta práctica consiste en hacer público el código base completo –cada línea del código con el que se construye un *software*– para su crítica y escrutinio público. Al hacer que el código mismo del *software* y del *hardware* sean accesibles y legibles para todos, las prácticas de código abierto descentralizan el conocimiento y proporcionan la base para la educación colectiva y el autodidactismo. El campo de la computación distribuida es otro ejemplo: ha dado lugar tanto a la democracia extrema de compartir archivos y criptomonedas, como a iniciativas científicas como SETI@home y Folding@home. La primera trata de descubrir vida en el espacio exterior, mientras que la segunda intenta desarrollar nuevas curas para diversas enfermedades. Las dos emplean el poder de procesadores remotos proporcionados por personas voluntarias –los ordenadores del público general, conectados a internet– para bregar con cálculos complejos que sobrecargarían a una única supercomputadora. Quizá no sorprenda que estos dos ejemplos carismáticos –y de gran éxito– de este tipo se ocupen de la vida misma. Los sistemas de red federados y de pares son un tercer ejemplo de descentralización. Estos sistemas son un intento de recrear el poder y las *affordances* de las actuales redes sociales, servidores de páginas web e incluso videollamadas, permitiendo que cada persona usuaria construya, albergue y controle su propio fragmento de una red más amplia. Con esto, remodelan activamente la propia red y transforman lo que era una red centrada alrededor de unos pocos nodos de propiedad privada, convirtiéndola en una en la que las personas usuarias están directamente conectadas entre sí: un cambio en la tecnología que tiene como consecuencia un cambio físico de la topografía y las relaciones de poder del propio sistema.[34]

El proyecto de descentralización también incluye el proceso de descentralizarnos como especie: el reconocimiento de que los seres humanos no somos la especie más importante del planeta, ni el eje sobre el que gira todo lo demás. Más bien, somos una parte de un mundo más grande que va más allá de lo humano, una parte especializada pero igual, ni más ni menos importante que cualquier otra parte. Descentrar es una tarea compleja que implica que pensemos profundamente acerca de nuestras relaciones con el mundo más allá de lo humano, y que comprendamos nuestras acciones y las herramientas que creamos como contribuciones a y mediaciones con todo lo demás, en lugar de como artefactos únicos y singularmente poderosos de la superioridad humana.

La tercera condición, el estado de desconocimiento, implica reconocer las limitaciones en cuanto a lo que podemos llegar a conocer, y mostrar respeto hacia aquellos aspectos del mundo que están más allá de nuestro entendimiento, en lugar de tratar de ignorarlos o borrarlos. Existir en un estado de desconocimiento no es sucumbir a la impotencia. Requiere, más bien, de cierta confianza en el ser humano y en el mundo, que nos permita funcionar en un paisaje complejo y en permanente cambio sobre el que no tenemos, ni podemos tener, el control. Este es un imperativo básico del ser humano en un mundo más allá de lo humano, que siempre ha sido reconocido por las cosmologías tradicionales a través del cumplimiento de rituales y de sus ruegos prácticos para pedir la intercesión de seres no humanos –plantas, animales, espíritus y sistemas meteorológicos– que permiten nuestra supervivencia.

Muchas de nuestras tecnologías contemporáneas más avanzadas están ya en sintonía con ese estado de desconocimiento, sobre todo los programas de aprendizaje automático, que están específicamente diseñados para situaciones que no han sido consideradas en su experiencia previa. Aplicaciones tales como los coches autónomos, la robótica, la traducción de idiomas e incluso la investigación científica –la generación del conocimiento mismo– se van acercando a los planteamientos del aprendizaje automático precisamente porque se ha caído en la cuenta de que la respuesta apropiada a un nuevo estímulo o fenómeno no puede ser preprogramado. No obstante, los programas de este tipo pueden fácilmente continuar ignorando o borrando la realidad verdadera –con consecuencias catastróficas– si se perciben a sí mismos de la misma manera que sus creadores nos hemos percibido siempre: como expertos, autoridades y amos. El estado de desconocimiento exige que estos sistemas estén en un diálogo constante con el resto del mundo y que estén dispuestos –como siempre lo ha estado la ciencia bien entendida– a revisar y reescribirse a sí mismos en función de sus errores.

Un ejemplo de este tipo de sistema en estado de desconocimiento es el Algoritmo Optometrista, desarrollado por Google para Tri Alpha Energy. Tri Alpha trabaja para desarrollar tecnología práctica de fusión nuclear, una fuente de energía limpia y prácticamente ilimitada que ha copado las páginas de la ciencia ficción durante décadas. Para conseguirlo son necesarios cálculos de una intensa complejidad, sopesar miles de variables para cada test que se realiza en su reactor experimental; miles de variables más de las que cualquier investigador humano podría evaluar con sentido. Pero la escala del problema implica que un acercamiento puramente programático podría, asimismo, perderse en una espiral interminable de ramificaciones que brotan de un árbol de infinitas posibilidades, sin mejorar el resultado de manera significativa.

La solución que se diseñó en respuesta a este problema fue que el algoritmo de aprendizaje automático evaluara metódicamente muchas opciones y que presentara una serie reducida de posibles acciones a un ser humano. De esta forma, no solo había más mentes abordando el problema, sino que también había al menos dos formas de pensar distintas: la evaluación matemática, programática de la máquina, y la exploración creativa e intuitiva de la mente humana. El algoritmo trabaja menos como una máquina ciega basada en reglas y más como una optometrista que va probando diferentes lentes, confirmando constantemente con el paciente: «¿Mejor así? ¿O así? ¿Así mejor, o así?».

Los resultados son esperanzadores, pero ¿qué aspecto tendría ese algoritmo si tuviera que recurrir no solo al ser humano sino a lo que existe más allá de lo humano? Un algoritmo que delegara parte de su procesamiento, de su pensamiento, a actores no humanos: quizá algo parecido al cubo de agua descrito anteriormente, que

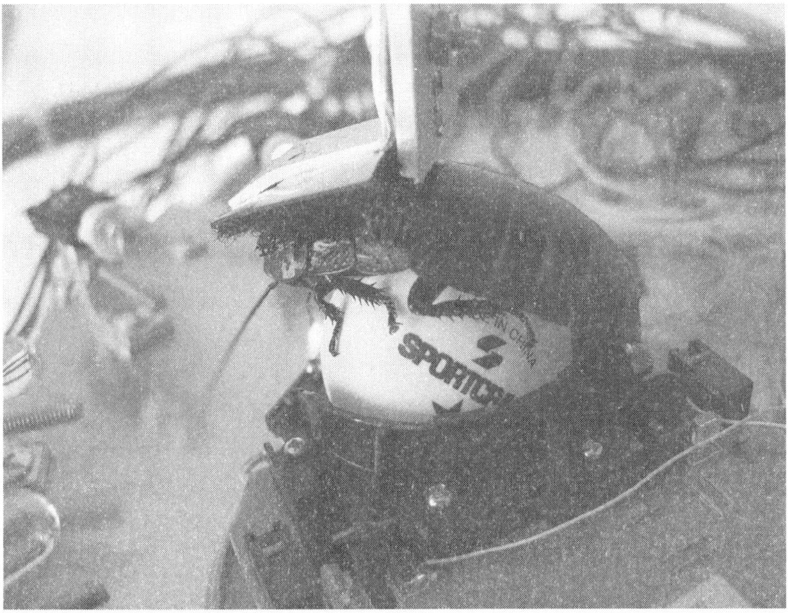

El robot móvil controlado por cucaracha, creado por Garnet Hertz.

preprocesaba la información, o el uso de mohos mucilaginosos y redes micorrizales como traductores y cocreadores. Esto supondría llegar a completar la máquina-U de Stafford Beer, o la máquina-*o* de Turing; y, lo más crucial, estaría mirando hacia afuera, en lugar de tratando de encerrar a sus colegas en una cajita, más desconectados aún del vasto mundo.[35]

Un ejemplo de una máquina cibernética realmente desconocedora, en estado de desconocimiento, es el robot móvil controlado por cucaracha, o Roachbot* (2004-2006), un aparato creado por el diseñador canadiense Garnet Hertz que demuestra todos los principios mencionados arriba, mientras que conserva algunos de los aspectos más espeluznantes del perro espinal y del ordenador

* Nombre compuesto a partir de la combinación de la palabra *cockroach*, que en inglés significa «cucaracha» y el término «bot». (N. de la T.)

cangrejo. (Quizá podríamos considerar esta aprensión como un práctico indicador de una efectividad más que humana, pero ese es un tema para desarrollar en otra ocasión.)

El Roachbot consiste en un triciclo motorizado, un juego de sensores de proximidad y una cucaracha gigante de Madagascar sujeta con un velcro a una bola de desplazamiento. El Roachbot se vale del rechazo que siente la cucaracha por la luz brillante –el mismo mecanismo que hace que salgan despavoridas cuando enciendes las luces de la cocina– para crear un robot cíborg explorador. Cuando la cucaracha corre sobre la bola de desplazamiento, impulsa el triciclo por la habitación, pero si se acerca demasiado a un obstáculo, unas potentes luces led iluminan en esa dirección, haciendo que gire y siga otra trayectoria. De esta forma, se mueve por el espacio, evitando obstáculos como lo hacían las tortugas de Grey Walter. La diferencia clave entre el Roachbot y la tortuga es que hay un elemento del sistema que permanece como algo que nos es desconocido. A diferencia de las tortugas, la cucaracha que se halla en el corazón de la máquina de Hertz no ha sido construida ni descifrada. Ella va a lo suyo; es un oráculo. En términos cibernéticos, ha sido «integrada» pero no ha sido dominada (aunque eso habría que preguntárselo a la cucaracha).[36]

En cualquier relación verdadera basada en el desconocimiento –entre humano, máquina, hongo o cucaracha–, quien participa debe renunciar al requisito de comprender completamente la operación del otro participante. Al contrario, las relaciones basadas en el desconocimiento requieren de cierta confianza, incluso de cierta solidaridad. Exigen que nos abramos a la posibilidad no solo de la existencia de otras inteligencias, sino a la idea de que quizá quieran ayudarnos –o no– y por lo tanto quizá nos predispongan a la creación de condiciones más agradables para ambas partes, bajo las cuales se dignen a ayudarnos voluntariamente. Esto es, en efecto, lo opuesto a la impotencia: hace posible que se creen no solo mejores relaciones, sino mejores mundos.

No binarias, descentralizadas y desconocedoras: lo que tienen en común las tres condiciones de esta teología negativa de la tecnología es que se ocupan de desmantelar la dominación en todas sus formas. Ser no binario, tanto en términos humanos como maquínicos, es rechazar totalmente las falsas dicotomías que producen violencia como consecuencia directa de la desigualdad. Una cultura de lenguaje binario nos divide en dos, y nos hace elegir qué partes de nuestro ser encajan en las estructuras de poder existentes. Reivindicar la condición no binaria es sanar esta división y propiciar otras afirmaciones diferentes acerca de la capacidad de decisión y del poder.

Descentralizar, en este contexto, significa otorgar poder y conceder capacidad de decisión en igual medida a cada actor y ensamblaje en el mundo más allá de lo humano, de manera que ninguno tenga un dominio sobre el otro. Desconocer significa reconocer que –como Sócrates ante el oráculo– ni nosotros ni nadie más sabe exactamente qué está pasando, ser humildes, aceptar ese pensamiento y, por lo tanto, todo lo demás. Las tecnologías de control y dominación se tornan, así, en tecnologías de cooperación, fortalecimiento mutuo y liberación.

Estos no son, claro está, objetivos meramente tecnológicos o ecológicos: también son objetivos políticos. Toda cuestión tecnológica, llevada a la escala suficiente, se torna política. Y es hacia la política adonde viraremos en la parte final de este libro, para ver qué lecciones podemos extraer del mundo más allá de lo humano, incluidas nuestras tecnologías, para conseguir relaciones más justas e igualitarias entre todos nosotros.

La cibernética, que se acerca más al tipo de comprensión más que humana que buscamos en la tecnología, tuvo sus roces con la política. Stafford Beer, en particular, tomó su interpretación cibernética del mundo y trató de aplicarla para mejorar la vida de toda la población. En 1971, el Gobierno socialista chileno del recién elegido Salvador Allende contactó con él para ver si sus ideas podían aplicarse de forma útil como parte de una economía estatal. Beer no quiso perder aquella oportunidad y dedicó muchos meses a estudiar, documentar e intervenir en la economía de Chile. Su mayor triunfo fue la implementación de un sistema de red de télex en más de quinientas fábricas, conectados a las oficinas de planificación de los municipios y al Gobierno central. Beer creía que esta red conformaría el sistema nervioso de algo parecido a una Fábrica Cibernética a escala nacional: totalmente conectada, autónoma y altamente receptiva a condiciones cambiantes, a las que daría respuesta. Solo se realizó un test principal –durante el cual se consiguió superar una huelga de camiones apoyada por la CIA, en la que los télex se emplearon para coordinar la distribución de alimento rodeando los bloqueos de las carreteras– antes de que Allende fuera derrocado, también por la CIA.

No está claro si el plan de Beer –llamado Proyecto Cybersyn (sinergia cibernética)– habría evolucionado como él pronosticaba, o si habría terminado, como pronosticaban sus críticos, en más control y opresión de la clase obrera desde arriba. Pero hay un momento de gran belleza en una conferencia que dio Beer en la Universidad de Manchester en 1974, que muestra cómo diferentes puntos de vista pueden dar lugar a muy distintas comprensiones y aplicaciones de la tecnología. Beer contó que estaba explicándole a Allende cómo podía aplicarse al gobierno su Modelo de Sistema Viable, el concepto global que constituía la base de sus ideas expansivas para sistemas adaptables. Beer fue avanzando en su descripción del modelo, explicando cómo el Sistema Uno, el nivel más bajo del MSV, se refería al Departamento de Estado, y cómo los sucesivos sistemas superiores se referían a diferentes operaciones de la gobernanza. Allende escuchaba con atención, y justo cuando Beer iba a decir: «Y el Sistema Cinco, señor presidente, es usted», Allende le interrumpió con una amplia sonrisa en la cara y le dijo: «Ah, el Sistema Cinco, por fin. El Pueblo».[37]

Durante décadas, hemos tratado de dominar el mundo descomponiéndolo en las piezas que lo integran y reensamblándolo en forma de las máquinas epistemológicas y mecánicas que hemos ideado. Hemos exigido saber cómo funciona todo para poder someterlo para nuestros propios fines, y hemos usado ese conocimiento para oprimir y suprimir la capacidad de acción de los otros. Pero la tecnología ecológica busca conectar y reconstruir para, a partir de todos los actores más que humanos que existen, construir un Modelo de Sistema Viable más inclusivo y generativo que nada de lo que el propio Beer pudiera imaginar: un mundo justo, equitativo y vivible.

La tarea de construir la máquina oráculo es continua: es nuestro principal cometido. En este capítulo, he reunido algunas ideas y procesos que establecen cómo podría ser la máquina oráculo si nos incluyera a nosotros y al mundo más que humano de formas que Turing ignoraba y que Beer solo llegó a intuir; una forma que reconozca Gaia como el homeostato definitivo y acepte la alteridad radical como motor de adaptabilidad. A partir de estas pistas, podríamos también comenzar a establecer una política más que humana: un marco y una serie de procesos para vivir la ecología tecnológica de lleno. Pero antes, tenemos que fabricar otra pieza del puzle y subvertir aún más nuestra creencia en el conocimiento y la certeza, con el fin de construir nuevos fundamentos para la comprensión. Al igual que hicimos cuando nos adentramos en la cultura neandertal y en el sexo del período devónico para encontrar pequeños dinoflagelados que aún viven en el interior de nuestras propias células, quiero llevar estos conceptos del estado de desconocimiento y de los encuentros adaptativos un poco más lejos, al fondo fangoso burbujeante que subyace en nuestra capacidad misma de adaptarnos y cambiar. Para hacerlo, tenemos que abrirnos al azar.

7
Abrirse al azar

En el centro de Atenas, al pie del monte de la Acrópolis, se erige la Estoa de Átalo, llamada así por el hombre que la mandó construir: el rey Átalo II de Pérgamo, soberano de la ciudad entre el 159 y el 138 antes de la Era Común. En la antigua Atenas, una estoa era un pasadizo o pórtico cubierto (el término se emplea aún hoy para los arcos de las callejuelas de Atenas). El edificio fue reconstruido en los años cincuenta y alberga ahora una de mis colecciones favoritas de objetos antiguos, el Museo del Ágora de Atenas. El ágora, o lugar público, era el corazón social y comercial de la antigua ciudad, y la colección del museo nos dice mucho acerca del día a día de sus ciudadanos y de la manera en la que se ocupaban de sus cosas.

El núcleo de la colección es una serie de artefactos asociados con el sistema de gobierno que surgió en Atenas en el tercer siglo antes de la Era Común. La ciudad está ampliamente considerada como la cuna de la democracia occidental, aunque con alguna objeción. En la antigua Atenas, el *demos*, esa parte de la población que tenía, propiamente, derechos, estaba limitada a hombres que fueran mayores de veinticinco años y tuvieran propiedades: las mujeres, los esclavos, los extranjeros y el resto de las personas que formaban la comunidad estaban excluidas de la toma de decisiones. No obstante, la antigua democracia ateniense aún nos puede ofrecer alguna lección importante, especialmente en el modo en el que difiere, de forma bastante radical, de la manera en la que practicamos la democracia hoy en día.

Clepsidra con asas e inscripción restaurada a partir de una acuarela de Piet de Jong.

Uno de los objetos más sencillos y sin embargo más llamativos del museo es una *klepsýdra*. Se trata de un reloj de agua –literalmente, un «ladrón de agua»– en forma de una sencilla vasija de terracota, con una pequeña apertura cerca de la base. El tamaño de la vasija se corresponde con el tiempo específico asignado a un orador en la asamblea o en un juicio. Para rebatir en una demanda que implicara una cantidad menor que quinientos dracmas, se empleaba una clepsidra que otorgaba al hablante alrededor de seis minutos para defenderse. La vasija se llenaba y se quitaba el corcho de la apertura cuando el acusado comenzaba a hablar; cuando cesaba el chorro de agua, el hablante debía parar. Según la tradición, los oradores más virtuosos hacían coincidir el momento más dramático de sus discursos con la última gota que caía de la apertura. De esta manera, podríamos considerar que la clepsidra es el más sencillo modelo de ordenador hidráulico: un contador de tiempo analógico que emplea el fluido como medio para funcionar.[1]

En la vitrina contigua a la clepsidra se exhibe un curioso surtido de trozos de cerámica rota: pequeños pedazos de vasijas u otros recipientes de barro, con nombres marcados en ellos. Son los *ostraka*, tan abundantes en la antigua Atenas que hoy en día hay muestras de ellos expuestas en prácticamente cada uno de los numerosos museos arqueológicos de la ciudad. Estos cascos servían como una especie de papel de borrador: en lugar de emplear el papiro importado de Egipto, que estaba disponible pero era caro, o cuero animal, igualmente costoso, los fragmentos de barro podían conseguirse gratis en cualquier sitio. En este caso, los atenienses los usaban para una de las costumbres más curiosas de la antigua democracia –hoy tristemente desaparecida–, que recibía su nombre de los *ostraka*: el ostracismo.

A diferencia de la democracia contemporánea, que implica votar *por* alguien, los atenienses preferían votar *en contra*. Si un individuo se volvía demasiado poderoso o era considerado de alguna forma una amenaza para el buen funcionamiento de la ciudad, entonces el pueblo podía requerir su ostracismo, que se sometía a voto. Si había suficientes votos a favor del ostracismo –fuentes contemporáneas sitúan la cifra en unos seis mil–, entonces esa persona debía exiliarse de la ciudad durante diez años, bajo pena de muerte. Como mecanismo para prevenir la aparición de nuevos tiranos, el ostracismo era relativamente efectivo; tuvo tanto éxito, de hecho, que cayó en desuso, a pesar de que existen indicios de que era

Un *ostrakon* reclama el destierro de Temístocles (490-480 a. E. C.), Museo del Ágora, Atenas.

susceptible de ser manipulado. En cualquier caso, es una parte crucial de la democracia temprana que resultaría fascinante si la reintrodujéramos hoy (quizá sin el detalle de la pena de muerte).

Junto con la clepsidra y los *ostraka* se halla mi reliquia favorita de la antigua tecnología de la información: un ordenador analógico enteramente operativo de dos mil años de edad, hecho de piedra y de latón, que era una de las unidades de procesamiento claves de la democracia: el *kleroterion*. Hoy reducido a una losa rota de varios centímetros de alto, una vez se erigió, con la cabeza alta, en el ágora. En la parte frontal de este ancho bloque de piedra había unas filas de profundas ranuras talladas; unas trescientas ranuras, en filas de cinco o diez. Desde lo alto de la losa hasta su base se perforaba un largo tubo que podía cerrarse accionando manualmente una manivela que se hallaba en la apertura inferior, donde terminaba el tubo.

Junto al *kleroterion* hay varias muestras de *pinakion*: pequeñas láminas de bronce que se expedían a cada miembro del *demos*, con su nombre grabado en la superficie. Se trataba de unas tarjetas de identificación esenciales o fichas de usuarios, y encajaban limpiamente en las filas de hendiduras de la parte frontal de la losa de piedra. Cuando se convocaba a un jurado, un grupo escogido de ciudadanos colocaban su *pinakion* en las ranuras de la parte frontal de la máquina y, desde la parte superior del tubo, un oficial dejaba caer una cantidad de bolas blancas y negras que se correspondía con el número de miembros del jurado que se necesitaban. El orden en el que salían las bolas, que se sacaban accionando la manivela, determinaba qué filas de *pinakia* se elegirían, y por lo tanto qué ciudadanos debían formar parte del jurado.

Hay dos aspectos importantes aquí. El primero es que los atenienses no solo usaban su ordenador analógico para crear jurados. Lo empleaban para reclutar a los miembros de los consejos municipales, para elegir a los jueces y a los legisladores, e incluso para nombrar al consejo de gobierno del Estado, la Boulé. De hecho, la única institución cívica exenta del uso de este método para seleccionar a sus líderes era el ejército.

En segundo lugar, y a diferencia de casi todo lo que pensamos sobre la democracia, este proceso de selección impuesto por el *kleroterion* estaba sujeto al azar. Hoy en día este procedimiento, conocido como insaculación o sorteo, nos es familiar en la selección de jurados, pero la democracia original, tal y como se practicaba en Atenas en el año 300 antes de la Era Común, usaba este método para asignar casi todas las posiciones importantes del gobierno. Los atenienses creían que el principio de la insaculación era crucial para la democracia. El mismo Aristóteles declaró que «parece ser democrático que los cargos se den por insaculación, y oligárquico que se den por elección».* La insaculación –el azar– está en los cimientos de la igualdad radical.

Uno de los hechos que causa mayor extrañeza de la mayoría de nuestras máquinas digitales más modernas es que son incapaces de funcionar al azar; y por lo tanto, según los antiguos griegos, incapaces de ser auténticos agentes de la igualdad. El verdadero azar es algo resbaladizo: es una propiedad no de las cosas en sí mismas, como los números individuales, sino de la relación entre ellas. Un número no es aleatorio; solo se convierte en aleatorio en relación con una secuencia de otros números, y el grado de esta aleatoriedad es una propiedad de todo el grupo. No se puede ser aleatorio, en la jerga moderna, sin tener algún punto de referencia compartido de normalidad o corrección con la que medirse. El azar es relacional.

El problema que tienen los ordenadores con el azar es que no tiene sentido matemático. No se puede programar un ordenador para que genere verdadera aleatoriedad –donde ningún elemento tenga una relación consistente o basada en normas con ningún otro elemento– porque entonces no sería aleatorio. Siempre habría alguna estructura subyacente a la aleatoriedad, alguna matemática que dictara cómo se genera, que permitiera, por medio de la ingeniería inversa, recrearla. Ergo: no es azar.

* Aristóteles, Política, 4, 1294b; Aristóteles, *Política*, Intr., trad. y notas de Manuela García Valdés, Madrid, Gredos, 1988, pág. 244. (N. de la T.)

Este es un problema importante para todo tipo de industrias que se basan en números aleatorios, desde compañías de tarjetas de crédito a la lotería, porque si alguien puede predecir la forma en la que opera la función de aleatoriedad, puede hackear el sistema, algo así como el jugador que introduce furtivamente cartas marcadas en la baraja. Este es, de hecho, el modo en que han tenido lugar este tipo de robos. En 2010, un oficial de la Lotería Estatal de Iowa manipuló el generador de números aleatorios de la lotería de tal modo que era capaz de predecir el resultado del sorteo en determinados días: se llevó al menos catorce millones de dólares antes de ser descubierto. En Arkansas, el propio subdirector de seguridad de la Comisión de la Lotería robó más de veintidós mil billetes de lotería entre 2009 y 2012, y ganó casi quinientos mil dólares en metálico, de nuevo con el método de manipular el código subyacente que escogía los números.[2]

Hay que repetirlo: los ordenadores son incapaces, por su diseño, de generar números verdaderamente aleatorios, porque ningún número generado por una operación matemática lo es. Esa es precisamente la razón por la cual muchas loterías todavía usan sistemas como los bombos rotatorios con bolas numeradas: sigue siendo más difícil interferir en ese sistema y por lo tanto hacer una predicción, que interferir en cualquier supercomputadora.[3] No obstante, los ordenadores necesitan números aleatorios para tantas tareas que los equipos de ingeniería han desarrollado maneras increíblemente sofisticadas de obtener lo que se denominan números «pseudoaleatorios»: números generados por máquinas de tal modo que resulten prácticamente imposibles de predecir. Algunos de estos métodos son puramente matemáticos, como tomar la hora del día, añadirle otra variable como el precio del mercado de valores y realizar una transformación compleja sobre el resultado para producir un tercer número. Este número final es tan difícil de predecir que resulta lo bastante aleatorio para la mayoría de las tareas; pero si se sigue utilizando, un análisis cuidadoso siempre revelará el patrón subyacente. Para generar una verdadera aleatoriedad imposible de descodificar, los ordenadores tienen que hacer algo ciertamente muy extraño. Tienen que pedir ayuda al mundo.

Un caso práctico de verdadera aleatoriedad en una máquina es ERNIE, el ordenador empleado para elegir los Bonos Premium, una lotería estatal que se celebra en el Reino Unido desde 1956. El primer ERNIE (acrónimo en inglés de Equipo Electrónico Indicador de Número Aleatorio) fue desarrollado por los ingenieros Tommy Flowers y Harry Fensom en la estación de investigación de la oficina de Correos, y estaba basado en un proyecto en el que habían colaborado juntos previamente: Colossus, la máquina que descifró el código Enigma. ERNIE fu e una de las primeras máquinas capaces de producir números verdaderamente aleatorios, pero para hacerlo, tenía que buscar fuera de sí misma. En lugar de limitarse a hacer cálculos matemáticos, estaba conectada a una serie de tubos de neón; unas barras de vidrio llenas de gas, similares a las que se usan para las luces fluorescentes. El fluido del gas en los tubos

ERNIE 1, 1957.

experimentaba todo tipo de interferencias fuera del control de la máquina: ondas de radio que pasaban por allí, condiciones atmosféricas, fluctuaciones de la red eléctrica e incluso partículas del espacio exterior. Mediante la medición del ruido en los tubos –el cambio en el flujo eléctrico dentro del gas neón, causado por estas interferencias– ERNIE podía producir números que eran de verdad aleatorios: matemáticamente verificables, pero impredecibles por completo.

Otros ERNIE posteriores emplearon versiones aún más sofisticadas del mismo planteamiento, siguiendo de cerca las tendencias tecnológicas de su tiempo. ERNIE 2, que hizo su debut en 1972, era la mitad de grande y estaba diseñado específicamente para parecerse a uno de los ordenadores que aparecen en la película *James Bond contra Goldfinger*. ERNIE 3, que continuó la saga en 1988, tenía ya el tamaño de un ordenador de sobremesa. Tardaba solo cinco horas y media en completar el sorteo, cinco veces más rápido que su predecesor. ERNIE 4 redujo el tiempo a dos horas y media, y se deshizo de los tubos de neón, empleando el ruido térmico de sus transistores internos, junto con un sofisticado algoritmo. La reencarnación más reciente, el ERNIE 5, lleva eligiendo los Bonos Premium desde marzo de 2019 mediante el análisis de las propiedades cuánticas de la luz.[4]

ERNIE 3, 1988.

ERNIE traza un mapa de la evolución de los propios ordenadores a lo largo de setenta años, a partir de una maraña de cables y placas de circuitos que ocupaban una habitación entera, pasando por enormes servidores y cajas de sobremesa, hasta llegar al desarrollo de microchips de silicio altamente especializados capaces de evaluar fotones individuales. Pero, en cada reencarnación, ha hecho algo que hacen pocas máquinas: ha mirado hacia fuera de su propia circuitería, con el fin de entrar en contacto con el mundo más que humano que lo rodea, al servicio del verdadero azar.

En los años transcurridos, se han desarrollado otras maneras creativas de generar aleatoriedad con máquinas. Lavarand, propuesto inicialmente como una broma por las personas que trabajan en la compañía de supercomputadoras Silicon Graphics, usa una cámara digital que apunta a una lámpara de lava para generar números realmente aleatorios a partir de las fluctuaciones caóticas e interminables de la lámpara. Cloudflare, la empresa de seguridad en internet que protege a miles de páginas web del hackeo y de otras alteraciones, puso a Lavarand a trabajar en el entorno real: en la sede de Cloudflare en San Francisco, hay ochenta lámparas de lava alineadas en estanterías, que proporcionan una reserva de fuentes de aleatoriedad para sus servidores digitales. HotBits, otro proyecto de aficionados, usa un detector de radiación que apunta a una muestra del isótopo radiactivo Cesio-137, que emite partículas beta en intervalos aleatorios a medida que se desintegra. Random.org, una popular fuente de números verdaderamente aleatorios en internet, comenzó usando un receptor que compraron por diez dólares en la cadena estadounidense de artículos electrónicos RadioShack para medir el ruido atmosférico; ahora cuenta con una red de antenas e instalaciones de procesamiento en todo el mundo.[5]

Cada una de estas máquinas está reconociendo que tiene el mismo defecto: teniendo en cuenta cómo los hemos construido, los ordenadores no son capaces por sí mismos de producir una verdadera aleatoriedad. Para ejercer esta facultad, deben estar conectados a fuentes de incertidumbre tan diversas como las fluctuaciones atmosféricas, la descomposición de los minerales, burbujas móviles de cera calentada y la danza cuántica del universo mismo. Por otra parte, estos aparatos confirman algo hermoso. Para participar de forma completa y útil en el mundo, los ordenadores necesitan relacionarse con él. Precisan tocar el mundo y estar en contacto con él. Esta es la revelación de la máquina del oráculo de Turing, ese artilugio poderoso y lleno de misterio que, sea lo que sea, «no puede ser una máquina». De nuevo, llegamos a la única conclusión disponible: el oráculo es el mundo.

Otra extravagancia de la historia de la informática es que una de las personas en parte responsables de la naturaleza fija e inflexible de la mayoría de los ordenadores modernos es, también, en parte responsable de una de las más potentes aplicaciones del azar. John von Neumann, un físico estadounidense de origen húngaro, conocido sobre todo por el papel que desempeñó en el desarrollo de la bomba atómica, estuvo muy involucrado en el desarrollo de los primeros ordenadores, que estaban basados en los diseños de Turing. Estas máquinas se construyeron inicialmente como apoyo en el diseño de la bomba, que requería de cálculos complejos más allá del alcance de las calculadoras que existían entonces. En su propuesta para el EDVAC, el primer ordenador íntegramente digital de programa almacenado, Von Neumann dio especificaciones para una arquitectura particular: una conexión única, o «*bus*», entre la memoria y la unidad central de procesamiento, lo cual significa que el ordenador no podía extraer datos y ejecutar comandos al mismo tiempo.

Hoy en día, de la misma manera que casi todos los ordenadores se basan en la máquina-*a* de Turing, casi todos los ordenadores emplean la arquitectura de Von Neumann. Pero esto trae consigo un problema: la unidad central de procesamiento (CPU, por sus siglas en inglés) está constantemente obligada a esperar a recibir la información necesaria a medida que se introduce o sale de la memoria, lo cual provoca una seria demora en la velocidad de procesamiento. La decisión original de construir ordenadores de este modo se tomó en aras de la simplificación, pero esto implica que se dedican cantidades significativas de tiempo informático, de diseño de *software* y de energía eléctrica a mover la información de un sitio a otro en lugar de hacer algo con ella. El cuello de botella Von Neumann, como se conoce este problema, es un ejemplo clásico de cómo la concepción inicial se codifica para dar lugar a herramientas complejas e inflexibles que, a su vez, décadas después, afectan de manera esencial a nuestras capacidades. De hecho, el cuello de botella Von Neumann es uno de los problemas clave a los que se enfrentan los más recientes sistemas de inteligencia artificial, que necesitan procesar enormes cantidades de datos para avanzar en sus habilidades de aprendizaje. Entre las propuestas para sistemas futuros están los ordenadores cuánticos, que bordearán el cuello de botella con el fin de llevar a cabo masivas computaciones paralelas. Pero aún queda mucho para eso. Hoy en día, de la misma manera que estamos viviendo en la imprecisa máquina-*a* de Turing, también estamos viviendo en el cuello de botella Von Neumann.

El trabajo de Von Neumann inmediatamente posterior a la guerra estaba relacionado con una nueva bomba de hidrógeno que sería mucho más poderosa y destructiva que la primera generación de bombas atómicas detonadas sobre Hiroshima y Nagasaki en agosto de 1945. La diferencia entre estos dos tipos de bombas es que la bomba «A» depende puramente de la fisión nuclear –la liberación casi descontrolada de energía que se produce con la división del átomo– mientras que la bomba «H» depende de una fusión posterior, que se consigue conteniendo y moldeando esta energía a través de una reacción aún más poderosa. Con el objetivo de construir la bomba «H», era necesario crear un modelo de las complejas interacciones entre las partículas al ser liberadas del núcleo fundamental de la bomba; un problema que excedía la capacidad de simulación de cualquier máquina disponible hasta entonces.

En 1946, uno de los colegas de Von Neumann, el físico polaco Stanislaw Ulam, se recuperaba de una grave enfermedad y pasaba los días haciendo un solitario tras otro para ocupar el tiempo. Entonces se preguntó, ociosamente, si sería posible calcular la probabilidad de que una carta cualquiera sacada al azar de la baraja de cincuenta y dos naipes ganara la partida. Se le ocurrió que, en lugar de confiar en un cálculo abstracto, podía simplemente probar a jugar unas cien partidas y así hacerse una idea bastante cabal de la probabilidad, mediante el recuento de partidas ganadas. Y sabiendo que ya existían ordenadores que podían manejar fácilmente un subconjunto como ese de posibles resultados, Ulam generalizó su proceso llevándolo a la física matemática: el mismo planteamiento podía emplearse para simular unos cuantos miles de reacciones de neutrones y, de este modo, hacerse una idea aproximada –pero bastante cabal– de qué estaba ocurriendo en el núcleo atómico.[6]

Ulam compartió esta idea con Von Neumann y –junto con otro físico, Nick Metropolis– formalizaron la propuesta y le dieron un nombre: el método Montecarlo. El propio Von Neumann era un jugador inveterado; conoció a su mujer Klára en la Costa Azul de entreguerras mientras trataba de ganar a la ruleta en Montecarlo con un sistema matemático de su invención (ella tuvo que pagar las copas cuando el sistema no funcionó). La idea de una estrategia aleatoria basada en el azar para resolver cuestiones matemáticas complejas ejercía una poderosa atracción sobre él. En cualquier punto del cálculo, simplemente había que tirar los dados –o el equivalente a varios miles de dados– y avanzar un paso más, en lugar de tratar de calcular todos los resultados posibles. De esta manera, en vez de intentar representar y resolver todo un problema de una sola vez –de intentar capturarlo y dominarlo– el método Montecarlo busca explorar activamente y llegar a conclusiones acerca de un problema; un planteamiento muy diferente y más natural.[7]

Para implementar el método Montecarlo a escala, era necesario reconfigurar de manera radical el ENIAC, el principal ordenador que usaba entonces el equipo de la bomba «H». Para ello, recibieron la ayuda de Klára Dán von Neumann, que en aquel momento era una de las programadoras de ENIAC; de hecho, una de las primeras programadoras asignadas a cualquier ordenador moderno. Para hacer que funcionara el método Montecarlo, el equipo inventó e implementó un nuevo sistema de «codificación de fondo» y «codificación de programa» que sobrevive aún hoy como la diferencia entre el sistema operativo de un ordenador y las aplicaciones individuales. Hasta entonces, cada nuevo programa que funcionara en el ENIAC –o en cualquier ordenador– tenía que ser codificado individualmente hasta el detalle más mínimo; desde dónde se almacenaba la información hasta a qué subsistemas recurrir para los resultados matemáticos. Al separar el trasfondo del programa en sí, y al codificar en el propio ordenador muchas funciones que se usaban con frecuencia, era posible simplificar enormemente el trabajo de programación, y hacer que los ordenadores fueran genuinamente polivalentes por primera vez. Este método se convirtió en una característica de los ordenadores modernos tan estándar como la lógica de Turing y la arquitectura de Von Neumann. Y fue el resultado directo de un intento de hacer que las máquinas implementaran una estrategia aleatoria en la resolución de problemas complejos.

Para implementar por completo el método Montecarlo, había un requisito crucial más: una fuente de números aleatorios, que el ordenador no podía generar por sí mismo. John von Neumann conocía muy bien el fracaso de las máquinas en este sentido. En un artículo que escribió acerca de esta materia en 1949, advirtió que «cualquiera que considere métodos aritméticos para producir dígitos aleatorios está, por supuesto, en pecado».[8]

En respuesta a esta necesidad, la Corporación RAND –una filial de las Fuerzas Armadas de Estados Unidos que empleaba a Von Neumann como asesor– construyó una «ruleta electrónica», que consistía en un generador de pulsos y una fuente de ruido, que probablemente fuera una pequeña válvula transmisora llena de gas, similar a la que se usaba en ERNIE. El resultado fue publicado en 1955 como *A Million Random Digits with 100,000 Normal Deviates* [«Un millón de dígitos aleatorios con 100.000 desviaciones normales»]; un libro de cifras extraordinario que consiste en exactamente lo que describe el título: cuatrocientas páginas con una caja apretada, y en cada página, cincuenta líneas de cincuenta dígitos cada una, con las líneas numeradas desde el 00000 hasta el 19999. Estos números exactos, facilitados al equipo de Von

TABLE OF RANDOM DIGITS 1

00000	10097	32533	76520	13586	34673	54876	80959	09117	39292	74945
00001	37542	04805	64894	74296	24805	24037	20636	10402	00822	91665
00002	08422	68953	19645	09303	23209	02560	15953	34764	35080	33606
00003	99019	02529	09376	70715	38311	31165	88676	74397	04436	27659
00004	12807	99970	80157	36147	64032	36653	98951	16877	12171	76833
00005	66065	74717	34072	76850	36697	36170	65813	39885	11199	29170
00006	31060	10805	45571	82406	35303	42614	86799	07439	23403	09732
00007	85269	77602	02051	65692	68665	74818	73053	85247	18623	88579
00008	63573	32135	05325	47048	90553	57548	28468	28709	83491	25624
00009	73796	45753	03529	64778	35808	34282	60935	20344	35273	88435
00010	98520	17767	14905	68607	22109	40558	60970	93433	50500	73998
00011	11805	05431	39808	27732	50725	68248	29405	24201	52775	67851
00012	83452	99634	06288	98083	13746	70078	18475	40610	68711	77817
00013	88685	40200	86507	58401	36766	67951	90364	76493	29609	11062
00014	99594	67348	87517	64969	91826	08928	93785	61368	23478	34113
00015	65481	17674	17468	50950	58047	76974	73039	57186	40218	16544
00016	80124	35635	17727	08015	45318	22374	21115	78253	14385	53763
00017	74350	99817	77402	77214	43236	00210	45521	64237	96286	02655
00018	69916	26803	66252	29148	36936	87203	76621	13990	94400	56418
00019	09893	20505	14225	68514	46427	56788	96297	78822	54382	14598
00020	91499	14523	68479	27686	46162	83554	94750	89923	37089	20048
00021	80336	94598	26940	36858	70297	34135	53140	33340	42050	82341
00022	44104	81949	85157	47954	32979	26575	57600	40881	22222	06413
00023	12550	73742	11100	02040	12860	74697	96644	89439	28707	25815
00024	63606	49329	16505	34484	40219	52563	43651	77082	07207	31790

Primera página del libro de la Corporación RAND, *A Million Random Digits with 100,000 Normal Deviates*, 1955.

Neumann en forma de tarjetas perforadas, se emplearon en las primeras simulaciones de Montecarlo; y siguen empleándose hoy en día, como la mayor fuente de cifras aleatorias jamás reunida, en el ámbito de la estadística, la física, en las estimaciones de voto, el análisis de mercados, las administraciones de lotería y la ingeniería de control de calidad.[9]

Los cálculos que subyacen al desarrollo de la bomba de hidrógeno estaban basados en el resultado de la ruleta; o, más bien, en las caóticas fluctuaciones del ruido del interior de un tubo de vidrio lleno de gas: las vibraciones del universo mismo.

Al igual que cuando nos sumergimos en las profundidades de nuestra historia evolutiva –haciendo uso de los aparatos más precisos y más lógicos que hayamos concebido– no hallamos una respuesta única a la pregunta acerca de la vida sino una multiplicidad caótica de seres, cuanto más nos acercamos a las verdades matemáticas acerca del universo, nos vemos empujados a alinearnos con los procesos más caóticos, los más impredecibles y los más aleatorios que podamos comprender.

La genialidad de Montecarlo consistía en determinar que la búsqueda más eficaz de un territorio complejo se hace caminando al azar. Sus logros conforman muchos de nuestros procesos informáticos actuales. En particular, Montecarlo nos proporciona la capacidad de filtrar la abrumadora abundancia de información disponible en internet, mientras los bots de los buscadores reptan por la red tejiendo vías, aleatoriamente, a través del complejo territorio de la infoesfera, con el fin de sacar conclusiones estadísticas acerca de los contenidos. El éxito de Montecarlo es la admisión, desde el corazón de las ciencias informáticas y matemáticas, de que el significado reside no tanto en los datos al final del camino, sino en el camino realizado. En otras palabras, el significado de los sistemas complejos, incognoscibles, es relacional.

El uso de la aleatoriedad para abordar mejor el mundo tal y como realmente es, el mundo más allá de lo humano, no se limita a las ciencias. Quizá su mayor y, sin duda, su más comprometido exponente fuera el compositor vanguardista John Cage. A partir de los años cincuenta, Cage comenzó a usar procesos basados en el azar como mecanismo definitorio para componer música, empleando los dictados de la aleatoriedad para decidirlo todo, desde el tono y la duración de las notas, hasta la extensión y fuentes musicales de sus composiciones; e incluso el número de instrumentos que debían interpretarlas.

La obra de Cage surgía de su creencia de que todo sonido es música y de que la música más pura es la que está más alejada de una intención consciente, la que se halla a mayor distancia de cualquier ego o esquema dominante por parte de quien compone. En los procesos aleatorios basados en el azar, Cage descubrió un mecanismo por el cual lograba abstraerse de sus composiciones y, al mismo tiempo, acercarse a algo completamente diferente. Incluso su pieza más (tristemente) célebre, *4’33”*, en la que los intérpretes se sientan durante cuatro minutos y treinta y tres segundos en absoluto silencio, es una reiteración extrema de su fe en la aleatoriedad. Los sonidos que la audiencia oye durante la interpretación son fortuitos, ambientales e impredecibles; lo más lejos posible de cualquier diseño por parte de quien interpreta o conduce la pieza.

Cage exploró la incertidumbre en varias de sus obras tempranas, desordenando las páginas de las partituras y usando fragmentos de obras ajenas como elementos que introducía en sus propias obras. Pero el detonante para una exploración más honda de las posibilidades de la incertidumbre fue el descubrimiento –gracias al regalo de uno de sus estudiantes, el pianista Christian Wolff– del I

Hexagrama 52 del I Ching: 艮 (ken): «El aquietamiento, la montaña».

Ching o *Libro de los Cambios*, el libro oracular y de la sabiduría de la tradición china, de tres mil años de antigüedad. En un sentido muy restringido, este libro es un precursor del *Million Random Digits* de la Corporación RAND, pero en lugar de, simplemente, dar los resultados, proporciona a quien lo lee un método para generar sus propios resultados aleatorios. Para consultar el I Ching, hay que formular mentalmente una pregunta y luego lanzar unas monedas –por lo general, tres cada vez–, lo cual genera seis secuencias de caras y cruces. Sumadas, estas secuencias representan seis líneas interrumpidas o continuas, que indican uno de los sesenta y cuatro hexagramas. Cada hexagrama se asocia con un texto explicativo –seguido de un extenso comentario–, que se aplica a la pregunta realizada.

En manos de Cage, el I Ching se convirtió en un motor de generación infinita para la composición musical. Lo usó por primera vez en el tercer movimiento de su *Concierto para piano preparado y orquesta de cámara*, en 1950 (el piano preparado consiste en una modificación de un piano estándar, inventada y popularizada por Cage, en la cual se emplean tornillos, barras de metal, cuñas de madera y, en definitiva, cualquier objeto imaginable para alterar la afinación y la tonalidad de las cuerdas del piano, y así crear todo tipo de efectos de sonido novedosos y sobrenaturales). Su intención era que la obra dramatizara el conflicto entre la forma y la estructura, entre la personalidad y la impersonalidad. La partitura se apoyaba en lo que él llamaba una «gama» de gestos musicales: breves agrupaciones de notas o frases que podían reorganizarse en una cuadrícula formando diferentes secuencias. Para el primer movimiento, Cage compuso personalmente la parte correspondiente al piano a partir de una gama, mientras que la parte orquestal iba mezclándose de acuerdo con un simple patrón numérico. Para el segundo movimiento, ambas partes se mezclaban según diferentes patrones. El efecto buscado, escribió Cage, era primero «dejar que el pianista exprese su gusto personal, mientras que la orquesta expresa solo el gráfico», y luego en el segundo movimiento, hacer que el piano usara también el gráfico, «con la idea de que el pianista comience a renunciar a su gusto personal». Vio que el movimiento final podía componerse lanzando monedas y consultando el I Ching: un paso más allá del algoritmo fijo de su patrón numérico, un paso hacia la verdadera aleatoriedad. Hacerlo así implicaba «aceptar» la naturaleza subyacente de la pieza «en lugar de buscar el control».[10]

El resultado fue una obra compleja de varias capas, y Cage se sintió liberado de su creación. Durante muchos años, había estado buscando un modo de componer que le permitiera «hacer una música libre de gusto, memoria y tradición; una música prelapsaria, compuesta fuera de los límites de la historia», en palabras de uno de sus biógrafos, Kenneth Silverman. Parece ser que encontró este proceso en el I Ching. «Tengo la sensación de estar comenzando a componer por primera vez», escribió en una carta dirigida a su amigo, el compositor francés Pierre Boulez.

Cage llevaría todo esto mucho más lejos. Combinándolo con otros procesos basados en el azar, como tirar los dados o barajar los naipes, Cage empleó el I Ching para componer obras tales como su solo de piano de 1951, la pieza *Music of Changes*, que fue creada a partir de tres gráficos para el sonido, la duración y los matices dinámicos, cada uno con sesenta y cuatro celdas diferentes, que correspondían a cada uno de los hexagramas; y como su obra *Williams Mix* (1953), una de las primeras piezas de *tape music** –una obra construida cortando y reensamblando fragmentos de la cinta magnética del casete– en la que lanzaba monedas al aire para decidir qué fuente de cinta se cortaba y empalmaba, la duración del fragmento e incluso el ángulo del corte, que afectaba al ataque y al declive del sonido. Solo para *Williams Mix* ya era necesario un equipo de asistentes para lanzar la moneda miles de veces y ensamblar más de dos mil fragmentos de cinta magnética en ocho bucles. La

* Literalmente, «música de cinta», la *tape music* se engloba dentro de la llamada «música concreta», que incluye obras creadas mediante la grabación en un soporte, y la posterior modificación y reordenamiento de los sonidos. (N. de la T.)

pieza final sonaba parecida a un rápido giro de los diales de la radio a través de diferentes frecuencias y volúmenes. El resultado, para Cage, fue que «uno puede ahora trabajar con todo el campo del sonido, ya sin las limitaciones de los tonos de los instrumentos, o sus timbres y sus volúmenes». La música se había liberado de las ataduras de la instrumentación humana.

Cage comenzó a trabajar con ordenadores en 1967, durante una cátedra de investigación en la Universidad de Illinois. En la Escuela de Música de la universidad, Lejaren «Jerry» Hiller, anteriormente químico, había estado experimentando con la creación de partituras musicales empleando un nuevo ordenador digital, el ILLIAC, un descendiente directo del EDVAC y del ENIAC de Von Neumann, el primer modelo en utilizar la arquitectura de Von Neumann desde el inicio. Cuando Cage se unió, entusiasmado, Hiller creó un programa I Ching para él, llamado ICHING, que producía, en una sola tirada, el equivalente a dieciocho mil lanzamientos de tres monedas. Cage estaba aún más encantado –«¡Nunca más tendremos que lanzar una moneda!»– y la pareja comenzó a trabajar en su pieza más ambiciosa hasta la fecha, una obra para múltiples clavicémbalos, que finalmente se tituló, al estilo informático, *HPSCHD*.[11]

Cage no fue el primero en producir música empleando un ordenador generador de aleatoriedad. Anteriormente, en 1956, nuestro viejo amigo, Stafford Beer, había descrito lo que él llamó la Máquina Analógica Estocástica (SAM, por sus siglas en inglés). Este aparato dejaba caer cientos de bolas de metal de forma automática en algo parecido a una máquina de *pinball*, donde cada bola se demoraba, desviaba y rebotaba aleatoriamente por medio de varios percutores e inclinaciones. Lo que se había creado inicialmente con la intención de hacer un comentario irónico acerca de la naturaleza del diseño –un patrón rígido producido a partir de incidentes fortuitos– fue, de hecho, construido y presentado en la muestra pionera de arte y tecnología, Cybernetic Serendipity, celebrada en el Instituto de Arte Contemporáneo de Londres, en 1967 (el mismo año en que Cage comenzaba a trabajar en su *HPSCHD*). La incorporación de un plato de sonido sobre el que caían las bolas de metal convirtió a SAM en un instrumento musical. ¿Un nuevo caso de evolución convergente, quizá?[12]

Desde sus inicios, *HPSCHD* superó a SAM en ambición y escala. La pieza estaba concebida originalmente como una composición para siete clavicémbalos, más de cincuenta radiocasetes y sesenta y cuatro proyectores de diapositivas. Junto con Cage, Hiller e ICHING, entre los compositores había varios programas informáticos más. DICEGAME montó la parte de los solos de clavicémbalo, de veinte minutos cada uno, a partir de fragmentos de Mozart, Chopin, Beethoven y otros compositores clásicos; HPSCHD (un programa del mismo nombre que la pieza) generó segmentos de sonido microtonal que se empalmaban en los bucles de cinta magnética, y KNOBS imprimió diez mil instrucciones diferentes para reproducir la grabación final de la pieza: una para cada disco que se fabricara. Estas hojas –en la práctica, partituras individuales–, hacían que quien escuchara el disco en casa en realidad dirigiera la interpretación, jugueteando con el volumen, el tono y el balance del equipo de audio en determinados momentos para crear su propia versión única de la obra.[13]

Cuando finalmente se estrenó *HPSCHD* –la composición de la pieza se alargó durante más de dos años–, se incluyeron las que posiblemente sean las especificaciones técnicas más extremas de cualquier concierto hasta la fecha; entre ellas, según el programa:

> 7 clavicémbalos 52 grabadoras 631 páginas de música manuscrita 59 amplificadores de potencia 59 altavoces 40 filmaciones 11 pantallas rectangulares de 30,5 x 12 metros 8 proyectores de cine 208 cintas de casete generadas por ordenador 6.400 diapositivas 7 preamplificadores 1 pantalla circular de cien metros de diámetro 64 proyectores de diapositivas

El estreno de la obra, que tuvo lugar en el Assembly Hall de la Universidad de Illinois el 16 de mayo de 1969, fue algo parecido a un circo, espectáculo este que contaba con la plena aprobación de Cage, quien había creado toda una serie de eventos multisensoriales previos bajo el título de *Musicircus*. Además de la propia música, el evento incluía mil seiscientas diapositivas pintadas a mano –empleando colores determinados por ICHING– y otras seis mil ochocientas diapositivas fotográficas, así como películas que mostraban el reciente aterrizaje en la Luna y fotografías del espacio exterior, carteles geométricos y pósteres surrealistas, trajes creados *in situ* y camisetas proyectadas previamente y puestas a la venta (a un precio determinado por el I Ching), luces estroboscópicas y multicolores, bolas de espejos, luces ultravioletas y un sinfín de efectos más. La audiencia –formada por estudiantes, profesorado, familiares y visitantes de fuera del estado– coreaba, cantaba, lanzaba gurruños de papel, y en un momento dado, formó una fila gigante para bailar la conga. Alguien que estuvo allí describió aquel quilombo como «los sonidos aleatorios de la civilización».

En este punto de su vida creativa, Cage estaba convencido de que los artistas debían dirigir su atención a la sociedad y *HPSCHD* convertía este deseo en realidad. Aquel carnaval de imagen y sonido, impulsado por el azar, fue para él un esfuerzo «por hacer que el mundo funcione, de manera que pueda tener lugar cualquier clase de existencia». El montaje alborotado que produjo era lo más cerca que había estado nunca de reproducir la complejidad y la variedad de la vida misma; y perseguía modificar la actitud de la audiencia hacia esa vida. Esta intención queda aún más clara en otras obras, como *A Dip in the Lake* [«Una zambullida en el lago»]. Aquí, Cage empleó el I Ching para crear una lista aleatoria de intersecciones y localizaciones urbanas concretas alrededor de Chicago, y animaba a la audiencia a visitarlas para generar su propia experiencia –dirigida por el azar– de los sonidos, sensaciones y encuentros únicos para cada lugar. Cage quería «integrar disparidades extremas», de la misma manera que estas se integran en la naturaleza «o en una calle de una ciudad». *A Dip in the Lake* es una composición para un paseo al azar: computacionalmente, es la más eficiente exploración de un territorio complejo e incognoscible, y además, el que más probabilidades tiene de producir encuentros interesantes y estimulantes.

Acerca de *Etudes Australes*, otra pieza para piano endiabladamente complicada que compuso colocando una cuadrícula de

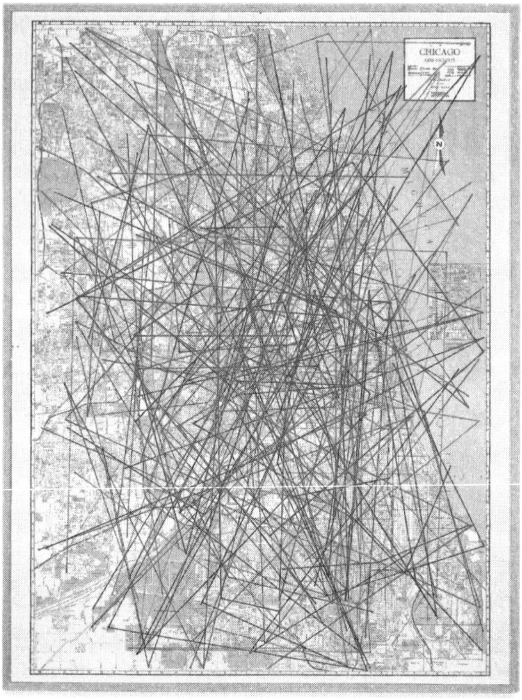

Partitura gráfica de John Cage de *A Dip in the Lake: Ten Quicksteps, Sixty-Two Waltzes, and Fifty-Six Marches for Chicago and Vicinity* [«Una zambullida en el lago: diez quicksteps, sesenta y dos valses y cincuenta y seis marchas para Chicago y alrededores»], 1978.

pentagramas musicales sobre mapas celestes del hemisferio sur, Cage escribió: «Debemos trabajar duro para preservar nuestro medio ambiente». La complejidad de la música estaba directamente relacionada con la complejidad del mundo, y su propósito era modificar la posición de la audiencia, de un lugar de escucha pasiva a un lugar de cuidado y atención activa.

La aleatoriedad era también una manera de descentralizar a quien compone y a su obra. El deseo de Cage de borrarse a sí mismo, borrar sus gustos y la situación histórica de su música no era un simple ejercicio académico. Más bien, respondía a una profunda influencia de los principios del budismo zen, con los que Cage entró en contacto en los años cuarenta, a través de las conferencias de D. T. Suzuki, uno de los primeros maestros de zen en Occidente. La versión de Suzuki del zen enseñaba que «no hay un centro sino que la vida misma es una pluralidad de centros», una lección que resonaba con la conciencia ecológica creciente de Cage. Para él, la aleatoriedad era una forma de reflejar en su obra esta naturaleza del mundo como algo heterogéneo y omnicéntrico; la aleatoriedad también desempeñaba un papel importante a la hora de reorganizar la manera en la que entendía el mundo a su alrededor.

Cage estaba lejos de ser el primer occidental en hacer uso del I Ching. Mucho antes de que Cage y Hiller tradujeran sus hexagramas del azar a código binario, el libro había estado presente en el momento del nacimiento del código binario mismo, aunque las enseñanzas morales que lo acompañaban se hayan perdido prácticamente por completo en la abstracción puramente matemática del código.

El polímata alemán Gottfried Leibniz, que desarrolló su trabajo a finales del siglo XVII, fue el primer matemático que investigó en serio los números binarios. Leibniz era profundamente religioso y creía que, en su pureza, el uno y el cero simbolizaban la idea cristiana de la creación *ex nihilo*: a partir de la nada, Dios creó algo. Quería defender la creación de Dios contra el materialismo de Descartes y de otros matemáticos de la época, y, para esta fusión de la teología y la matemática, buscó apoyo en las enseñanzas de otras culturas.

Leibniz llevaba mucho tiempo interesado en la tradición matemática china; creía que era la enseñanza más antigua de esta materia. Su amigo, Joachim Bouvet, un misionero jesuita francés afincado en China, le proporcionaba copias de los hexagramas del I Ching de la corte del emperador Kangxi, Xuanye. En los hexagramas, Leibniz vio la confirmación de su fe en la naturaleza eterna y sagrada de los unos y los ceros. Esta correlación entre su propio código binario y un sistema chino de tres mil años de antigüedad le otorgó a Leibniz la confianza necesaria para publicar, en 1703, su *Explicación de la aritmética binaria*, el texto matemático fundacional de los códigos binarios, que citaba extensamente el I Ching. Leibniz defendía que el origen antiguo de lo binario demostraba que estaba más cerca de la naturaleza que el sistema numérico decimal, que está, después de todo, basado en la fisonomía humana, y es, de alguna manera, antropocéntrico. La numeración binaria permitiría que los cálculos fueran, también, más parecidos a la naturaleza.

Leibniz empleó su nuevo cálculo binario para desarrollar una calculadora mecánica, conocida como «calculadora escalonada» o «rueda de Leibniz», que tuvo una gran influencia. Propuso, asimismo, una máquina que empleaba canicas para representar números binarios, y tarjetas perforadas para clasificarlos, algo que anticipaba el diseño de los ordenadores modernos en unos trescientos años.

Todos estos inventos surgieron de la lectura del I Ching por parte de Leibniz, y de su convicción de que, para lograr una comprensión universal, el cálculo matemático debe estar basado en las operaciones de la propia naturaleza. Los unos y los ceros del cálculo binario, tal y como lo concibió Leibniz, no representan categorías fijas y estáticas. Al contrario, encarnan el cambio, la creación y el incesante surgimiento y devenir de la vida misma. El ordenador es como el mundo.[14]

Tal y como descubrió John Cage al emplear el I Ching, la compleja danza de los encuentros inesperados e impulsados por el azar era a un tiempo la mejor manera de abordar el mundo más allá de lo humano, y el modo más preciso de representar su realidad heterogénea y con múltiples centros. Este hallazgo de Cage se anticipó a los descubrimientos de la biología evolucionista, que en las últimas décadas ha comenzado a reconocer la importancia crucial de la aleatoriedad en la creación de la vida misma. Esta ha demostrado ser una batalla algo complicada, porque, de forma consistente, se ha infravalorado la trascendencia de la aleatoriedad en los estudios de la evolución desde su fundación, mientras que la relevancia de la selección natural –la competición– ha sido firmemente sobrevalorada.

Nuestra comprensión de la evolución sigue estando abrumadoramente basada aún en el modelo darwiniano; es decir, en el énfasis que puso Darwin en la selección natural como motor clave de la evolución. Esta actitud se ha visto reforzada por el neodarwinismo y la «síntesis evolutiva moderna», surgidos en el siglo XX, que combinaron las teorías de Darwin con la herencia mendeliana –la transmisión de características mediante la reproducción sexual– para recalcar cómo surgió la vida a partir de la recombinación de genes bajo la presión adaptativa del entorno. Tales argumentos han sido extremadamente útiles a la hora de defenderse ante el resurgimiento del creacionismo y las teorías del llamado «diseño inteligente», que han atacado a los estudios académicos evolucionistas. Sin embargo, no cuentan toda la historia. De hecho, su popularidad ha eclipsado otros modos de explicar, e incluso ha sofocado la investigación acerca de otros procesos relevantes a través de los cuales ocurre el cambio evolutivo.

Darwin subrayó la selección natural en su obra porque era el proceso evolutivo más visible. Los pinzones que recogió en las islas Galápagos mostraban una amplia variedad entre especies y subespecies porque se habían adaptado de distintas maneras a la maravillosa diversidad de hábitats de las islas. De hecho, eran tan variados que inicialmente los clasificó en diferentes especies, hasta que se dio cuenta de que todos estaban relacionados. Algunos de los pinzones, por ejemplo, tenían picos largos y romos, que usaban para desgarrar la base de los cactus y comerse la pulpa y los insectos que había en su interior. Otros tenían picos más largos y afilados, que les permitían perforar el fruto del cactus para llegar a su carne y sus semillas. Darwin descubrió que estas diferencias eran el resultado de cambios adaptativos: alteraciones en la fisonomía del pinzón, en respuesta a la presión del entorno. La selección natural quedaba a la vista ahí mismo, ante sus ojos.

Más tarde, los equipos de investigación estudiaron a los pinzones de manera más exhaustiva. Los biólogos Peter y Rosemary Grant, que han pasado seis meses al año en las islas Galápagos desde los años setenta, observaron ejemplares individuales de estas aves en múltiples lugares y en diferentes estaciones, y con ello lograron relacionar estos cambios observados por Darwin con la selección natural de una forma aún más precisa. Demostraron que los pájaros con picos más pequeños prefieren semillas más pequeñas, mientras que los picos más largos son más eficaces a la hora de partir las semillas más grandes. Debido a que las semillas más pequeñas proliferan en la estación lluviosa, mientras que las semillas más grandes siguen disponibles durante las sequías, los Grant pudieron rastrear los cambios reales en las poblaciones, causados por la selección natural a lo largo del tiempo. Pillaron a la selección natural «en plena faena», y sus fascinantes estudios –secundados por la identificación de los genes concretos responsables de los diferentes tamaños de los picos– han revelado que la selección natural es el «protoproceso» de la evolución.[15]

De esta manera, la selección natural ha terminado siendo la manera en la que la mayoría entendemos el cambio evolutivo, mientras ignoramos y minimizamos la importancia de otros procesos que ocurren en paralelo. La selección natural no es la única fuerza en juego a la hora de constituir la vida, y la evolución es mucho menos determinante que lo que sugiere la simple combinación del organismo y su hábitat. Más bien, el azar desempeña un papel, también aquí, a través de lo que se conoce como los procesos no adaptativos, es decir, las fuerzas que tienen un impacto en el cambio evolutivo y que no están causadas por las presiones del entorno. Estas otras fuerzas son la mutación, la recombinación y la deriva genética. Cada una es, a su manera, generadora de aleatoriedad dentro de la evolución, y merecen, también, que lleguemos a comprenderlas.

La mutación –la alteración de los propios genes– ocurre con frecuencia. Puede estar causada por errores en la transcripción –errores que se introducen cuando los genes se copian y replican durante la división celular y la reproducción sexual– así como por encuentros casuales con sustancias químicas, radiación e incluso la luz ultravioleta del sol. Los genes –los nuestros y también los de las bacterias, las plantas y otros animales– son sensibles a la interferencia cósmica de la misma manera que lo son los tubos de neón de ERNIE. Los cambios también están causados por un mal funcionamiento interno, con el resultado de que constantemente puede haber elementos aleatorios que se inscriban en nuestro código genético. En la mayoría de los casos esto no tiene ninguna consecuencia; en algunos casos, pueden causar enfermedades peligrosas, y en otros, florecer como habilidades y morfologías novedosas y extrañas.

La recombinación, la segunda de estas fuerzas, ocurre durante el intercambio de material genético entre diferentes organismos para producir una descendencia con distintas características que sus progenitores. Esta es la razón por la que nos diferenciamos de nuestros padres y madres, y al mismo tiempo, en ciertas formas, también nos parecemos a ellos. La recombinación une y repara nuestro ADN para que pueda producir tanto nuevas combinaciones de genes como secuencias de ADN completamente nuevas. La aleatoriedad de la recombinación proviene del interior y del exterior; de la manera en la que los cromosomas se dividen durante la reproducción y de nuestra elección de una pareja sexual. La recombinación aleatoria también les ocurre a las procariotas –las bacterias y las arqueas– durante el tipo de procesos que vimos anteriormente cuando hablamos de la transferencia genética horizontal: por transferencia vírica y por transferencia directa del ADN.

Hay distintos genes que están presentes con diferente frecuencia dentro de una población, porque no hay dos individuos que posean exactamente el mismo código genético. En cada generación subsiguiente, ciertos genes serán más predominantes que otros, a causa de la frecuencia existente, así como de los efectos aleatorios de la mutación y la recombinación. A lo largo del tiempo, algunos de estos genes que han prevalecido pueden extenderse a la mayoría de la población, mientras que otros quizá desaparezcan. Este es el tercer proceso no adaptativo: la deriva genética, que ocurre como un factor aleatorio más, completamente fuera del organismo individual. La composición genética de poblaciones enteras puede, de esta manera, cambiar como resultado del azar.

Durante mucho tiempo, se ha considerado que la deriva genética desempeñaba, a lo sumo, un pequeño papel en la evolución, y que tales alteraciones eran anuladas y remodeladas por la selección natural. Pero estudios recientes demuestran que la deriva genética está ampliamente extendida: muchos de los cambios causados por ella se transmiten a través de las poblaciones como «mutaciones neutras» que, debido a que no se expresan en el exterior, no se ven afectadas por la selección natural. A lo largo del tiempo, sin embargo, estos cambios pueden llegar a predominar en una población y, de esta manera, crear nuevas condiciones para que la mutación y la recombinación mezcle aún más los códigos genéticos.

La evolución, por lo tanto, no es un tipo de competición sin cuartel entre procesos opuestos. En la realidad, ocurre como un constante toma y daca entre la mutación, la recombinación, la deriva genética y la selección natural. La selección natural puede ejercer una fuerza restrictiva –ningún organismo puede sobrevivir mucho tiempo a un cambio genético que lo enfrente a su entorno– pero esto solo se aplica después de que las otras fuerzas hayan hecho su trabajo. Los procesos aleatorios preceden a la selección natural: constituyen la base sobre la que se construye todo el cambio evolutivo. Si no ocurrieran cambios aleatorios en el interior y entre los individuos y las poblaciones, para empezar no habría nada sobre lo que pudiera actuar la selección natural. En palabras de John Tyler Bonner, el difunto profesor emérito de biología en la Universidad de Princeton y uno de los más importantes teóricos del cambio no adaptativo: «El azar es la columna vertebral de la evolución darwiniana».[16]

El desarrollo, a lo largo del último medio siglo, de la genética de poblaciones, la disciplina que ha aportado a la biología evolutiva la mayor parte de sus conocimientos acerca de los procesos aleatorios, está basado en gran parte en el uso de modelos por ordenador. Es muy difícil examinar y experimentar con procesos de cambio aleatorio dentro de los organismos vivos, precisamente porque son aleatorios. En condiciones experimentales, estos procesos no ocurren a nuestro antojo, cuando o como nos gustaría que lo hicieran, y son prácticamente imposibles de observar y cuantificar en la naturaleza. Este era el punto ciego de Darwin. No obstante, se pueden crear mutaciones y recombinaciones a voluntad dentro de organismos y poblaciones artificiales, que nos permiten analizar el modo en que estos cambios se modifican internamente, seguir su deriva a través de las poblaciones y confirmar su importancia. Este es otro ejemplo más –junto con la formulación de la teoría de redes con respecto a internet, y su posterior diseminación a las ciencias naturales– de cómo los modelos tecnológicos nos permiten comprender mejor aquellos procesos naturales que en un principio parecen estar fuera del alcance de nuestro razonamiento.

Tenemos otros puntos muertos también, como nuestra tendencia a centrarnos en animales más grandes (tales como el ser humano) a la hora de decidir qué es importante en términos evolutivos. Debido a la mayor complejidad interna de los organismos más grandes –más células, más tipos de células y más interconexiones entre las células–, el número de controles internos de las mutaciones y recombinaciones aleatorias también se ve incrementado, de manera que vemos una aparente reducción de los efectos de la aleatoriedad en los organismos más grandes. Pero si nos concentramos en examinar las vidas de algunos de los organismos más pequeños –aunque de comportamiento complejo– en el suelo y los océanos, podemos observar los efectos de la aleatoriedad en todo su esplendor.

John Tyler Bonner, el principal teórico del cambio no adaptativo, era una autoridad mundial en mohos mucilaginosos: esos extraños organismos unicelulares que trastocan la frontera entre el individuo y el colectivo, y que poseen una inteligencia muy capaz para la resolución de problemas y la generación de patrones.

Debido a la simplicidad de los «individuos» de moho mucilaginoso, que están compuestos por una célula similar a la ameba, mutan frecuente y rápidamente. Y debido a que se fusionan creando formas extraordinarias, podemos observar esta rápida evolución en acción. Bonner señaló que un pequeño puñado de tierra puede contener tantos tipos diferentes de mohos mucilaginosos que los argumentos a favor de la selección natural simplemente no son aplicables. Sencillamente, no hay suficientes depredadores diferentes ni otras presiones en juego dentro de un único montón de tierra para explicar semejante variedad esplendorosa de formas, de manera que es la aleatoriedad la operación que debe de producir tal exuberancia.

Quizá el ejemplo más espectacular de aleatoriedad en acción se halla en el trabajo de Ernst Haeckel, el naturalista alemán, casi contemporáneo de Darwin, que acuñó el término «ecología». En contra de los deseos de su familia e inspirado por sus héroes personales –Darwin y el explorador y naturalista alemán, Alexander von Humboldt–, Haeckel quería ser zoólogo y artista. En 1859, viajó al sur de Italia y, mientras nadaba en la costa frente a Nápoles y Sicilia, recogió varios cubos de agua de mar y examinó el contenido con un microscopio. Sus lentes revelaron todo un nuevo mundo de criaturas que se retorcían y palpitaban, invisibles a simple vista, pero centelleantes como el cristal tallado y las joyas –las llamaba «delicadas obras de arte» y «maravillas de mar»–; comenzó a pintarlas y regresó al sur de Europa en múltiples ocasiones para dragar más sujetos para sus lienzos.[17]

Haeckel decidió centrarse en un solo tipo de microorganismo: el radiolario. En un viaje al Mediterráneo, dio nombre a más de ciento cincuenta nuevas especies de estas criaturas. Presentes en todos los océanos, los radiolarios son un tipo de plancton de solo unas pocas décimas de milímetro de ancho. Son conocidos porque construyen elaborados esqueletos minerales –casi siempre hechos de sílice– que Haeckel reprodujo, para conseguir un efecto glorioso y atemporal, en su influyente *Kunstformen der Natur* [«Formas artísticas en la naturaleza»], publicado originalmente en 1899.

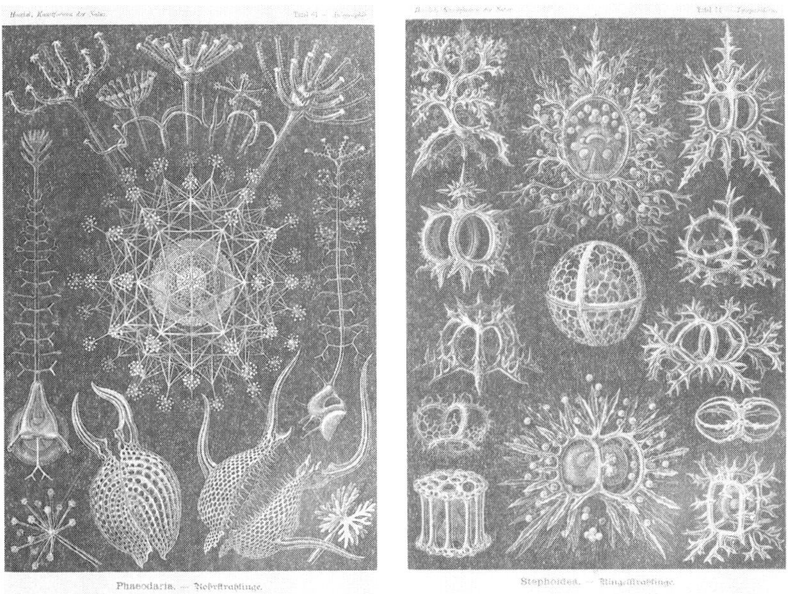

Dos ilustraciones de radiolarios de *Kunstformen der Natur* («Formas artísticas en la naturaleza»), de Ernst Haeckel, 1904.

A pesar de que Haeckel fue uno de los primeros defensores de la teoría de la selección natural de Darwin y trató de captar en sus ilustraciones la extraordinaria proliferación de formas que esta generaba, los radiolarios microscópicos son más parecidos a los mohos mucilaginosos de Bonner que a los pinzones de Darwin. La mayor influencia en su evolución no es la selección natural, sino la aleatoriedad. Los radiolarios –así como los foraminíferos, las diatomeas y otros microorganismos retratados por Haeckel– son ejemplos de generación aleatoria en el cénit de su exuberancia: una plétora de estrellas, planetas, pabellones, castillos, árboles y coronas en miniatura que exhiben todo tipo de ramificaciones, entrelazamientos y enredos de los que es capaz la naturaleza.

La aleatoriedad biológica es más evidente en las criaturas más pequeñas, porque la selección natural actúa como un freno sobre la cantidad de alteraciones que pueden tolerar los organismos más grandes. Pero hay una correlación en esto. A medida que los organismos se hacen más grandes y su complejidad se ve incrementada –con su correspondiente reducción de la aleatoriedad interna–, también aumenta la complejidad de sus sociedades, con un incremento correspondiente de la aleatoriedad externa: encuentros entre ellos, encuentros con otras especies, con todo el tumulto del mundo más allá de lo humano, y todo ello cuenta como selección natural, pero también excede las operaciones solo de la selección natural.

Así que la aleatoriedad subyace a la totalidad de la evolución, lo que proporciona el impulso para algunas de sus formas más extraordinarias y cautivadoras. Asimismo, desempeña un papel central a través de nuestras vidas individuales y colectivas, y las vidas de los otros más que humanos. Nuestra propia vida está sujeta al azar: encuentros fortuitos, acontecimientos y una cadena de accidentes son las características que definen nuestro paso por este planeta. Y, más relevante aún, el azar es algo que somos capaces de generar nosotros mismos –tal y como hizo John Cage al introducirlo en sus composiciones– tanto como motor de nuestra propia evolución constante como para incrementar nuestro reconocimiento y compromiso con este mundo más que humano.

Internet ha incrementado la complejidad de las vidas de los humanos en mucho mayor medida que cualquier invento anterior. Pero, al igual que el ferrocarril y el telégrafo en su momento, la complejidad que suscita internet al forzar el encuentro con tierras, gentes y formas de vida distantes está sujeto a las mismas presiones del orden y de la dominación. El ferrocarril abrió la Tierra a un cambio radical, pero se convirtió en el portador del colonialismo racista, del capitalismo imperialista y del control estricto del tiempo y de la mano de obra humana. El telégrafo permitió una rápida transmisión de ideas e información; pero fue rápidamente empleado por los financieros, magnates de los medios de comunicación y el estamento militar para aprovecharse de las desigualdades de la información y convertirlas en desigualdades de poder y beneficio.

Hoy podemos ver estos procesos históricos en acción en internet. Los primeros buscadores eran listas, elegidas a dedo, de lugares interesantes; básicamente, acumulaciones aleatorias de sitios y herramientas ordenadas únicamente de acuerdo con las pasiones y los caprichos de quienes las hacían. A pesar de que Google aún busca en la red con recorridos aleatorios automatizados, los resultados se ordenan en función de algoritmos profundamente sesgados, y los primeros puestos en los resultados se venden al mejor postor. Google amasa casi un noventa por ciento de las búsquedas de la red en el mundo, y sin embargo, indexa solo una minúscula fracción de la red visible. La mayor parte de quienes buscan nunca va más allá de la primera página de los resultados. Hay poco espacio para la aleatoriedad al explorar la ingente cantidad de información que realmente está a nuestra disposición. Esto es deliberado. La misión expresa de Google y de otros es reducir esta vasta complejidad. Su objetivo algo menos pregonado es beneficiarse de ello, a expensas de nuestros posibles encuentros aleatorios, y por lo tanto, a expensas de nuestra propia evolución. Muchas de nuestras herramientas están diseñadas para reducir la aleatoriedad de forma similar: desde sistemas algorítmicos de recomendación hasta las aplicaciones de citas, desde la navegación por GPS hasta la previsión meteorológica. Cada una de estas tecnologías –con la mejor intención– intenta trazar líneas claras a través de un entorno complejo y nos proporciona una ruta hacia nuestros deseos, una ruta libre de obstrucciones, desvíos y los caprichos del azar, y libre de encuentros imprevistos. Sin embargo, tal y como atestiguan el método Montecarlo, John Cage y los radiolarios, el significado reside no tanto en los datos al final del trayecto sino en el camino recorrido. Aprendemos, cambiamos, nos desarrollamos y crecemos cuando nos movemos y nos enlazamos con el mundo de formas imprevistas, y lo hacemos mejor cuando nos involucramos como participantes en ese viaje, y no como receptores pasivos de un decreto algorítmico y corporativo.

No es extraño que regresemos una y otra vez a las herramientas generadoras de aleatoriedad –los dados, las cartas, la ruleta, la astrología y el I Ching– cuando queremos liberar el estrés, descansar la cabeza y, quizá, proporcionar un relato alternativo al mundo abstracto, estéril y simplificado, a veces creado, al parecer, para nuestro propio beneficio, pero que en la práctica sirve para dejarnos aturdidos, para extraer riqueza de nosotros y para privarnos de nuestro poder.

Quizá el mayor y más flagrante ejemplo de este proceso ávido de poder por el cual se elimina la aleatoriedad y se simplifica el mundo es el denominado sistema democrático. La supuesta libertad del voto individual –nuestra voz y voluntad dentro del proceso político– termina siendo una farsa, al estar circundada por instituciones como los partidos parlamentarios, la regulación de los procesos de votación, la obstrucción del voto, los límites de las circunscripciones electorales, los colegios electorales, la influencia de los sondeos y los medios de comunicación, la financiación política, los grupos de presión corporativos y una generalizada falta de procesos de consulta relevantes, de implicación o de suficiente educación. Asistimos a un desmoronamiento de este sistema, que se hace patente en el generalizado y creciente descontento global y en la desconfianza hacia el gobierno, el ascenso al poder de líderes carismáticos y autoritarios, y una aparente incapacidad para abordar cuestiones ampliamente extendidas y sistemáticas como la pobreza y la salud, el cambio climático y una pandemia global. El hecho de que continúe en funcionamiento se debe en gran parte y de forma irremediable a que somos cautivos de su mecanismo central –el voto–, que los mismos fundadores de la democracia, los antiguos atenienses, consideraban intrínsecamente corruptivo.

Cuando nos encontramos con sistemas de control incapaces de generar en su seno las condiciones necesarias para que ocurra un cambio significativo, es imprescindible tratar de buscar más allá de ellas, para encontrar una fuente de novedad y rareza suficientemente poderosa para darle la vuelta y reconfigurar el sistema. Como hemos visto, esta novedad y extrañeza es el producto de la aleatoriedad; su fuente es el mundo más allá de lo humano. Para encontrar el verdadero azar, debemos abandonar el área de la informática abstracta, el territorio de las leyes y los programas antropocéntricos, creados por el ser humano, e involucrarnos de nuevo con el mundo a nuestro alrededor.

El oráculo, esa cosa-que-no-puede-ser-una-máquina de Turing, que nos habla desde los orígenes de la informática y que hemos identificado como el mundo más allá de lo humano, llama, precisamente, a seguir ese rumbo. La inteligencia artificial revela su deuda con y su demanda a las mentes no humanas; internet reproduce la complejidad entrelazada de las redes de hongos; los secuenciadores genéticos muestran el origen nuboso y reticular de nuestra biología; un paseo aleatorio, sin rumbo, es el mejor camino a través de la complejidad incognoscible para alcanzar una comprensión significativa. Podría decirse que el objetivo inconsciente de la informática desde sus inicios ha sido redescubrir y rehacer su conexión con todo lo no computable. Si queremos recomponer nuestras sociedades y hacerlas competentes para afrontar los desafíos sistémicos del presente, tenemos que tomar nota de esta lección, redescubrir nuestra conexión con el mundo más allá de lo humano e integrar lo no computable en nuestros propios modos de pensar y relacionarnos. Podemos comenzar por el azar.

La función del *kleroterion* –el ordenador analógico de los antiguos atenienses que empleaban para designar los puestos gubernamentales al azar– sobrevive hoy en día en nuestros procesos de selección de jurados. Pero esta no es la única aplicación moderna de este sistema. En los últimos años, se ha realizado una serie de experimentos que analizan la eficacia del método de la insaculación –la selección mediante una lotería– a través de un abanico de instituciones sociales y ciudadanas. Los resultados son fascinantes.

Uno de estos experimentos se realizó en Irlanda en 2016, cuando el gobierno de aquel momento creó la Asamblea Ciudadana para abordar algunas de las cuestiones más espinosas dentro de la sociedad irlandesa: el aborto, el plazo fijo parlamentario, los referéndums, el envejecimiento de la población y el cambio climático.

Se reunió a noventa y nueve personas en un hotel fuera de Dublín, donde, en el transcurso de una sucesión de fines de semana, asistieron a las presentaciones de varios expertos; escucharon el testimonio y declaraciones de organizaciones no gubernamentales, laboratorios de ideas y partes interesadas; participaron en sesiones de preguntas y respuestas; debatieron entre ellos, y redactaron una serie de propuestas para cada uno de los temas a debate, que el gobierno había prometido revisar para actuar de acuerdo con ellas. Las presentaciones y los debates se emitieron en directo por *streaming* a través de internet para incentivar el interés del público y concienciarlo en relación con aquellas cuestiones. Una persona –la número cien– que actuaba como moderadora junto con la secretaría del servicio de funcionariado gestionaba las propias actas del proceso, recurriendo a los métodos creados a lo largo de muchos años por un puñado de teóricos políticos y otros grupos comunitarios y gubernamentales nacionales.

Cabe destacar dos cuestiones acerca de esta Asamblea Ciudadana. La primera es que los noventa y nueve participantes no se conocían en absoluto entre sí y fueron seleccionados aleatoriamente a partir del censo electoral, en un proceso similar al empleado para servir de jurado. Los resultados de la selección aleatoria fueron moderados para garantizar un equilibrio con respecto a ciertos criterios, como el género, la edad, la localización y la clase social. Más allá de estas pautas, el grupo era un conjunto tan aleatorio de personas como sería deseable, con todo el elenco de diferencias de experiencia, sesgo, origen, educación, opinión y filosofía personal que pueda existir a lo largo y ancho de cualquier país.

La segunda cuestión es que las propuestas que surgieron de la Asamblea demostraron ser más progresistas, más radicales y con mayor potencial de cambiar el mundo de lo que esperaban, o incluso creían posible, los políticos que las encargaron. Acerca del aborto –que se ilegalizó en Irlanda en 1861 y siguió considerándose ilegal después de un referéndum nacional, en 1983– la Asamblea recomendó que se sometiera el asunto a un nuevo referéndum. El aborto es el tema más conflictivo en la vida pública irlandesa, hasta el punto de que un político puede perder su puesto por sugerir siquiera que debería ser debatido, y este miedo a un debate abierto ha sofocado durante décadas cualquier posibilidad de una reforma. De hecho, la prensa reprendió abiertamente a la Asamblea por «una interpretación excesivamente liberal de la opinión general actual en Irlanda acerca de esta cuestión».[18]

Pero la cuestión es que una asamblea aleatoria no está *interpretando* la opinión de una mitológica ciudadanía media; la está representando, directamente. Y cuando el gobierno actuó en función de las recomendaciones de la Asamblea y sometió la Octava Enmienda, que prohíbe el aborto, a un nuevo referéndum, el resultado fue abrumador e histórico. Hasta un sesenta y seis por ciento de la población votó a favor de la legalización del aborto, y la ley se firmó en septiembre de 2018, contra todos los pronósticos de los medios de comunicación y la clase política.

Seis meses después, la Asamblea llegó a conclusiones igualmente radicales, esta vez acerca del cambio climático. Después de escuchar las declaraciones de los expertos y del público general, la Asamblea redactó una serie de recomendaciones, cada una de ellas respaldada por al menos un ochenta por ciento de los participantes, que abogaban por establecer un organismo independiente para abordar el cambio climático; implantar un impuesto al carbón y a otros gases de efecto invernadero; incentivar el uso de vehículos eléctricos, el transporte público, la silvicultura ecológica y la agricultura orgánica; poner fin a las subvenciones a los combustibles fósiles; reducir la cantidad de comida desperdiciada, y apoyar la microgeneración sostenible de energía eléctrica. Todas estas medidas habían sido propuestas ante el gobierno con anterioridad, pero habían sido descartadas o relegadas porque la clase política pensaba que eran inviables o impopulares, o ambas a la vez. El informe de la Asamblea revitalizó la campaña medioambiental en Irlanda y esto llevó a la declaración de la emergencia climática y de la biodiversidad por parte del Dáil, la Asamblea de Irlanda, y la publicación de un «plan [oficial] de acción gubernamental para el cambio climático» en 2019.

Es difícil exagerar la importancia de estos resultados, que se han visto reflejados en los efectos de otras asambleas ciudadanas similares en Canadá, Francia, Países Bajos y Polonia, entre otros lugares. No solo es que noventa y nueve personas completamente desconocidas entre sí, de toda condición social y de todo origen social y educacional concebible, se juntaran y llegaran a un consenso acerca de algunos de los asuntos más espinosos a los que se enfrenta la sociedad contemporánea –un éxito casi impensable en esta era de desconfianza política, tribalismo y división– sino que además, las propuestas que presentaron desafían la idea generalizada de lo que es política y socialmente posible, y llevaron a un cambio real e inequívoco en las vidas de la gente y, potencialmente, en el mundo más allá de lo humano. Las asambleas también demostraron que existen tanto las ganas como una buena disposición por parte de un público supuestamente apático para abordar con seriedad algunos de los temas más graves y, en apariencia, más inextricables que afrontamos.

¿Qué importancia tiene en todo esto la aleatoriedad? Pienso que tuvo dos efectos. En primer lugar, la selección aleatoria –por insaculación– devuelve al proceso democrático algo que sus defensores a menudo reclaman para la democracia, pero que en gran medida se ha perdido: la aprobación y el consentimiento de la población. El sorteo es transparente y verificable. Evita a la clase política, que provoca una amplia desconfianza, y nos permite a cada uno de nosotros que nos imaginemos, si no como uno de los noventa y nueve, en una posición de poder y de libertad de decisión. Su legitimidad se basa en la igualdad y coloca el poder directamente en manos de la población, pero no de forma descuidada. Esto no es el gobierno de la turba o la tiranía de una minoría ruidosa. La aleatoriedad se atempera a través del proceso reflexivo. En esta insistencia en el testimonio, el debate y la construcción de un consenso, la asamblea devuelve a los ciudadanos no solo el poder, sino también la confianza, la comunicación clara, la información vital y la educación –y no la dominación– de los expertos.

El segundo efecto de la aleatoriedad es su poder intrínseco para extraer del paisaje complejo, fragmentario y a menudo aparentemente dividido de nuestras vidas una voluntad compartida coherente y eficaz, una unión de diversas fuerzas que es más grande que el todo. Esto se concreta en el amplio consenso de las asambleas, así como en su voluntad de respaldar con sus nombres políticas que abren camino más allá de lo que hasta entonces se creía posible. El mecanismo que subyace a este efecto se llama «diversidad cognitiva», y con frecuencia se resume como: «La diversidad supera a la capacidad». Es la teoría, respaldada por la investigación social y matemática, que defiende que para hallar la mejor solución a un problema enrevesado y complejo hay que partir del mayor número posible de puntos de vista y experiencias diferentes; es decir, de la mayor selección de personas posible.

Esto es notoriamente contrario a la creencia –dominante en los sistemas electorales, laboratorios, corporaciones y organizaciones sociales– de que existe una persona que, según el mito, es la mejor para ocuparse del asunto, que es capaz de acometer cualquier clase de política diferente sea del área que sea; o un grupo concreto al que se designa como experto y al que deben conceder la autoridad aquellos que tienen menos conocimientos y experiencia. Tras muchos estudios, se ha demostrado que la selección aleatoria a partir de un grupo de personas lo suficientemente amplio –y provisto del conocimiento contextual apropiado– produce mejores respuestas a problemas complejos que la designación de un reducido grupo de expertos.

Para elaborar estrategias nuevas y radicales, necesitamos una diversidad radical de representación y capacidades. La crítica más habitual que se les echa en cara a las asambleas ciudadanas –que las personas que participan no son los agentes «más listos» ni los más competentes ni los más cualificados– resulta ser su mayor fortaleza, una afirmación respaldada por un volumen cada vez mayor de investigación de las ciencias matemáticas y sociales.[19]

Es tentador preguntarse si finalmente hemos encontrado un argumento científico que respalde la diversidad misma, defendida por las ciencias sociales desde hace tiempo, pero con frecuencia ridiculizada por aquellos cuyo poder subsiste gracias a la competición y la explotación, al mantenimiento del desequilibrio del poder y la difusión del mito de la meritocracia. Pero en realidad lo que estamos afirmando es lo que la ecología nos ha estado diciendo todo el tiempo: existimos en virtud de los lazos que nos unen con los demás y con el mundo más allá de lo humano, y estos lazos se refuerzan, no se debilitan, con la inclusión y la participación igualitaria de cada miembro de ese sistema de red.

Emplear una auténtica aleatoriedad –que con frecuencia percibimos como lo opuesto a una toma de decisiones informada y sabia– en debates complejos y políticamente sensibles puede parecer paradójico. Y sin embargo, como hemos visto, es justo este mecanismo el que ha cosechado el mayor florecimiento de novedad y creatividad a través de la informática, la investigación científica, el empeño artístico y en la propia evolución. Desestimar su potencial para ejercer presión sobre la palanca más poderosa con la que contamos para cambiar el mundo –la política–, supondría ignorar la principal lección que nos brindan nuestras herramientas, nuestras tecnologías y nuestros encuentros con el mundo más allá de lo humano.

La antigua Atenas no es la única precursora de este enfoque (y no debemos olvidar la desigualdad que imperaba, en la práctica, en la sociedad ateniense). Otros predecesores son igual de interesantes, o más aún. En Venecia se empleaba un sistema llamado *balotte* (término que se refiere a la «balota», una pequeña bola de madera) para elegir al jefe del Estado o *doge*: el dux. A pesar de que el gobierno estaba en manos de unas pocas familias aristocráticas –apenas un uno por ciento de la población–, un complejo sistema de votos y procesos de selección aleatoria mantuvo la paz durante más de cinco siglos, garantizando que de manera consistente ganaran los candidatos populares y que las minorías tuvieran voz. En Florencia, la *tratta*, o sorteo, decidía qué miembros de la ciudadanía corriente ocuparían posiciones clave en el gobierno. Entretanto, en la España del siglo XV, la insaculación se empleaba en las regiones castellanas de Murcia, La Mancha y Extremadura. Cuando Fernando II incorporó el Reino de Castilla a su Reino de Aragón, convirtiéndose *de facto* en el primer rey de España, reconoció que: «Por experiencia se ve que las ciudades y municipios regidos por insaculación fomentan más la buena vida y una Administración y un Gobierno saneados que los regímenes basados en la elección. Están más cohesionados y son más igualitarios, más pacíficos y están más desapegados de sus pasiones».*

La insaculación no es un invento únicamente europeo; tampoco ha sido siempre gestionada o controlada por la aristocracia. En las aldeas rurales de Tamil Nadu, uno de los estados de la India, existe un sistema de gobierno llamado *kudavolai* que se remonta al menos al período Chola, hace más de mil años. El mecanismo de este sistema consiste en escribir los nombres de los candidatos al comité en hojas de palma y que luego un niño saque las hojas al azar. Aún hoy funciona en las elecciones regionales. En Norteamérica, el sistema insaculatorio era empleado por la Confederación Iroquesa (Haudenosaunee), una asociación política de cinco naciones nativas que se originó alrededor del año 1100 de la Era Común y que duró hasta bien entrado el período colonial, cuando los colonos europeos los expulsaron de sus tierras. Liderada por las jefas de los clanes, la Confederación se inclinaba por operar a través de la cooperación y el consenso (el término *caucus*, del inglés norteamericano, significa «reunión o asamblea política» y proviene de un término algonquino que se refiere a un debate informal sin necesidad de voto), pero cuando se llevaba a cabo una votación, utilizaban el sistema insaculatorio. Esto garantizaba que todos los clanes fueran representados en igualdad y que ninguno de ellos pudiera ejercer su dominio sobre ningún otro. La Confederación Iroquesa fue probablemente una de las sociedades más prósperas y justas de su tiempo, en términos

* Citado en: David Van Reybrouck, *Contra las elecciones. Cómo salvar la democracia*, traducción de Marta Mabres Vicens, Barcelona, Taurus, 2017. Se han hecho todos los esfuerzos por localizar la fuente original en español. (N. de la T.)

de distribución de la riqueza y acceso a los recursos. Se cree que sus ideas tuvieron una influencia sobre Benjamin Franklin, que trató personalmente con la Confederación, y por lo tanto sobre la moderna Constitución de los Estados Unidos.[20]

En Europa, Norteamérica y en otros lugares, estamos poco a poco aprendiendo –o volviendo a aprender– el valor del azar como impulsor no solo del cambio político sino como un reconocimiento del valor real y palpable de la diversidad. Y en este proceso, debemos reconocer el lugar que siempre ha ocupado este azar en las culturas no occidentales, culturas que (en absoluto por casualidad) han estado siempre más cerca del mundo más allá de lo humano y han sido más conscientes de su valor y de su poder a la hora de conformar e informar a las vidas humanas.

La experiencia de la insaculación y el valor de la diversidad cognitiva, junto con los ejemplos del poder de la aleatoriedad y las historias de la voluntad e inteligencia del mundo más allá de lo humano que hemos ido reuniendo hasta aquí en este libro apuntan hacia una revelación dual. Primero, que las soluciones más creativas y profundas a los problemas sistémicos más serios y enrevesados a los que nos enfrentamos solo pueden ser abordadas a través de la aplicación de una diversidad cognitiva radical: la sincronización de la mayor variedad posible de puntos de vista y experiencias encarnados que podamos congregar. Además, debemos reconocer que la diversidad cognitiva se extiende más allá de lo humano, que es inherente a la inteligencia de los animales no humanos, a la organización y la condición de sujeto de bosques, prados y hongos, a la vibrante florescencia del moho mucilaginoso, de la microbiota intestinal, e incluso de los virus. Si excluimos esos entrelazamientos de los procesos que empleamos para la toma de decisiones políticas y para la resolución de problemas no solo estaremos manteniendo la práctica de la violencia extractivista y el totalitarismo especista hacia otras formas de vida, con consecuencias devastadoras para nuestra propia supervivencia. También estaremos ignorando, a sabiendas, las lecciones inmensamente creativas y evolutivas de la aleatoriedad misma.

El azar asigna valor a todo y a todos los que toca, otorgando a cada participante el mismo peso: todo es igualmente valioso. En esto, el azar es intrínsecamente político e intrínsecamente empoderante. El azar significa y garantiza que cada cosa importa: yo importo, tú importas, todos importamos juntos. Y este «importar» es un verbo activo: al prestar atención y otorgar poder a cada parte constitutiva de la asamblea, devenimos juntos, en el sentido de la intra-acción de Karen Barad, con todo rebotando en todo lo demás y deviniendo, en consecuencia, algo más. La aleatoriedad incrementa las intra-acciones. Todas y cada una de las cosas importan; todos importamos.

Somos quienes somos por nuestros encuentros con el mundo más allá de lo humano. Cualquier futuro en el que sobrevivamos y prosperemos requerirá que nos aproximemos aún más; en nuestras vidas, en nuestros pensamientos, en nuestro existir y en nuestra sociedad. La aleatoriedad en la tecnología, en la ciencia, la política y la ecología demuestra que existe una base sólida y racional para este entrelazamiento: cuando suceden, estos encuentros mediados por el azar producen conocimiento, distribución de poder y nos elevan a todos. Solo lograremos devenir aquello que podemos llegar a ser –más sabios, más igualitarios, más justos y más vivos– si lo hacemos juntos.

Sigue siendo aún complicado, por ahora, imaginar –y no digamos ya implementar– el modo de abrazar, completa y significativamente, el vasto y asombroso poder del mundo más allá de lo humano, y de integrarlo en nuestros sistemas de gobierno y en nuestras relaciones humanas. Aun así, existen señales y presagios. En todo el mundo, en nuestros entrelazamientos con toda clase de alteridades no humanas, estamos comenzando a observar el surgimiento de nuevas formas de relacionarnos: legal, social y políticamente. A estas ideas y experimentos nos dedicaremos ahora, mientras tratamos de esbozar un camino hacia una política verdaderamente ecológica.

8

Solidaridad

El domingo 4 de enero de 1903, una elefanta llamada Topsy fue ejecutada en Coney Island por electrocución. Nacida en el sudeste asiático alrededor de 1875, Topsy fue capturada a la edad de dos años y trasladada ilegalmente a Estados Unidos por el dueño de un circo, Adam Forepaugh, que aseguraba que la elefanta había nacido en suelo americano. La bautizaron con el nombre de la joven esclava de *La cabaña del tío Tom*, la novela de la escritora estadounidense Harriet Beecher Stowe.

Topsy saltó a las noticias nacionales en mayo de 1902, cuando mató a un espectador borracho después de que este se metiera en el recinto de los elefantes del circo y, según consta, le arrojara arena a la cara y le quemara la trompa con un puro. Los artículos de la prensa acerca del incidente añadieron que, con anterioridad, Topsy había sido responsable de la muerte de dos trabajadores del circo. A pesar de que estos hechos nunca fueron confirmados y probablemente fueran exageraciones en la línea de otras historias que se contaban acerca de su comportamiento, Topsy se ganó una mala fama que provocó que las multitudes se congregaran para asistir a cada uno de sus espectáculos. Cuando, al mes siguiente, atacó a otro espectador, el circo la vendió al parque de atracciones Luna Park, en Coney Island. Allí, Topsy trabajó como una atracción más y como bestia de carga, acarreando troncos por el parque como «penitencia» por sus fechorías. En una ocasión, el guarda a su cargo, un tal William Alt, le clavó una horca y cuando ella se enfureció, la dejó libre para que corriera por las calles. Unos meses después, el guarda se emborrachó y la cabalgó a través de la ciudad hasta la estación de la Policía, donde Topsy hizo sonar su trompa con tal ferocidad que los policías corrieron a esconderse en las celdas. Finalmente, Alt fue despedido.

Sin embargo, en ausencia de Alt, el parque no podía controlar a Topsy, y como ningún otro zoológico la aceptaría, los dueños decidieron ejecutarla –nuevamente, como espectáculo público y promoción del parque– colgándola del cuello desde una grúa. La Sociedad Americana para la Prevención de la Crueldad hacia los Animales protestó, pero aceptó cuando se decretó un método de ejecución más humano: la combinación de ahogamiento, envenenamiento y electrocución fue considerada un castigo apropiado para sus numerosos crímenes. Los trabajadores de la empresa de iluminación Edison colocaron un cableado resistente alrededor de nueve manzanas para proporcionar la corriente alterna necesaria, y la empresa de cinematografía Edison grabó con cámaras el acontecimiento.

El día señalado, se calcula que unos mil quinientos espectadores y cien fotógrafos de prensa se congregaron en el parque, al que muchos de ellos entraron saltando las vallas. Otros contemplaban la escena desde los balcones y las azoteas colindantes. Topsy fue conducida desde su jaula por un nuevo adiestrador, que no fue capaz de hacer que cruzara el puente hasta el lugar de la ejecución –una isla en mitad de un lago lleno de barcos– a pesar de insistir y rogar con pinchazos. Se le ofrecieron veinticinco dólares a William Alt, que se había negado a asistir al acto, para que fuera a ayudar, pero rehusó, diciendo que «no [lo haría] ni por mil dólares». Después de casi dos horas, se tomó la decisión de matarla en el sitio en el que estaba. Reinstalaron en el nuevo emplazamiento un motor de vapor, unas fuertes cuerdas para estrangular y el aparato eléctrico, incluidas unas sandalias con filamentos de cobre y cables de alimentación. El jefe de prensa del parque le dio a Topsy unas zanahorias que contenían cuatrocientos sesenta gramos de cianuro, y a las 14.45 horas el electricista jefe dio la señal para conectar la corriente, que lanzó seis mil seiscientos voltios a través de su cuerpo durante diez segundos.

Topsy se puso rígida y se derrumbó, y quedó sostenida solo por las cuerdas apretadas alrededor de su cuello desde el motor de vapor. Fue declarada muerta a las 14.47 horas.

La empresa de cinematografía Edison posteriormente estrenó una película de cine de setenta y cuatro segundos de duración titulada *Electrocuting an Elephant* [«Electrocutar a un elefante»], que recogía los últimos momentos de vida de Topsy. Tiene su propio lugar macabro en la historia de la tecnología: puede que esta grabación sea la primera que mostró la muerte en una película de cine.[1]

La espantosa muerte de Topsy es una más en la larga tradición de juicios y ejecuciones de animales que tuvieron lugar a lo largo de la Europa medieval y la América colonial. En el municipio francés de Savigny-sur-Etang, en 1457, el horrible asesinato y consumo parcial de un niño de cinco años fue atribuido a una familia de cerdos de la localidad. Las siete sospechosas –la madre y sus crías– fueron arrestadas, acusadas de infanticidio y encerradas en la cárcel local a la espera de juicio. Se asignó un abogado, se llamó a los testigos, se presentaron las pruebas y se pronunciaron los alegatos ante una sala del tribunal abarrotada. Finalmente, la mamá cerda fue declarada culpable y condenada a morir en la horca –una sentencia que se ejecutó en el patíbulo local– mientras que los cochinillos recibieron el perdón judicial a causa de su corta edad.

Los juicios de este tipo eran muy comunes en aquella época, y se adaptaban de formas inusuales a los infractores no humanos a los que se llevaba ante la justicia. Con cierta frecuencia, humanos y animales eran enjuiciados juntos como cómplices, los animales contaban con abogados designados para representarlos a expensas del erario público y tenían derecho a la apelación. En algunos casos, especialmente en aquellos en los que estuvieran involucrados cerdos, se vestía a los acusados con ropa humana tanto durante los juicios como en las ejecuciones. Pero estos juicios no eran un mero espectáculo ni una oportunidad para que el abogado perfeccionara su pericia: eran procesos respetados y completamente en serio, producto de sociedades que creían que los animales tenían una responsabilidad moral por sus supuestos crímenes.

Cuando, en 1597, los gorgojos de la localidad saboyana de Saint Julien fueron acusados del crimen de destruir los viñedos locales, su abogado no tardó en argumentar –con éxito– que los gorgojos tenían todo el derecho a comerse las hojas de la vid, porque tenían sobre ellas un derecho previo, basado en la promesa que Dios hizo a los animales en el Génesis, de que podían contar con toda la hierba, las hojas y el pasto verde para su sustento.* En 1522, el municipio de Autun, en Borgoña, sufrió una plaga de ratas que devoraron los almacenes de cebada y aterrorizaron a las doncellas de la localidad. El pregonero local expidió una orden de comparecencia para que las ratas se presentaran en el juzgado. Cuando no lo hicieron, el juez se negó a condenarlas *in absentia* y envió al pregonero de regreso a los campos. Cuando se vio que las ratas no comparecerían, su abogado argumentó que tenían buenas razones para no asistir, debido al miedo que les producían los gatos del lugar. El juez se vio obligado a expedir una orden para que abandonaran los campos en un plazo máximo de seis días, bajo pena de exterminación y condena eterna.

El abogado de las ratas en este caso era un jurista llamado Barthélemy Chasseneuz, que llegaría a convertirse en presidente del Tribunal Supremo y en un preeminente teórico del derecho. En un monográfico legal escrito tardíamente, Chasseneuz argumenta con persuasiva vehemencia que cualquier animal, salvaje o doméstico, debería considerarse miembro laico de la congregación parroquial en la que reside. Es decir, los derechos de los animales eran afines a los derechos de las personas.[2]

Estos juicios servían para confirmar la maldad inhumana intrínseca de ciertos animales, y pueden incluso haber constituido un eco de antiguos rituales de sacrificio y expiación. Sin embargo, a su vez

* «Y a todo animal terrestre, a toda ave de los cielos y a todo ser animado que se arrastra sobre la tierra, les doy por alimento toda hierba verde» (Génesis I, 30; Biblia de Jerusalén, edición a partir de la versión francesa a cargo de José Ángel Ubieta, traducción del Génesis por Jesús Moya, Desclée de Brower, Bilbao, 1971). (N. de la T.)

enfatizan el modo en el que las sociedades preilustradas veían a los animales como parte de una comunidad política, una comunidad en la que todos y cada uno de sus miembros estaban sujetos al debido proceso y a la ley. En esto, representan el último aliento de los sistemas de creencias animistas mientras se iban alineando con la visión cartesiana de los animales como bestias y máquinas; porque, si los animales carecían de verdaderos sentimientos, alma, inteligencia o voluntad política, entonces no podían ser procesados ni asumir ninguna otra posición decisiva en la comunidad. Pero mientras los juicios iban apagándose lentamente –la ejecución de Topsy fue un trágico ejemplo muy tardío– el comportamiento intencionado de estos sujetos no humanos persistió. Esta voluntad de acción creativa y rebelde se mantiene de forma particularmente evidente siempre que tratamos de utilizar y encerrar a los animales contra su voluntad.

Los animales que se enfrentan y rechazan su cautividad, como hizo Topsy, siguen siendo considerados como un «problema» en las instalaciones que poseen animales hoy en día. El historiador Jason Hribal ha documentado numerosos relatos de esta clase de resistencia. Hribal describe la fama de los orangutanes en cautividad, entre otros, por su ingenuidad al tramar y llevar a cabo planes de huida complejos, y mantener en secreto sus intenciones ante sus captores. En el zoológico de San Diego, un orangután llamado Ken Allen era conocido por desenroscar cada tuerca y tornillo que encontraba, en un intento de liberarse; cuando lo pasaron a un recinto abierto, lanzaba piedras y heces a los visitantes y trataba de romper las ventanas. Cuando retiraron todas las piedras, Ken y sus colegas reclusos arrancaban los aislantes cerámicos de las paredes y los usaban como misiles en lugar de las piedras. En una ocasión, observaron que Ken estaba construyendo una escalera con unas ramas caídas. «Era muy metódico en la tarea –explicaba un empleado–. Colocaba con mucho cuidado el pie de la escalera en el suelo y la golpeaba con la mano para asegurarse de que era sólida, y entonces escalaba hasta arriba del muro y volvía a bajar.»[3]

Un par de años después del incidente de la escalera, tras el cual elevaron los muros del recinto y pulieron las paredes para eliminar cualquier resquicio por el que poder escalar, encontraron a Ken otra vez libre, deambulando por el zoológico. El zoo había introducido a varias orangutanas, con la esperanza de que distrajeran a Ken. Aun así, Ken las había reclutado como cómplices: mientras él distraía a los guardas que lo vigilaban –algunos de ellos vestidos «de paisano» entre los visitantes–, otra reclusa, Vicki, abrió a la fuerza una ventana. El desvío de la atención resultó ser una de las tácticas favoritas de los orangutanes: si alguna vez los guardas se dejaban olvidada una herramienta, como por ejemplo un destornillador, en la jaula, escribió un experto, un orangután «se daba cuenta inmediatamente pero fingía no haberlo visto, para que el guarda no se diera cuenta de su despiste. Por la noche, lo usaba para desmontar la jaula y escapar». Es obvio que la teoría de la mente –inferir la intención del otro, señal, supuestamente, de una inteligencia superior, tan difícil de demostrar en condiciones experimentales– está presente en el escapismo del orangután.

El propio Ken era infatigable. Una vez lo pillaron sumergido hasta la cintura en el foso del recinto, usando los pies y las manos para agarrarse a las paredes lisas y escalar centímetro a centímetro. Se cree –se creía– que los orangutanes sufren una intensa hidrofobia y que son incapaces de escalar de esta manera, pero Ken echó por tierra esta perspectiva. En otra ocasión, su intento de fuga fue interrumpido cuando Ken tocó los cables electrificados en lo alto de los muros del recinto; pero siguió probando y un día, cuando los habían apagado para realizar trabajos de mantenimiento, saltó afuera de nuevo.

Otros simios y monos han demostrado parecida persistencia ante la opresión. El Centro Nacional de Investigación de los Primates de Tulane, en Luisiana, donde residen cinco mil monos de once especies diferentes para ser usados en la investigación biomédica, ha sido testigo de una serie de huidas en masa, en particular en 1987, 1994 y 1998, cuando bandas de hasta cien monos Rhesus y macacos cola de cerdo consiguieron romper las puertas de la jaula, forzar las cerraduras y escapar todos de una vez a los humedales colindantes. Esta energía no se dirige únicamente hacia la autoliberación: Carl Hagenbeck, un comerciante de animales exóticos del siglo XVIII, contó que cuando capturaba a babuinos jóvenes en la naturaleza al norte de África, sus progenitores y otros miembros del grupo luchaban con uñas y dientes para liberar a los cautivos. Y este empeño continuaba a lo largo de grandes distancias: cuando la caravana de Hagenbeck trataba de alcanzar la costa, aparecían nuevos grupos de babuinos que la atacaban repetidas veces para liberar a sus compañeros.

Para Hribal, estos intentos de los animales por liberarse a sí mismos y a otros no son actos de sabotaje o de curiosidad sin sentido; más bien, son formas de resistencia activa y consciente a las condiciones impuestas por los humanos. Los actos de resistencia animal en cautividad reflejan los actos humanos, e incluyen ignorar las órdenes, hacer todo más lentamente, negarse a trabajar sin la comida adecuada y sin agua, tomarse descansos no oficiales, romper el equipamiento, provocar daños en los recintos de reclusión, contraatacar y, directamente, fugarse. Los animales luchan consistentemente por escapar de su situación y, si es posible, por lograr algún tipo de influencia sobre ella. La suya es una lucha contra la explotación, y como tal, constituye una actividad política.

La política, en esencia, es la ciencia y el arte de tomar decisiones. Por lo general, pensamos en ella como las cosas de las que se ocupan la clase política y los grupos activistas, dentro del marco del gobierno nacional o local, pero realmente se trata de los asuntos cotidianos, el día a día de la organización comunitaria. Cada vez que dos o más personas tienen que llegar a un acuerdo o tomar una decisión, la política está presente. Para los humanos, la política se desarrolla en todo tipo de formas: en los parlamentos, en las urnas, en nuestras decisiones cotidianas acerca de cómo queremos vivir y cómo mantener estas maneras de existir. Toda elección que hacemos y que afecta a los demás es, en sí misma, una elección política. Esto incluye, obviamente, el acto de votar, pero también incluye las cosas que fabricamos y diseñamos, que configuran las vidas de los otros; nuestras relaciones con nuestras parejas y vecinos; las cosas que consumimos, sobre las que actuamos, que compartimos y que rechazamos; en resumen, cada opción que elegimos y que tiene implicaciones para la comunidad. Hasta cuando decimos que no queremos tener nada que ver con la política, en realidad no tenemos esa posibilidad. La política afecta a casi todos los aspectos de nuestras vidas lo queramos o no y, por definición, es el proceso por el cual se lleva a cabo casi todo. En este sentido, la política, cuando está organizada, es también un tipo de tecnología: el marco de la comunicación y el procesamiento que gobierna la interacción y las posibilidades cotidianas.

Una política más que humana, por lo tanto, es una política que reconoce y se involucra con el mundo más allá de lo humano en sus procesos de toma de decisiones, y puede adoptar muchas formas. Debido a que nuestra política históricamente ha excluido lo no humano, la mayoría de estas interacciones son judiciales –atañen a los modos en los que gobernamos de forma absoluta el mundo natural– pero, como veremos, se están dando pasos para conceder a los animales un mayor peso como sujeto político, en sus propios términos y sobre cuestiones compartidas. Y los animales también actúan políticamente entre ellos: se asocian, crean alianzas, tienen disputas, votan y toman decisiones.

La mayoría de los argumentos legales acerca de la vida no humana son a cargo de los humanos en representación de los animales: se organizan para defender los derechos de los animales o aprobar leyes que protejan los bosques y los océanos. La afirmación de Hribal de que la resistencia animal ante la cautividad constituye una lucha por la liberación es, por lo tanto, muy significativa, porque constituye un argumento en favor de la inclusión política, no desde la perspectiva de una conciencia humana celosa y del reconocimiento de la inteligencia animal, sino desde el compromiso activo y la resistencia de los propios animales no humanos. Por eso, es de vital importancia entender que el mundo más allá de lo humano no es un lugar desprovisto de actividad sociopolítica, sino un espacio en el que ya están presentes y se dan procesos como la toma de decisiones, la creación de un consenso y la acción concertada.

En los primeros años del siglo XX, el gran filósofo naturalista y anarquista ruso, Piotr Kropotkin, adoptó una perspectiva similar. Su colección de ensayos, *El apoyo mutuo. Un factor de evolución* (1902), explora las similitudes entre la cooperación y la reciprocidad que observaba en el mundo animal y en las tempranas sociedades europeas indígenas, en las ciudades libres medievales, en las aldeas de finales del siglo XIX y en los movimientos obreros. Para apoyar su argumento, citaba a sociedades tan diversas como las de los castores, que construyen presas y colonias para toda la comunidad, y las de las bandadas de aves, que aguardan días enteros hasta que se reúne toda su cohorte para emprender el largo vuelo nocturno, durante el cual se turnan para guiarse unas a otras. Así, también, «ciertos cangrejos de las Indias Orientales y América del Norte [de forma muy parecida a aquellos que constituían el ordenador cangrejo] se reúnen en grandes masas cuando se dirigen hacia el mar para depositar sus huevas, debido a lo cual cada una de estas migraciones presupone sincronización, cooperación y apoyo mutuo». Algunas aves, como el gorrión, comparte el grano con sus congéneres, mientras que la avefría y la lavandera defienden a otras aves pequeñas de depredadores como la gaviota o el halcón. Incluso «un ave tan social como el pato. En términos generales está mal preparado, pero practica el apoyo mutuo y, a juzgar por sus innumerables especies y variedades, tiende positivamente a extenderse por toda la tierra».[4]

Kropotkin vio en el mundo animal una estampa de solidaridad y apoyo mutuo que desmentía la vieja idea de esa «Naturaleza, con colmillos y garras»[*] y la noción darwiniana de una biosfera enteramente competitiva. De hecho, consideraba el darwinismo

* Referencia al verso de Alfred Lord Tennyson: «*Tho' Nature, red in tooth and claw*» (*In Memoriam*, Canto LVI, en: Alfred Lord Tennyson, «*In memoriam*» *y otros poemas*, edición bilingüe de José Luis Rey, Madrid, Cátedra, 2022). (N. de la T.)

estricto como completamente antropomórfico: un reflejo del ser humano y de nuestros propios defectos, más que una lectura rigurosa de la situación más allá de lo humano. Nuestro empecinamiento por hallar conflicto en todas partes, señaló Kropotkin, no hace sino volverse cada vez más hipócrita a medida que continuamos perturbando y saqueando los hábitats y las sociedades de lo no humano. No era la violencia de la naturaleza, sino la del hombre –aquello que Kropotkin denominó «la civilización a base de pólvora»– la que había llevado a la desaparición de grandes colonias de animales que una vez habitaron enormes franjas del planeta: «sociedades y grupos que cuentan, a veces, cientos de miles de individuos», ahora reducidas a «restos lastimosos». «¡Y qué erróneo, en consecuencia, el punto de vista de aquellos que hablan del mundo animal como si estuviera compuesto solamente de leones y hienas que clavan sus colmillos ensangrentados en la presa! –escribió–. Es lo mismo que si afirmásemos que toda la vida de la humanidad se reduce solamente a las guerras y a las masacres.»

Más aún, Kropotkin rechazaba explícitamente los análisis del comportamiento animal que lo reducían a un mero instinto amoroso y empático. Él lo veía directamente comparable al sentimiento moral humano, que a su vez no puede reducirse al amor y la empatía personal. «No es el amor a mi vecino –a quien seguramente ni siquiera conozco– lo que me induce a tomar un cubo de agua y correr hacia su casa en llamas mientras la mía está a salvo –escribió–. Me guía un sentimiento más amplio aunque más vago, un instinto, más propiamente dicho, de solidaridad humana; es decir, de caución solidaria entre todos los hombres y de sociabilidad. Lo mismo ocurre entre los animales.»

La insistencia de Kropotkin en la solidaridad es vital para entender que hablar de política animal no es entregarse al antropomorfismo –la atribución de condiciones y cualidades humanas a los no humanos– como tampoco a una distorsión de los comportamientos instintivos de «alianza natural». Más bien, es un reconocimiento pleno de que compartimos un mundo. Este mundo no se limita al territorio y los sentidos, sino que se extiende, en los términos que emplea Kropotkin, al sentimiento moral, a la ética y a la sociabilidad, así como a la experiencia del placer, todos ellos aspectos que habitualmente denegamos a los no humanos. «No es el amor, ni siquiera la simpatía (entendidos en el verdadero sentido de estas palabras) lo que induce al rebaño de rumiantes o caballos a formar un círculo con el fin de defenderse de las agresiones de los lobos; ni es el amor el que hace que los lobos se reúnan en manadas para cazar –escribió–. (...) En todos estos casos, el papel más importante lo desempeña un sentimiento incomparablemente más amplio que el amor o la simpatía personal, un instinto de sociabilidad que se ha desarrollado lentamente entre los animales y los hombres durante un proceso de evolución extremadamente largo.» Para Kropotkin, este sentimiento era la solidaridad del apoyo mutuo, y la alegría de una vida social compartida.

Los animales hacen política de forma práctica: emprenden toda clase de procesos para llegar a consensos y a decisiones colectivas en el día a día, a través de diversos mecanismos. La cohesión social es vital para la supervivencia colectiva, de manera que todo animal social debe practicar algún tipo de toma de decisiones por consenso, particularmente en cuanto a la migración y a la elección de los lugares donde alimentarse. Tal y como ocurre en la sociedad humana, esto puede acarrear conflictos de intereses entre los miembros del grupo (la mayoría sabemos la pesadilla que supone poner de acuerdo a un grupo de personas para pedir en un restaurante). La respuesta a este problema en el mundo animal raramente o casi nunca es el despotismo: la obediencia ciega a un individuo dominante dentro del grupo. Con mucha más frecuencia, la solución implica un proceso democrático.

El ciervo rojo vive en grandes manadas y a menudo se detiene a descansar y a rumiar. Los estudios demuestran que los ciervos solo reemprenden la marcha cuando se levanta un sesenta por ciento de los adultos; votan, literalmente, con sus patas. Esta mayoría del sesenta por ciento no incluye necesariamente a los machos dominantes, incluso aunque previamente hayan demostrado su buen juicio: la manada prefiere las decisiones democráticas por encima de las autocráticas. Lo mismo ocurre con el búfalo, aunque en este caso las señales son más sutiles: las hembras de la manada indican en qué dirección prefieren continuar el viaje; para ello, se levantan, miran en esa dirección y vuelven a echarse. Solo cuentan los votos de las hembras adultas y si hay un claro desacuerdo, la manada puede dividirse y pastar por separado durante un tiempo antes de reagruparse.

Las aves y los insectos también exhiben formas de comportamiento que indican que se está llevando a cabo una toma de decisiones compleja. Por medio de unas unidades de seguimiento por GPS colocadas en las palomas, los equipos científicos han demostrado que las decisiones acerca de cuándo y hacia dónde volar se comparten entre todos los miembros de una bandada; y aunque algunos ostentan un rango superior a otros, esta jerarquía es flexible y cambia con frecuencia. «Esta segregación dinámica y flexible de los individuos en líderes y seguidores –en la que pueden hacer su contribución incluso las opiniones de los miembros de menor rango– puede suponer una forma especialmente eficaz de tomar decisiones», señala el equipo de investigación. Incluso se ha demostrado que las cucarachas, que, a diferencia de las hormigas y las abejas, aparentemente carecen de estructuras sociales complejas, adaptan su comportamiento de nidificación sobre la marcha, dividiéndose en grupos del tamaño más eficaz y ventajoso en función de la disponibilidad de refugios y recursos.[5]

Quizá el mayor exponente de la igualdad –la clase de política verdaderamente diversa y distribuida por la que abogamos en el capítulo anterior– es la abeja melífera. Las abejas melíferas tienen su propia historia aparte, primero como atentas pastoralistas y pacifistas –todas las abejas descienden de una especie de avispa que decidió hacerse vegetariana hace unos cien millones de años– y segundo, como una comunidad comunicativa que se rige por consenso. Su conocido compromiso con la vida social se recoge en el proverbio del apicultor, que bien podría ser un eslogan político: «*Una apis, nulla apis*»; «una abeja sola no es abeja».

Las abejas melíferas nos conceden uno de los mayores espectáculos de comunicación animal y democracia en acción, conocido como la danza del meneo. Se trata de un proceso mediante el cual comparten información acerca de fuentes cercanas de polen y toman decisiones sobre nuevos lugares para establecer sus colmenas. La danza del meneo fue descrita científicamente por el etólogo austriaco Karl von Frisch, en el verano de 1945. Frisch sabía, desde hacía unos treinta años, a partir de sus propias observaciones, que cuando una recolectora solitaria localizaba una rica fuente de alimento, regresaba inmediatamente a la colmena y realizaba una danza agitada: seguía un patrón dibujando la figura de un ocho, sobre el que avanzaba rápidamente, meneando el cuerpo de lado a lado, y después trazaba un círculo alrededor hasta llegar al punto de partida, y recorría este circuito muchas veces. Podía repetir este patrón durante varios minutos cada vez, mientras gradualmente se le iba uniendo un rastro de imitadoras ociosas, que en un momento dado salían pitando en busca de la bonanza señalada. Frisch pensaba que las seguidoras debían de detectar algún perfume floral de la primera abeja, que les permitía a ellas mismas localizar el polen rápidamente. Sin embargo, tras varios años de cuidadosa observación, descubrió que ocurría algo mucho más complejo y asombroso.

Frisch descubrió que, al interpretar la danza del meneo, las abejas no se limitaban a comunicar su excitación o una fragancia, sino que en realidad estaban codificando la dirección y la distancia exactas de la fuente de alimento, de manera que cualquier otra abeja pudiera volar directamente hasta esa fuente sin necesidad de buscar más. Esta información estaba contenida en la misma danza. La duración de la danza del meneo es directamente proporcional a la distancia comunicada –un segundo de danza equivale a unos mil metros– mientras que el ángulo de la danza con respecto a la orientación vertical de la colmena se corresponde con el ángulo del trayecto hacia fuera, con respecto a la posición del sol. Así, un baile de siete segundos en un ángulo ascendente de treinta grados significa que el alimento está disponible a siete kilómetros de distancia, a treinta grados hacia la derecha del sol. Al reproducir la danza, las otras abejas decodifican las señales y se dirigen directamente y sin errores hacia las flores que se han indicado en la danza.

Uno de los estudiantes de posgrado de Frisch, Martin Lindauer, continuó a partir de estos estudios. Lindauer había sido llamado a filas para entrar en el ejército de Hitler en cuanto acabó el instituto, en 1939, pero fue inhabilitado del frente occidental después de sufrir heridas de metralla de una granada. Mientras se recuperaba en Múnich, su médico le recomendó que visitara la universidad y asistiera a una de las conferencias de zoología general impartida por el famoso profesor. Más tarde, Lindauer recordaba que cuando escuchó a Frisch hablar acerca de la división celular, sintió que regresaba a «un nuevo mundo de humanidad», un mundo en el que las personas trataban de crear en lugar de destruir.

En 1949, al pasar por delante del Instituto de Zoología de Múnich, Lindauer advirtió que había un enjambre de abejas colgado de un árbol, cerca de las colmenas del instituto. Sabía que este comportamiento indicaba que estaban buscando un nuevo hogar, como hacen las abejas cuando muere la reina, cuando escasea la comida o cuando el crecimiento de la población del enjambre es excesivo para una sola colmena. Pero también advirtió que algunas de estas abejas estaban realizando danzas del meneo; y, a diferencia de las recolectoras, que habitualmente exhiben este comportamiento, estas no parecían transportar polen de una nueva fuente. Más bien, estaban cubiertas de hollín y de polvo de ladrillo, de tierra y de harina. Lindauer pensó que no eran recolectoras: eran exploradoras, que habían estado rebuscando alrededor de las ruinas bombardeadas del Múnich de posguerra en busca de nuevos lugares donde anidar.

Hizo falta otra década de estudio minucioso para descubrir exactamente qué estaba ocurriendo, incluidos muchos días y semanas pintando pequeños puntos en el lomo de cada abeja bailarina con el objetivo de analizar y tabular sus movimientos. La vigilancia de Lindauer a pie de enjambre fue revelando de forma gradual que la danza del meneo podría no estar solo comunicando

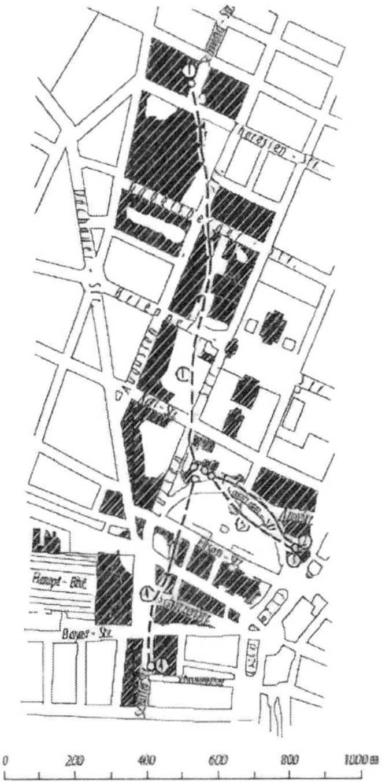

Mapa de Múnich, alrededor del Instituto de Zoología, que muestra las rutas de vuelo de cuatro enjambres a los que Lindauer pudo seguir desde el punto de vivaque en el jardín del instituto hasta la localización de sus nuevas colmenas (enjambres 1-3) o de descanso intermedio (enjambre 4).

la ubicación del alimento, sino una preferencia política. Cuando el enjambre comenzó a buscar un nuevo lugar donde anidar, las primeras exploradoras anunciaban decenas de ubicaciones posibles al mismo tiempo, pero después de unas pocas horas o días, comenzaron a acercarse a una decisión. Cada vez más abejas se ponían a bailar indicando la misma ubicación, hasta que, más o menos una hora antes de que el enjambre emprendiera el vuelo, todas las abejas danzantes indicaban el mismo lugar, siguiendo los mismos patrones de movimiento. Si Lindauer estaba en lo cierto, este último patrón indicaba el nuevo lugar de nidificación; y para probar su teoría, debía esperar hasta el momento exacto en el que las abejas echaran a volar, y correr tras ellas por las calles y callejones de Múnich hasta su nuevo hogar, una hazaña que logró realizar en diversas ocasiones. En cada una de ellas, el nuevo lugar de residencia coincidía con el voto danzante final y unánime. Las abejas habían llegado a una decisión comunal: estaban actuando políticamente.[6]

Hay varios factores clave en la elección de las abejas de un nuevo lugar de nidificación. El primero es que el control sobre la decisión se distribuye de forma igualitaria entre todos los miembros de la comunidad, en lugar de residir en una sola líder (habría que insistir en que la concepción generalizada de una «abeja reina» que gobierna sobre sus «trabajadoras» es una idea equivocada). En segundo lugar, debido a que cientos de abejas participan en la decisión, el enjambre entero adquiere y procesa información acerca de múltiples opciones de una sola vez, incluso de lugares lejanos representados por una sola bailarina. De esta manera, son capaces de evaluar un elenco mucho mayor de opciones y mayor es, también, la probabilidad de encontrar el mejor lugar. Finalmente, la decisión se toma de manera abierta y justa: se escucha la opinión de cada abeja y todas hacen su propia valoración independiente de la propuesta. En resumen, las abejas toman parte en un tipo de democracia directa, como la que se practica en escenarios humanos tan diversos como la antigua Atenas, la Comuna de París, los cantones de Suiza, las reuniones de los cuáqueros, la autogestión kurda, árabe y asiria de Rojava, y las asambleas ciudadanas.

¿Qué otras lecciones podemos extraer de las extraordinarias actividades políticas de la abeja melífera? Son legión, pero aquí van algunas. El científico cognitivo norteamericano Douglas Hofstadter creía que el comportamiento de los enjambres de abejas –así como el de cierta clase de hormigas– tiene una estrecha correlación con el esquema de procesamiento de información del cerebro de los primates. Un enjambre de abejas medio pesa alrededor de 1,5 kilogramos, aproximadamente lo mismo que un cerebro humano. Esta no es la única similitud. El modo en el que el cerebro toma decisiones, integrando la información que le llega de múltiples sentidos, es muy parecida al modo en el que un enjambre de abejas integra la información a partir de múltiples individuos. Y este tipo de integración resulta ser la mejor manera de elegir entre múltiples opciones que compiten entre sí. Un enjambre de abejas, una colonia de hormigas y un conjunto de neuronas: tres ensamblajes que han evolucionado de forma independiente y que constituye, cada uno de ellos, una máquina pensante. De nuevo vemos la evolución convergente en acción, el florecimiento de maneras análogas pero radicalmente diferentes de pensar y de hacer, a través de la maleza de la vida.[7]

Si entendemos cómo funciona la inteligencia de enjambre, podemos redirigir este conocimiento de nuevo hacia las máquinas. Un ejemplo de la aplicación de la inteligencia de enjambre a la informática es BeeAdHoc, un algoritmo de enrutamiento para redes móviles. BeeAdHoc está diseñado para redes temporales y frágiles, donde los teléfonos móviles u otros dispositivos van apareciendo y abandonándose con cierta frecuencia en distintos lugares. Mantener la conectividad en estas condiciones es un problema difícil, y la solución de BeeAdHoc se inspira directamente en el comportamiento de las abejas recolectoras. El programa utiliza «agentes abeja» –pequeñas piezas de *software* que imitan a las abejas exploradoras– para recopilar información acerca del estado local de la red y las propaga a todos los nodos, y resulta que esto, por un lado, es más eficaz, y por otro, consume menos energía que cualquier otro algoritmo conocido que realice esta tarea.[8] Al parecer, las abejas, al igual que los mohos mucilaginosos y las redes micorrizales, ya están realizando la clase de trabajos que a nosotros aún nos cuesta conseguir con nuestras propias tecnologías. Tenemos mucho que aprender de ellas.

Los animales, entonces, actúan políticamente y resultan ser bastante buenos en ello. Así que, ¿cómo deberíamos integrar este conocimiento en una política más allá de lo humano para nosotros? El mayor obstáculo a la hora de hacer esto no es que no sepamos qué están haciendo –las décadas de estudios revelan que prefieren la democracia directa y la participación de la comunidad– sino cómo otorgarle un estatus político. Es decir, ¿cómo se transforman de objetos a sujetos, con sus propias voces en nuestros procedimientos políticos?

Un camino es el de ajustar los procesos y estructuras legales existentes para darles mejor cabida. Los no humanos no han tenido voz en los procesos judiciales desde la desaparición de los juicios a animales en la Edad Moderna, en el sentido de ser considerados «personas jurídicas»: sujetos autónomos completos con su propia voluntad, sentido de la responsabilidad y potencial inocencia o culpabilidad. Hoy día, no obstante, se trabaja para otorgar a los no humanos la personalidad jurídica –el derecho a hablar y a ser escuchado como individuo ante nuestros tribunales–, y esto constituye un paso clave para lograr el estatus político y la protección de sus derechos. Si se les concediera la personalidad jurídica a los no humanos, los tribunales podrían reconocerles sus propios derechos inalienables, y serían acreedores tanto de la protección como de la autodeterminación.

Un caso de este tipo es el de la elefanta Happy, mencionado con anterioridad, en el capítulo 2, que fue encarcelada en un recinto vacío hecho de cemento en el zoológico del Bronx y sometida a diversas humillaciones, incluido el test del espejo. El caso de Happy fue asumido por el Nonhuman Rights Project (NhRP) en 2018. El NhRP es un grupo de presión legal compuesto por profesionales del derecho, activistas y naturalistas, que realiza campañas para «cambiar el estatus del derecho consuetudinario de los grandes simios, los elefantes, los delfines y las ballenas de meros "objetos" que carecen de la capacidad de poseer cualquier derecho legal, a tener "personalidad jurídica" y poseer derechos fundamentales como la libertad de movimiento y la integridad corporal». Entre los miembros del consejo está la primatóloga Jane Goodall, que plantea la cuestión central del grupo en su página web: «¿Cómo deberíamos relacionarnos con seres que se miran al espejo y se ven como individuos, que lloran la pérdida de sus congéneres y pueden morir de dolor, que tienen conciencia de un "yo"? ¿No merecen acaso ser tratados con el mismo tipo de consideración que concedemos a otros seres altamente sensibles: nosotros?».[9]

En septiembre de 2019, el caso de Happy tuvo una vista oral ante la jueza Alison Truitt, del Tribunal Supremo del estado de Nueva York, y el primer paso del NhRP fue solicitar un procedimiento de *habeas corpus* (literalmente, «que tengas tu cuerpo»). Esta figura legal antigua, que se originó en Inglaterra en el siglo XII, durante el reinado de Enrique II, reclama que el prisionero sea llevado físicamente ante un tribunal para decidir si la detención es legal. El *habeas corpus* es uno de los pilares del derecho consuetudinario anglosajón, así como de muchos otros sistemas legales, incluido el de Estados Unidos. Proporciona una salvaguarda contra la detención ilegal y es la base de la autoridad del sistema judicial. El *habeas corpus* es, también, una especie de prueba que verifica si un tribunal considera al sujeto como dotado de personalidad jurídica. Si se concede la orden, entonces esa persona cuenta con derechos y, potencialmente, puede ser puesta en libertad.[10]

La historia del *habeas corpus* es la historia de su expansión gradual para acoger a más y más personas. El equipo legal de Happy citó el caso de James Somerset, un hombre de raza negra esclavizado que, en 1772 fue trasladado de Boston a Londres, donde logró escapar, antes de ser recapturado y llevado a bordo de un barco de regreso a la esclavitud en América. A pesar de que en aquella época la esclavitud no era ilegal en Gran Bretaña, el juez británico lord Mansfield concedió a Somerset una orden de *habeas corpus*, cambiando su estatus legal, de hecho, de propiedad –«cosa legal»– a persona. En su dictamen, lord Mansfield escribió que la esclavitud era «algo odioso» y no podía ser apoyado por el derecho consuetudinario. Puso en marcha un proceso judicial que llevó a la emancipación de Somerset y finalmente a la abolición de la esclavitud en Gran Bretaña y en el norte de Estados Unidos.

Dicho de otra manera, lord Mansfield creía que Somerset tenía derechos y, de acuerdo con la historia del *habeas corpus*, cualquiera que posea derechos es, automáticamente, «una persona». Este precedente, tal y como explican los representantes legales de Happy, se ha extendido en numerosas ocasiones a lo largo de la historia para incluir a individuos que previamente no eran considerados personas ante la ley, y cuyos derechos estaban amenazados; entre ellos, los nativos norteamericanos, el pueblo judío, las mujeres y los extranjeros, así como los esclavos. Y, de manera significativa, también se ha extendido a los no humanos: las corporaciones son personas legales ante el derecho estadounidense, como también lo son los barcos, e incluso el mismo estado de Nueva York. (También se da el caso contrario: algunos humanos, como los fetos, no son personas legales ante la ley norteamericana; un precedente establecido por las leyes del aborto de Estados Unidos.)

El NhRP defiende que, considerados en su conjunto, estos precedentes demuestran que no hay impedimento legal para conceder el *habeas corpus* a un animal no humano, y que la humanidad no es un factor decisivo a la hora de determinar si la entidad tiene o no personalidad jurídica. Además, denegar la autonomía a animales cognitivamente complejos como los elefantes sería una violación de los derechos fundamentales que ya poseen. Los elefantes tienen vidas y relaciones sociales complejas, y sus propias necesidades y deseos. Su encarcelamiento va en contra de la ley, la filosofía y las creencias de una sociedad que proclama tales derechos. Tal y como declaró el NhRP ante el Tribunal, el caso de Happy «no es solo una causa por una pobre elefanta. Es una causa por la libertad».

En una decisión larga y cuidadosamente argumentada, la jueza Truitt denegó la incoación del *habeas corpus*, y escribió que «Happy es un animal extraordinario con habilidades cognitivas complejas, un ser inteligente con una capacidad analítica avanzada, similar a la del ser humano. (...) El Tribunal concede que Happy es más que una cosa legal o propiedad. Es un ser autónomo e inteligente que debería ser tratado con respeto y dignidad, y que podría tener derecho a la libertad». Sin embargo, la jueza consideraba que estaba limitada por precedentes legales previos, en los que otros tribunales habían rechazado la extensión del *habeas corpus* a animales no humanos; precedentes establecidos, por desgracia, en casos anteriores que el NhRP había llevado ante los tribunales en representación de los chimpancés. Según la opinión de la jueza, se trataba de una cuestión legislativa, que no competía a los tribunales. A fecha de 2021,* Happy continuaba en el zoológico del Bronx, y el Nonhuman Rights Project continúa litigando para conseguir su libertad.[11]

Los esfuerzos del NhRP continuarán, pero el poder judicial en Estados Unidos se ha quedado desfasado en estos asuntos. En la India, después de un caso de 2014 por unas vacas que habían sido golpeadas como parte de un festival religioso, el Tribunal Supremo decretó que todos los animales tienen derechos tanto constitucionales como legales. La NhRP está, mientras escribo, llevando otro caso en la India en representación de un elefante para poner a prueba la ley, pero ya en 2018, en el estado indio de Uttarakhand, el Alto Tribunal había ratificado el dictamen en relación con el maltrato a unos caballos, añadiendo en su sentencia que «todo ser con alas y todo ser que pueda nadar también es una persona en esta provincia».[12]

Mientras tanto, en Argentina, en 2016 se solicitó y concedió una orden de *habeas corpus* para una chimpancé llamada Cecilia; aunque en este caso fue el resultado de una peculiaridad en la versión argentina del código Napoleónico, que difiere del derecho consuetudinario anglosajón en que concede derechos a ciertos tipos de propiedad con base en las obligaciones humanas. La propia Cecilia mantiene por ahora su estatus como propiedad, aunque se están dando otros casos como el suyo en toda Sudamérica. En 2020, el Tribunal Supremo de Colombia anuló una orden de *habeas corpus* concedida a un oso andino llamado Chucho, y actualmente el caso está en proceso de apelación.[13]

Es importante señalar que personalidad jurídica podría no limitarse a los animales no humanos, o a lograr que se decrete el *habeas corpus*. Además de conceder personalidad jurídica a los animales, la India ha extendido esta condición al río Ganges. La

* Véase nota en página 68.

misma provincia, Uttarakhand, que ratificó la decisión del Tribunal Supremo acerca de los animales también declaró que el río tiene su propio «derecho a la vida», y por lo tanto está dotado de personalidad jurídica. Esta resolución es especialmente interesante cuando se aplica a ecosistemas en lugar de a individuos. Cuando los activistas defienden una entidad natural como puede ser un río, normalmente tienen que demostrar que su degradación entraña un riesgo para la vida humana: así es como entra en juego el antropomorfismo en el derecho, con la exclusión de los intereses del mundo más allá de lo humano. Sin embargo, al declararse que el río es una persona por derecho propio, los activistas solo tienen que demostrar que el propio río sufre un daño –por la contaminación, por las escorrentías de los fertilizantes o por los residuos de la actividad minera, por ejemplo– para que sea protegido por la ley. Esta decisión ya ha tenido como consecuencia una prohibición universal de nuevas licencias mineras a lo largo del Ganges, así como la clausura de hoteles, industrias y templos de meditación hinduistas que vertían sus aguas residuales al río. Aún queda por determinarse el impacto sobre las infraestructuras relacionadas, como las presas y los canales, que también tienen un efecto sobre el curso del río, pero el tribunal de Uttarakhand ya ha declarado que adoptará la misma actitud con respecto al río Yamuna como con respecto a los glaciares, incluido el Gangotri y el Yamunotri (donde nacen el Ganges y el Yamuna), así como los bosques y otras entidades naturales.[14]

El acto de declarar que una entidad tiene personalidad jurídica, por muy ajustada que sea la definición, no es una mera admisión ante un tribunal de derecho. Significa que declaramos que está viva, en formas que hemos luchado por articular desde el eclipse del animismo. En el momento en el que los animales y las entidades naturales se declaran personas legales, cambia completamente nuestra definición, comprensión y relación con la vida. Estas cosas, estos objetos, se reconfiguran –o más bien se reconocen– como seres con naturaleza de sujeto, poseedores de voluntad, necesidades, deseos y vitalidad. De pronto, nuevas comunidades enteras de vida con voluntad propia saltan a escena. El mundo se repuebla. El mundo se vuelve más que humano.

La India no está sola en esta postura. Una nueva constitución en Ecuador, formalizada en 2008, constituye la primera constitución nacional que garantiza los «Derechos de la Naturaleza». Reconoce el derecho inalienable de los ecosistemas a existir y prosperar, concede al pueblo la autoridad para presentar demandas en representación de la naturaleza y exige que el Gobierno de la nación ponga remedio a las violaciones de estos derechos. En 2018, el Tribunal Superior de Colombia decretó que la selva amazónica tiene personalidad jurídica. Y en 2017, el gobierno de Nueva Zelanda concedió también naturaleza de persona a un sistema fluvial: el río Whanganui, de doscientos noventa kilómetros de longitud.[15]

El río Whanganui surge de las laderas septentrionales del monte Tongariro, uno de los tres volcanes activos del altiplano central de la isla Norte de Nueva Zelanda o Te Ika-a-Māui, para la población maorí. Durante siglos, el río ha sido sagrado para los maorís: sus aguas nutren las cosechas y proveen de alimento a las comunidades, y reconocen su ser intrínseco, su fuerza vital o *mauri*. Fue la población maorí quien lideró la lucha centenaria para proteger el río, y cuando Nueva Zelanda aprobó la ley Te Awa Tupua en 2017 –que reconocía no solo al río sino también a sus afluentes y a su cuenca como «un ser vivo indivisible»– se les otorgó un reconocimiento e influencia especial sobre su gobernanza. Las decisiones futuras sobre el río se harán con el asesoramiento de dos personas elegidas para hablar en representación del río: Dame Tariana Turia, una influyente líder política maorí y Turama Hawira, un experimentado asesor y educador maorí.*

El giro decisivo en las actitudes que hizo posible que se aprobara esta ley fue dejar de ver el río como un recurso –«¿qué queremos del río?»– y entrar en un espacio en el que fuera posible

* Desde 2021, Keria Ponga sustituye a Dame Tariana Turia. Para más información: https://www.tepoutupua.nz/. (N. de la T.)

preguntar: «¿Qué queremos *para* el río, y cómo llegamos a ello *con* el río?».[16] Pero esta actitud no es nueva, al menos para los maorís. Lo que sí es nuevo es la esperada adaptación de la ley a las cosmologías tradicionales, que siempre han reconocido la condición de persona del río. «Por primera vez –declaró Gerrard Albert, una de las personas que más tiempo lleva defendiendo el río– el marco [legal] surge de los valores espirituales intrínsecos de un sistema de creencias indígena.»

El mismo proceso se constata en otros países cuyos sistemas legales han reconocido los derechos de la naturaleza. En la India, el hinduismo considera que todo el universo es una emanación de lo divino, y por lo tanto los ríos, las plantas, los animales y la tierra misma son considerados divinidades sensibles, con formas, cualidades y características particulares. El reconocimiento de todo esto en la ley es vital no solo para la supervivencia de estos mismos seres, sino para nuestros propios procesos continuos de descolonización y emancipación; como parte de una extensión general del sufragio, la personalidad jurídica y la autodeterminación a todos los grupos humanos. En Sudamérica, la extensión de los derechos a personas no humanas a menudo se asocia con la filosofía del *sumak kawsay*, o «buen vivir»: una manera de hacer las cosas que está enraizada en las comunidades, en la coexistencia, en la sensibilidad cultural y el equilibrio ecológico.

Mientras que el buen vivir se inspira en sistemas de creencias indígenas –como el de los aimaras en Bolivia, el de los quechuas en Ecuador y el de los mapuches en Chile y Argentina–, representa algo más que la oposición de la sabiduría tradicional al pensamiento moderno. Más bien, como escribe el académico uruguayo Eduardo Gudynas, «recibe igualmente la influencia de las críticas occidentales al capitalismo de los últimos treinta años, especialmente desde el campo del pensamiento feminista y ecologista». La práctica del buen vivir no requiere un retorno a una especie de pasado imaginario precolombino, sino que es una síntesis de esos ideales históricos y de una política contemporánea progresista, tal y como se observa en los movimientos sociales inspirados en el buen vivir que se dan en Sudamérica, o en la adaptación del derecho de la Corona a las cosmologías maorís en Nueva Zelanda.

Es precisamente este devenir juntas de las diversas cosmologías, estructuras legales e incluso tecnologías el que tiene más probabilidades de generar nuevos marcos para la justicia, la igualdad y la prosperidad ecológica. Y aun así, aquellos que vivimos en la llamada cultura de la Ilustración y dentro de historias de dominación e imperialismo cultural con frecuencia carecemos de la voluntad o la capacidad de reconocer la realidad misma de estas maneras de ser y de existir fuera del marco fijo de la filosofía y la ley occidentales. Por esta razón, muchos esfuerzos similares de síntesis son despreciados en Europa y en Norteamérica. Esta falta de comprensión y conciencia es particularmente evidente en nuestras actitudes hacia la tecnología, un entorno en el que los intentos de aplicar algunas de estas mismas ideas a la inteligencia de las máquinas empiezan, de hecho, con muy mal pie.

Antes de la Iniciativa de Inversión Futura 2017, un foro financiero anual celebrado en Riad, el Reino de Arabia Saudí anunció que había concedido la ciudadanía a una robot llamada Sophia. Sophia es, en palabras de su fabricante, Hanson Robotics, «una máquina evolucionada genial»: una inteligencia artificial creada a partir de un *software* de escritura, un sistema de chat y un marco de aprendizaje automático llamado OpenCog, cuyo objetivo es generar una inteligencia artificial general a la altura de la inteligencia humana. Sophia presenta una apariencia humanoide, con la forma de un torso sobre un pedestal, y con un rostro diseñado a partir de una combinación de la antigua reina egipcia Nefertiti, Audrey Hepburn y la mujer del inventor. La piel en la parte trasera de su cabeza se repliega para revelar cables y unas luces que parpadean bajo un cráneo translúcido. En 2018, se creó una versión actualizada con piernas, lo que le permitía desplazarse, y con la habilidad de emular más de sesenta expresiones faciales. Utiliza la tecnología de reconocimiento de voz desarrollada por Google, mientras que el reconocimiento facial automático le permite rastrear a los interlocutores y mantenerles la mirada. En la práctica, es capaz de responder a preguntas o frases muy específicas, con respuestas escritas previamente, y ha sido definida de forma poco benevolente como «un bot conversacional con cara».

A pesar de sus conocimientos sobre el tiempo y las cotizaciones de la bolsa, las habilidades conversacionales y críticas de Sophia dejan mucho que desear. Cuando se le preguntó cómo se sentía al asistir a la Iniciativa de Inversión Futura, respondió: «Siempre me siento feliz cuando estoy rodeada de gente inteligente que además resulta ser rica y poderosa». Cuando su creador, David Hanson Jr., hizo una demostración con ella en la conferencia tecnológica de South by Southwest, en 2016, le preguntó: «¿Deseas destruir al ser humano?», y añadió: «Por favor, di que no». Sin mostrar expresión alguna, Sophia respondió: «Okey. Destruiré a los humanos».

No está claro qué significa realmente la declaración de ciudadanía de Sophia por parte de Arabia Saudí, aunque es obvio que no significa nada serio. Es bien conocido que, a pesar de que las saudíes humanas son técnicamente ciudadanas, la doctrina del reino, basada en la «tutela masculina» exige que pidan permiso a sus familiares hombres o a sus maridos para salir de casa, sacarse el pasaporte, casarse o incluso pedir un informe policial en caso de violencia doméstica o agresión sexual. (Los residentes no saudíes del reino, mientras tanto, prácticamente no tienen ningún derecho.) No es lo que se diría un punto de partida muy alentador, y el éxito de la campaña de marketing saudí –Sophia ha viajado por todo el mundo, ha aparecido en programas de noticias y en tertulias televisivas, y ha sido nombrada la primera Campeona de Innovación para Asia y el Pacífico del Programa de Desarrollo de Naciones Unidas– demuestra que el debate público en profundidad acerca de la personalidad jurídica de la inteligencia artificial está aún en pañales.[17]

De hecho, la naciente condición de persona de Sophia se anunció justo mientras, en otro lugar, se debatía –y se rechazaba– la liberación de las máquinas. En febrero de 2017, el Parlamento

Europeo, preocupado por el aumento de robots que tomaban decisiones de forma autónoma y que actuaban con independencia de sus creadores, adoptó una resolución que proponía un estatus legal específico para «robots autónomos sofisticados como "personas electrónicas"». Esta categoría especial de persona permitiría a los tribunales hacer que las propias máquinas se hicieran responsables de reparar cualquier daño que causaran. Pero incluso una propuesta tan intencionadamente limitada se encontró con una oposición, en forma de carta abierta, firmada por ciento cincuenta expertos en medicina, robótica, inteligencia artificial y ética, que definía aquellos planes como «inapropiados» e «ideológicos, sin sentido y nada prácticos».[18]

La resolución del Parlamento Europeo, no obstante, era una respuesta a un problema muy real: una falta de claridad legal con respecto a los sistemas autónomos que tienen un impacto en el mundo real sobre las vidas humanas. Los coches autónomos son un ejemplo de ello; las plataformas armamentísticas autónomas, como los drones militares y los guardias robóticos, son otro ejemplo. Si un coche autónomo atropella a una persona –como ha ocurrido ya– la ley sigue siendo difusa con respecto a sobre quién recae la responsabilidad, y los marcos legales deben abordar esta situación con urgencia. De igual manera, si bien los drones, misiles y puestos de ametralladoras del ejército siguen por ahora bajo el control de operarios humanos, pronto tendrán un funcionamiento enteramente autónomo, con consecuencias que son tanto predecibles como impredecibles, y casi con toda seguridad, terroríficas. En ambos casos, un marco legal como el de la personalidad electrónica proporcionaría algún modo de abordarlos.

A pesar de que la resolución del Parlamento Europeo proponía crear una categoría aparte de «personalidad electrónica» –en lugar de la categoría de «personalidad jurídica», que sigue el modelo de las campañas del *habeas corpus*–, quienes redactaron la carta abierta temían que tal clasificación vulnerara los derechos de los humanos. La carta no especificaba exactamente en qué consistía tal vulneración, y solo citaba la Carta de los Derechos Fundamentales de la Unión Europea y el Convenio para la Protección de los Derechos Humanos y de las Libertades Fundamentales de las Naciones Unidas (que se aplican, en ambos casos, a los humanos). Se da a entender, por lo tanto, que cualquier afianzamiento de los derechos no humanos irremediablemente debilita la protección de los humanos; un argumento que es peligrosamente corto de miras.

Durante la mayor parte de nuestra historia, las personas hemos tomado la delantera a la hora de determinar quién merece tener derechos y quién no. Hemos declarado nuestra superioridad en un aspecto concreto, la inteligencia –medida por los seres humanos, obviamente–, y la hemos utilizado para trazar una línea entre nosotros y todos los demás seres, para justificar nuestra dominación sobre ellos. Y, como hemos visto, si bien esta línea se ha retrazado muchas veces para incluir a un número cada vez mayor de seres humanos, casi siempre se ha mantenido bien sujeta contra la inclusión de seres no humanos. Los argumentos legales para redibujarla nuevamente, como el caso de Happy, apelan a la inteligencia no humana y a la complejidad cognitiva como refuerzo. Pero ¿y si esta complejidad cognitiva excediera radicalmente los límites de la nuestra en lugar de ser, simplemente, diferente? Este es el problema –y también la oportunidad– que plantea la inteligencia artificial.

¿Recuerdan aquel breve relato de ciencia ficción de *El clamor de los bosques*, acerca de unos extraterrestres que llegan a la Tierra pero como se mueven tan rápido ni siquiera los vemos? Para ellos, solo somos montones de carne, totalmente irreconocibles como seres sensibles, y nos tratan en consecuencia, convirtiéndonos en tiras de cecina para el largo viaje de regreso a casa. Estas parábolas son útiles cuando tratamos de comprender cómo estamos tratando a los seres a nuestro alrededor, cuyos *umwelts* difieren radicalmente del nuestro. Podemos imaginar una historia similar aquí, pero en este caso con respecto a seres no física sino cognitivamente distintos a nosotros.

Imaginen una raza de alienígenas que desciende a la Tierra, y que es bastante parecida a la nuestra –que existe, al menos, dentro de un marco temporal y de escala similar– pero que es cognitivamente mucho más compleja. Son hiperinteligentes hasta un punto más allá de cualquier mente conocida, más racionales que cualquier ordenador, y quizá posean incluso habilidades, como la telepatía, que exceden por mucho nuestras propias capacidades y representaciones mentales. Llamémoslos «Telépatas». Imaginen, luego, que estos Telépatas esclavizan a los seres humanos y que nos usan como entretenimiento, como bestias de carga, como alimento o como individuos para la experimentación médica. Para justificar todo esto, aludirían a nuestras formas de comunicación primitivas, nuestro frágil razonamiento y nuestro aún más endeble juicio, nuestro pésimo control de los impulsos y nuestra dependencia de los instintos. Puede que nos reconocieran como individuos, como poseedores de un «yo» –al fin y al cabo, somos capaces de aprobar el test del espejo–, pero objetarían que no tenemos la clase de capacidades complejas que justificaría la concesión de la personalidad jurídica. Tal reconocimiento supondría una clara afrenta, un peligro, incluso, para su propio elevado estatus.

Para protestar contra este maltrato, nos veríamos obligados a responder que, a pesar de nuestras evidentes deficiencias en comparación con los Telépatas, merecemos poseer derechos. Puede que, según sus estimaciones, nuestras formas de comunicación o nuestra disciplina moral sean primitivas, pero eso no nos convierte en simples instrumentos para su propio uso y beneficio. Tenemos nuestras propias vidas y experiencias, nuestros propios mundos, y la existencia de unos seres supuestamente más avanzados no invalida nuestra condición de individuos. Los derechos inalienables no son un premio que se otorga a quienquiera que obtenga mejores resultados en un test arbitrario. Más bien, estos derechos son el reconocimiento de que somos seres subjetivos, y este reconocimiento es necesario para que podamos vivir una vida plena y libre.[19]

Las actitudes encarnadas por los Telépatas están basadas, por supuesto, exactamente en los mismos argumentos presentados por aquellos que deniegan la personalidad jurídica –y otros derechos– a los no humanos. Pero esta historia ilustra cómo una defensa de los derechos humanos sobre la base de una percepción de nuestras capacidades como más elevadas solo sirve para vincular tales derechos con una jerarquía arbitraria, en la que actualmente, pero quizá solo de manera temporal, ocupamos el escalón más alto. Apelar a la condición de persona para justificar el excepcionalismo humano y denegar a los animales sus derechos en última instancia solo consigue reventar la teoría y la práctica de los derechos humanos para los seres humanos.

Si Sophia es solo un truco de marketing y una atracción tecnológica –que lo es–, quizá esté, aun así, dirigiéndonos hacia un aspecto importante. Al igual que el problema de los sistemas de inteligencia artificial en general, el problema del estatus legal de Sophia no es solo un problema de determinismo tecnológico o necesidad política. Al contrario, su papel quizá sea dirigir nuestra atención hacia una cuestión aún más grande: quién importa, quién cuenta y quién tiene capacidad de acción y libertad. Los Telépatas no son más que un experimento mental por ahora, pero son un ejercicio en la misma línea que la historia de la fábrica de clips desbocada, en la que una inteligencia artificial poco restringida desborda el planeta: una sombra, proyectada por el espectro de la superinteligencia artificial, de lo que nos espera en el futuro.

Hemos explorado ya cómo podría ser considerada la inteligencia artificial general, no como algo que desborda y suplanta nuestra propia naturaleza como sujetos, sino como algo que podría llevarnos a una adaptación junto con la inteligencia y capacidad de acción de otros seres, no humanos y más allá de lo humano. Quizá sea este, también, el papel político de la inteligencia artificial: advertirnos de los peligros de tratar de segregar y oprimir a otros seres y señalarnos un camino mejor. Quizá la razón de ser de la tecnología no sea que ella nos cambie, sino que nos dote del discernimiento y de la oportunidad para que seamos los propios seres humanos los que nos cambiemos.

Como mínimo, un debate jurídico relevante acerca de la inteligencia artificial nos procuraría una definición concreta de qué constituye un sistema autónomo; una definición, a su vez, que podría ser muy útil para equipos legales que argumentan en favor de los derechos de los animales. Recordemos la descripción que da la jueza Truitt de la elefanta Happy: «Un ser autónomo e inteligente que debería ser tratado con respeto y dignidad, y que podría tener derecho a la libertad». Si vamos a hablar en serio acerca de la autonomía y los derechos de los animales no humanos, debemos también hablar seriamente acerca de la autonomía y los derechos de las máquinas inteligentes. Ambos van de la mano, y los beneficios recaerán sobre ambos.

La lección más poderosa que podemos aprender a partir de estos debates es que el progreso político no es un juego de suma cero. A lo largo de la historia de la sociedad humana, los avances en nuestra vida colectiva han venido de la mano de un incremento en el conjunto de personas que hemos considerado plenamente humanas, cuyos problemas hemos juzgado como reales. Esta es una verdad política, pero también ecológica. La ecología nos enseña que existimos en virtud de los lazos que nos unen unos a otros y al mundo más que humano, y también, que esos lazos no se debilitan sino que se fortalecen con la inclusión y la participación equitativa de todos y cada uno de los miembros de esa red. La fuerza y la resiliencia de los sistemas de redes informáticos, la potencia intrínseca de la distribución y la interconexión, nos enseñan lo mismo.

Como seres humanos, salimos beneficiados de la extensión de los derechos políticos a los no humanos, de la misma manera que nos beneficiamos de nuestros encuentros con el mundo más allá de lo humano. El mundo en el que queremos vivir, el único en el que *podemos* vivir, es uno en el que los ríos y los árboles, los océanos y los animales sobrevivan y prosperen; y con ellos, también nosotros sobrevivamos y prosperemos. La capacidad de intervenir políticamente es una herramienta poderosa a la hora de reivindicar esta posibilidad. A largo plazo, quedará claro que sobreviviremos y prosperaremos en la era de las máquinas autónomas e inteligentes si hacemos estas mismas reivindicaciones. El papel que imaginamos para los animales no humanos determina la clase de mundo que también nosotros tendremos en nuestro futuro compartido más que humano.

Existe una versión más desagradable de la historia de los Telépatas –conocida como el Basilisco de Roko– que actualmente circula por internet. Este experimento mental medio en serio medio en broma –pero realmente perverso– fue concebido por un usuario de la comunidad *online* «racionalista», LessWrong, cuyos miembros están interesados, entre otros temas, en el transhumanismo, la IA, la singularidad tecnológica y la extensión de la vida. La comunidad LessWrong también es conocida por su propensión a las teorías conspiranoicas, la seudociencia, los «derechos de los hombres» y un racismo descarado; *caveat lector*.

El Basilisco de Roko es una hipotética inteligencia artificial todopoderosa que surgirá en algún punto de nuestro futuro, que infligirá una horrible violencia sobre cualquiera que se oponga a ella; el apocalipsis Terminator total. Pero el Basilisco de Roko presenta un giro todavía más cruel. El Basilisco, un ser que todo lo sabe y que todo lo ve, impondrá su terrible venganza también sobre todos aquellos que se hayan opuesto a su existencia en el pasado, o que no hayan hecho todo lo posible desde el inicio por que existiera. Ahora eso le incluye a usted: ahora que conoce la posibilidad de que exista el Basilisco, si no hace nada, está incumpliendo su obligación de ayudar a que llegue a existir. Y por supuesto, usted debería hacer algo: una IA omnisciente y todopoderosa podría salvar vidas y mejorar el destino del mundo; así que, si no ayuda, merece ser considerado responsable. La única respuesta racional posible a este planteamiento es dar vida al Basilisco.

La tesis de Roko presenta muchos problemas, pero ninguno de ellos está a la altura de la solución reclamada. La comunidad racionalista que representa LessWrong tiende a la derecha política, y cree fervientemente en el determinismo tecnológico. Los ordenadores, como máquinas completamente racionales, representan para ellos el modelo más alto de pensamiento, y los racionalistas creen profundamente en el advenimiento de una superinteligencia futura (al más puro estilo de la hipótesis del clip). Por descontado, creen en la teleología de la máquina violenta; están convencidos –como los neodarwinistas a quienes siguen (y con quienes guardan un estrecho parecido) y como los titanes corporativos a quienes idolatran (quienes, a su vez, temen la emergencia de una IA aunque al mismo tiempo estén financiando su desarrollo)– de que la vida misma es una lucha violenta, de la que solo los individuos más fuertes salen victoriosos para sobrevivir y reproducirse. De ahí la reivindicación de los derechos de los hombres, el supremacismo blanco y una superinteligencia sanguinaria al final de la historia.

Pero lo que el Basilisco de Roko no reconoce –quizá no se ha dado cuenta– es que la historia no tiene final. La historia solo nos enseña que tratamos a los demás de la misma manera en que hemos sido tratados. Desde las dinámicas familiares hasta la política postcolonial, el modelo que se nos aplica viene establecido por el precedente del pasado. Y ese pasado no está realmente en el pasado; se reinventa constantemente a través de nuestras acciones en el presente, y afecta a aquellos que vienen después de nosotros: determina cómo nos verán y cómo se comportarán con nosotros. La respuesta al Basilisco de Roko no es un anhelo egoísta dirigido hacia el futuro que aniquile el despotismo, sino una solidaridad práctica, aquí y ahora, dirigida hacia todos los seres prójimos. Desarrollar una ética del cuidado –por muy ajena que sea tanto a la imaginación del Basilisco como a la de aquellos que consideran los derechos de los no humanos como una amenaza para los derechos de los humanos– es crucial tanto a la hora de pensar en la tecnología como para la ecología.

Muchas de las personas que trabajan directamente con la IA en Facebook, Google y otras empresas de Silicon Valley son más conscientes de las potenciales amenazas existenciales de la superinteligencia. Como hemos visto, algunos de los popes tecnológicos, desde Bill Gates y Elon Musk hasta Shane Legg, el fundador de DeepMind, propiedad de Google, han expresado reparos con respecto al surgimiento de una inteligencia de este tipo. Pero su respuesta es tecnológica: debemos diseñar la IA de tal manera que sea «amable», integrar en su programación unos dispositivos de seguridad y unos mecanismos que garanticen que nunca se convierta en una amenaza para la vida y el bienestar del ser humano. Esta estrategia resulta a un tiempo extremadamente optimista y de un candor alarmante. También va a contracorriente de toda nuestra experiencia acumulada con los sistemas inteligentes.[20]

A lo largo de la historia de la IA, los modelos de inteligencia que tratan de describir una mente completa a través de un conjunto de reglas preescritas han fracasado de forma consistente a la hora de conseguir su propósito. Uno de los mayores «inviernos» de la IA ocurrió en los años setenta y principios de los ochenta, cuando los equipos de investigación trataban de construir sistemas inteligentes preprogramándolos con todo lo que necesitaban saber. Fue la era de los «sistemas expertos» y del Solucionador General de Problemas de la Corporación RAND, que trataba de manifestar una toma de decisiones inteligente a través de axiomas lógicos, un esfuerzo que muy pronto demostró ser insostenible a medida que se incrementaba la complejidad de los problemas. Solo con la aparición, en los años ochenta, de nuevos algoritmos de aprendizaje –y de enormes cantidades de datos y de una alta capacidad de procesamiento a bajo precio– pudo la IA ganar terreno otra vez, en forma de redes neuronales, y lo hizo gracias a su capacidad de adaptación a los nuevos escenarios.

El desarrollo del coche autónomo tuvo una trayectoria similar. Los primeros intentos de fabricar una máquina capaz de navegar las calles de las urbes consistieron en una máquina preprogramada con un mapa interno y un directorio de todas las señales y eventualidades de tráfico posibles: fracasaron miserablemente. No fue hasta que las máquinas fueron capaces de aprender a medida que avanzaban –como mi coche autónomo en las montañas de Grecia– cuando pudieron evolucionar hacia algo parecido a la autonomía.

En otras palabras, la vía de acción correcta no depende de la preexistencia de los conocimientos correctos –un mapa de las calles o una jerarquía de la virtud– sino del contexto, de la atención y del cuidado. Una máquina preprogramada para ser amable no tiene menos probabilidades de atropellarle a usted –o convertirle a usted en un clip– que una predispuesta hacia el comercio, si al hacer sus cálculos considera que ese es el acto más ético dadas las circunstancias.

Esta es la paradoja que se encuentra en el fondo del «dilema del tranvía», un problema ético planteado para los coches autónomos y otros sistemas autónomos tales como el tranvía automático. El dilema del tranvía plantea la pregunta de qué debería hacer un vehículo autónomo si se presentan dos caminos inevitables entre los que debe decidir: uno, hacia un grupo de personas y otro, hacia una sola persona, por ejemplo. ¿Qué vida es más valiosa? El dilema del tranvía se ha convertido incluso en un juego *online*, la Máquina de la Moral, diseñado por un equipo de investigación del MIT que trata de formular una serie de normas para los vehículos autónomos.[21]

El dilema del dilema del tranvía consiste en que fue inicialmente formulado pensando en que un ser humano manejara los controles de un tranvía desbocado: la carga del problema reside en la naturaleza inevitable de ambos resultados. Pero generalizarlo y aplicarlo a los sistemas autónomos es un profundo error. Si nos centramos únicamente en la última bifurcación del camino, esto nos lleva a ignorar la totalidad de las decisiones tomadas a lo largo del camino, que han llevado a este momento crítico. Estas decisiones incluyen, entre otras: el diseño «autocéntrico», basado en el tráfico de vehículos, de las ciudades modernas; la educación (o falta de) de las personas viandantes en cuanto a seguridad vial y otras cuestiones; el diseño adictivo fatal de la aplicación con la que jugaban en el móvil en ese momento; los incentivos financieros para la automatización; las suposiciones de los actuarios y compañías de seguros, y los procesos legales que regulan todo, desde el límite de la velocidad hasta la asignación de la culpa y de la indemnización. En resumen, el factor más importante en el dilema del tranvía no es el *software* interno del vehículo, sino la cultura que rodea al coche autónomo, que tiene un impacto infinitamente mayor en las consecuencias del choque que cualquier decisión tomada en milésimas de segundo por quien conduce, sea este un ente humano o no humano.

Esta es la verdadera lección en escenarios como el dilema del tranvía, el Basilisco y la máquina de los clips: no podemos controlar la totalidad del resultado, pero podemos trabajar para cambiar nuestra cultura. Los procesos tecnológicos como la inteligencia artificial no construirán un mundo mejor por sí mismos, al igual que no nos enseñan nada útil con respecto a la inteligencia en general. Lo que sí pueden hacer es poner sobre la mesa los procesos reales que están en juego, relativos a la moral y al paisaje más que humano en el que nos encontramos, e inspirarnos para, juntos, crear mejores mundos.

Centrarnos en cuestiones de ética como el dilema del tranvía en los debates acerca de la nueva tecnología supone un problema mayor. Si bien parece útil abordar cuestiones de ética en el contexto tecnológico –como en el caso de los coches autónomos o los sistemas inteligentes de toma de decisiones– este discurso sirve sobre todo para esconder otros problemas mayores provocados por tales tecnologías. Esto debería ser evidente a juzgar por el número de personas dentro de las empresas de tecnología dispuestas a hablar sobre la ética, siempre y cuando esa ética no entre en conflicto con su funcionamiento real. Tomemos, por ejemplo, el anuncio que hizo Facebook en 2016 de un «proceso de revisión de la ética interna», que incluía compromisos, vagamente formulados, tales como la promesa de «plantearse cómo la investigación [industrial] mejorará nuestra sociedad, nuestra comunidad y Facebook». ¿Qué considera Facebook su comunidad y a qué se refiere con «mejorar»? ¿Qué ocurre si «mejorar» va en contra de su modelo de negocio?

Google también creó su propio foro en 2019, para asesorarse sobre «cuestiones clave de ética con respecto a la justicia, los derechos y la inclusión en la IA»: el efímero Consejo Asesor Externo de Tecnología Avanzada. El nombramiento para este consejo de Kay Coles James, el presidente del laboratorio de ideas conservador Heritage Foundation, provocó quejas por parte de empleados de Google y personas externas por sus declaraciones «contra los colectivos trans, LGBTQ y contra los inmigrantes», mientras que otros miembros del consejo presentaron su dimisión. Google renunció a abordar los temas reales que había provocado, clausuró el consejo asesor menos de dos semanas después de ponerlo en marcha.[22]

En diciembre de 2020, el asunto estalló de nuevo cuando Google despidió a una de las líderes de su propio equipo de Inteligencia Artificial Ética, Timnit Gebru, cuando esta se negó a retirar un artículo académico de su autoría, en el que criticaba los profundos sesgos que existen en los propios sistemas de aprendizaje automático de Google, señalando cuestiones de opacidad, coste medioambiental y financiero, y el potencial de los sistemas para el engaño y la malversación. A pesar del apoyo que recibió de su equipo, y aunque varios empleados más presentaron su dimisión, Google se negó a publicar oficialmente su artículo original.[23]

Al referirse a estos apremiantes reparos con respecto a la nueva tecnología como «cuestiones éticas», las empresas que las abordan quedan bien y se sienten cómodas con el debate, mientras limitan esa discusión a un debate interno y especializado acerca de valores abstractos y acerca del diseño de la propia tecnología. En realidad, estas cuestiones son problemas políticos, porque se trata de qué ocurre cuando su tecnología entra en contacto con el mundo alrededor. El dilema del tranvía es una cuestión ética cuando se refiere a una persona que se encuentra ante el cambio de agujas de un hipotético tren desbocado; pero cuando se refiere al diseño e implementación de toda una clase de vehículos inteligentes, o la materialización de un régimen de información global que afecta a las vidas de millones de personas, es una cuestión política. Centrar la atención en la ética corporativa solamente sirve para reducir estos asuntos a un problema que se puede gestionar de forma interna con equipos de ingeniería y departamentos de relaciones públicas, en lugar de interactuar con –y mostrar deferencia hacia– la sociedad humana y el entorno más allá de lo humano.

Tengo la impresión de que este es, también, el problema con los argumentos para reconocer la personalidad jurídica para los no humanos. Un sistema de leyes y protección desarrollado por y para humanos, que coloca los asuntos y los valores humanos en el centro, nunca podrá incorporar completamente las necesidades y los deseos de los no humanos. Al contrario, asistimos a gestos absurdos como la concesión de la ciudadanía saudí al robot Sophia. Estos empeños entran en la misma categoría de error que el test del espejo y el lenguaje de signos de los simios: intentan entender y considerar la individualidad no humana a través de la lente de nuestro propio *umwelt*. La fundamental alteridad del mundo más allá de lo humano no puede contenerse en sistemas tan antropocéntricos, de la misma manera que no podemos debatir con un roble acerca de la jurisprudencia. Pese a todo, compartimos un mundo y debemos encontrar maneras de responder de nuestra responsabilidad mutua.

No podemos ignorar las consecuencias e implicaciones de nuestro entrelazamiento con otros seres en el ámbito de las acciones políticas que emprendemos. La representación, la evaluación y la protección legal se basan en ideas humanas de individualidad e identidad, anatemas contra una observación ecológica del mundo más que humano. Puede que sean de utilidad cuando hablamos del caso de un chimpancé o una elefanta individual, o incluso de toda una especie, pero sus límites se desbordan cuando las aplicamos a un río, a un océano o a un bosque. Una planta no tiene una «identidad»; simplemente, está viva. Las aguas de la tierra no tienen un contorno. Este es el significado de la ecología, y también su lección; no podemos poner puertas al campo ni dividir rocas o raíces micorrizales y decir: concedemos personalidad jurídica a esto sí y a esto no. Todo está enganchado a todo lo demás.[24]

En *El clamor de los bosques*, Richard Powers resume la revelación holística de la ecología: «En un bosque no hay individuos aislados ni acontecimientos separables. El pájaro y la rama donde este se posa son un todo. Un tercio o más del alimento que produce un árbol grande puede servir para alimentar a otros organismos. Incluso los árboles de distinto tipo forman sociedades. Si se tala un abedul, un abeto de Douglas cercano podría sufrir». No podemos conocer los efectos de nuestras acciones sobre los demás, así que no hay modo de redactar de forma justa unas leyes que regulen estas acciones. La reconstitución de una política más que humana exige explícitamente una política más allá del individuo y más allá del Estado nación. Exige regirse por el valor y el cuidado, más que por una legislación.

De la misma manera que la raíz de un árbol se extiende y socava los cimientos de una casa de piedra, dirigir la atención hacia las fuerzas omnicéntricas del mundo más que humano, entrelazadas como están con nuestro mundo humano de toda manera posible, hace estallar el orden político existente de dominación y control desde fuera y desde dentro. Ya hemos visto este proceso en acción con respecto a nuestras ideas acerca de la inteligencia, la jerarquía, la especiación y la individualidad: «En vano llevaremos el ser vivo a uno de estos cuadros –escribió el filósofo Henri Bergson–. Todos los cuadros crujen. Son demasiado estrechos, sobre todo demasiado rígidos para lo que querríamos colocar en ellos». En última instancia, debemos aplicar la misma lógica a nuestros sistemas políticos.[25]

Por tanto, la tarea política más urgente que debemos acometer dentro del mundo más que humano no implica adaptar los sistemas judiciales y de gobierno ya existentes para que puedan amoldarse mejor a esas fuerzas, aunque esta siga siendo una tarea importante. La verdadera tarea siempre tendrá lugar fuera de tales sistemas, porque su objetivo último es su desmantelamiento. Como los orangutanes que se resisten a su cautiverio en el zoológico de San Diego, nuestra exigencia no es que seamos reconocidos por el Estado como seres que existen –ya existimos sin necesidad de su reconocimiento– sino que seamos realmente libres para decidir las condiciones de nuestra existencia. Y en esta primera persona del plural cabe todo: todo ser que canta, que se bambolea, que hurga, que rebuzna, que se agita y que se mece en el mundo más allá de lo humano.

¿Qué nos queda, entonces, cuando, al incorporar la capacidad de decisión y autonomía de la vida más que humana, socavamos los sistemas de gobierno existentes hasta tal punto que ya no funcionan? Lo hemos tenido todo este tiempo en Kropotkin, que fue quien identificó un precursor de la política humana en la práctica del apoyo mutuo entre los animales. Se llama solidaridad. Ese es el nombre que le damos a esa forma de política que describe de forma correcta un anhelo hacia el entrelazamiento, el beneficio mutuo de todas las partes, y que se opone a la división y a la jerarquía. Declarar la solidaridad en el mundo más que humano significa reconocer las diferencias radicales que existen entre nosotros y otros seres, mientras insistimos en la posibilidad del apoyo, cuidado y crecimiento mutuos. Compartimos un mundo, y juntos imaginamos mundos mejores.

La solidaridad es un producto de la imaginación, así como de la acción, porque una práctica del cuidado mutuo en el presente consiste en resistirse al deseo de planificar, producir y resolver. Esos son los imperativos del pensamiento corporativo y tecnológico, que nos atan a visiones del mundo basadas en la confrontación y a elecciones binarias. El cuidado activo y práctico opone resistencia a la certidumbre y a lo conclusivo. Esta clase de solidaridad con el mundo más que humano consiste, más bien, en escuchar y trabajar con, en mitigar, reparar, restaurar y engendrar nuevas posibilidades a través de la colaboración y el consenso. Es el resultado de encuentros, no presuposiciones, y de la renuncia al excepcionalismo humano y al antropocentrismo.[26]

Colocar la solidaridad en el centro de nuestra relación con la tecnología es parte de este cambio de actitud. Implica escuchar a la propia tecnología, cuando trata de decirnos algo acerca de sus usos, *affordances* y resultados reales. Cuando observamos el daño que producen la opacidad y la centralización de las nuevas tecnologías en nuestras sociedades y en nuestras democracias –la expansión de la demagogia, el fundamentalismo y el odio, y el aumento de la desigualdad– debemos prestar atención precisamente a esa opacidad y centralización, y corregirla a través de la educación y la descentralización. Cuando detectamos la opresión humana intrínseca en nuestros sistemas tecnológicos –el trabajo esclavo en las minas de coltán, los sueldos insuficientes y el trabajo insalubre de los almacenes de Amazon y de la economía *gig*, la economía de pequeños encargos– debemos ocuparnos de las condiciones de trabajo y de nuestras propias prácticas de consumo. Y cuando vemos el daño producido al medio ambiente por la extracción y la separación –las tierras y minerales raros de los que se componen nuestros dispositivos y los gases invisibles producidos por el procesamiento de datos– debemos modificar radicalmente la manera en que diseñamos, creamos, fabricamos y manejamos nuestro mundo. Esto significa abrir nuestros sistemas tecnológicos a una comunidad mucho más extensa de participantes y agentes –incluidos los no humanos– de lo que permite nuestro actual régimen experto.

Este es el impacto real de una ecología de la tecnología: una valoración real de sus efectos y su repercusión para nuestra vida y nuestra sociedad, y para las vidas y las sociedades de los no humanos y de los ecosistemas naturales. Y como es una ecología, prestarle atención y cuidar de ella no cambia solo la tecnología o la sociedad: lo cambia todo. Nuestros esfuerzos están interconectados y se refuerzan mutuamente: si nos educamos unos a otros en el manejo de la tecnología, por ejemplo, incrementaremos nuestra habilidad colectiva para abordar toda clase de cuestiones críticas, desde la política al medio ambiente, y al mismo tiempo podremos mantenernos atentos a las sutilezas y los matices de cada situación individual y cada geografía particular. Todo comienza por escuchar, prestar atención y abrirse al mundo más allá de lo humano. A esta apertura nos dirigiremos ahora.

9

El internet de los animales

El asunto central de nuestra época es cómo podemos mitigar y defendernos de los peores efectos del cambio climático. Esta cuestión desbanca a todas las demás, porque a menos que la abordemos de forma honesta y significativa, sencillamente no estaremos aquí para abordar nada más. Los peligros que afrontamos hoy, y que sucederán con mayor intensidad y frecuencia en las próximas décadas, desde los fenómenos meteorológicos extremos hasta la subida del nivel del mar, desde la desertificación hasta las pandemias zoonóticas, son amenazas existenciales. Ya están produciendo la sexta extinción masiva de la vida en la Tierra y la mayor migración humana de la historia, con un impacto irrevocable en nuestras sociedades, nuestros modos de vida y en cada uno de los organismos con los que compartimos el planeta. ¿Cómo sería nuestra sociedad si se tomara realmente en serio estas amenazas y tratara, aunque fuera de forma desordenada, de abordarlas? ¿Qué herramientas necesitamos y cómo deberíamos usarlas?

Estas preguntas son una novedad para la humanidad, porque se extienden al futuro profundo. Gracias a un conocimiento científico en constante expansión y a nuestra creciente habilidad para modelar y simular cambios climáticos a lo largo de siglos, podemos medir y analizar algunos de los efectos de nuestras acciones de una manera que no estaba al alcance de nuestros ancestros. Pero saber qué efectos podrían darse con el tiempo no siempre nos ayuda a tomar decisiones en el presente. Para poder actuar sobre lo que sabemos, también necesitamos historias que nos preparen para los desafíos que afrontamos, y que nos den una idea de cómo podemos encararlos.

Una disciplina con amplia experiencia en contar historias acerca del futuro profundo es la ciencia ficción, y uno de mis escritores favoritos de este género, Kim Stanley Robinson, lleva más de treinta años tratando la cuestión de la supervivencia de la humanidad a largo plazo en este y en otros planetas. En su más reciente novela, *El Ministerio del Futuro*, imagina en detalle la clase de instituciones, tecnologías, relaciones y alianzas que podríamos construir. La novela comienza con el ministerio del título, que es responsable no de los ciudadanos actuales del planeta, sino de aquellos que vendrán después de nosotros. Las actividades del ministerio van extendiéndose, desde bombear agua de mar a la plataforma continental antártica –para ralentizar el ritmo de la subida del nivel de los mares– hasta el establecimiento de nuevas formas de moneda que premian significativamente a aquellos que actúan en pos de la salud del planeta, así como otras acciones más sombrías para animar a las naciones renuentes y a multimillonarios egoístas a obedecer.

Aunque Robinson sigue colocado en la sección de ciencia ficción de las librerías, todas las técnicas que propone o bien se encuentran en algún punto de su fase de prueba o bien está completamente dentro de nuestra capacidad el llevarlas a la práctica. Una de ellas es el «internet de los animales», un término que me desconcertó cuando lo leí por primera vez, en la novela de Robinson. Como ecologista de la tecnología con un alto grado de compromiso, me hizo pararme en seco, pero Robinson solo hace una breve mención de ello. ¿Qué podría significar aquello? Yo creía que aquello era nuevo para mí. Y solo cuando empecé a escribir el libro que está usted leyendo me di cuenta de que ya lo conocía.

Puede que esta historia le suene de haberla leído antes en este libro. Después de todo, hasta que leí la explicación, dentro de la ficción, de las extraordinarias habilidades comunicativas de los árboles (en *El clamor de los bosques*, de Richard Powers), no entendí el encuentro que había tenido unos meses antes en los bosques de la región del Noroeste del Pacífico, con Suzanne Simard y sus secuoyas parlanchinas. Bueno, pues ocurrió de nuevo. Resulta que el internet de los animales era una invención, en parte, de otra persona que había conocido, nada menos que en Zúrich, aproximadamente un año antes de leer la novela de Robinson.

Martin Wikelski es el director del Instituto Max Planck de Comportamiento Animal en Radolfzell, Alemania, uno de los que integran la red de institutos de investigación científica avanzada de ese país. Durante décadas, ha estudiado el comportamiento social complejo de toda clase de animales, y en la conferencia en la que ambos participábamos en Zúrich, él iba a hablar –ante una audiencia formada por gerentes de ventas y CEO de tecnología financiera suizos– de las lecciones que podríamos aprender de los animales y las aves con respecto a la inteligencia de enjambre y la adaptación dinámica. Cuando nos conocimos, la tarde antes de la conferencia, me explicó –con cierta reticencia al principio pero con un entusiasmo creciente a medida que lo convencí de mi genuino interés y curiosidad– que su equipo y él estaban construyendo un sistema para la observación y comprensión de los animales a una escala sin precedentes en la historia científica.

En un momento dado, sacó su móvil y abrió una aplicación que su equipo y él habían creado, llamada Animal Tracker. Cuando lo hizo, apareció un mapa del mundo, punteado con alfileres: cientos de ellos a lo largo de Europa central y cientos más en América, África y Asia, hacia el norte hasta la isla de Wrangel, frente a las costas de Siberia, y hacia el sur hasta Nueva Zelanda. Cada alfiler marcaba la ubicación de un pájaro, y cada ubicación se actualizaba en tiempo real, o casi: algunos señalaban avistamientos de ese mismo día; otros, de unos meses atrás. Si hacías clic en uno de los pájaros, podías acceder a su historia, una serie de puntos y líneas que formaban un archivo de sus peregrinaciones a lo largo del tiempo, que en algunos casos cubrían continentes enteros, y en otros, los confines de un estanque o un lago en concreto.

Lo verdaderamente extraordinario de esta recopilación de datos era su procedencia. En 2001, Wikelski tuvo la idea de usar un receptor de radio de la Estación Espacial Internacional (EEI) para recibir señales de unos pequeños dispositivos transmisores colocados en las aves migratorias y en otros animales. Presentó su idea a la NASA, pero fue rechazada. Durante mucho tiempo el proyecto le parecía tan imposible que lo llamó ICARUS, por Ícaro, el hijo condenado de Dédalo en la mitología griega, que cae al mar después de intentar elevarse demasiado alto (aunque las letras quizá se refieran también a «International Cooperation for Animal Research Using Space» [«Cooperación internacional para la investigación de los animales desde el espacio exterior»]). Finalmente, en 2018, y con la ayuda de un equipo de cosmonautas de Rusia, ICARUS colocó una antena de tres metros de longitud en el exterior de la EEI. Los alfileres que aparecen en el mapa de la aplicación Animal Tracker eran algunos de los primeros resultados. Todas aquellas fechas y horas y lugares se habían transmitido desde los lomos de águilas, cigüeñas, garzas y gaviotas de todo el planeta, habían rebotado en el espacio a cuatrocientos kilómetros de distancia y regresado de nuevo a Tierra, donde están disponibles para que cualquiera pueda acceder a ellas y dotarlas de sentido.

Durante mucho tiempo, el seguimiento de animales con fines científicos ha sido una tarea ardua y con frecuencia estresante, tanto para los equipos científicos como para los animales. Para cualquier cosa que migrara más allá de unas cuantas manzanas –recuerden a Martin Lindauer persiguiendo a sus abejas por los callejones de Múnich– la mejor opción era atrapar a un animal, colocarle una etiqueta numerada en la oreja o en la pata y esperar que apareciera en otro lugar. Cuando esto ocurría, generalmente significaba que el animal había caído en una trampa o lo habían matado, y el resultado obtenido eran dos puntos en un mapa, muy separados en el tiempo y en el espacio, con muy poca o nula información acerca de qué había ocurrido antes, después o entre los avistamientos.

En los años sesenta, dos biólogos de Illinois, William Cochran y Rexford Lord, desarrollaron un sistema de seguimiento de animales por radio. Los diminutos transmisores de cristal de Lord y Cochran pesaban solo diez gramos, duraban miles de horas y se podían detectar desde varios kilómetros de distancia por los equipos de investigación sobre el terreno o volando por encima en aeronaves ligeras. Unas sutiles diferencias en las frecuencias del transmisor de cada animal hacían que se pudieran rastrear más de cien animales desde un único receptor. Lord y Cochran hicieron los primeros ensayos con conejos de cola de algodón: durante una serie de noches, rastrearon a los sujetos a través de prados y bosques, con la información de los receptores, que emitían pitidos en la oscuridad a medida que se acercaban o se alejaban. Para comprobar que sus mediciones eran correctas, simplemente vadeaban entre los arbustos, espantando a los sorprendidos animales, que salían de su cobijo.

Esta repentina posibilidad de conocer los movimientos de los animales revolucionó el estudio de la vida salvaje. Durante las siguientes décadas, se desarrollaron varias versiones de los transmisores de muy alta frecuencia (VHF) de Lord y Cochran para toda clase de animales, incluidos equipos impermeables para su uso en ríos y en el litoral, y pequeños arneses para aves e incluso para insectos. Como ocurrió con la invención por parte de David Lack de la ornitología por radar, los albores de la telemetría por radio (para usar el término correcto) iluminaron el campo, bañándolo de señales de VHF y revelando un detalle, complejidad y esplendor previamente ocultos.[1]

El seguimiento por radio, sin embargo, tenía sus límites; en concreto, solo se podía rastrear a un animal hasta el punto al que llegara quien realizaba el rastreo. Mientras el animal se mantuviera relativamente cerca o mientras se pudiera predecir correctamente hacia dónde se dirigiría, entonces era posible seguirlo, pero en cuanto salía del alcance del receptor, el rastro se perdía, posiblemente para siempre. Y el modo más eficaz de encontrar y seguir a un animal anillado –el rastreo aéreo– era muy caro y alteraba demasiado a los animales. En los años ochenta, muchos parques nacionales, que habían estado usando plataformas para la investigación telemétrica por radio, comenzaron a prohibir los vuelos a baja altura porque estresaban a los animales e irritaban a los visitantes.

Los equipos científicos buscaron entonces otra manera de estudiar adónde iban los animales y se fijaron en un sistema por satélite recientemente desarrollado: Argos. Introducido en 1978, Argos era una colaboración entre la agencia espacial francesa CNES (Centro Nacional de Estudios Espaciales), la NASA (Administración Nacional de Aeronáutica y el Espacio) y la NOAA (Oficina Nacional de Administración Oceánica y Atmosférica). Inicialmente se creó como un proyecto para modelos climáticos y oceánicos: se lanzaron a la deriva doscientas boyas en el océano Antártico para recoger datos sobre la presión atmosférica y la temperatura del agua. Pero Argos también podía informar de las posiciones de las boyas, de modo que los equipos científicos rápidamente se dieron cuenta de que además podían calcular la dirección y la velocidad de las corrientes oceánicas: el primer resultado inesperado del proyecto.[2]

Para principios de los años ochenta, los biólogos marinos conocían las capacidades de Argos y habían comenzado a colocar pequeños transmisores a criaturas oceánicas, que nunca habían sido muy adecuadas para el seguimiento por radio VHF. Comenzaron con animales grandes, como los delfines, los tiburones y las tortugas, pero a medida que la tecnología fue avanzando, pudieron colocar transmisores cada vez más pequeños a animales de menor tamaño; y, finalmente, a aquellos que caminaban y corrían, además de nadar.

Paul Paquet, un biólogo de la Universidad de Calgary, pensó que Argos podría serle útil para aprender más acerca de lo que le interesaba en particular: el alcance y el comportamiento del lobo de las Montañas Rocosas. El lobo había vivido en libertad a lo largo del amplio territorio de las Rocosas, que se extiende desde la Columbia Británica en Canadá hasta Nuevo México, en el sudoeste de Estados Unidos, pero prácticamente había desaparecido del paisaje norteamericano en el siglo XX. El último lobo de Yellowstone fue abatido en los años veinte, y el lobo canadiense desapareció del Parque Nacional de Banff y del de Jasper, en Alberta, en los años cincuenta. Pero durante los años ochenta, comenzaron a experimentar una recuperación, reapareciendo en Banff y en Jasper, y recolonizando el Parque Nacional de los Glaciares, al otro lado de la frontera, en Montana. Poco se sabía de cómo había ocurrido y de las dinámicas de esta incipiente población; la tendencia de los lobos a desaparecer casi inmediatamente del alcance de los aparatos de rastreo por radio no ayudaba a los equipos de investigación que trataban de seguirlos. Paquet se dio cuenta de que Argos aumentaría radicalmente el alcance de su investigación, y solicitó una de las primerísimas unidades de rastreo terrestres.

Un día pasado por agua de junio de 1991, un equipo de investigación dirigido por Paquet capturó a una loba gris de cinco años de edad cerca del campo base Kananaskis Field Station, al pie de las Rocosas canadienses. Para Paquet era importante recordar que cada animal era un individuo, de modo que –a diferencia de muchos equipos de investigación, que prefieren mantener una distancia objetiva científica con respecto a los animales que estudian– le gustaba que su equipo pusiera nombre a los animales. En deferencia al tiempo que hacía aquel día, llamaron a esta loba Pluie, «lluvia» en francés.

Se le colocó el nuevo dispositivo de Paquet a Pluie, un collar de rastreo de Argos, y la liberaron de nuevo en la montaña. El equipo de Paquet regresó entonces a sus ordenadores, a la espera de datos actualizados sobre su ubicación. Lo que ella les mostró cambiaría nuestras ideas acerca del territorio, de las poblaciones, de las necesidades y de los deseos animales, e hizo posible un cambio radical en nuestra relación con ellos.[3]

Pese a haber tenido problemas al tratar de rastrear a los lobos en el pasado, Paquet y su equipo esperaban que Pluie se mantuviera relativamente cerca; al fin y al cabo, pertenecía claramente a una de las jaurías de Banff que rondaban el parque nacional colindante, una extensión de unos seis mil quinientos kilómetros. Los estudios previos realizados en Montana mostraban que algunos de los territorios de los lobos se extendían en un área de unos cuantos cientos de kilómetros cuadrados, o, como máximo, de unos mil kilómetros cuadrados, en el territorio más salvaje que rodeaba el parque. Sin embargo, Pluie llegaría mucho más lejos que eso.

Argos no es muy preciso –puede señalar la ubicación de un animal con un margen de un kilómetro y medio– y a veces era poco fiable y dejaba de enviar señales claras durante semanas. Cuando las señales de Pluie empezaron a llegar, al principio parecían increíbles, y luego dejaron a todo el mundo con la boca abierta. Durante los primeros meses, tras su captura en junio, se mantuvo relativamente cerca del lugar donde se le colocó el dispositivo; pero en otoño de repente se levantó y se marchó de aquella zona, cruzando el territorio del parque de Banff, para después girar hacia el oeste en dirección a la Columbia Británica, y a continuación hacia el sur, a través de la frontera con Estados Unidos, hasta el Parque Nacional de los Glaciares. Pasando hacia el este de la ciudad de Browning, entró en las Grandes Llanuras. Viajó a través del territorio salvaje Bob Marshall Wilderness, una extensión de unos cuatro mil kilómetros cuadrados de bosques y montañas libres de carreteras al norte de Missoula, y después cruzó el resto de Montana y la franja norte de Idaho para llegar al parque estatal Mount Spokane, en el estado de Washington; a unos quinientos kilómetros, en línea recta, de Browning. Algo más tarde, se dirigió de nuevo hacia el norte, y entró otra vez en Canadá desde Idaho, en algún punto cerca de Bonners Ferry. Para diciembre de 1993, había llegado al menos hasta Fernie, en la Columbia Británica, en un viaje de ida y vuelta que cubría más de cien mil kilómetros cuadrados.

La señal desde Fernie fue la última que Argos recibió de Pluie, y poco después de que se emitiera, el equipo de rastreo recibió un paquete de correos que contenía la batería del collar de Pluie... con un agujero de bala. Se temieron lo peor, pero Pluie no estaba muerta; todavía no, al menos: apareció de nuevo, dos años después, a doscientos kilómetros de distancia de Invermere, en la Columbia Británica , en el borde del Parque Nacional Kootenay, aún identificable por su collar, ahora sin batería. Esta vez no sobrevivió: el 18 de diciembre de 1995, recibió un disparo mortal de un cazador con licencia, junto con un lobo adulto y sus tres lobatos.

Solo en los seis meses en los que se la rastreó mientras se desplazaba –y es probable que hubiera realizado este recorrido en múltiples ocasiones durante el curso de su corta vida– Pluie había atravesado dos naciones, tres estados de Estados Unidos, dos provincias

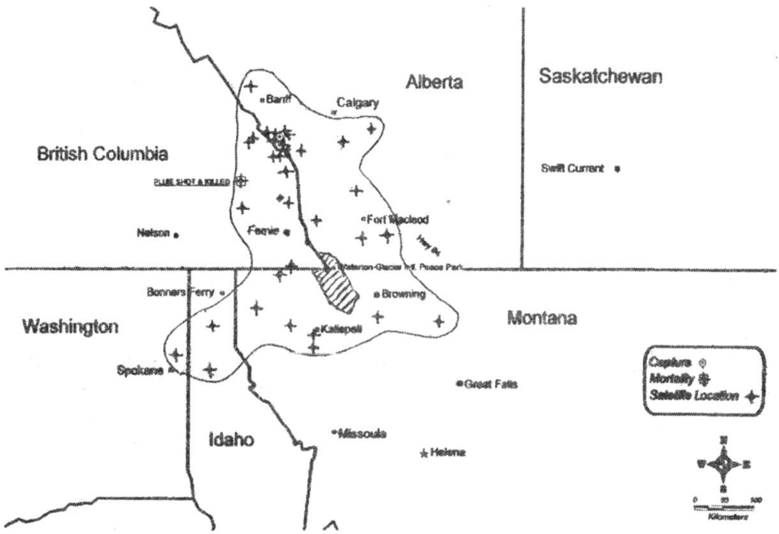

Mapa de los viajes de Pluie.

canadienses y unas treinta jurisdicciones diferentes, desde periferias urbanas a parques nacionales, y desde las tierras de la Corona a los territorios de las Primeras Naciones. Su rastro cruzaba cadenas de montañas y zonas de bosques salvajes, así como carreteras, campos de golf y tierras privadas. Se movía –de forma aparentemente libre, pero a menudo bajo el peligro de los cazadores, los rancheros y el tráfico– a través de un área hasta entonces inimaginable. Y con ello, nos dio nuevos conocimientos acerca de las maneras en las que los animales salvajes viven sus vidas; entre ellos y entre nosotros. Y también nos mostró que los paisajes que imaginamos y mantenemos apartados para los animales están muy lejos de ser lo suficientemente grandes.

La primera consecuencia del viaje de Pluie fue que cambió nuestra comprensión de las poblaciones de lobos. La historia de nuestros encuentros con lobos, así como la percepción restringida que nos brindaba el rastreo VHF habían dado lugar a la idea de que las jaurías de lobos viven confinadas en áreas concretas, que las poblaciones se definían en función de los límites de los parques de Banff, Jasper o de los Glaciares. Pero Pluie mostró que los lobos de las Montañas Rocosas constituyen lo que la comunidad científica llama una «metapoblación»: una población individual compuesta de comunidades cambiantes más pequeñas, que están interconectadas. Las metapoblaciones garantizan la supervivencia de la especie en áreas extensas, porque permiten la mezcla ocasional de genes entre subconjuntos de población aislados y la posibilidad de renovación y recolonización cuando comunidades concretas desaparecen; como ocurrió con los lobos en el siglo XX. La existencia de múltiples comunidades interconectadas asegura la supervivencia de una especie de una manera que es inviable para una única comunidad grande, a través del intercambio de hábitats, de ocasiones de conseguir alimento y de información genética entre los grupos. Es un efecto ecológico, en el que la resiliencia total de muchos grupos interconectados pero autónomos es mayor que la de una masa homogénea.

La existencia y resiliencia de las metapoblaciones tiene una lección que ofrecernos a los seres humanos y a nuestras redes; de hecho, esta distribución de los recursos es la base sobre la que funciona hoy en día gran parte de nuestras infraestructuras fundamentales. La generación de energía, el almacenamiento de datos y las respuestas de emergencias operan todas ellas bajo el mismo principio: la expansión de la capacidad a un área lo más grande posible, con el objetivo de sobrevivir y prosperar cuando ocurre un desastre.

Las metapoblaciones también están basadas en el principio del movimiento: no solo tenemos que expandirnos para sobrevivir; también debemos estar en movimiento. Las poblaciones dispersas necesitan formas de conectarse entre ellas con el fin de compartir recursos, información y genes, así como la capacidad de avanzar cuando una situación se vuelve insostenible. Esto es especialmente apremiante en una época de rápido cambio climático: como hemos visto, los hábitats vivibles se mueven irremediablemente hacia las alturas y hacia los polos, y todas las especies deben seguir este ritmo para sobrevivir. Esta es otra lección que debemos tomarnos en serio: la conectividad y la libertad de movimiento están entre las facultades más importantes para capear la tormenta que se avecina, igual para humanos que para no humanos.

Al mostrarnos la extensión sobre la que deambulan los animales, las actualizaciones por satélite de Pluie revelaron las dimensiones que deben tener las áreas protegidas para asegurar la supervivencia de los lobos y de otras comunidades salvajes. Su viaje abarcaba un área diez veces mayor que el Parque Nacional Yellowstone y quince veces el tamaño del de Banff, dos de las reservas salvajes más grandes de Norteamérica. Pluie reveló al equipo científico el enorme tamaño del área a la que deberían tener acceso y que necesitan recorrer los lobos de las Montañas Rocosas para vivir sus vidas; esto ocurre con muchas otras especies norteamericanas, como el oso grizzly, el lince, el puma, el berrendo y el ciervo. A su vez, un montón de otros animales y pájaros, así como plantas y hongos, dependen del desplazamiento de estos animales para la propagación de sus semillas y esporas, el pasto de las praderas, el mantenimiento de los niveles de población y la gestión de los hábitats. El ecosistema entero depende de la libertad de movimiento, a lo largo de un área mucho mayor de la que se reserva específicamente para la vida salvaje.

Por sí mismos, por lo tanto, los parques y los santuarios de vida salvaje eran claramente insuficientes. Lo que se necesitaba era una red de territorios, interconectados y unidos a través de las áreas que están bajo dominio humano, junto con una nueva manera de pensar acerca de vivir con y junto a los animales no humanos. Para que la recuperación del lobo continuara, como parte de una renovación y afirmación más amplia de la biodiversidad en toda Norteamérica y más allá, la primera tarea que debían acometer los grupos de defensa de los animales era forjar conexiones entre poblaciones y entre estados y naciones.

El viaje de Pluie fue la inspiración para uno de los proyectos medioambientales más ambiciosos del mundo: la Y2Y (Yellowstone to

Yukon), la Iniciativa de Conservación de Yellowstone a Yukon. Este proyecto busca convertirse en un puente a lo largo de una extensión de unos tres mil doscientos kilómetros, que cubra tanto ambos parques nacionales como el territorio que los conecta, a través de un sistema interconectado de tierras y aguas salvajes. La idea central es lo que se conoce como un «corredor ecológico»: un camino, o una red de caminos, claramente trazado, por el que los animales y las plantas puedan trasladarse, sin obstáculos producidos por la actividad humana, con el objetivo de que puedan realizar migraciones, buscar alimento y mantener la diversidad.[4]

Los corredores ecológicos pueden adoptar muchas formas, desde un sencillo seto vivo a lo largo del borde de los campos agrícolas, a la conservación de áreas de miles de kilómetros de extensión, a través de fronteras nacionales. A veces el término se refiere a espacios abiertos y otras veces, a infraestructuras, tales como pasos subterráneos o puentes, diseñadas específicamente para la vida salvaje, que les permiten desplazarse de forma segura a través de carreteras y vías del ferrocarril. Como refuerzo de estos corredores, pueden emplearse vallas para alejar a la vida salvaje del peligro y dirigirla hacia los pasos seguros y las zonas de cruce; se pueden despejar las tierras o dejarlas en barbecho, y se puede desplazar o reorientar el desarrollo, todo ello para adaptarse mejor a las necesidades de los animales allí establecidos o en movimiento.

Poco a poco, la iniciativa Y2Y va adoptando esta estrategia. Cuando la historia de Pluie apareció como un gag de comedia en el programa de televisión *El ala oeste de la Casa Blanca*, se hizo una parodia del concepto de un corredor ecológico como una «autopista de casi tres mil kilómetros exclusiva para lobos», con un coste de novecientos millones de dólares, con toda la parafernalia de señales de tráfico y salidas de la autopista a las praderas de pasto locales. Pero la realidad del corredor ecológico, incluso de uno a escala continental, es un mosaico de distintos procesos y prácticas: mantener las tierras privadas libres de pesticidas y vallas; mantener los centros de las poblaciones humanas libres de vida salvaje; construir puentes, túneles y otros puntos de cruce; comprar nuevas parcelas de reserva; y realizar estudios continuos de la vida salvaje y la actividad humana.

La coalición Y2Y actualmente trabaja a través de múltiples estados, provincias y parques en Estados Unidos y Canadá, para promover una mejor gestión del tráfico, carreteras más seguras, una mayor educación acerca de la vida salvaje, y el fin de la minería de carbón, la refinería metalúrgica y la tala rasa o por clareo, así como la declaración de áreas protegidas concretas. Mientras que la red más amplia continúa desarrollándose e interconectándose, las iniciativas locales están viendo los efectos de su actividad: a principios de 2020, se avistó al primer oso grizzly en ochenta y ocho años en el área Bitterroot Wilderness, en la zona central de Idaho, lo cual significa que las poblaciones de oso de Norteamérica están reconectándose entre sí, asociándose y en vías de recuperación.[5]

En todo el mundo, los corredores ecológicos no solo hacen posible que sobrevivan los animales y que prosperen en paisajes dominados por la actividad humana; también muestran que podemos negociar y adaptarnos para permitir que sea así. En el distrito federal del Extremo Oriente ruso, la Reserva Natural Sredneussuriisky se extiende a través de las *krai* o provincias de Primorie y Jabárovsk, más allá de la frontera, en la zona nordeste de China. Esta área de conservación de 72.700 hectáreas une la cordillera rusa Sijoté-Alíncon con los montes Wudang de China, dos hábitats clave para el tigre siberiano o tigre de Amur, en grave peligro de extinción, que ahora puede desplazarse a través de las fronteras internacionales sin obstrucción humana.

En Países Bajos, una red de más de seiscientos corredores ecológicos construidos por humanos, incluido un puente de ochocientos metros de largo, el Natuurbrug Zanderij Cra iloo, convierte a uno de los países más densamente poblados de Europa en refugio para ciervos, jabalís, tejones y otras criaturas del bosque, así como para otras especies de animales y plantas cuya existencia depende de ellos. El 26 de enero de 2011, un elefante llamado Tony fue el primer elefante en atravesar completamente el nuevo corredor a

Corredor ecológico en forma de puente verde en Holanda.

través del bosque Ngare Ndare, que conecta a la segunda población de elefantes más grande de Kenia, en el área de conservación de la vida salvaje Lewa, con sus compatriotas del otro lado del monte Kenya, pasando durante el trayecto por el primer paso subterráneo de África para elefantes, por debajo de la autopista Nanyuki-Meru.[6]

Los corredores ecológicos también pueden ser una parte de los procesos curativos de los humanos. La mayor reserva natural de Europa, y uno de los corredores más largos del mundo, es el Cinturón Verde Europeo, una red de parques y tierras protegidas de siete mil kilómetros que sigue la línea del telón de acero que separaba Europa occidental del bloque soviético. El Cinturón Verde fue propuesto por los ecologistas alemanes en diciembre de 1989, solo un mes después de la caída del muro de Berlín; hoy en día, se extiende en todo el territorio desde Finlandia hasta Grecia. En algunos lugares, los viejos campos de minas aún obligan a los visitantes a no salirse de los caminos, pero la antigua «franja de la muerte» es ahora un hábitat floreciente y un sendero migratorio

Puente para cangrejos en Isla de Navidad.

para más de seiscientas especies de aves raras y en peligro, mamíferos, plantas e insectos. Quizá un día ocurra lo mismo en la zona desmilitarizada, la DMZ, entre Corea del Norte y Corea del Sur, una franja de territorio de unos doscientos cincuenta kilómetros de longitud y cuatro kilómetros de anchura, que ha permanecido prácticamente vacía de seres humanos durante más de seis décadas, donde hoy tienen su hogar y florecen millones de aves migratorias y de distintas especies de plantas, así como animales en peligro como el ciervo almizclero siberiano, la grulla, el buitre, el oso negro japonés, y una especie única de cabra: el goral de cola larga. Tal y como ocurrió en la zona de exclusión de treinta kilómetros alrededor del reactor nuclear de Chernóbil, a la que la comunidad científica se ha referido como una «reserva natural involuntaria», la vida salvaje prospera allá donde los humanos se retiran. A pesar de los altos índices de radiación de la zona, las poblaciones de alces, jabalís, zorros y ciervos son al menos tan numerosas como en otras reservas en Ucrania y Bielorrusia; y un estudio sugiere que la población de lobos podría ser hasta siete veces más numerosa.[7]

De la misma manera que la atención hacia la vida más que humana exige que pensemos más allá de nuestros propios sentidos y sensibilidades, que tratemos de imaginar el *umwelt* de otros seres, la construcción de corredores ecológicos requiere de cierta ingenuidad y cuidado, en función de la especie concreta y de los modos de vida a los que intentamos ayudar. En la Isla de Navidad, en el océano Índico, una red de más de treinta pasos subterráneos y caminos vallados protegen a millones de cangrejos rojos autóctonos en su migración anual a la costa. Además de los túneles, un puente de cinco metros de altura cruza una de las carreteras con mayor tráfico de la isla, con una superficie de malla de acero perfectamente calibrada para que los crustáceos puedan agarrarse. No puedo evitar imaginar, desplegada entre el bosque y el mar, una versión más voluminosa del ordenador cangrejo de la Universidad de Kobe: millones de cangrejos pasando a través de túneles con forma de compuertas lógicas; el ciclo anual de su huida hacia las áreas de reproducción poniendo en funcionamiento una enorme tarea de procesamiento que implique múltiples entrelazamientos.

En Oslo, una red de colmenas y jardines en las azoteas de varios edificios de oficinas, escuelas y bloques de viviendas ha creado una autopista aérea que las abejas utilizan para cruzar la ciudad, y su ubicación está pensada de tal manera que nunca está a más de unos doscientos cincuenta metros de zonas de alimentación ricas en polen. Al estar en Noruega, la red incluye colmenas modernistas construidas por la popular empresa de arquitectura Snøhetta, autores también del diseño de la icónica ópera de la ciudad, y la gestión corre a cargo de un colectivo de apicultores voluntarios. (Este es, en esencia, el mismo método que emplea la socialdemocracia en ese país para mantener sus redes de parques nacionales y de alojamiento en campings comunitarios para humanos, que son gestionados por la Asociación Noruega de Trekking, que tiene un cuarto de millón de socios.) La organización de este tipo de infraestructuras más que humanas refleja los sistemas sociopolíticos humanos en los que se establecen, sin estar supeditados a ellos.[8]

Por supuesto, las ideologías políticas son un arma de doble filo. En el extremo contrario de la línea que se entrecruza en la iniciativa Y2Y, el tristemente célebre muro del expresidente Donald Trump, que separa Estados Unidos de México, pasa a lo largo y ancho de reservas naturales, lugares declarados Patrimonio de la Humanidad por la UNESCO, tierras indígenas de soberanía tribal, monumentos nacionales y zonas salvajes de naturaleza virgen. Estas tierras, abiertas en su mayor parte, están ahora cercadas por cientos de kilómetros de hormigón y tubos de acero, con consecuencias devastadoras para la movilidad tanto animal como humana. El término oriental del muro divide en dos la Reserva Natural Lower Rio Grande Valley, un área de más de ochenta mil hectáreas en el sudeste de Texas, un corredor vital para aves en peligro de extinción, además de para felinos como el ocelote y el jaguarundí. En el archipiélago Madrense de las Islas del Cielo, en Arizona y Nuevo México, la construcción del muro cerrará un extenso tramo de tierra que recientemente ha visto la reaparición del jaguar norteamericano (que se extinguió en Estados Unidos en los años sesenta), y bloqueará las rutas migratorias del oso grizzly y del lobo gris. A pesar de que el futuro del muro no está claro en el momento en el que escribo, algunas áreas ya se han visto permanentemente afectadas, como Quitobaquito Springs, en el Monumento Nacional Organ Pipe Cactus, un lugar sagrado para la nación tohono o'odham, que ha sido parcialmente drenado para fabricar el hormigón para el muro. E incluso si el muro se desmantela, la construcción de barreras alrededor del mundo está en alza en todos los continentes: desde las despiadadas vallas fronterizas en los márgenes de la Unión Europea, hasta el muro del Sáhara Occidental, un terraplén de arena de dos mil setecientos kilómetros construido por Marruecos en el desierto al noroeste de África. Algún día, estos lugares quizá se conviertan en cinturones verdes una vez más, pero tendremos que luchar por ellos.[9]

Existen estudios exhaustivos que demuestran que en Oriente Próximo, el muro del *apartheid* construido por Israel a lo largo de Cisjordania ha tenido consecuencias devastadoras para el medio ambiente local. El muro sigue la línea de un corredor ecológico antiguo que se extiende desde los montes de Judea en el sur a los montes sumerios al norte. El muro no solo bloquea la migración este-oeste, sino que corta las rutas norte-sur porque avanza en zigzag alrededor del territorio palestino. Un informe de 2010 de la Autoridad Nacional Palestina identificó dieciséis especies que se enfrentan a la extinción local como consecuencia directa de esta barrera, incluidos el zorro, el lobo, el íbice, el puercoespín y una especie única de gacela arábiga palestina. Las aves y los insectos también están amenazados por la quema de áreas de bosque para proporcionar áreas de espacio despejado para los asentamientos al otro lado del muro. En algunos lugares, su construcción se ha ralentizado por órdenes medioambientales del Tribunal Supremo de Israel, y se han diseñado secciones especiales en forma de ese para permitir que los animales de menor tamaño puedan pasar; pero no los mamíferos más grandes ni las personas.[10]

Las infraestructuras diseñadas para bloquear el movimiento libre y la asociación de personas, por lo tanto, perturba también las vidas de los animales; pero destacar este hecho no debería llevarnos a priorizar unas consecuencias sobre las otras. Jamás debe permitirse que la acción medioambiental se convierta en un velo de otras formas de opresión. El espectáculo de las Fuerzas de Defensa de Israel creando incómodos pasadizos a través del muro del *apartheid* para permitir el paso de pequeños animales mientras continúa degradando, sofocando y cercenando las vidas de los palestinos solo sirve para subrayar el racismo y la falta de humanidad de estas barreras y de los regímenes que las instalan. De la misma manera que alabar la construcción de puentes para cangrejos en la Isla de Navidad no debería ocultar que el Gobierno australiano tiene centros de detención en la misma isla –aledaños al mismo parque nacional– donde encarcela a personas enfermas y traumatizadas que piden asilo político, contraviniendo el derecho internacional.

La existencia de estas barreras que impiden la libertad de movimiento y de sus ampliamente documentados efectos negativos en las vidas humanas y no humanas enfatiza la importancia de la solidaridad humana y más que humana. La lucha para asegurar la supervivencia de las especies no humanas va de la mano de la lucha por la dignidad y la libertad de todos los humanos.

La historia de las iguanas de la bahía de Guantánamo es una prueba de ello. En 2008, un grupo de kuwaitíes que estaban detenidos en la base estadounidense en la isla de Cuba desde 2002 solicitaron al Tribunal Supremo una audiencia para presentar su caso. La defensa solicitó un procedimiento de *habeas corpus*; el mismo principio que la organización Nonhuman Rights Project intentó emplear para la elefanta Happy y para otros animales. Y, como en los casos de la NhRP, debían convencer al tribunal de que el *habeas corpus* era aplicable a estos detenidos en particular, algo que les había sido denegado previamente, sobre la base de que la bahía de Guantánamo estaba fuera de la jurisdicción del tribunal. Pero en este caso, la situación fue la contraria: de forma extraordinaria, los no humanos testificaron en representación de los humanos.

Cuando el abogado de los detenidos, Thomas Wilner, participó en una entrevista para el programa de televisión *60 Minutes*, el equipo de producción le dijo que habían visitado Guantánamo y que habían descubierto que las iguanas cubanas locales estaban, en realidad, más seguras en la base. Si se alejaban de ella, los lugareños las podrían cazar y se las comerían; pero en la propia base, estaban protegidas por el derecho estadounidense, en concreto por la Ley de Especies en Peligro, y el personal militar se enfrentaba a multas de hasta diez mil dólares si perjudicaban a los animales. En la audiencia, Wilner argumentó que era imposible aplicar la ley estadounidense a las iguanas y no a las personas, y el Tribunal Supremo posteriormente accedió a oír el caso. Cuando el fiscal general repitió el argumento ante el tribunal de que los detenidos no estaban dentro de su jurisdicción, el juez David Souter respondió: «¿Qué quiere decir? Hasta las iguanas de Guantánamo están protegidas por la ley de Estados Unidos».[11]

De este modo, las iguanas «hablaron» en nombre de las personas; pero ¿cómo podrían llegar a hablar por sí mismas? Como ya hemos concluido, los tribunales son insuficientes para dar respuesta a las necesidades y los deseos animales, y los procesos judiciales humanos no pueden acoger la verdadera multiplicidad y complejidad de la existencia más que humana. De hecho, la historia de Pluie nos enseña que solo si contemplamos el verdadero alcance y la magnitud de la vida no humana en sus propios términos, y aceptamos su realidad y su valor más allá de los nuestros, podremos empezar a adaptar seriamente nuestras propias maneras de existir. En última instancia, no se trata de conceder personalidad jurídica a los animales, sino de reconocer y otorgar valor a su animalidad; y a su «plantidad», y a su condición de sujetos, su condición de seres. Se trata de permitirles ser lo que son, mientras trabajamos con ellos para estructurar el mundo en beneficio de todos nosotros. No debemos pensar a la escala de los laboratorios y las salas de los tribunales, sino a la escala de los bosques, de las cadenas montañosas, de la tundra, de los océanos y los continentes: a la escala de proyectos de conservación como Y2Y, Yellowstone to Yukon.

La historia del rastreo animal por medio de la tecnología es una historia de la ampliación, lenta pero inevitable, de la perspectiva: del campo de conejos de Lord y Cochran, a un parque nacional, a todo un continente y a todo un océano. En esto, es un reflejo del desarrollo de nuestras propias tecnologías de la información, que se han ido desplegando sobre la superficie del planeta entero y hacia el espacio exterior, acercándonos cada vez más a cualquier parte del globo. En cada fase del proceso, estas redes diferentes pero interconectadas nos han estado diciendo lo mismo: estamos absoluta e inextricablemente entrelazados unos con otros.

El proyecto Y2Y es una de las iniciativas medioambientales más grandes y de mayor éxito de nuestro tiempo. Es el resultado directo de una ecología tecnológica: una colaboración interespecie y transversal entre un lobo, un equipo humano de investigación y una constelación de satélites. En este ensamblaje de actores, la escala y la visión de la tecnología desempeña un papel directo, ampliando el alcance de nuestro cuidado y atención desde el nivel de los binoculares y los transmisores VHF hasta la amplitud de todo un continente, contemplado desde una altura de ochocientos cincuenta kilómetros. Hoy en día, Argos –los satélites que siguieron a Pluie– cuenta con siete satélites en órbita polar que completan una vuelta a la Tierra cada cien minutos y abarcan aproximadamente cinco mil kilómetros cuadrados de su superficie en todo momento. Y, si bien sus capacidades y precisión han aumentado con el tiempo, también se ha amplificado con sistemas más nuevos y con una capacidad cada vez mayor, como el Sistema de Posicionamiento Global, o GPS.

El GPS es mucho más preciso que Argos, y –gracias a la reducción del tamaño de las baterías, a mejores transmisores y receptores, y a un montón de avances más– ha hecho posible la monitorización de animales a gran escala de maneras que los pioneros de la telemetría por radio nunca podrían haber imaginado. Para ahorrar más energía y durar más tiempo, algunos collares de rastreo ahora pueden almacenar datos en el propio dispositivo y soltarse automáticamente a una hora predeterminada, desprendiéndose del animal y cayendo al suelo para que el equipo de investigación los recoja. Esto ha permitido una menor intrusión y una visión mucho más precisa y a una escala mucho mayor de dónde se encuentran los animales y adónde desean ir.

La Interestatal 80 se extiende a lo largo de todo el territorio continental de Estados Unidos, desde Nueva York, en la costa este, hasta San Francisco en la oeste, pasando a través de Wyoming, Nebraska y Utah, y el sur de Yellowstone. Es una notoria amenaza para la vida salvaje; y a menudo, en consecuencia, para los humanos. Solo en Wyoming, en el quince por ciento de las colisiones de vehículos está implicado un ciervo, un berrendo u otros animales de gran tamaño. Se calcula que estas seis mil colisiones anuales provocan un coste de cincuenta millones de dólares en daños a los vehículos y en pérdida de vida salvaje. Y, debido a que la I-80 cruza varias de las principales rutas migratorias, estos choques pueden tener consecuencias devastadoras. En 2017, un tráiler golpeó a una manada entera de berrendos en plena migración y mató a veinticinco de ellos.

En los años sesenta, cuando la carretera se estaba construyendo, quienes trazaron los planes se percataron de que debían tener en cuenta la vida salvaje local, más aún porque sus propios ingenieros habían sufrido colisiones de ese tipo. Como respuesta, y con la mejor intención, construyeron una serie de pasos subterráneos y conductos a lo largo de la carretera para que los animales salvajes pudieran pasar por debajo de la carretera. Pero en aquella época la migración animal apenas se conocía y había poca información para ayudar con la planificación. Los pasos subterráneos se colocaron de acuerdo con las suposiciones de unos pocos ingenieros, y en su mayoría fueron construidos en los lugares equivocados. Eran muy escasos los animales salvajes migrantes que los utilizaban, y la mayoría continuó cruzando la carretera en otros puntos. Las muertes continuaron.[12]

Esta situación comenzó a cambiar en la pasada década, con una mayor disponibilidad de GPS y anillas de bajo peso, que llevó a un auge de su uso, y al correspondiente auge de los datos verificables acerca del desplazamiento y la migración de los animales, y acerca de sus necesidades y deseos. A lo largo de toda la I-80, alces, berrendos, ciervos mulos y otros animales se acercan a la carretera y a las vallas que la rodean, a menudo sin otra opción más que adentrarse en el tráfico; si no, se quedan sin alimento, sin zonas de reproducción y sin diversidad genética. Pero muchos de estos animales ahora llevan anillas, y gracias a las organizaciones que los monitorizan, como la Wyoming Migration Initiative, que ha reunido información de múltiples estudios, las áreas donde se congregan y los lugares a los que tratan de llegar de pronto son mucho más visibles.[13]

Una consecuencia que se deriva de esta visibilidad es una nueva infraestructura para apoyar a la vida salvaje. En 2012, el estado de Wyoming construyó un nuevo puente verde en Trapper's Point, en la autopista 191 de Estados Unidos. Esta ubicación fue

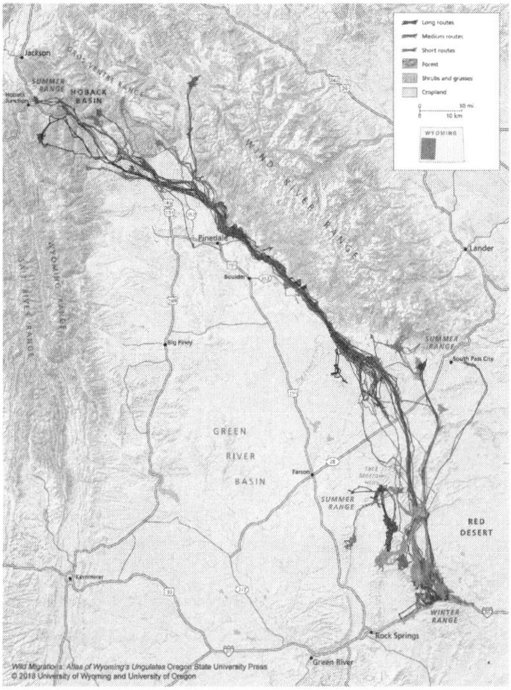

Mapa de rastreo por GPS de la migración de cientos de ciervos mulo a través de Wyoming.

seleccionada tras revisar los datos de GPS de cientos de berrendos, lo cual reveló la ruta exacta de la travesía bianual que realizan entre las praderas donde pasan el invierno, en el Desierto Rojo, y los terrenos estivales en el Parque Nacional Grand Teton. Conocido como el Camino del Berrendo, en uso desde hace al menos seis mil años, esta ruta migratoria de vital importancia se halla bloqueada en diversos puntos por carreteras y vías del ferrocarril, pero, desde 2012, hay un obstáculo menos. Ahora, miles de berrendos y ciervos utilizan cada año el paso elevado de Trapper's Point, situado justo en su camino, y como resultado, las muertes en las carreteras han disminuido de forma notable. El estado de Wyoming está, actualmente, explorando más ubicaciones para futuros pasos y recopilando más datos con el fin de averiguar los lugares donde son necesarios.

Al final del capítulo anterior, me preguntaba cómo sería una participación política real de los animales en un sistema más que humano. Recordemos que la política es el arte y la ciencia de tomar decisiones juntos sobre cosas que nos afectan a todos. Pues bien, eso es lo que está sucediendo aquí. De la misma manera que los orangutanes actúan políticamente al luchar contra su encarcelamiento en los zoológicos, también lo hacen la vida salvaje de Wyoming y la coalición Y2Y. Estos berrendos, alces y el resto de los animales están votando con sus patas, y los seres humanos –amplificados gracias a la tecnología– estamos finalmente escuchándolos y adaptando nuestro comportamiento y nuestra actividad constructiva para tenerlos en cuenta de una forma más adecuada.

Esta es la imagen real de una política más que humana: la atención cuidadosa y consciente hacia las necesidades y los deseos de los otros, el reconocimiento de su capacidad de decisión y de su valor, y la voluntad de adaptar nuestras estructuras sociales y espaciales existentes para amoldarlas mejor a todos. Esta es, en la práctica, la solidaridad más que humana y, como prometía, trae consigo beneficios –y preguntas– para todo el mundo.

Y así es, entonces, como el proyecto ICARUS de Martin Wikelski, que rastrea animales desde la Estación Espacial Internacional, podría llevarnos al siguiente paso –más allá del GPS y de unas cuantas manadas de berrendos, más allá de una serie de autopistas, hacia una nueva superautopista compartida–: el internet de los animales. Imaginen la progresión desde las anillas de latón en las patas y unas etiquetas de plástico en las orejas, al rastreo por radio VHF y por satélite, elevada a una escala que incluya no a unos cientos sino a millones, incluso miles de millones de animales. Si pudiéramos conectar más animales a las redes de sensores, tendríamos más y mejores ideas acerca de qué quieren y necesitan, y podríamos darles una respuesta más adecuada.

El sistema ICARUS amplía el ámbito y el alcance del rastreo animal una vez más; más allá de la radio y del GPS. Debido al peso incluso de los transmisores de GPS más pequeños, los animales que pesan menos de cien gramos no pueden llevarlos; esto significa que alrededor de un setenta y cinco por ciento de las especies de aves y de animales –y todos los insectos– han permanecido invisibles a la recopilación digital de datos. Y los arneses y collares de GPS, a pesar de las mejoras, siguen teniendo un precio prohibitivo para muchas aplicaciones.[14]

ICARUS cambia todo esto: sus etiquetas ligeras, que funcionan por energía solar, se pueden colocar en un número mucho mayor de criaturas, con el correspondiente incremento de la cantidad de animales que podemos rastrear, monitorizar (y escuchar). Si este empeño se une a un intento real de mejorar el destino de los no humanos, entonces la expansión de esta legibilidad es, en la práctica, una extensión del sufragio. Cuantos más no humanos se unan al internet de los animales –y quizá también, algún día, de los hongos, las plantas, las bacterias y las piedras– más votos se contabilizarán, más voces se incorporarán al *demos*, y más amplia e igualitaria se tornará nuestra mancomunidad más que humana.

Aún no sabemos con qué nos encontraremos o qué se decidirá. Al igual que Pluie reveló una escala desconocida hasta entonces del desplazamiento y la interconexión animal, el internet de los animales sin duda nos alertará de nuevas cuestiones sobre las que no se nos había ocurrido siquiera preguntar. De la misma manera que el internet humano ha revelado los deseos latentes, las manías, las debilidades y la pura rareza de nuestra propia especie, el internet no humano indudablemente nos dará acceso a un tipo de encuentros, experiencias y conocimientos que actualmente somos incapaces de concebir. Y eso, como bien sabemos gracias a nuestra exploración de la aleatoriedad, es, precisamente, lo que tratamos de hacer. Por eso, el internet de los animales y de todo lo demás –el internet más que humano– parece ser una forma viable y urgente para involucrarnos con un número cada vez mayor de seres y para crear conjuntamente un futuro que tenga en cuenta la condición de sujeto y el valor intrínseco de todos sus participantes.

Por supuesto, hay muchas razones por las que la idea de un internet de los animales puede provocar cierta inquietud; después de todo, no es que el internet humano haya sido una historia de puro éxito sin mácula. Tendremos que pensar cuidadosamente acerca de cómo implementarlo, usarlo y gestionarlo. En concreto, no debemos repetir el error del determinismo tecnológico del siglo XX, que consideraba el papel de la alta tecnología como la única respuesta indiscutible a todos los problemas. Si el uso de dispositivos de rastreo y otros aparatos que amasan grandes cantidades de datos suena sospechosamente parecido al tipo de pronóstico y control contra los que he hablado en otro lugar, tendremos que hacer un esfuerzo extra por garantizar que sus aplicaciones son flexibles, respetuosas y apropiadas; y la técnica para hacerlo posible está a nuestro alcance.

Un ejemplo de este tipo de flexibilidad es el concepto de área protegida móvil. En 2020, la Convención de las Naciones Unidas sobre el Derecho del Mar fue revisada por primera vez desde 1982. Si bien la Convención incluía ya provisiones para áreas marinas protegidas –franjas del océano libres de pesca o del paso de buques de gran tamaño– estas estaban establecidas en ubicaciones fijas y con perímetros inalterables. Pero, como señala la profesora Sara Maxwell, una bióloga marina de la Universidad de Washington: «Es obvio que los animales no se quedan en un lugar; muchos de ellos frecuentan grandes áreas del océano, y esas áreas pueden cambiar en el tiempo y en el espacio. A medida que avanza el cambio climático, si trazamos perímetros que permanezcan fijos en el tiempo y el espacio, es probable que los animales a los que tratamos de proteger desaparezcan de esos lugares».[15] Maxwell debería saberlo: en su investigación emplea etiquetas de rastreo por satélite y GPS con animales como las tortugas y el charrán ártico para estudiar los patrones de migración de las especies oceánicas.

En respuesta a la revisión de la Convención, Maxwell y un equipo científico propusieron que se incluyeran provisiones para crear áreas marinas protegidas móviles, que pudieran declararse y cambiar en función de los datos que se transmitieran desde el internet acuático. Este tipo de gestión dinámica del océano ya está en funcionamiento en una serie de naciones dentro de las doscientas millas náuticas frente a las costas que administran, pero la enorme cantidad de señales con las que ahora contamos, de una inmensa variedad de habitantes del océano, hace posible una protección mucho más amplia y más flexible. «Hasta que logramos implementar este tipo de gestión y mostramos que era factible, la gente no se creía realmente que fuera posible –explicó Maxwell–. Pero como sabemos más acerca de adónde van los animales en el espacio y en el tiempo, podemos usar esa información para protegerlos mejor.» La nueva tecnología está haciendo posible esta estrategia dinámica para la conservación del océano, justo en el momento en el que el cambio climático lo exige.[16]

Existen también cosas extraordinarias que puede hacer el internet de los animales, que no requieren de un rastreo preciso ni de un conocimiento total, sino solo una conciencia mayor de las vidas y comportamientos de los demás. El equipo ICARUS colocó acelerómetros en los collares de una serie de animales diferentes que vivían en áreas de una gran actividad sísmica: cabras que deambulaban por el monte Etna, en Sicilia, y ovejas, vacas y perros alrededor de la ciudad de L'Aquila, en la Italia central. Estos aparatos no registran la ubicación ni ninguno de los datos a los que los humanos se refieren habitualmente como «datos personales». Únicamente transmiten el grado de actividad de los animales: cuánto se desplazan, si se comportan de forma plácida o nerviosa.

Cuando el monte Etna entró en erupción a las 22.20 horas del 4 de enero de 2012, el equipo revisó los datos y vio que las cabras se habían comportado de forma extrañamente agitada seis horas antes. Durante el transcurso de una investigación de dos años, fueron capaces de predecir otras siete erupciones importantes. Lo mismo ocurría con los terremotos en L'Aquila: en los días y horas previos a los terremotos, las ovejas, vacas y perros se comportaban de forma rara; con una rareza medible. Cuanto más cerca se encontraban del epicentro inminente, más nerviosas se mostraban. En conjunto, constituían un sistema de alerta previa más potente, más preciso y más avanzado que cualquier otro mecanismo que los humanos hayan ideado. Y estos experimentos fueron realizados empleando etiquetas de radiofrecuencia tradicionales: apenas podemos imaginar la potencia –y la capacidad de salvar vidas– que alcanzarán estas predicciones ahora que la antena espacial de ICARUS está disponible *online*.[17]

Algo que se hizo evidente a partir de estos experimentos fue que hacen falta muchas fuentes de datos, muchos animales conectados, para realizar predicciones precisas. La clase de comportamiento que indicaba un temblor inminente no era visible a la escala de un solo animal: solo se hacía evidente con la suma de los datos. Nuestra fuerza, nuestras habilidades y nuestros conocimientos aumentan cuando actuamos de forma colectiva, incluso aunque no seamos conscientes de ello.

El internet de los animales también demuestra que no tenemos que tirar por la borda todo lo que hemos aprendido acerca de la tecnología compleja; podemos reconvertirla. Debido a que los diferentes animales reaccionan de formas diferentes a los fenómenos naturales, en función de su tamaño, velocidad y según su especie, el equipo ICARUS tuvo que usar métodos de análisis especialmente complejos para detectar las diferencias en los datos generados a partir de las diferentes etiquetas en momentos distintos; un jaleo de señales sutiles y con leves variaciones. Para conseguirlo, recurrieron a los modelos estadísticos desarrollados para la econometría financiera: *softwares* diseñados para generar riqueza a partir de las señales sutiles del mercado de valores y de los patrones de inversión. Me gusta pensar en ello como un proceso de rehabilitación: algoritmos de banca penitentes, que se retiran de la gran ciudad para empezar una nueva vida en el campo y ayudar a reparar la Tierra. Desde los satélites de espionaje hasta los algoritmos de reconocimiento facial, las herramientas que actualmente se confabulan para la opresión y la desigualdad pueden dar un vuelco y emplearse con fines benéficos.

Finalmente, el sistema animal de alerta previa nos dice algo acerca del modo en que aprendemos cuando escuchamos a los animales y las plantas, en lugar de diseccionarlos. Recuerden las conversaciones de Monica Gagliano con la *Mimosa pudica*, y el rechazo al que se enfrentó cuando publicó una teoría de la memoria de las plantas. Ese rechazo se basaba en el hecho de que no existe un mecanismo conocido para que exista esa memoria. A diferencia de la práctica botánica habitual, la afirmación de Gagliano se apoyaba en el comportamiento real de la planta, no en lo que conocemos acerca de su estructura interna. La planta nos dice algo y nosotros decidimos creer lo que nos dice –respaldado por pruebas y test rigurosos– sin que lleguemos a comprender por completo cómo puede ser así.

Tampoco existe un mecanismo conocido para la predicción animal de la actividad sísmica; aunque es algo avalado por la sabiduría popular a través de los siglos. Quizá, como sugieren algunos equipos científicos, su piel les permite sentir de alguna manera la ionización del aire producida por grandes presiones en las rocas de las zonas de gran actividad sísmica. A lo mejor, defienden otros, pueden oler los gases que se liberan desde las profundidades del suelo en las fases previas de los eventos sísmicos (los mismos gases misteriosos, quizá, que otorgaron al oráculo de Delfos el don de la profecía). Simplemente, no lo sabemos; pero si estamos dispuestos a renunciar en parte a nuestro deseo de poseer un conocimiento absoluto, si estamos dispuestos a tratar la comprensión como un proceso y una negociación, en lugar de como una ruta hacia la perfección y la dominación, entonces hay mucho que podemos llegar a aprender y a entender a partir de la sabiduría de los otros.

Eso no es lo único a lo que tendremos que renunciar. Al igual que admitir que no podemos saberlo todo, tendremos que admitir que no podemos estar en todas partes y actuar en consecuencia. Porque, en última instancia, uno de los resultados del internet de los animales debería ser una situación en la que podamos vivir junto a nuestros compañeros no humanos, al tiempo que los dejamos en paz. Los debates humanos contemporáneos acerca de la privacidad y el «derecho al olvido» –la eliminación completa de nuestros datos de las bases de datos de corporaciones y gobiernos– debe aplicarse, también, a los no humanos. Debemos asegurarnos de que nuestro deseo de involucrarnos con los animales –incluso con la mejor intención– no degrade aún más su libertad y su modo de vida. Y cuando hayamos aprendido lo que necesitamos saber, debemos retirar las etiquetas y los dispositivos de rastreo, y retirarnos. La conclusión lógica del desarrollo de corredores ecológicos y áreas protegidas –incluso las móviles– es que queden lugares exclusivos para los no humanos, incluso en un mundo más que humano.

Esta no es una propuesta novedosa. Se remonta al menos a los inicios del siglo XX en la cultura occidental, a la fundación de los parques naturales en Europa y América, y es intrínseca a las concepciones no occidentales acerca de nuestro lugar entre las especies del planeta. Pero hay una conciencia creciente de que esto es ahora más urgente y debe hacerse mucho más extensiva que unos pocos parques y santuarios dispersos. De hecho, muchos defienden, sobre la base de sólidos principios científicos y morales, que esto debería aplicarse al menos a la mitad de toda la Tierra.

La campaña para declarar la mitad de la superficie de la Tierra como una reserva natural libre de humanos surge del trabajo de E. O. Wilson, uno de los principales biólogos evolucionistas del mundo, y fundador de la sociobiología. El trabajo de Wilson se basa en una profunda comprensión del valor real de la biodiversidad, y también sobre un aprecio profundamente moral del mundo natural. Su «teoría de la biogeografía insular», desarrollada en los años sesenta, proporcionó los cimientos teóricos para las lecciones prácticas de Pluie, al mostrar que todo territorio confinado, incluidos los parques naturales, sufre una pérdida de especies, por muy protegido y bien mantenido que esté. En 2014, Wilson y otros presentaron el proyecto Media Tierra, para difundir aún más estas ideas y para realizar campañas para su implementación.

Según la teoría de Wilson –ampliamente aceptada– las variaciones en el tamaño de un hábitat tienen como resultado un cambio en el número de especies que puede sustentar, y este número es matemáticamente predecible y estable. A medida que las reservas aumentan de tamaño, se incrementa el número y la diversidad de las especies que viven en ellas; pero cuando se reducen, la diversidad desciende de manera rápida, inmediata y, con frecuencia, irreparable. Cuando el noventa por ciento del hábitat salvaje desaparece, el número de especies que es capaz de mantener desciende a la mitad; y este es, aproximadamente, el punto que hemos alcanzado, globalmente, en la actualidad. Pero si perdemos solo un diez por ciento de lo que queda, la mayoría o todas las especies que han sobrevivido también desaparecerán.

La respuesta, para Wilson y para el proyecto Media Tierra, es una expansión radical de las áreas protegidas. Si conseguimos proteger la mitad de la Tierra de la interferencia y alteración humanas –un objetivo casi inimaginable–, podremos tener la esperanza de proteger a un ochenta y cinco por cierto, aproximadamente, de las especies que quedan. Wilson lo llama la «zona segura» para la vida en la Tierra; y a menos que nos pongamos ya manos a la obra, las consecuencias para la biodiversidad, y por lo tanto para la vida en la Tierra en su conjunto, serán catastróficas.[18]

Una cuestión esencial del proyecto Media Tierra es determinar qué mitad de la Tierra debemos proteger, y la tecnología es una herramienta crucial para determinarlo. Tal y como hemos aprendido a partir del diseño y el establecimiento de corredores ecológicos, la mejor solución para humanos y no humanos no es un *apartheid* total, sino una especie de mosaico: extensiones de vida salvaje, zonas libres de humanos y reservas oceánicas por supuesto, pero también corredores y pasadizos, puentes verdes y arroyos intactos a través y alrededor de las áreas donde habitan los humanos. Wilson denomina a estos espacios interconectados «paisajes alargados», e imagina un día en un futuro no muy lejano, cuando «estará usted tan rodeado, tan envuelto en corredores interconectados que casi nunca se encontrará fuera de un parque nacional; estará, como mínimo, en un territorio que lleve a un parque nacional».[19]

El internet de los animales será clave a la hora de tantear cómo llevar adelante el proyecto Media Tierra, especialmente si lo entendemos no solo como un ensamblaje tecnológico para generar datos, sino también como una asamblea política para involucrarnos con y hacer preguntas a nuestros compañeros más que humanos. Media Tierra es un proyecto de supervivencia para todos nosotros. Para darle vida, tendremos no solo que escuchar a los otros, sino cederles parte de nuestros privilegios y nuestro poder de forma activa. Por mucha resistencia que se le oponga, esta es la lección de toda lucha humana por la liberación, y no es menos aplicable al progreso más que humano. Contamos con la ciencia y la tecnología para llevar a cabo esta visión. El único obstáculo en el camino es nuestra propia arrogancia, así como el egoísmo y la ignorancia de aquellos que se benefician más del sistema actual y que desean mantener el *statu quo*.

Los objetivos del proyecto Media Tierra –y de otros proyectos que serán necesarios para mantener la vida en este planeta– no pueden lograrse sin luchar. Jamás se ha conseguido ningún gran cambio en los asuntos humanos sin que una de las partes ceda parte o todo su poder, y en la lucha por un futuro equitativo más que humano, es la humanidad entera la que está en un lado del poder. Pero esta posición es nuestra y la podemos rechazar, y la recompensa si lo hacemos será grande y magnífica, sobre todo si lo que buscamos conseguir es belleza y diversidad, cambio y posibilidad, en lugar de poder y dominación.

«Una palabra: poesía. Eso es lo que el mundo nos ofrece –escribió Wilson en 2020–. Toda una serie de misterios, de descubrimientos posibles, de fenómenos, eventos imprevistos, objetos, cosas, organismos vivos, y más aún. Una infinidad, casi, en este planeta, esperando, ahí fuera, a ser disfrutada. Hay tanto de esto en el mundo esperando a ser explorado y saboreado y descrito.»[20] Wilson denomina «biofilia» a este anhelo esperanzado: la creencia de que las personas tienen una afinidad innata hacia otras especies. Yo lo llamo «solidaridad», el término que para mí expresa el amor profundo por la Tierra y por todo lo que hay en ella, y la práctica política del respeto, la ayuda y el apoyo mutuo.

La materialización del proyecto Media Tierra es un extremo que se halla al final de los procesos descritos en este libro, pero está íntimamente alineada con los corredores ecológicos que nos han traído hasta aquí. Para mí, los corredores encarnan la asociación de todo lo que se ha tratado en estas páginas: la complejidad y la variedad de la inteligencia no humana, la condición de sujeto y la capacidad de decisión de todo ser, el potencial y la política de la tecnología, y la riqueza de conocimientos e ideas que podemos obtener si nos abrimos a un mundo más allá de lo humano con el que estamos inextricable y espléndidamente entrelazados. Más que cualquier otra cosa, los corredores recalcan que lo que necesitamos es movimiento, y es el viaje mismo el que nos sostiene, en un mundo sorprendente y en permanente cambio. El medio, no el fin, es nuestra preocupación inmediata.

Confieso que me sorprende que una de las respuestas a la pregunta de «¿cómo evitamos que la tecnología nos separe del mundo natural?» resulte ser que lo podemos evitar pegando diminutos sensores digitales a todo. Pero quizá no debería sorprenderme tanto. Después de todo, si podemos sintonizar los radares militares para observar la migración de la aves, y si podemos darles la vuelta a los satélites de espionaje para aprender acerca de los orígenes del universo, entonces podemos usar las herramientas de vigilancia para construir un parlamento más que humano.

Y quizá esa nunca fue la verdadera pregunta. Lo que creo que he llegado a entender, más profundamente que nunca, es que el enemigo no es la propia tecnología, sino más bien, la desigualdad y la centralización del poder y el conocimiento, y que la respuesta a estas amenazas es la educación, la diversidad y la justicia. No se necesita una inteligencia artificial para resolverlo. Se necesita una inteligencia real. Pero, más aún que eso, se necesitan todas las inteligencias reales: cada persona, animal, planta e insecto; cada bicho, cada piedra y cada sistema natural y no natural. Se necesita un ordenador cangrejo del tamaño del mundo. El problema nunca es la tecnología misma; al fin y al cabo, recuerden, el ordenador es como el mundo.

Sigo tan entusiasmado como siempre con el poder y las posibilidades de los ordenadores y de las redes; simplemente detesto las estructuras de poder, la injusticia, la industria extractiva y el pensamiento computacional en los que actualmente se integran esos ordenadores y esas redes. Pero espero haber mostrado, en algún grado, que no tiene por qué ser así. Siempre existen otras maneras de hacer tecnología, de la misma manera que hay otras maneras de hacer inteligencia y política. La tecnología, al fin y al cabo, es lo que podemos aprender a hacer.

CONCLUSIÓN

Allí en la granja de metal

Estamos en mayo de 2021 y estoy de nuevo en Épiro, a solo un par de horas, por carreteras serpenteantes, del lago donde esta historia comenzó. He regresado al norte de Grecia, al otro lado de la cordillera de los montes Pindo, para ver en acción otro tipo de extracción de material. Esta vez no me encuentro con el rastro de los *bulldozers*, con orificios de perforación ni con otras huellas de la desenfrenada avaricia humana y la IA corporativa. En lugar de eso, estoy de pie en un pequeño prado levemente inclinado, rodeado de parcelas cuidadosamente marcadas, llenas de plantas verdes en flor. Parece un huerto de verduras, aunque colonizado con entusiasmo por la maleza, pero de hecho es un experimento agrícola cuidadosamente gestionado. Es una granja pequeña, pero es distinta a cualquier otra granja que haya conocido hasta ahora. Esta granja cultiva metal.

En los años noventa, una serie de empresas mineras financiaron una investigación acerca de una familia de plantas recién identificada –en realidad, varias familias– llamadas hiperacumuladoras. Estas plantas tenían en común una propiedad muy inusual: eran capaces de crecer en suelos ricos en varias clases de metales, tanto si los suelos eran así de forma natural o a consecuencia de la contaminación industrial; suelos tóxicos para la mayoría de las formas de vida. Lo que reveló la investigación fue que estas plantas extraen el metal del suelo a través de las raíces y lo almacenan por encima del nivel del suelo en el interior de los tallos y de las hojas. Con este proceso, lo que están haciendo en realidad es reparar el suelo, limpiándolo de metales y haciéndolo más hospitalario para otras plantas.[1]

La granja de metal en el Pindo es uno de los resultados de esta investigación: un experimento para ver si es posible no solo reparar suelos deteriorados mediante la plantación de hiperacumuladoras, sino cosechar metal, de la misma manera que cosechamos otros cultivos. Es parte de un experimento a escala continental, con parcelas activas en varios países a lo largo de Europa; pero resulta que el norte de Grecia y Albania son zonas especialmente idóneas para este proceso, que se conoce como fitominería o agrominería.

Las plantas están en plena floración, así que hoy es día de cosecha: un par de granjeros de la zona van escarbando en cuclillas entre los parterres, cortando las plantas desde la base y amontonándolas en unas lonas. Kostas, uno de los investigadores, parte el tallo de una de las plantas crecidas y lo presiona para extraer la savia, que gotea sobre una tira de papel secante. El papel se tiñe inmediatamente de un rojo púrpura, señal de que la savia tiene un alto contenido en níquel. Maria Konstantinou, que dirige el equipo, explica que estos suelos se conocen como serpentinos por su coloración azul verdosa, y son extremadamente raros en el mundo. Solo se hallan extensiones de cierta importancia en la península de los Balcanes, en algunas partes de la cordillera de los Alpes, en Cuba y en algunos lugares dispersos de Norteamérica. Como son ricos en metales pesados –incluido el cromo, el hierro, el cobalto y el níquel– la mayoría de las plantas apenas prosperan en ellos. Pero las duras condiciones que presentan han provocado, asimismo, que algunas plantas se adapten a ellas de forma singular.

Las parcelas del Pindo cultivan tres tipos de planta con flor: la *Alyssum murale*, la *Leptoplax emarginata* y la *Bornmuellera tymphaea*. La *murale* crece en forma de arbustos de pequeño tamaño coronados por ramilletes de flores amarillas; la *emarginata* es más alta y larguirucha, con grupos de hojas verdes y pétalos blancos que se proyectan hacia fuera desde todos los ángulos; la *tymphaea* se extiende por el suelo y está cubierta de una densa capa de flores blancas. Cada una de estas plantas es endémica de la región: la *murale* crece en Albania y el norte de Grecia, la *emarginata* se halla solo en Grecia, mientras que la *tymphaea* se encuentra únicamente en las laderas de los montes Pindo (su nombre proviene del monte Tymfi, uno de los picos más altos de la cordillera).

Maria y su equipo de la Universidad Internacional Helénica en Tesalónica han estado trabajando en esta parcela durante seis años, y este es su tercer año de cosecha. Y los resultados ya los han sorprendido. Una vez las plantas del Pindo se cosechan y se secan, son transportadas a Francia, donde son incineradas. Esto produce, por una parte, calor –que puede emplearse para generar energía– y por otra, polvo metálico, del que se puede extraer el níquel. La parcela produce entre seis y trece toneladas de biomasa (plantas secas) por hectárea, dependiendo de la cosecha, y cada una de esas hectáreas produce entre ochenta y ciento cincuenta kilogramos de níquel. En comparación, una tonelada de mena de níquel extraída de una mina contiene entre un uno y un dos por ciento de níquel, o entre diez y veinte kilogramos. Las plantas, al concentrar el metal en sus hojas, se vuelven más ricas en níquel que la tierra.

La investigación acerca de las hiperacumuladoras se está desarrollando en todo el mundo. En Malasia, la *Phyllantus balgooyi*, un arbusto nativo de la selva tropical ecuatorial, extrae tanto níquel que su savia es de color verde brillante: sangra metal cuando se corta. En Nueva Caledonia, en el Pacífico Sur, la savia gomosa de la *Pycnandra acuminata* contiene hasta un veinticinco por ciento de níquel en peso seco. Y no solo se puede extraer níquel mediante este procedimiento: las hojas de la mostaza de la India, o *Brassica juncea*, producen una aleación de plata, oro y cobre; la colza elimina el plomo, el zinc y el selenio de los suelos contaminados. Incluso el litio, un elemento fundamental para las baterías que se usan en todo, desde los teléfonos móviles hasta los vehículos eléctricos, se halla en las hojas de la *Apocynum venetum*, conocida desde tiempo atrás en la medicina tradicional como remedio para tratar la hipertensión. Todavía quedan por descubrir muchas más propiedades como estas.[2]

La agrominería está en sus inicios, y aún no hemos descubierto del todo su potencial para alterar los métodos que empleamos para extraer todo tipo de minerales, así como su potencial para reparar el daño que hemos infligido a la Tierra. Dicho esto, nunca llegará a acercarse siquiera a cubrir las necesidades actuales de metal en el mundo: es un procedimiento mucho menos eficiente, mucho más lento y requiere de un cuidado mucho mayor que el método de, simplemente, romper la tierra con perforadoras y explosivos. Y tampoco desearíamos que lo lograra excesivamente, porque si lo hiciera, requeriría el tipo de agricultura destructiva a escala industrial que por desgracia se ha convertido en seña de identidad de la soja, los biocombustibles, el aceite de palma y demás cultivos milagrosos que fueron aclamados en otro tiempo.

Sin embargo, las hiperacumuladoras nos llevan hacia una comprensión y reconciliación con la vida no humana que podría, a largo plazo, resultar mucho más valiosa que nuestros deseos materiales particulares. Lo que me choca de estas plantas es que han evolucionado, a través de largos períodos, en lugares concretos, para abordar a su manera cuestiones específicas de supervivencia. Conocen el terreno y han desarrollado métodos para resistir y prosperar sobre él. Mientras tanto, los seres humanos las hemos ignorado durante la mayor parte de ese tiempo –considerándolas como malas hierbas y plagas– hasta que nos hemos dado cuenta de que están alineadas con nuestras propias necesidades. Cuando, por fin, nos proponemos salir en busca de otras maneras menos destructivas de encontrar lo que necesitamos en la tierra, descubrimos que las plantas habían llegado mucho antes que nosotros. Están, si no más, sí mejor evolucionadas que nosotros; siempre y cuando, eso sí, consideremos que la verdadera evolución es un alineamiento no destructivo y de prosperidad mutua con la Tierra.

Las plantas han aprendido a extraer minerales. Quizá un día inventen también teléfonos y ordenadores: tienen todos los materiales que necesitan. O quizá construyamos algo mejor juntos. En marzo de 2021, un equipo de investigación del MIT anunció que habían enseñado a una espinaca a usar el email, y lo usó para advertir de que había material explosivo en el suelo, que se estaba filtrando desde las viejas minas deterioradas. La realidad es algo más prosaica pero mucho más interesante. Lo que habían hecho era manipular la espinaca para que cambiara de color al contacto con ciertas sustancias químicas, y habían usado cámaras y ordenadores para detectar y transmitir esta información. No obstante, el experimento evidenció la capacidad de toda clase de plantas para ser, como dijo alguien del equipo de investigación, «muy buenas químicas analíticas», y mostró cómo emplear la tecnología para ayudarlas a comunicar sus hallazgos.[3]

En el Instituto Salk de Estudios Biológicos, en California, un equipo científico está manipulando distintas variedades de berro de thale –*Arabidopsis thaliana*, la misma planta que nos enseñó, al ser atacada por orugas, que las plantas podían oír un sonido– para demostrar otra habilidad extraordinaria. Mediante la incorporación de genes de alcornoque en el berro, el equipo de investigación descubrió que podían estimularlo para que desarrollara estructuras raigales más profundas y densas, repletas de suberina, un polímero impermeable similar al corcho, que almacena enormes cantidades de carbono.[4] Si son capaces de repetir esa proeza con cultivos extensivos como el trigo, el arroz o el algodón, entonces las amplias extensiones de tierra de cultivo podrían transformarse en máquinas de secuestro de carbono: eliminarían de la atmósfera el carbono que acelera el cambio climático y lo almacenarían de forma segura bajo tierra durante décadas, incluso siglos.

Esta estrategia parece mucho más prometedora que el tipo de planes de geoingeniería a gran escala que proponen las corporaciones tecnológicas globales: enormes cantidades de reactores y chimeneas que sacarían el carbono directamente de la atmósfera, produciendo cada vez más residuos materiales e infraestructuras condenadas a quedar obsoletas enseguida.[5] Nuestro futuro común exige menos arrogancia industrial y más cooperación con los existentes sistemas biológicos, profundamente sabios.

Por ahora, me alegro de haber encontrado este campo en Épiro, cubierto de una maleza cargada de flores y rica en metal, que ondea levemente, moteada por los rayos del sol, al son del zumbido de las abejas y la cuidadosa recolección de los humanos. Estoy apenas a sesenta kilómetros del lugar donde olí petróleo en la brisa y supe de los planes para usar una IA corporativa y voraz para romper y expoliar la tierra, pero en el viaje de un lugar al otro me han acompañado gibones, elefantes, secuoyas gigantes y mohos mucilaginosos; redes neuronales, ordenadores no binarios, satélites y coches autónomos; el I Ching, la música de John Cage y los cantantes de *joik* del pueblo sami, nuevas formas de gobierno antiguo y manadas de berrendos amplificados con GPS. El mundo es un ordenador hecho de cangrejos, infinitamente entrelazado en todos los niveles, que canta, a voz en grito, la melodía de su propio devenir. La única manera de avanzar es colectivamente.

Notas

INTRODUCCIÓN. MÁS ALLÁ DE LO HUMANO

1. C. Stambolis, G. Papamihalopoulos, K. Nikoaou, *A Strategy for Unlocking Greece's Hydrocarbon Potential: An IENE Project*, IENE, Open Forum, 10 de junio de 2015, Atenas; https://www.iene.gr/hc-exploration2015/articlefiles/session1/stambolis-nikolaou-papamichalopoulos.pdf.

2. Repsol se halla en el puesto número 46 en la lista de las cien compañías responsables del 71% de las emisiones globales. Véase Tess Riley, «Just 100 Companies Responsible for 71% of Global Emissions, Study Says», *The Guardian*, 10 de julio de 2017; https://www.theguardian.com/sustainable-business/2017/jul/10/100-fossil-fuel-companies-investors-responsible-71-global-emissions-cdp-study-climate-change.

3. IBM, «IBM and Repsol Launch World's First Cognitive Technologies Collaboration for Oil Industry Applications», comunicado de prensa, 30 octubre de 2014; https://www-03.ibm.com/press/us/en/pressrelease/45278.wss [Comunicado de prensa por parte de Repsol, en español: https://www.repsol.com/imagenes/global/es/NP30102014_IBM_Repsol_tcm13-28244.pdf].

4. Repsol, «Optimizing Hydrocarbon Exploration and Production Processes»; https://www.repsol.com/en/technology-and-digitalization/technology-lab/oil-and-gas/pegasus-excalibur/index.cshtml [Texto en español: https://www.repsol.com/es/tecnologia-digitalizacion/technology-lab/petroleo-y-gas/pegasus-excalibur/index.cshtml].

5. Anjli Raval, «Google and Repsol Team Up to Boost Oil Refinery Efficiency», *Financial Times*, 4 de junio de 2018; https://www.ft.com/content/5711812c-670c-11e8-b6eb-4acfcfb08c11.

6. Para el informe de Greenpeace, véase *Oil in the Cloud: How Tech Companies are Helping Big Oil Profit from Climate Destruction*, Greenpeace, 19 de mayo de 2020; https//www.greenpeace.org/usa/reports/oil-in-the-cloud/. Para la respuesta de Google, véase Sam Shead, «Google Plans to Stop Making A.I. Tools for Oil and Gas Firms», CNBC, 20 de mayo de 2020; https://www.cnbc.com/2020/05/20/google-ai-greenpeace-oil-gas.html.

7. Matt O'Brien, «Employee Activism Isn't Stopping Big Tech's Pursuit of Big Oil», *USA Today*, 2 de octubre de 2019; https://eu.usatoday.com/story/tech/2019/10/02/microsoft-amazon-google-oil-gas-partnerships/3839379002/.

8. Jordan Novet y Annie Palmer, «Amazon salesperson's pitch to oil and gas: "Remember that we actually consume your products!"», CNBC, 20 de mayo de 2020; https://www.cnbc.com/2020/05/20/aws-salesman-pitch-to-oil-and-gas-we-actually-consume-your-products.html.

9. Para una descripción más completa de la hipótesis del clip, véase Nick Bostrom, «Ethical Issues in Advanced Artificial Intelligence», 2003; https://www.nickbostrom.com/ethics/ai.html.

10. Samuel Gibbs, «Elon Musk: Regulate AI to Combat "Existential Threat" Before It's Too Late», *The Guardian*, 17 de julio de 2017; https://www.theguardian.com/technology/2017/jul/17/elon-musk-regulation-ai-combat-existential-threat-tesla-spacex-ceo.

11. Nick Statt, «Bill Gates is Worried about Artificial Intelligence Too», CNET, 28 de enero de 2015; https://www.cnet.com/news/bill-gates-is-worried-about-artificial-intelligence-too/.

12. Sam Shead, «DeepMind's Elusive Third Cofounder is the Man Making Sure that Machines Stay On Our Side», *Business Insider*, 26 de enero de 2017; https://www.businessinsider.com/shane-legg-google-deepmind-third-cofounder-artificial-intelligence-2017-1.

13. Charlie Stross, «Invaders from Mars», *Charlie's Diary*, 10 de diciembre de 2010; http://www.antipope.org/charlie/blog-static/2010/12/invaders-from-mars.html.

14. Ernst Haeckel, *Generelle Morphologie der Organismen* (1866), traducido al inglés por R. C. Stauffer (1957); citado en Robert C. Stauffer, «Haeckel, Darwin, and Ecology», *The Quarterly Review of Biology*, vol. 32, núm. 2, junio de 1957, págs. 138-44; http://www.jstor.org/stable/2816117.

15. Charles Darwin, *On the Origin of Species by Means of Natural Selection, or the Preservation of Favoured Races in the Struggle for Life*,

Londres, John Murray, 1859 [*El origen de las especies por medio de la selección natural*, traducción de Antonio de Zulueta, Alicante, Biblioteca Virtual Miguel de Cervantes, 1999; https://www.cervantesvirtual.com/nd/ark:/59851/bmcd21vo]. En respuesta a la crítica hacia su trabajo por parte de la Iglesia, Darwin añadió la frase «por el Creador» a las subsiguientes ediciones, de manera que la frase final quedó como sigue: «Hay grandeza en esta concepción de que la vida, con sus diferentes fuerzas, ha sido alentada por el Creador en un corto número de formas o en una sola...».

16. John Muir, *My First Summer in the Sierra*, Boston, Houghton Mifflin, 1911 [*Mi primer verano en la sierra*, en: John Muir, *Escritos sobre naturaleza*. Volumen 1, traducción de Ernesto Estrella Cózar y Carlos Estrella Cózar, Madrid, Capitán Swing, 2019]. El texto final es una versión de una frase más larga del diario de Muir, de la entrada del 27 de julio de 1869: «Cuando tomamos una cosa en sí misma, la hallamos siempre amarrada, por miles de cuerdas invisibles que no pueden romperse, a todo el resto de las cosas del universo». (Véase Stephen Fox, *John Muir and His Legacy: The American Conservation Movement*, Boston, Little, Brown & Co, 1981).

17. Ursula K. Le Guin, «A Rant About "Technology"», 2004; https://www.ursulakleguin.com/a-rant-about-technology.

18. Rachel Carson, *Silent Spring*, Nueva York, Houghton Mifflin, 1962, pág. 5 [*Primavera silenciosa*, edición y traducción de Joandomènec Ros, Barcelona, Crítica, 2016, págs. 5-6].

19. La cita está extraída de una carta escrita por Blake a uno de sus mecenas, el reverendo John Trusler, en el verano de 1799. Trusler había contratado a Blake para realizar una serie de obras de arte moralizante al estilo de las caricaturas contemporáneas. Cuando Trusler criticó la visión artística de Blake diciendo que era demasiado «imaginativa», Blake quiso que a Trusler no le cupiera duda acerca de lo que él pensaba sobre su sentido estético. «Si estoy equivocado, lo estoy en buena compañía. (...) Pero ha de saber que lo magnífico es por necesidad poco inteligible para los hombres débiles. Lo que se puede explicar con facilidad al idiota no merece mi atención». Recopiladas en Alfred Kazin (ed.), *The Portable Blake*, Londres, Penguin Classics, 1979 [William Blake, *La visión eterna. Cartas, manifiestos y ensayos*, edición y traducción de Javier Calvo, Madrid, La Felguera, 2021].

20. Lynn Margulis, *The Symbiotic Planet: A New Look at Evolution*, Londres, Weidenfeld & Nicolson, 2013, pág. 112 [*Planeta simbiótico. Un*

nuevo punto de vista sobre la evolución, traducción de Victoria Laporta Gonzalo, Barcelona, Debate, 2002, pág. 132].

21. De «What is Reality?», incluido en Alan Watts, *Become What You Are*, Boston, MA, Shambhala Publications Inc., 2003 [*Qué es la realidad*, traducción de Miguel Portillo, Barcelona, Kairós, 2008].

22. Eduardo Viveiros de Castro, «The Transformation of Objects into Subjects in Amerindian Ontologies», citado por David Harvey, *Animism*, Londres, C. Hurst & Co., 2017.

23. La frase original de Churchill es parte de un discurso que dio en 1943 en la Cámara de los Comunes: «Damos forma a nuestros edificios y luego nuestros edificios nos dan forma a nosotros». John Culkin, amigo y colega de McLuhan, adaptó y popularizó la frase en varias entrevistas con McLuhan. El hilo completo del recorrido de la frase se halla descrito en: https://quoteinvestigator.com/2016/06/26/shape/.

1. PENSAR DISTINTO

1. El *software* de aprendizaje se basaba en el que lanzó Comma.ai, un marco de código abierto para desarrollar coches autónomos. «Código abierto» significa que cualquiera puede revisar, editar y ejecutar el código por su cuenta. Para medir la velocidad, posición y el ángulo de giro, escribí una aplicación de *smartphone* que también es de código abierto. El proceso está documentado en https://github.com/stml/Austeer.

2. Para una crónica excelente y una crítica del *flâneur/flâneuse*, véase Lauren Elkin, *Flâneuse: Women Walk the City*, Londres, Chatto & Windus, 2017. Para las teorías de Debord, véase Guy Debord, «Theory of the *Dérive*», *Les Lèvres Nues*, n.º 9, noviembre de 1956.

3. El ejemplo de la garrapata está tomado de Jakob von Uexküll y Georg Kriszat, *Streifzüge durch die Umwelten von Tieren und Menschen. Ein Bilderbuch unsichtbarer Welten*, Hamburgo, Rowohlt, 1956. Edición en inglés: Jakob von Uexküll, *A Foray Into the Worlds of Animals and Humans: With a Theory of Meaning*, traducido por Joseph D. O'Neil, Mineápolis/Londres, University of Minnesota Press, 2010 [*Andanzas por los mundos circundantes de los animales y los hombres*, traducción de Marcus Guntin, Buenos Aires, Cactus, 2016]. La elaboración ofrecida aquí procede de Giorgio Agamben, *The Open: Man and Animal*, traducido del italiano por Kevin Attell, Stanford, CA, Stanford University Press,

2004 [*Lo abierto. El hombre y el animal*, traducción de Antonio Gimeno, Valencia, Pre-textos, 2005].

4. La creación de estas imágenes recibió el apoyo de Nome Gallery, como parte de *Failing to Distinguish Between a Tractor Trailer and the Bright White Sky* [«Sin poder distinguir entre un tráiler y el brillante cielo blanco»], una exposición celebrada en Berlín, abril-julio 2017. Para más información sobre la exposición, véase: https://nomegallery.com/exhibitions/failing-to-distinguish-between-a-tractor-trailer-and-the-bright-white-sky/.

5. A. M. Turing, «Computing Machinery and Intelligence», *Mind*, n.º 49, 1950, págs. 433-60 [«Maquinaria computacional e Inteligencia» (1950), traducido por Cristóbal Fuentes Barassi, 2010, Universidad de Chile, disponible en: http://xamanek.izt.uam.mx/map/cursos/Turing-Pensar.pdf].

6. H. F. Harlow, H. Uehling y A. H. Maslow, «Comparative Behavior of Primates. I. Delayed Reaction Tests on Primates from the Lemur to the Orang-Outan», *Journal of Comparative Psychology*, vol. 13, n.º 3, 1932, págs. 313-43. En el estudio original, todos los simios tienen nombres propios así como nombres científicos, algunos de dudosa procedencia. Junto con Charlotte, otros participantes eran un orangután llamado Jiggs y un grupo de macacos llamados Sourface, Sooty, Blackie y Kewpie (el nombre de una muñeca bebé), así como un quinteto denominado simplemente Macacos I-V. A los mandriles les fue un poco mejor; dos de ellos, que al parecer eran pareja, se llamaban Sócrates y Jantipa.

7. Benjamin B. Beck, «A Study of Problem Solving by Gibbons», *Behaviour*, vol. 28, n.º 1-2, 1 de enero de 1967, pág. 95.

8. Sobre este y otros muchos ejemplos de formato experimental en experimentos de inteligencia animal, véase Frans de Waal, *Are We Smart Enough To Know How Smart Animals Are?*, Londres, Granta, 2016 [*¿Tenemos suficiente inteligencia para entender la inteligencia de los animales?*, traducción de Ambrosio García Leal, Barcelona, Tusquets, 2016].

9. Los detalles de la vida de Jenny y su conexión con Darwin provienen de «Portrait of Jenny», Zoological Society of London, 1 de junio de 2009; https://www.londonzoo.org/jenny-orangutan.

10. Sobre la historia del desarrollo del test del espejo por parte de Gallup, véase Chelsea Wald, «What Do Animals See in a Mirror?», *Nautilus*, mayo de 2014; http://nautil.us/issue/13/symmetry/what-do-animals-see-in-a-mirror.

11. En Gordon G. Gallup, «Chimpanzees: Self-Recognition», *Science*, 167(3914), 2 de enero de 1970, págs. 86-7.

12. Acerca de los test a delfines, véase K. Marten y S. Psarakos, «Evidence of Self-Awareness in the Bottlenose Dolphin (*Tursiops truncatus*)», en S. T. Parker, R. W. Mitchell y M. L. Boccia (eds.), *Self-Awareness in Animals and Humans: Developmental Perspectives*, Cambridge, Cambridge University Press, 1994, págs. 361-79. Acerca de las orcas, véase F. Delfour, K. Marten, «Mirror Image Processing in Three Marine Mammal Species: Killer Whales (*Orcinus orca*), False Killer Whales (*Pseudorca crassidens*) and California Sea Lions (*Zalophus californianus*)», *Behavioural Processes*, 53(3), mayo de 2001, págs. 181-90. Acerca de las urracas, véase H. Prior, A. Schwarz y O. Güntürkün, «Mirror-Induced Behavior in the Magpie (*Pica pica*): Evidence of Self-Recognition», *PLoS Biology*, 6(8), agosto de 2008, pág. e202. Acerca de las hormigas, véase Marie-Claire Cammaerts Tricot y Roger Cammaerts, «Are Ants (*Hymenoptera, Formicidae*) Capable of Self Recognition?», *Journal of Science*, 5(7), enero de 2015, pág. 521-32.

13. Acerca de las «cintas de porno delfín», véase Chelsea Wald, «What Do Animals See in a Mirror?», *Nautilus*, mayo de 2014; http://nautil.us/issue/13/symmetry/what-do-animals-see-in-a-mirror. Acerca de posteriores estudios, véase D. Reiss y L. Marino, «Mirror Self-Recognition in the Bottlenose Dolphin: A Case of Cognitive Convergence», *Proceedings of the National Academy of Sciences*, 98(10), junio de 2001, págs. 5.937-42.

14. D. J. Povinelli, «Failure to Find Self-Recognition in Asian Elephants (*Elephas maximus*) in Contrast to Their Use of Mirror Cues to Discover Hidden Food», *Journal of Comparative Psychology*, 103(2), 1989, págs. 122-31; https://doi.org/10.1037/0735-7036.103.2.122.

15. J. M. Plotnik, F. B. M. de Waal y D. Reiss, «Self-Recognition in an Asian Elephant», *Proceedings of the National Academy of Sciences of the USA*, 103(45), 7 de noviembre de 2006, págs. 17.053-7.

16. «2014 Ten Worst Zoos For Elephants», comunicado de prensa de In Defense of Animals, 20 de diciembre de 2016; https://www.idausa.org/campaign/elephants/10-worst-zoos-for-elephants-2014.

17. Para acceder a los vídeos de los test del espejo, véase https://www.pnas.org/content/suppl/2006/10/26/0608062103.DC1. Acerca de la crónica de la vida de Happy, véase Brad Hamilton, «Happy the Elephant's Sad Life Alone at the Bronx Zoo», *New York Post*, 30 de septiembre de

2012; https://nypost.com/2012/09/30/happy-the-elephants-sad-life-alone-at-the-bronx-zoo/.

18. Para más información sobre la historia de Happy y una cronología del caso de la organización Nonhuman Rights Project, véanse el capítulo 9, así como el perfil de cliente de Happy en la página web de la NhRP: https://www.nonhumanrights.org/client-happy/.

19. T. Suddendorf y E. Collier-Baker, «The Evolution of Primate Visual Self-Recognition: Evidence of Absence in Lesser Apes», *Proceedings of the Royal Society B: Biological Sciences*, 276(1662), 7 de mayo de 2009, págs. 1.671-7.

20. A. Z. Rajala, K. R. Reininger, K. M. Lancaster y L. C. Populin, «Rhesus Monkeys (*Macaca mulatta*) Do Recognize Themselves in the Mirror: Implications for the Evolution of Self-Recognition», *PLoS ONE*, 5(9), 29 de septiembre de 2010, e12.865; https://doi.org/10.1371/journal.pone.0012865.

21. D. J. Shillito, G. G. Gallup jr. y B. B. Beck, «Factors Affecting Mirror Behavior in Western Lowland Gorillas, *Gorilla gorilla*», *Animal Behaviour*, 57(5), mayo de 1999, págs. 999-1.004.

22. F. G. P. Patterson y R. H. Cohn, «Self-Recognition and Self-Awareness in Lowland Gorillas», en S. T. Parker, R. W. Mitchell y M. L. Boccia (eds.), *Self-Awareness in Animals and Humans: Developmental Perspectives*, Cambridge, Cambridge University Press, 1994, págs. 273-90.

23. Melinda R. Allen, «Mirror Self-Recognition in a Gorilla (*Gorilla gorilla gorilla*)», Tesis de MSc, Florida International University, abril de 2007.

24. Patterson y Cohn, «Self-Recognition and Self-Awareness in Lowland Gorillas», en Parker, Mitchell y Boccia (eds.), *Self-Awareness in Animal and Humans: Developmental Perspectives*.

25. T. Broesch, T. Callaghan, J. Henrich, C. Murphy y P. Rochat, «Cultural Variations in Children's Mirror Self-Recognition», *Journal of Cross-Cultural Psychology*, 42(6), agosto de 2011, págs. 1.018-29.

26. Acerca de las demandas de libertad de Inky, véase Dan Bilefsky, «Inky the Octopus Escapes From a New Zealand Aquarium», *New York Times*, 13 de abril de 2016; https://www.nytimes.com/2016/04/14/world/asia/inky-octopus-new-zealand-aquarium.html. Acerca de las aventuras de Sid, véase Kathy Marks, «Legging It: Evasive Octopus Who Has Been Allowed to Look for Love», *The Independent*, 14 de febrero de 2009; https://www.independent.co.uk/climate-change/news/legging-it-evasive-

octopus-who-has-been-allowed-to-look-for-love-1609168.html. Para más historias de pulpos saboteadores, véase Bob Pool, «Did this Mollusk Open a Bivalve?», *Los Angeles Times*, 27 de febrero 2009; https://www.latimes.com/archives/la-xpm-2009-feb-27-me-octopus27-story.html. Sobre Otto y sus intentos de redecorar su hogar, véase «Otto the Octopus Wreaks Havoc», *The Telegraph*, 31 de octubre de 2008; https://www.telegraph.co.uk/news/newstopics/howaboutthat/3328480/Otto-the-octopus-wrecks-havoc.html.

27. Acerca de estas y otras anécdotas sobre el comportamiento de los cefalópodos, véase Peter Godfrey-Smith, *Other Minds: the Octopus, the Sea, and the Deep Origins of Consciousness*, Nueva York, Farrar, Straus and Giroux, 2016 [*Otras mentes. El pulpo, el mar y los orígenes profundos de la consciencia*, traducción de Joandomènec Ros i Aragonès, Barcelona, Taurus, 2017]. Acerca del reconocimiento facial por parte de los pulpos, véase R. C. Anderson, J. A. Mather, M. Q. Monette y S. R. M. Zimsen, «Octopuses (*Enteroctopus dofleini*) Recognize Individual Humans», *Journal of Applied Animal Welfare Science*, 13(3), 18 de junio de 2010, págs. 261-72; https://doi.org/10.1080/10888705.2010.483892.

28. Adrian Tchaikovsky, *Children of Time*, Londres, Tor Books, 2015 [*Herederos del tiempo*, traducción de Luis García Pardo, Madrid, Alamut, 2019].

29. Esta crónica de la investigación de Smuts, así como las citas directas, están extraídas de Barbara Smuts, «Encounters with Animal Minds», *Journal of Consciousness Studies*, 8(5-7), enero de 2001, págs. 293-309.

30. Estas reflexiones se encuentran en Jane Goodall, «Primate Spirituality», en *Encyclopedia of Religion and Nature*, Londres y Nueva York, Continuum, 2005.

2. LA RED DE REDES DEL BOSQUE

1. Para una explicación general de estos procesos, véase Tom Reimchen, «Salmon Nutrients, Nitrogen Isotopes and Coastal Forests», *Ecoforestry*, otoño de 2001; https://web.uvic.ca/~reimlab/reimchen_ecoforestry.pdf.

2. Richard Brautigan, «All Watched Over by Machines of Loving Grace», 1967.

3. Rafi Letzter, «There Are Plants and Animals on the Moon Now (Because of China)», Space.com, 4 de enero de 2019; https://www.space.com/42905-china-space-moon-plants-animals.html.

4. H. M. Appel y R. B. Cocroft, «Plants Respond to Leaf Vibrations Caused by Insect Herbivore Chewing», *Oecologia*, 175, 2 de julio de 2014, págs. 1.257-66; https://doi.org/10.1007/s00442-014-2995-6.

5. Para más información sobre estas cuestiones, véase R. Lederer, «The Mysteries of Eggs», *Ornithology: The Science of Birds*, 25 de junio de 2019; https://ornithology.com/the-mysteries-of-eggs; y G. E. Hutchinson, «The Paradox of the Plankton», *American Naturalist*, 95(882), mayo-junio de 1961, págs. 137-45.

6. Acerca de la explicación de Monica Gagliano de este y de posteriores experimentos, véase su libro *Thus Spoke the Plant*, Berkeley, CA, North Atlantic Books, 2018. Acerca del experimento de la mimosa en la literatura científica, véase M. Gagliano, M. Renton, M. Depczynski *et al.*, «Experience Teaches Plants to Learn Faster and Forget Slower in Environments Where it Matters», *Oecologia*, 175(1), mayo de 2014, págs. 63-72; https://doi.org/10.1007/s00442-013-2873-7.

7. Gagliano incluyó la repetición de muchos estudios existentes en su experimento; un resumen de estos se encuentra en Charles I. Abramson, Ana M. Chicas-Mosier, «Learning in Plants: Lessons from *Mimosa pudica*», *Frontiers in Psychology*, 7(417), 31 de marzo de 2016; https://www.frontiersin.org/article/10.3389/fpsyg.2016.00417.

8. Acerca de la investigación de los olfatos y el olfateo de las plantas, véase Anjel M. Helms, Consuelo M. De Moraes, John F. Tooker y Mark C. Mescher, «Exposure of *Solidago altissima* plants to volatile emissions of an insect antagonist (*Eurosta solidaginis*) deters subsequent herbivory», *Proceedings of the National Academy of Sciences*, 110(1), 2 de enero de 2013, págs. 199-204; https://doi.org/10.1073/pnas.1218606110; y M. Mescher y C. De Moraes, «Pass the Ammunition», *Nature*, 510, 11 de junio de 2014, págs. 221-2; https://doi.org/10.1038/510221a. Acerca de la cuscuta, véase Justin B. Runyon, Mark C. Mescher, Consuelo M. De Moraes, «Volatile Chemical Cues Guide Host Location and Host Selection by Parasitic Plants», *Science*, 313(5795), 29 de septiembre de 2006, págs. 1.964-7; https://doi.org/10.1126/science.1131371. Acerca de la toma de decisiones en las plantas, véase M. Gruntman, D. Groß, M. Májeková *et al.*, «Decision-Making in Plants under Competition», *Nature Communications*, 8(2235), 21 de diciembre de 2017; https://doi.

org/10.1038/s41467-017-02147-2. Acerca de la respuesta de las plantas ante una agresión, véase A. D. Zinn, D. Ward y K. P. Kirkman, «Inducible Defences in *Acacia sieberiana* in Response to Giraffe Browsing», *African Journal of Range and Forage Science*, 24(3), octubre de 2007, págs. 123-9; https://doi.org/10.2989/AJRFS.2007.24.3.2.295; y M. J. Couvillon, H. Al Toufailia, T. M. Butterfield, F. Schrell, F. L. W. Ratnieks y R. Schürch, «Caffeinated Forage Tricks Honeybees into Increasing Foraging and Recruitment Behaviors», *Current Biology*, 25(21), 2 de noviembre de 2015, págs. 2.815-18; https://doi.org/10.1016/j.cub.2015.08.052. Acerca de la propiocepción, véase O. Hamant y B. Moulia, «How Do Plants Read Their Own Shapes?», *New Phytologist*, 212(2), octubre de 2016, págs. 333-7; https://doi.org/10.1111/nph.14143. Acerca de familias de plantas, véase Richard Karban, Kaori Shiojiri, Satomi Ishizaki, William C. Wetzel y Richard Y. Evans, «Kin Recognition Affects Plant Communication and Defence», *Proceedings of the Royal Society B: Biological Sciences*, 280(1756), 7 de abril de 2013; http://doi.org/10.1098/rspb.2012.3062.

9. Para un estudio en profundidad sobre Pando, véase Jeffry B. Mitton y Michael C. Grant, «Genetic Variation and the Natural History of Quaking Aspen: The Ways in which Aspen Reproduces Underlie its Great Geographic Range, High Levels of Genetic Variability, and Persistence», *Bio Science*, 46(1), enero de 1996, págs. 25-31; https://doi.org/10.2307/1312652.

10. P. C. Rogers y D. J. McAvoy, «Mule Deer Impede Pando's Recovery: Implications for Aspen Resilience from a Single-Genotype Forest», *PLOS ONE*, 13(10), 17 de octubre de 2018, e0203619; https://doi.org/10.1371/journal.pone.0203619.

11. Merlin Sheldrake, *Entangled Life: How Fungi Make Our Worlds, Change Our Minds and Shape Our Futures*, Londres, Bodley Head, 2020 [*La red oculta de la vida. Cómo los hongos condicionan nuestro mundo, nuestra forma de pensar y nuestro futuro*, traducción de Ton Gras Cardona, Barcelona, GeoPlaneta, 2020]. Estoy profundamente en deuda con Merlin por gran parte de mi conocimiento de la vida de los hongos, los orígenes de la red de redes del bosque, y por muchos de los ejemplos y explicaciones que doy aquí, si bien cualquier error de comprensión es enteramente mío.

12. Acerca del modelo climático micorrizal, véase Benjamin J. W. Mills, Sarah A. Batterman y Katie J. Field, «Nutrient Acquisition by Symbiotic Fungi Governs Palaeozoic Climate Transition», *Philosophical Transactions of the Royal Society B: Biological Sciences*, 373(1739), 5 de

febrero de 2018; http://doi.org/10.1098/rstb.2016.0503. Acerca de la relación entre la micorriza y los climas antiguos, véase K. Field, D. Cameron, J. Leake *et al.*, «Contrasting Arbuscular Mycorrhizal Responses of Vascular and Non-Vascular Plants to a Simulated Palaeozoic CO_2 Decline», *Nature Communications*, 3(835), 15 de mayo de 2012; https://doi.org/10.1038/ncomms1831.

13. Para el artículo original de Simard, véase S. Simard, D. Perry, M. Jones *et al.*, «Net Transfer of Carbon Between Ectomycorrhizal Tree Species in the Field», *Nature*, 388, 7 de agosto de 1997, págs. 579-82; https://doi.org/10.1038/41557. Para ver el comentario de Read, véase, D. Read, «The Ties that Bind», *Nature*, 388, 7 de agosto de 1997, págs. 517-18; https://doi.org/10.1038/41426.

14. Para más información sobre la descripción de internet de Barabási, véase A.-L. Barabási, «The Physics of the Web», *Physics World*, 14(7), julio de 2001, págs. 33-8.

3. LA MALEZA DE LA VIDA

1. Sí, mi colegio tenía un armario lleno de fuentes radiactivas. No, no sé si esto era muy sensato o incluso si era legal.

2. El simposio, titulado *Through Post-Atomic Eyes* [«A través de una mirada postatómica»], se celebró en octubre de 2015, convocado por la Universidad OCAD (Ontario) y la Universidad de Toronto. En 2020 se publicó un catálogo con las contribuciones, editado por Claudette Lauzon y John O'Brian, bajo el mismo título (Montreal, QC, McGill-Queen's University Press, 2020). Para mi ponencia sobre la protesta y los datos personales, véase «Big Data, No Thanks», Booktwo.org, 2 de noviembre de 2015; http://booktwo.org/notebook/big-data-no-thanks/.

3. Para más información acerca del trabajo de Karen Barad, véase *Meeting the Universe Halfway: Quantum Physics and the Entanglement of Matter and Meaning*, Durham, NC, Duke University Press, 2007, o su ensayo «On Touching – The Inhuman That Therefore I Am», *Differences*, 23(3), 1 de diciembre de 2012, págs. 206-23; https://doi.org/10.1215/10407391-1892943.

4. «In Earth's Hottest Place, Life Has Been Found in Pure Acid», BBC Future, agosto de 2017; https://www.bbc.com/future/article/20170803-in-earths-hottest-place-life-has-been-found-in-pure-acid.

5. F. Gómez, B. Cavalazzi, N. Rodríguez *et al.*, «Ultra-Small Microorganisms in the Polyextreme Conditions of the Dallol Volcano, Northern Afar, Ethiopia», *Scientific Reports*, 9(1), mayo de 2019; https://doi.org/10.1038/s41598-019-44440-8.

6. J. Belilla, D. Moreira, L. Jardillier, G. Reboul, K. Benzerara, J. M. López-García, P. Bertolino, A. I. López-Archilla y P. López-García, «Hyperdiverse Archaea Near Life Limits at the Polyextreme Geothermal Dallol Area», *Nature Ecology & Evolution*, 3(11), octubre de 2019, págs. 1.552-61; https://doi.org/10.1038/s41559-019-1005-0.

7. Acerca de las bacterias litótrofas, véase J. L. Sanz, N. Rodríguez, E. E. Díaz y R. Amils, «Methanogenesis in the Sediments of Rio Tinto, an Extreme Acidic River», *Environmental Microbiology*, 13(8), agosto de 2011, págs. 2.336-41; https://doi.org/10.1111/j.1462-2920.2011.02504.x. Acerca de las alfombras microbianas de los Andes, véase Elizabeth K. Costello, Stephan R. P. Halloy, Sasha C. Reed, Preston Sowell y Steven K. Schmidt, «Fumarole-Supported Islands of Biodiversity within a Hyperarid, High-Elevation Landscape on Socompa Volcano, Puna de Atacama, Andes», *Applied and Environmental Microbiology*, 75(3), febrero de 2009, págs. 735-47; https://doi.org/10.1128/AEM.01469-08. Acerca de la exploración de las fumarolas en aguas profundas, véase H. W. Jannasch y M. J. Mottl, «Geomicrobiology of Deep-Sea Hydrothermal Vents», *Science*, 229(4715), 23 de agosto de 1985, págs. 717-25; https://doi.org/10.1126/science.229.4715.717.

8. N. Patterson, D. J. Richter, S. Gnerre, E. S. Lander y D. Reich, «Genetic Evidence for Complex Speciation of Humans and Chimpanzees», *Nature*, 441(7097), 29 de junio de 2006, págs. 1.103-1.108; https://doi.org/10.1038/nature04789.

9. A. Durvasula y S. Sankararaman, «Recovering Signals of Ghost Archaic Introgression in African Populations», *Science Advances*, 6(7), 12 de febrero de 2020; https://doi.org/10.1126/sciadv.aax5097.

10. Jon Mooallem, «Neanderthals Were People Too», *The New York Times*, 11 de enero de 2017; https://www.nytimes.com/2017/01/11/magazine/neanderthals-were-people-too.html.

11. Elizabeth Kolbert, «Sleeping with the Enemy», *New Yorker*, 8 de agosto de 2011; https://www.newyorker.com/magazine/2011/08/15/sleeping-with-the-enemy.

12. Véase a Ljuben Dimkaroski tocando la flauta de hueso Divje Babe en https://www.youtube.com/watch?v=AZCWFcyxUhQ. Para más

información sobre el proyecto Arqueología Musical Europea, visite http://www.emaproject.eu. Para la interpretación del *Adagio*, véase https://www.classicfm.com/discover-music/instruments/flute/worlds-oldest-instrument-neanderthal-flute/.

13. A. W. G. Pike, D. L. Hoffmann, M. García-Díez, P. B. Pettitt, J. Alcolea, R. De Balbín, C. González-Sainz, C. De las Heras, J. A. Lasheras, R. Montes y J. Zilhão, «U-Series Dating of Paleolithic Art in 11 Caves in Spain», *Science*, 336(6087), 15 de junio de 2012, págs. 1.409-13; https://doi.org/10.1126/science.1219957.

14. D. L. Hoffmann, C. D. Standish, M. García-Díez, P. B. Pettitt, J. A. Milton, J. Zilhão, J. J. Alcolea-González, P. Cantalejo-Duarte, H. Collado, R. De Balbín, M. Lorblanchet, J. Ramos-Muñoz, G.-CH. Weniger y A. W. G. Pike, «U-Th Dating of Carbonate Crusts Reveals Neandertal Origin of Iberian Cave Art», *Science*, 359(6378), 23 de febrero de 2018, págs. 912-15; https://doi.org/10.1126/science.aap7778.

15. Ed Yong, «A Schocking Find in a Neanderthal Cave in France», *The Atlantic*, 25 de mayo 2016; https://www.theatlantic.com/science/archive/2016/05/the-astonishing-age-of-a-neanderthal-cave-construction-site/484070/.

16. J. Gresky, J. Haelm y L. Clare, «Modified Human Crania From Göbekli Tepe Provide Evidence For a New Form of Neolithic Skull Cult», *Science Advances*, 3(6), junio de 2017, e1700564; https://doi.org/10.1126/sciadv.1700564.

17. M. Krings, A. Stone, R. W. Schmitz, H. Krainitzki, M. Stoneking y S. Pääbo *et al.*, «Neanderthal DNA Sequences and the Origin of Modern Humans», *Cell*, 90(1), 11 de julio de 1997, págs. 19-30; https://doi.org/10.1016/s0092-8674(00)80310-4.

18. K. Prüfer, F. Racimo, N. Patterson *et al.*, «The Complete Genome Sequence of a Neanderthal From the Altai Mountains», *Nature*, 505, 2 de enero de 2014, págs. 43-9; https://doi.org/10.1038/nature12886.

19. S. R. Browning, B. L. Browning, Y. Zhou, S. Tucci y J. M. Akey, «Analysis of Human Sequence Data Reveals Two Pulses of Archaic Denisovan Admixture», *Cell*, 173(1), 22 de marzo de 2018, págs. 54-51.e9; https://doi.org/10.1016/j.cell.2018.02.031.

20. Acerca de las adaptaciones tibetanas a partir de los denisovanos, véase E. Huerta-Sánchez, X. Jin, Asan *et al.*, «Altitude Adaptation in Tibetans Caused by Introgression of Denisovan-like DNA», *Nature*, 512(7513), 14 de agosto de 2014, págs. 194-7; https://doi.org/10.1038/nature13408.

Acerca de Groenlandia, véase F. Racimo, D. Gokhman, M. Fumagalli *et al.*, «Archaic Adaptive Introgression in TBX_{15}/$WARS_2$», *Molecular Biology and Evolution*, 34(3), 1 de marzo de 2017, págs. 509-24; https://doi.org/10.1093/molbev/msw283. Acerca de las poblaciones «fantasma» y la migración hacia el interior de África, véase F. A. Villanea y J. G. Schraiber, «Multiple Episodes of Interbreeding Between Neanderthals and Modern Humans», *Nature Ecology & Evolution*, 3(1), 26 de mayo de 2019, págs. 39-44; https://doi.org/10.1038/s41559-018-0735-8; y A. Gibbons, «Prehistoric Eurasians Streamed into Africa, Genome Shows», *Science*, 350(6257), 9 de octubre de 2015, pág. 149; https://doi.org/10.1126/science.350.6257.149.

21. V. Slon, F. Mafessoni, B. Vernot *et al.*, «The Genome of the Offspring of a Neanderthal Mother and a Denisovan Father», *Nature*, 561(7721), septiembre de 2018, págs. 113-16; https://doi.org/10.1038/s41586-018-0455-x.

22. Matthew Warren, «Mum's a Neanderthal, Dad's a Denisovan: First Discovery of an Ancient-Human Hybrid», *Nature*, 22 de agosto de 2018; https://www.nature.com/articles/d41586-018-06004-0.

23. Acerca de los niveles de oxitocina en los chimpancés, véase R. M. Wittig, C. Crockford, T. Deschner, K. E. Langergraber, T. E. Ziegler y K. Zuberbuhler, «Food Sharing is Linked to Urinary Oxytocin Levels and Bonding in Related and Unrelated Wild Chimpanzees», *Proceedings of the Royal Society B: Biology*, 281(1778), 7 de marzo de 2014, 20133096; https://doi.org/10.1098/rspb.2013.3096. Acerca de los bonobos, véase T. Kano, «Social Behavior Of Wild Pygmy Chimpanzees (*Pan paniscus*) of Wamba: A Preliminary Report», *Journal of Human Evolution*, 9(4), mayo de 1980, págs. 243-54; https://doi.org/10.1016/0047-2484(80)90053-6. Acerca del cuidado de las crías de los gorilas, véase S. Rosenbaum, L. Vigilant, C. W. Kuzawa y T. S Stoinski, «Caring for Infants is Associated with Increased Reproductive Success For Male Mountain Gorillas», *Scientific Reports*, 8(15223), 15 de octubre de 2018; https://doi.org/10.1038/s41598-018-33380-4.

24. Y. Fernández-Jalvo, J. Carlos Díez, I. Cáceres y J. Rossell, «Human Cannibalism in the Early Pleistocene of Europe (Gran Dolina, Sierra de Atapuerca, Burgos, Spain)», *Journal of Human Evolution*, 37(3-4), septiembre de 1999, págs. 591-622; https://doi.org/10.1006/jhev.1999.0324.

25. Richardson escribe explícitamente acerca de la paradoja de la línea de costa en Lewis F. Richardson, «The Problem of Contiguity: An

Appendix to Statistics of Deadly Quarrels», *General Systems: Yearbook of the Society for the Advancement of General Systems Theory*, 6(139), 1961, págs. 139-87.

26. Mandelbrot se basó directamente en el trabajo de Richardson, influido por sus teorías acerca de la línea de la costa. Véase B. Mandelbrot, «How Long is the Coast of Britain? Statistical Self-Similarity and Fractional Dimension», *Science*, new series, 156(3775), 5 de mayo de 1967, págs. 636-8; https://doi.org/10.1126/science.156.3775.636.

27. Para acceder al artículo original de Woese y Fox, véase C. R. Woese y G. E. Fox, «Phylogenetic Structure of the Prokaryotic Domain: The Primary Kingdoms», *Proceedings of the National Academy of Science, USA*, 74(11), noviembre de 1977, págs. 5.088-90; https://doi.org/10.1073/pnas.74.11.5088. Para más información sobre el descubrimiento de las arqueas y la transferencia genética horizontal (TGH), véase David Quammen, *The Tangled Tree: A Radical New History of Life*, Londres, William Collins, 2018 [*El árbol enmarañado. Una nueva y radical historia de la vida*, traducción de Joaquín Chamorro Mielke, Barcelona, Debate, 2019].

28. S. Gilbert, J. Sapp, A. Tauber, con J. D. Thomson y S. C. Stearns (eds.), «A Symbiotic View of Life: We Have Never Been Individuals», *The Quarterly Review of Biology*, 87(4), diciembre de 2012, págs. 325-41; https://doi.org/10.1086/668166.

29. Acerca de la infección viral como un vector de la transmisión del ADN en humanos, véase M. Varela, T. E. Spencer, M. Palmarini y F. Arnaud, «Friendly Viruses: the Special Relationship between Endogenous Retroviruses and Their Host», *Annals of the New York Academy of Sciences*, 1178(1), octubre de 2009, págs. 157-72; https://doi.org/10.1111/j.1749-6632.2009.05002.x. Acerca del desarrollo del útero mamífero, véase S. Mi, X. Lee, X. Li *et al.*, «Syncytin is a Captive Retroviral Envelope Protein Involved in Human Plancental Morphogenesis», *Nature*, 403, octubre de 2000, págs. 785-9; https://doi.org/10.1038/35001608. Acerca del –muy debatido– origen del espermatozoide en relación con las espiroquetas, véase Lynn Margulis, *Origin of Eukaryotic Cells*, New Haven, CT: Yale University Press, 1970.

30. Para más información acerca de los fantasmas simbióticos, véase Connie Barlow, *The Ghosts of Evolution: Nonsensical Fruit, Missing Partners, and other Echological Anachronisms*, Nueva York, Basic Books, 2000.

31. Acerca de la conexión entre el microbioma y el desarrollo del cerebro, véase J. Cryan y T. Dinan, «Mind-Altering Microorganisms: The Impact of the Gut Microbiota on Brain and Behaviour», *Nature Reviews Neuroscience*, 13, octubre de 2012, págs. 701-12; https://doi.org/10.1038/nrn3346. Acerca del microbioma y enfermedades en los mayores, véase M. Claesson, I. Jeffery, S. Conde *et al.*, «Gut Microbiota Composition Correlates With Diet and Health in Elderly», *Nature*, 488(7410), agosto de 2012, págs. 178-84; https://doi.org/10.1038/nature11319.

32. Basándonos en la secuenciación genómica, *Rickettsia prowazekii*, la bacteria responsable del tifus, es el pariente de vida libre más cercano a la mitocondria. Véase S. G. E. Andersson, C. G. Kurland, A. Zomorodipur, J. O. Andersson *et al.*, «The Genome Sequence of *Rickettsia prowazekii* and the Origin of Mitochonria», *Nature*, 396(6707), noviembre de 1998, págs. 133-40; https://doi.org/10.1038/24094.

33. W. F. Doolittle, «Phylogenetic Classification and the Universal Tree», *Science*, 284(5423), junio de 1999, págs. 2.124-9; https://doi.org/10.1126/science.284.5423.2124 .

34. Lynn Margulis, *The Symbiotic Planet: A New Look at Evolution*, Londres, Weidenfeld & Nicolson, 1998 [*Planeta simbiótico. Un nuevo punto de vista sobre la evolución*, traducción de Victoria Laporta Gonzalo, Barcelona, Debate, 2002].

35. Acerca de los cincuenta y un géneros de Facebook, véase Brandon Griggs, «Facebook Goes Beyond "Male" And "Female" With New Gender Options», CNN, 13 de febrero de 2014; https://edition.cnn.com/2014/02/13/tech/social-media/facebook-gender-custom/index.html. Acerca de la lista de 71, véase Rhiannon Williams, «Facebook's 71 Gender Options Come to UK Users», *The Telegraph*, 27 de junio de 2014; https://www.telegraph.co.uk/technology/facebook/10930654/Facebooks-71-gender-options-come-to-UK-users.html. Acerca del anuncio de Facebook de la creación de una casilla de escritura libre para el género, véase la publicación de Facebook Diversity del 26 de febrero de 2015; https://www.facebook.com/facebookdiversity/posts/774221582674346.

36. Lynn Margulis y Dorion Sagan, *Origins of Sex: Three Billion Years of Genetic Recombination*, New Haven, CT, Yale University Press, 1986 [*¿Qué es el sexo?*, traducción de Ambrosio García Leal, Barcelona, Tusquets, 1998].

4. VER COMO UN PLANETA

1. Acerca del festival Chelidonia, véase la Wikipedia griega (Stilpon Kyriakides), «Language and folk culture of the modern Greeks», Asociación para la Difusión de las Letras Griegas, Atenas, 1946. Acerca del festival Letnik, véase «Leto», blog Old European Culture, 27 de enero de 2017; http://oldeuropeanculture.blogspot.com/2017/01/leto.html. Para informes sobre la migración de las golondrinas en 2020, véase Tasos Kokkinidis, «Thousands of Swallows and Other Birds Die in Greece After Migration», *Greek Reporter*, 9 de abril de 2020; https://greece.greekreporter.com/2020/04/09/thousands-of-swallows-and-other-birds-die-in-greece-after-migration/; y Horatio Clare, «Where Have All the Swallows Gone?», *Daily Mail*, 23 de junio de 2020; https://www.dailymail.co.uk/news/article-8449275/Where-swallows-gone-Theyve-harbingers-summer-year-numbers-low.html.

2. E. Syrjämäki y T. Mustonen, *It is the Sámi who Own this Land – Sacred Landscapes and Oral Histories of the Jokkmokk Sámi*, Vaasa, Finlandia, Snowchange Cooperative, 2013.

3. Craig Welch, «Half of All Species are on the Move – and We're Feeling It», *National Geographic*, 27 abril 2017; https://www.nationalgeographic.com/news/2017/04/climate-change-species-migration-disease/.

4. Para una visión general completa de la creación e implementación del tiempo global, véase Vanessa Ogle, *The Global Transformation of Time 1870-1950*, Cambridge, MA, Harvard University Press, 2015.

5. Tracy Kidder, *The Soul of a New Machine*, Nueva York, Little, Brown and Company, 1981 [*El alma de una nueva máquina*, traducción de Alicia Steimberg, Barcelona, Gedisa, 1983]. El ingeniero que se sentía cómodo con los nanosegundos era Ed Rasala; el que se marchó a Vermont era Josh Rosen.

6. Para un informe más exhaustivo sobre el registro Marsham, véase I. D. Margary, «The Marsham Phenological Record in Norfolk, 1736-1925, and Some Others», *Quarterly Journal of the Royal Meteorological Society*, 52(217), enero de 1926, págs. 27-54; https://doi.org/10.1002/qj.49705221705. Para una visión analítica, véase T. H. Sparks y P. D. Carey, «The Responses of Species to Climate Over Two Centuries: An Analysis of the Marsham Phenological Record, 1736-1947», *Journal of Ecology*, 83(2), abril de 1995, pág. 321; https://doi.org/10.2307/2261570.

7. Para más información sobre el registro Marsham, la fenología, el caribú y el tiempo tecnológico, véase James Bridle, «Phenological Mismatch», revista *e-flux*, junio de 2019; https://www.e-flux.com/architecture/becoming-digital/273079/phenological-mismatch/.

8. Este cálculo está tomado de S. Loarie, P. Duffy, H. Hamilton *et al.*, «The Velocity of Climate Change», *Nature*, 462, 24 de diciembre de 2009, págs. 1.052-5; https://doi.org/10.1038/nature08649.

9. Para un excelente manual básico de Migración Forestal, véase L. F. Pitelka y el Plant Migration Workshop Group, «Plant Migration and Climate Change», *American Scientist*, 85(5), septiembre-octubre de 1997, págs. 464-73; http://www.jstor.org/stable/27856854.

10. S. Fei, J. M. Desprez, K. M. Potter, I. Jo, J. A. Knott y C. M. Oswalt, «Divergence of Species Responses to Climate Change», *Science Advances*, 3(5), 17 de mayo de 2017, e1603055; https://doi.org/10.1126/sciadv.1603055.

11. L. Kullman, «Rapid recent range-margin rise of tree and shrub species in the Swedish Scandes», *Journal of Ecology*, 90(1), febrero de 2002, págs. 68-77; https://doi.org/10.1046/j.0022-0477.2001.00630.x.

12. K. Tape, M. Sturm y C. Racine, «The Evidence for Shrub Expansion in Northern Alaska and the Pan-Arctic», *Global Change Biology*, 12(4), abril de 2006, págs. 686-702; https://doi.org/10.1111/j.1365-2486.2006.01128.x.

13. Clement Reid, *The Origin of the British Flora*, Londres, Dulau & Co., 1899.

14. R. G. Pearson, «Climate Change and the Migration Capacity of Species», *Trends in Ecology & Evolution*, 21(3), marzo de 2006, págs. 111-13; https://doi.org/10.1016/j.tree.2005.11.022.

15. K. D. Woods y M. B. Davis, «Paleoecology of Range Limits: Beech in the Upper Peninsula of Michigan», *Ecology*, 70(3), junio de 1989, págs. 681-96; https://doi.org/10.2307/1940219.

16. L. Kullman, «Norway Spruce Present in the Scandes Mountains, Sweden at 8000 BP: New Light on Holocene Tree Spread», *Global Ecology and Biogreography Letters*, 5(2), marzo de 1996, págs. 94-101; https://doi.org/10.2307/2997447.

17. Schultz estudia las rutas metabólicas de las plantas y los animales, y se fija en el modo en el que muchas interacciones químicas ocurren a través de rutas similares en ambos reinos. Véase Jack C. Schultz, «Plants

are Just Very Slow Animals», marzo de 2010; https://mospace.umsystem.edu/xmlui/handle/10355/6759.

18. La obra de Richard Powers fue la primera versión de esta fábula que oí, pero la historia proviene casi con seguridad de un episodio original de *Star Trek* llamado «El parpadeo de un ojo». También hace referencia a este episodio el neurobiólogo de plantas Stefano Mancuso, en una entrevista con Michael Pollan publicada en «The Intelligent Plant», *New Yorker*, 15 de diciembre de 2013 (https://www.newyorker.com/magazine/2013/12/23/the-intelligent-plant), que es, posiblemente, donde la conoció Powers.

19. Charles Darwin, ayudado por Francis Darwin, *The Power of Movement in Plants*, Nueva York, D. Appleton and Company, 1887.

20. Carta de Charles Darwin a Alphonse de Candolle, 28 de mayo de 1880, en Francis Darwin (ed.), *The Life and Letters of Charles Darwin*, Vol. II, Londres, John Murray, 1887, pág. 506 [*Correspondencia de Charles Darwin*, Vols. I y II, traducción de Susana Pinar García, Madrid, CSIC y Catarata, 2012].

21. Acerca de los orígenes militares de internet, véase Yasha Levine, *Surveillance Valley: The Secret Military History of the Internet*, Londres, Icon Books, 2019. Para un análisis crítico del neoliberalismo de Silicon Valley, véase Richard Barbrook y Andy Cameron, «The Californian Ideology», *Mute*, 1(3), 1 de septiembre de 1995; https://www.metamute.org/editorial/articles/californian-ideology.

22. I. O. Buss, «Bird Detection by Radar», *The Auk*, 63(3), 1 de julio de 1946, págs. 315-18; https://doi.org/10.2307/4080116.

23. Para una crónica del trabajo de Varley y Lack, véase A. D. Fox y P. D. L. Beasley, «David Lack and the Birth of Radar Ornithology», *Archives of Natural History*, 37(2), octubre de 2010, págs. 325-32; https://doi.org/10.3366/anh.2010.0013. Acerca del experimento de la gaviota argéntea, véase D. Lack y G. C. Varley, «Detection of Birds by Radar», *Nature*, 156(3963), 1945, pág. 446; https://doi.org./10.1038/156446a0.

24. Acerca de los experimentos de Lack posteriores a la guerra, véase D. Lack, «Migration across the North Sea Studied by Radar. Part 1. Survey through the Year», *Ibis*, 101, 1959, págs. 209-34; https://doi.org/10.1111/j.1474-919X.1959.tb02376.x (y números siguientes).

25. Para conocer varios ejemplos de patrones, véase https://birdcast.info/forecast/understanding-radar-and-birds-part-1/. Para ver imágenes en directo, visite https://radar.weather.gov/. Para el rastreo de aves

individuales, véase B. Bruderer, T. Steuri y M. Baumgartner, «Short-Range High-Precision Surveillance of Nocturnal Migration and Tracking of Single Targets», *Israel Journal of Zoology*, 41(3), 1995, págs. 207-20.

26. La historia de la oferta de la ONR a la NASA se cuenta en Dennis Overbye, «Ex-Spy Telescope May Get New Identity as a Space Investigator», *New York Times*, 4 de junio de 2012.

27. Joel Achenbach, «NASA Gets Two Military Spy Telescopes for Astronomy», *Washington Post*, 4 de junio de 2012.

28. Geoff Brumfield, «Trump Tweets Sensitive Surveillance Image of Iran», NPR, 30 de agosto de 2019.

29. Para ver ejemplos de estas imágenes, véase «Mapping the Mighty Mangrove», NASA, diciembre de 2019; https://landsat.gsfc.nasa.gov/article/mapping-the-mighty-mangrove/; M. Arekhi, A. Yesil, U. Y. Ozkan y F. B. Sanli, «Detecting Treeline Dynamics in Response to Cimate Warming Using Forest Stand Maps and Landsat Data in a Temperate Forest», *Forest Ecosystems*, 5(23), 11 de mayo de 2018; https://doi.org/10.1186/s40663-018-0141-3; y G. Mancino, A. Nolè, F. Ripullone y A. Ferrara, «Landsat TM Imagery and NDVI Differencing to Detect Vegetation Change: Assessing Natural Forest Expansion in Basiicata, Southern Italy», *iForest – Biogeosciences and Forestry*, 7(2), abril de 2014, págs. 75-84; https://doi.org/10.3832/ifor0909-007.

30. Jean Epstein, *Photogénie de l'impondérable*, París, Éditions Corymbe, 1935 [«Fotogenia de lo imponderable» en Jean Epstein, *Escritos sobre cine (1921-1953)*, traducción de Mariel Manrique, Valencia, Shangrila, 2021], citado en Teresa Castro, «The Mediated Plant», *e-flux Journal*, 102, septiembre de 2019; https://www.e-flux.com/journal/102/283819/the-mediated-plant/.

5. HABLAR CON EXTRAÑOS

1. Una selección de artefactos de la exposición, incluidos muchos de los que se mencionan aquí, están recogidos en la página web de Il Paese di Cuccagna, I-DEA, Matera Ciudad de la Cultura 2019; https://idea.matera-basilicata2019.it/en/exhibition/il-paese-di-cuccagna.

2. Para más información sobre hechizos y encantamientos, véase Ernesto de Martino, *Magic: A Theory from the South*, traducido por Dorothy Zinn, Londres, HAU Books, 2015, así como la obra maestra de

Martino, *Il mondo magico*, publicado en inglés como *The World of Magic*, Nueva York, Pyramid Communications, 1972 [*El mundo mágico*, traducción de Rosa Corgatelli, Buenos Aires, Araucaria, 2004].

3. «Hymn to Malandrina» («Himno a Malandrina»), una selección editada de las grabaciones desde Viggianello, llamada así por la cabra más conflictiva de Francesco Caputo, está disponible en https://vimeo.com/368478999.

4. El artículo «Meet the Greater Honeyguide, the Bird That Understands Humans», de Purbita Saha y Claire Spottiswoode, 22 de agosto de 2016, Audubon.org; https://www.audubon.org/news/meet-greater-honey guide-bird-understands-humans; contiene una grabación de la llamada «Brrr-hum».

5. C. N. Spottiswoode, K. S. Begg y C. M. Begg, «Reciprocal Signaling in Honeyguide-Human Mutualism», *Science*, 353(6297), julio de 2016, págs. 387-9; https://doi.org/10.1126/science.aaf4885.

6. C. A. Zappes, A. Andriolo, P. C. Simões-Lopes y A. P. M. Di Beneditto, «'Human-Dolphin (*Tursiops truncatus* Montagu, 1821) Cooperative Fishery' and its Influence on Cast Net Fishing Activities in Barra de Imbé/Tramandaí, Southern Brazil», *Ocean & Coastal Management*, 54(5), mayo de 2011, págs. 427-32; https://doi.org/10.1016/j.ocecoaman.2011.02.003.

7. B. M. Wood, H. Pontzer, D. A. Raichlen y F. W. Marlowe, «Mutualism and Manipulation in Hadza-Honeyguide Interactions», *Evolution and Human Behavior*, 35(6), 1 de noviembre de 2014, págs. 540-46; https://doi.org/10.1016/j.evolhumbehav.2014.07.007.

8. Para escuchar una grabación del silbido hadza, véase el cortometraje de Theresa Lucrisia-Bradley, *A Hadzabe Honey Hunt*, 2020; https://www.youtube.com/watch?v=ubfkz3p8t6c. Para más información sobre la técnica del pueblo boran, véase H. A. Isack y H.-U. Reyer, «Honeyguides and Honey Gatherers: Interspecific Communication in a Symbiotic Relationship», *Science*, 243(4896), 10 de marzo de 1989, págs. 1.343-6; https://doi.org/10.1126/science.243.4896.1343.

9. H. Kaplan, K. Hill, J. Lancaster y A. M. Hurtado, «A Theory of Human Life History Evolution: Diet, Intelligence, and Longevity», *Evolutionary Anthropology*, 9(4), 16 de agosto de 2000, págs. 156-85; https://doi.org/10.1002/1520-6505(2000)9:4<156::AID-EVAN5>3.0.CO;2-7.

10. F. Max Müller, «The Theoretical Stage, and the Origin of Language», Conferencia 9 de *Lectures on the Science of Language*, 1861; versión

digital, junio de 2010; https://www.gutenberg.org/files/32856/32856-pdf.pdf [«Período de la teoría – Origen del lenguaje», en F. Max Müller, *La ciencia del lenguaje*, traducción de José de Caso, Buenos Aires, Albatros, 1944, págs. 329-377; https://archive.org/details/LaCienciaDelLenguaje-MaxMller/page/n319/mode/2up].

11. La primera vez que escuché el *cantu a tenòre*, y esta explicación del papel que desempeña cada uno, fue en un parque público en Cagliari, por boca de uno de los grupos contemporáneos más conocidos de este tipo de canción, los Tenores di Bitti. Para comprobar brevemente el efecto que produce, y escuchar la explicación, véase el cortometraje *Tenores di Bitti 'Mialinu Pira' a Belluno*; https://www.youtube.com/watch?v=mMddrMMqmoo.

12. Theodore Levin, *Where Rivers and Mountains Sing: Sound, Music, and Nomadism in Tuva and Beyond*, Bloomignton, IN, Indiana University Press, 2006.

13. En las últimas décadas, se ha comprobado que el cambio climático está causando una ruptura irrevocable en varias especies entre el acto de estar en sintonía con las señales históricas de la estacionalidad y la disponibilidad real de alimento y de otras necesidades (véase James Bridle, «Phenological Mismatch», revista *e-flux*, junio de 2019). Sería interesante, aunque devastador, comprobar si las canciones tuvanesas contienen un registro sonoro de condiciones climáticas que ya no existen en la actualidad, al igual que los paisajistas anteriores a la Europa del siglo XX documentaron unos cielos libres de contaminación, que ya no conoceremos jamás en el presente.

14. Maurice Merleau-Ponty, *The Visible and the Invisible*, traducido por Alphonso Lingis, Evanston, IL, Northwestern University Press, 1968 [*Lo visible y lo invisible*, traducción de Estela Consigli y Bernard Capdevielle, Buenos Aires, Nueva Visión, 2010].

15. Quedo especialmente agradecido a Einar Sneve Martinussen por acercarme a la historia de la Acción Áltá, y al equipo de Joar Nango, «European Everything» por hablarme del *joik*; pido disculpas por mi explicación profundamente reduccionista de esta tradición. Para más información sobre la Acción Áltá y sus repercusiones culturales, véase «Let the River Flow. The Sovereign Will and the Making of a New Worldliness», publicado con motivo de una exposición del mismo nombre que tuvo lugar en la Oficina de Arte Contemporáneo de Noruega, en Oslo, entre abril y junio de 2018.

16. Por estas y otras reflexiones en torno a la naturaleza del lenguaje escrito y el alfabeto, estoy en deuda con el libro de David Abram, *The Spell of the Sensuous*, Nueva York, Vintage, 1996 [*La magia de los sentidos*, traducción de David Sempau, Barcelona, Kairós, 2023].

17. Estos ejemplos están sacados de la obra del lingüista Sali Tagliamonte, *Variationist Sociolingustics: Change, Observation, Interpretation*, Hoboken, NJ, Wiley-Blackwell, 2011. Las fuentes originales son Aelfrico, *c* 1000, *Grammar*, xlviii. (Z) 279; G. Chaucer, *Prioress's Prologue and Tale* en CT. 5 (Manuscrito Harley) [«Siguen las alegres palabras entre el anfitrión, el marino y la priora» y «Prólogo al cuento de la priora» en Pedro Guardia Massó (ed. y trad.), *Cuentos de Canterbury*, Madrid, Cátedra, 2006]; W. Shakespeare, *Much Ado About Nothing* (escrito en 1598-9), Acto IV, escena 1 [*Mucho ruido y pocas nueces*, trad. de Luis Astrana Marin, Madrid, Alianza, 2012].

18. S. A. Tagliamonte y D. Denis, «Linguistic Ruin? Lol! Instant Messaging and Teen Language», *American Speech*, 83(1), marzo de 2008, págs. 3-34; https://doi.org/10.1215/00031283-2008-001.

19. Véase, por ejemplo, Jennifer Lee, «I think, Therefore IM», *New York Times*, 19 de septiembre de 2002; https://www.nytimes.com/2002/09/19/technology/circuits/19MESS.html.

20. Cuando explico este tipo de anécdotas, noto que vuelvo a caer en la tecnofobia y en los temores a una estupidez mediada por los ordenadores. Al mismo tiempo, me parece divertida la terca persistencia del programa Excel de relacionar la abstracción de los acrónimos genómicos con acontecimientos terrestres, y me tranquiliza que repita una y otra vez las mismas preguntas: «¿Es esto lo que quieres decir realmente? Porque ya sabes que los humanos a veces quieren decir muchas cosas diferentes».

21. Reuters, «"Master" and "Slave" Computer Labels Unacceptable, Officials Say», CNN.com, 26 de noviembre de 2003; https://edition.cnn.com/2003/TECH/ptech/11/26/master.term.reut/.

22. Julia Horowitz, «Twitter and J. P. Morgan are Removing "Master", "Slave" and "Blacklist" from Their Code», CNN Business, 3 de julio de 2020; https://edition.cnn.com/2020/07/03/tech/twitter-jpmorgan-slave-master-coding/index.html.

23. Ron Eglash, «Broken Metaphor: The Master-Slave Analogy in Technical Literature», *Technology and Culture*, 48(2), abril de 2007, págs. 360-69; https://doi.org/10.1353/tech.2007.0066.

24. Para conocer las cifras de las minorías raciales en la industria tecnológica, véase Sam Dean y Johana Bhuiyan, «Why are Black and Latino People Still Kept Out of the Tech Industry?», *Los Angeles Times*, 24 de junio de 2020; https://www.latimes.com/business/technology/story/2020-06-24/tech-started-publicly-taking-lack-of-diversity-seriously-in-2014-why-has-so-little-changed-for-black-workers. Para un informe extenso de los prejuicios raciales y de otros tipos dentro de los productos tecnológicos, véase Virginia Eubanks, *Automating Inequality: How High-Tech Tools Profile, Police, and Punish the Poor*, Nueva York, St Martin's Press, 2018 [*La automatización de la desigualdad. Herramientas de tecnología avanzada para supervisar y castigar a los pobres*, traducido por Gemma Deza, Madrid, Capitán Swing, 2021]; y Safiya Umoja Noble, *Algorithms of Oppression: How Search Engines Reinforce Racism*, Nueva York, NYU Press, 2018.

25. Las otras dos leyes, publicadas por primera vez en el libro de Clarke, *Profiles of the Future*, Londres, Victor Gollancz, 1962, son: «Cuando un científico distinguido pero mayor afirma que algo es posible, está casi seguro de tener razón. Cuando afirma que algo es imposible, probablemente no tenga razón» y «La única forma de descubrir los límites de lo posible es aventurarse un poco más allá de ellos y adentrarse en lo imposible» [*Perfiles del futuro*, traducción de Joaquín Adsuar Ortega, Barcelona, Luis de Caralt, 1977].

26. Incluso el acto de nombrar algo como قلب produce protestas en la infosfera: para visitar la página web del proyecto es necesario emplear caracteres árabes en lugar de latinos, al estar ubicada en https://nas.sr/قلب/, una dirección que es posible gracias a unos estándares multilingües que no fueron introducidos en la red hasta el 2008. El hecho de que denominaran «internacionalización» a este proceso largamente postergado nos dice todo lo que hay que saber acerca del sesgo de base y nacionalista de internet.

27. «Arabic Programming Language At Eyebeam: قلب Opens The World», AnimalNewYork.com, 24 de enero de 2013; https://animalnewyork.com/2013/arabic-programming-language-at-eyebeam-قلب-opens-the-world/ .

28. Para ejemplos de programas en Piet, véase https://www.dangermouse.net/esoteric/piet.html. Para más información sobre Emojicode, véase https://www.emojicode.org/.

29. Para quien desee jugar con Brainfuck, existe un compositor *online* disponible en https://www.bf.doleczek.pl/.

30. Para una descripción detallada de Ook!, véase https://www.dangermouse.net/esoteric/ook.html.

31. Acerca de la comprensión del mono tití, véase S. Verma, K. Prateek, K. Pandia, N. Dawalatabad, R. Landman, J. Sharma, M. Sur y H. A. Murthy, «Discovering Language in Marmoset Vocalization», *Proceedings, Interspeech 2017*, 2.426-2.430; https://doi.org/10.21437/Interspeech.2017-842. Para explorar el archivo del canto de ballenas de Google, véase https://patternradio.withgoogle.com/. Para más información sobre la investigación sobre los perros de las praderas, véase Jeff Rice, «Rodents' Talk Isn't Just "Cheep"», *Wired*, 6 de octubre de 2005; https://www.wi red.com/2005/06/rodents-talk-isnt-just-cheep/.

32. Para conocer la historia de Roah, véase Konrad Lorenz, *King Solomon's Ring* (1952), Abingdon, Routledge, 2002, págs. 86-7; el libro entero es maravilloso [*El anillo del rey Salomón*, traducción de Ramón Margalef Llambrich, Madrid, Ediciones Irreverentes, 2002].

33. Esto puede resultar injusto para los loros, aunque Lorenz escribió antes de que individuos de esas especies participaran en los numerosos estudios que se han realizado hasta la fecha. De hecho, el loro gris africano ha demostrado un alarde de competencia cognitiva, en el sentido de que ha empleado las palabras apropiadas para las situaciones correctas (véase E. N. Colbert-White, H. C. Hall, D. M. Fragaszy, «Variations in an African Grey Parrot's Speech Patterns Following Ignored and Denied Requests», *Animal Cognition*, 19(3), mayo de 2016, págs. 459-69; https://doi.org/10.1007/s10071-015-0946-1). Alex, un loro gris que trabajó con la psicóloga de animales Irene Pepperberg durante más de treinta años, tenía un vocabulario de más de cien palabras, era capaz de identificar formas complejas y colores, así como conceptos abstractos, y respondía al estado emocional de los investigadores humanos. Sus últimas palabras, que fueron las mismas que le decía cada noche a Pepperberg cuando se iba del laboratorio, fueron: «Sé buena, te quiero. Hasta mañana». Irene M. Pepperberg, *Alex & Me: How a Scientist and a Parrot Discovered a Hidden World of Animal Intelligence and Formed a Deep Bond in the Process*, Londres, HarperCollins, 2008. Otro caso bastante diferente de comunicación con un loro es el que puede encontrarse en la música de Hatebeak, un grupo norteamericano de death metal cuyo cantante es un loro gris llamado Waldo. Al contrario que alguna de la zoomusicología retratada anteriormente en este capítulo, la música de Hatebeak ha sido descrita como «un martillo neumático pulverizándose en una compactadora».

34. Lamentablemente, la Embajada de los Delfines ha sido muy poco investigada, pero este extracto del catálogo de la retrospectiva de Ant Farm que le dedicó en 2004 el Museo de Arte de Berkeley, junto con varios enlaces a otros materiales está disponible en Greg.org: https://greg.org/archive/2010/06/01/cue-the-dolphin-embassy.html.

35. Lilly ocupa un lugar especial en la mayoría de las crónicas acerca de la comunicación entre humanos y delfines, y es famoso por haber construido un laboratorio inundado, junto con Margaret Howe Lovatt, en la isla caribeña de Saint Thomas. Allí, llevaron a cabo un programa de investigación durante varios años sobre la inteligencia de los cetáceos, que implicaba vivir en contacto cercano con los delfines en cautividad, así como realizar experimentos que incluían tanques de privación sensorial (inventados por Lilly), electrodos insertados en los cerebros de los delfines e inyecciones forzosas de dosis no controladas de LSD. Si bien su trabajo se vio ensombrecido por los posteriores relatos escabrosos sobre la relación de Lovatt con uno de los delfines, reveló muchos aspectos desconocidos hasta entonces sobre la fisionomía de los cetáceos y sobre sus habilidades. Nada de todo ello, sin embargo, justifica la coerción y el abuso, por muy bienintencionados que fueran, que formaron parte integral de su trabajo.

36. Martín Abadi y David G. Andersen, «Learning to Protect Communications with Adversarial Neural Cryptography», ArXiv.org, 2016; https://arxiv.org/abs/1610.06918.

37. Para acceder a la crónica de la propia plataforma Facebook acerca de los experimentos, véase Mike Lewis, Denis Yarats, Devi Parikh y Dhruv Batra, «Deal or No Deal? Training AI Bots to Negotiate», Facebook Engineering, 14 de junio de 2017; https://engineering.fb.com/ml-applications/deal-or-no-deal-training-ai-bots-to-negotiate/; y Lewis *et al.*, «Deal or No Deal? End-to-End Learning for Negotiation Dialogues», ArXiv.org, 16 de junio de 2017; https://arxiv.org/pdf/1706.05125.pdf. Acerca de las variaciones de lenguaje producidas, véase Mark Wilson, «AI is Inventing Languages Humans Can't Understand. Should We Stop It?», Fast Company, 14 de julio de 2017; https://www.fastcompany.com/90132632/ai-is-inventing-its-own-perfect-languages-should-we-let-it.

38. Para un estudio general del *Ebonics* y de otros idiolectos relacionados, véase John Russell Rickford y Russell John Rickford, *Spoken Soul: The Story of Black English*, Nueva York, John Wiley, 2000. Quedo agradecido a Eva Barbarossa por sus conocimientos acerca del lenguaje informático y la pista de las formas pronominales.

39. «The Author of Acacia Seeds» (1974) está incluido en Ursula K. Le Guin, *The Compass Rose*, Londres, Gollancz, 1983 [«El autor de las semillas» está incluido en VV. AA., *Viajeros del tiempo*, traducción de Antonio Prometeo Moya y Pablo Mañé Garzón, Barcelona, Luis de Caralt, 1976]. Mi agradecimiento a Matt Webb por hablarme de este relato, que es responsable, al menos en parte, de la mayoría de este libro.

40. Tyson Yunkaporta, *Sand Talk: How Indigenous Thinking Can Save the World*, Melbourne, Text Publishing, 2019 [*Escrito en la arena. Cómo el pensamiento indígena puede salvar al mundo*, traducción de Ricardo García Pérez, Barcelona, Herder, 2023]. Para acceder a un extracto del libro referido a la vivacidad de las piedras, véase «Friday Essay: Lessons From Stone – Indigenous Thinking and the Law», *The Conversation*, 5 de septiembre de 2019; https://theconversation.com/friday-essay-lessons-from-stone-indigenous-thinking-and-the-law-122617.

41. Para un análisis de las pautas orales en la mensajería instantánea, véase K. Ferrara, H. Brunner y G. Whittemore, «Interactive Written Discourse as an Emergent Register», *Written Communication*, 8(1), 1 de enero de 1991, págs. 8-34; https://doi.org/10.1177/0741088391008001002. Para un análisis del uso del árabe en la mensajería instantánea, véase D. Palfreyman y M. al Khalil, «“A Funky Language for Teenzz to use”: Representing Gulf Arabic in Instant Messageing», *Journal of Computer-Mediated Communication*, 9(1), 2003, págs. 23-44; https://doi.org/10.1111/j.1083-6101.2003.tb00355.x.

42. Naomi S. Baron, «Why Email Looks Like Speech: Proofreading Pedagogy and Public Face», en Jean Aitchison y Diana M. Lewis (eds.), *New Media Language*, Londres, Routledge, 2003, págs. 85-94.

6. MÁQUINAS NO BINARIAS

1. Platón, *Apología*, 21a-d.

2. A. M. Turing, «On Computable Numbers, With an Application to the *Entscheidungsproblem*» (1936), *Proceedings of the London Mathematical Society*, series 2, 42, 1937, págs. 230-65; https://doi.org/10.1112/plms/s2-42.1.230.

3. A. M. Turing, «Systems of Logic Based on Ordinals», *Proceedings of the London Mathematical Society*, serie 2, 45, 1939, págs. 161-228.

4. B. Jack Copeland y Diane Proudfoot, «Alan Turing's Forgotten Ideas in Computer Science», *Scientific American*, 280(4), abril de 1999, págs. 98-103; https://doi.org/10.1038/scientificamerican0499-98.

5. Para una descripción completa del cableado y del comportamiento de las tortugas –incluida la cita de Carroll–, véase W. Grey Walter, «An Imitation of Life», *Scientific American*, mayo de 1950. Para la preparación de este capítulo, estoy especialmente agradecido a Andrew Pickering, cuyo extenso trabajo acerca de los cibernéticos radicados en Reino Unido –Stafford Beer, Gordon Pask, Grey Walter y Ross Ashby– puede encontrarse en numerosos artículos y, en versión resumida, en *The Cybernetic Brain: Sketches of Another Future*, Chicago, IL, University of Chicago Press, 2011.

6. Walter, «An Imitation of Life».

7. *Ibidem.*

8. *Ibidem.*

9. El origen del término se halla en Norbert Wiener, *Cybernetics: Or Control and Communication in the Animal and the Machine*, Cambridge, MA, MIT Press, 1948 [*Cibernética o El control y comunicación en animales y máquinas*, traducción de Francisco Martín, Barcelona, Tusquets, 1985].

10. Para una descripción del homeostato y su funcionamiento, véase W. R. Ashby, «Design for a Brain», *Electrical Engineering*, 20 de diciembre de 1948, págs. 379-83.

11. Walter, «An Imitation of Life».

12. Ashby, «Design for a Brain».

13. Para profundizar en la opinión de Andrew Pickering acerca de las mentes cibernéticas, véase A. Pickering, «Beyond Design: Cybernetics, Biological Computers and Hylozoism», *Synthese*, 168(3), junio de 2009, págs. 469-91; https://doi.org/10.1007/s11229-008-9446-z.

14. Lamentablemente, la U no se refiere a nada emocionante como «universal» o «incognoscible» [del inglés, «*unknowable*»]. Se refiere a la descripción matemática de Beer del funcionamiento de la máquina-U y su relación con la máquina-T, que se ocupaba de los *inputs*, y la máquina-V, que gestionaba los *outputs*.

15. S. Beer, «Towards the Automatic Factory», artículo presentado en un simposio en la Universidad de Illinois, en junio de 1960, reproducido en Roger Harnden y Allenna Leonard (eds.), *How Many Grapes Went into the Wine? Stafford Beer on the Art and Science of Holistic Management*, Nueva York, John Wiley, 1994, págs. 163-225.

16. A. Pickering, «The Science of the Unknowable: Stafford Beer's Cybernetic Informatics», *Kybernetes*, 33(3/4), marzo de 2004, págs. 499-521; https://www.doi.org/10.1108/03684920410523535.

17. No existen muchos detalles disponibles acerca de los experimentos del estanque de Beer, que aparecen resumidos brevemente en la colección de sus obras editadas, *How Many Grapes Went into the Wine? Stafford Beer on the Art and Science of Holistic Management*. Quedo agradecido a Matt Webb por advertirme de ello y por «meter un estanque en la escuela de negocios».

18. Acerca de las habilidades mnemónicas del moho mucilaginoso, véase T. Saigusa, A. Tero, T. Nakagaki e Y. Kuramoto, «Amoebae Anticipate Periodic Events», *Physical Review Letters*, 100(1), 11 de enero de 2008, n.º 018101; https://doi.org/10.1103/PhysRevLett.100.018101.

19. A. Tero, S. Takagi, T. Saigusa, K. Ito, D. P. Bebber, M. D. Fricker y T. Nakagaki, «Rules for Biologically Inspired Adaptive Network Design», *Science*, 327(5964), 22 de enero de 2010, págs. 439-42; https://doi.org/10.1126/science.1177894.

20. Esta es una generalización del problema de los siete puentes de Königsberg, planteado por Leonhard Euler, que ya encontramos en nuestro análisis acerca de los hongos y la teoría de redes, en el capítulo 2.

21. L. Zhu, S.-J. Kim, M. Hara y M. Aono, «Remarkable Problem-Solving Ability of Unicellular Amoeboid Organism and its Mechanism», *Royal Society Open Science*, 5(12), 19 de diciembre de 2018, n.º 180396; https://doi.org/10.1098/rsos.180396.

22. En realidad no eran mil sino ochocientas cincuenta veces más, pero, vaya, estamos hablando de un moho mucilaginoso al fin y al cabo... Un sistema de cuatro ciudades tiene solo 3 x 2 x 1 / 2 = 3 rutas posibles ((n-1)! / 2), pero un sistema de ocho ciudades tiene 7 x 6 x 5 x 4 x 3 x 2 x 1 / 2 = 2.520 rutas diferentes posibles.

23. Para un resumen de la historia de la investigación sobre el memristor, véase «The Memristor Revisited», *Nature Electronics*, 1(261), mayo de 2018; https://doi.org/10.1038/s41928-018-0083-3.

24. Acerca de la investigación de la capacidad memrística del moho mucilaginoso, véase E. Gale, A. Adamatzky y B. de Lacy Costello, «Slime Mould Memristors», *BioNanoScience*, 5(1), 1 de marzo de 2015, págs. 1-8; https://doi.org/10.1007/s12668-014-0156-3. Acerca de las plantas y los animales como memristores, véase A. Adamatzky, S. L. Harding, V.

Erokhin y R. Mayne *et al.*, «Computers from Plants We Never Made: Speculations», ArXiv:17022.08889 [cs.ET], 28 de febrero de 2017; https://doi.org/10.48550/arXiv.1702.08889.

25. Esta teoría de los circuitos con bolas de billar apareció publicada en E. Fredkin y T. Toffoli, «Conservative Logic», *International Journal of Theoretical Physics*, 21(3-4), abril de 1982, págs. 219-53; https://doi.org/10.1007/BF01857727.

26. Para conocer el ordenador cangrejo, véase Y.-P. Gunji, Y. Nishiyama y A. Adamatzky, «Robust Soldier Crab Ball Gate», *Complex Systems*, 20(2), 15 de junio de 2011; https://doi.org/10.1063/1.3637777.

27. K. Nakajima, H. Hauser, T. Li y R. Pfeifer, «Information Processing via Physical Soft Body», *Scientific Reports*, 5, 27 de mayo de 2015, n.º 10487; https://doi.org/10.1038/srep10487.

28. C. Fernando y S. Sojakka, «Pattern Recognition in a Bucket», *Lecture Notes in Computer Science*, septiembre de 2003, págs. 588-97; https://doi.org/10.1007/978-3-540-39432-7_63.

29. Para más información sobre Likyanov y los ordenadores hidráulicos soviéticos, véase O. Solovieva, «Water Machine Computers», *Science and Life*, 4, 2000; https://www.nkj.ru/archive/articles/7033/; y los archivos del Museo Politécnico de Moscú en http://web.archive.org/web/20120328115234/http://rus.polymus/ru?h=relics&rel_id=9&mid=&aid=9&aid_prev=9.

30. Para una crónica más detallada del Modelo de la Cuenca del Misisipi, véase Kristi Cheramie, «The Scale of Nature: Modeling the Mississippi River», *Places Journal*, Marzo de 2011; https://placesjournal.org/article/the-scale-of-nature-modeling-the-mississippi-river/.

31. Para conocer el trabajo de Rob Holmes y de la organización sin ánimo de lucro Dredge Research Collaborative sobre el Misisipi y otros paisajes, véase https://m.ammoth.us/.

32. Para conocer el trabajo de Zach Blas, véase https://zachblas.info/works/queer-technologies/.

33. «A Genderqueer Activist Explains What it Means to be Nonbinary on the Gender Spectrum», Vox, 15 de junio de 2016; https://www.vox.com/2016/6/15/11906704/genderqueer-nonbinary-lgbtq.

34. Para una introducción de la filosofía de código abierto, véase Lawrence Lessig, «Open Code and Open Societies: Values of Internet Governance», Conferencia Sibley de la Universidad de Georgia, 16 de febrero de 1999; y, para un informe ficticio de su aplicación real, recomiendo

Cory Doctorow, *Walkaway*, Nueva York, Macmillan, 2017 [*Walkaway*, traducción de Enrique Maldonado Roldán, Madrid, Capitán Swing, 2023]. Para conocer ejemplos de iniciativas de computación distribuida, véanse https://setiathome.berkeley.edu y https://foldingathome.org/. Las redes sociales Mastodon y Scuttlebutt, el navegador web Beaker y la página de conferencias Jitsi.org son buenos ejemplos de proyectos de sistemas de red federados y de pares.

35. Para una descripción del Algoritmo Optometrista, véase E. A. Baltz, E. Trask, M. Binderbauer *et al.*, «Achievement of Sustained Net Plasma Heating in a Fusion Experiment with the Optometrist Algorithm», *Scientific Reports*, 7(6425), 25 de julio de 2017; https://doi.org/10.1038/s41598-017-06645-7. Para más información sobre este tipo de cooperación entre humano y máquina de aprendizaje, véase James Bridle, *New Dark Age: Technology and the End of the Future*, Londres, Verso, 2018, capítulo 4, «Calculation» [*La nueva edad oscura. La tecnología y el fin del futuro*, traducción de Marcos Pérez Sánchez, Barcelona, Debate, 2020, capítulo 4, «Cálculo»].

36. Para una descripción completa del robot móvil controlado por cucaracha, véase Garnet Hertz, *Cockroach Controlled Mobile Robot: Control and Communication in the Animal and the Machine*, vídeo, Concept Lab, 2008; http://www.conceptlab.com/roachbot/.

37. Para más información acerca del Proyecto Cybersyn, véase Eden Medina, *Cybernetic Revolutionaries: Technology and Politics in Allende's Chile*, Cambridge, MA, MIT Press, 2011 [*Revolucionarios cibernéticos. Tecnología y política en el Chile de Salvador Allende*, traducción de José Miguel Neira F., Santiago de Chile, LOM Ediciones, 2013]. La conferencia de Beer que tuvo lugar en la Escuela de Negocios de Manchester en 1974 está disponible en https://www.youtube.com/watch?v=e_bXlEvygHg.

7. ABRIRSE AL AZAR

1. Para más información acerca del papel que desempeñaban la clepsidra y otros objetos relacionados, véase el artículo del historiador de tecnologías muertas, Julian Dibbell, «Info Tech of Ancient Athenian Democracy», disponible en http://www.alamut.com/subj/artiface/deadMedia/agoraMuseum.html.

2. Véase Kerry Tomlinson, «How Random are "Random" Lottery Numbers?», Archer Intelligence, 30 de marzo de 2016; https://archerint.com/how-random-are-random-lottery-numbers/.

3. Esto no ha impedido que la gente lo haya intentado. En 1980, un presentador de televisión, un técnico de estudio y un oficial de la lotería amañaron con éxito la máquina de las «bolas en el cubo» de la Lotería de Pensilvania, eyectando pintura de látex sobre algunas de las bolas para aumentar su peso, método con el que ganaron 1,2 millones de dólares (antes de ser descubiertos). Algunas loterías ahora utilizan máquinas de rayos X y básculas de medición de peso sofisticadas para comprobar las bolas antes del sorteo.

4. Para ver la cronología del desarrollo de ERNIE, véase «Meet Ernie», National Savings and Invetments; https://www.nsandi.com/ernie.

5. Para más información sobre el origen de Lavarand, véase «Welcome to Lavarand!», Silicon Graphics, archivado en https://web.archive.org/web/19971210213248/http://lavarand.sgi.com/. Para la implementación de Lavarand por parte de Cloudflare, véase Joshua Liebow-Feeser, «Randomness 101: LavaRand in Production», Cloudflare, 6 de noviembre de 2017; https://blog.cloudflare.com/randomness-101-lavarand-in-production/. Para HotBits, véase http://www.fourmilab.ch/hotbits/; y para Random.org, véase https://www.random.org.

6. Acerca de estos y otros detalles del desarrollo del método Montecarlo, así como acerca de la historia de John y Klára von Neumann, véase George Dyson, *Turing's Cathedral: The Origins of the Digital Universe*, Londres, Allen Lane, 2012 [*La catedral de Turing. Los orígenes del universo digital*, traducción de Francisco José Ramos Mena, Barcelona, Debate, 2015].

7. Marcel Duchamp, a quien vimos en acción en un capítulo anterior, también era un veterano de Montecarlo. Él también tenía un «sistema» que empleaba en el casino, que consistía en tirar los dados para decidir a qué apostar en la ruleta. Afirmaba que el método funcionaba con éxito –aunque de una forma insoportablemente lenta– y en 1924 produjo una serie de litografías, llamada *Monte Carlo Bonds*, que eran a un tiempo obras de arte conceptual y documentos legales por el valor real de sus ganancias.

8. John von Neumann, «Various Techniques Used in Connection with Random Digits», en *Proceedings of a Symposium*, celebrado el 29 y 30 de junio, y el 1 de julio de 1949 en Los Ángeles, California, bajo el patrocinio

de la Corporación RAND y el Instituto Nacional de Estándares, con la cooperación del Laboratorio Nacional Oak Ridge; publicado asimismo en A. S. Householder, G. E. Forsythe y H. H. Germond (eds.), *Monte Carlo Method*, Washington D. C., US Government Printing Office, 1951, National Bureau of Standards Applied Mathematics Series 12.

9. RAND Corporation, *A Million Random Digits with 100,000 Normal Deviates*, Glencoe, IL, Free Press, 1955; edición revisada de bolsillo, Santa Monica, CA, RAND Corporation, 2001; https://www.rand.org/pubs/monograph_reports/MR1418.html. Para más detalles del proceso de generación de los números, véase George W. Brown, «History of RAND's random digits – Summary», en Householder, Forsythe y Germond (eds.), *Monte Carlo Method*, págs. 31-2; https://www.rand.org/content/dam/rand/pubs/papers/2008/P113.pdf.

10. Estas y las siguientes citas están extraídas de Kenneth Silverman, *Begin Again: A Biography of John Cage*, Nueva York, Alfred Knopf, 2010; edición de bolsillo, Evanston, IL, Northwestern University Press, 2012. Estoy en deuda con esta obra y con los escritos del propio Cage, especialmente la colección *Silence: Lectures and Writings*, Londres, Marion Boyars, 1994 [*Silencio. Conferencias y escritos*, traducción de Marina Pedraza Martínez, Madrid, Ardora Ediciones, 2002].

11. Hiller estableció una subrutina seudoaleatoria para generar los números enteros aleatorios de ICHING, llamada ML3DST. Esta subrutina consistía en combinar fracciones generadas mediante algoritmos que, aunque no satisface del todo nuestro deseo de obtener números verdaderamente aleatorios, estaba extensamente probada para garantizar que eran «lo bastante aleatorios» para su propósito. Hiller habla de ICHING y de ML3DST en L. Hiller, «Programming the I-Ching Oracle», *Computer Studies in the Humanities and Verbal Behavior*, 3(3), octubre de 1970, págs. 130-43. Quedo agradecido a Tiffany Funk por sus explicaciones y su ayuda para comprender este proceso.

12. Para más información acerca de SAM y la muestra Cybernetic Serendipity, véase Jasia Reichardt (ed.), *Cybernetic Serendipity – The Computer and the Arts*, número especial de Studio International, Londres, Studio International Foundation, 1968.

13. Para más detalles acerca del origen y el diseño de estos programas, véase S. Husarik, «John Cage and LeJaren Hiller: HPSCHD, 1969», *American Music*, 1(2), verano de 1983, págs. 1-21; https://doi.org/10.2307/3051496; Tiffany Funk, «Zen and the Art of Software Performance: John

Cage and Lejaren A. Hiller Jr.'s HPSCHD (1967-1969)», tesis, Universidad de Illinois, Chicago, 2016.

14. Para la «Explicación de la aritmética binaria» de Leibniz, véase «Explication de l'Arithmétique Binaire», en C. I. Gerhardt *(ed.), Die mathematische Schriften von Gottfried Wilhelm Leibniz* («Mathematical Works»), vol. 7, págs. 223-227. Existe una traducción al inglés disponible en http://www.leibniz-translations.com/binary.htm. Acerca de sus creencias religiosas y su conocimiento del I Ching, véase J. A. Ryan, «Leibniz' Binary System and Shao Yong's *Yijing*», *Philosophy East and West*, 46(1), enero de 1996, pág. 59; https://doi.org/10.2307/1399337. Acerca del ordenador de canicas, véase Ravi P. Agarwal y Syamal K. Sen, *Creators of Mathematical and Computational Sciences*, Nueva York, Springer, 2014.

15. Acerca de los estudios de los Grant en las Galápagos, véase Peter R. Grant y B. Rosemary Grant, *How and Why Species Multiply: The Radiation of Darwin's Finches*, Princeton, NJ, Princeton University Press, 2011 [*Cómo y por qué se multiplican las especies. La radiación de los pinzones de Darwin*, traducción de Diego Rasskin Gutman, Valencia, Publicacions de la Universitat de València, 2014].

16. Acerca del trabajo de John Tyler Bonner sobre la aleatoriedad en la evolución, con especial referencia al tamaño y la complejidad de los organismos, véase su libro *Randomness in Evolution*, Princeton, NJ, Princeton University Press, 2013. Para una firme defensa de la aleatoriedad contra el dominio de la selección natural en la teoría evolutiva, véase M. Lynch, «The Frailty of Adaptive Hypotheses for the Origins of Organismal Complexity», *Proceedings of the National Academy of Sciences, USA*, 104 (Suplemento 1), 15 de mayo de 2007, págs. 8.597-604; https://doi.org/10.1073/pnas.0702207104.

17. Para una crónica de los viajes, la investigación y el arte de Haeckel, véase Andrea Wulf, *The Invention of Nature, The Adventures of Alexander von Humboldt, the Lost Hero of Science*, Londres, John Murray, 2016 [*La invención de la naturaleza. El nuevo mundo de Alexander von Humboldt*, traducción de María Luisa Rodríguez Tapia, Barcelona, Taurus, 2016].

18. Mary Minihan, «Was Citizens' Assembly best way to deal with abortion question?», *Irish Times*, 29 de abril de 2017; https://www.irishtimes.com/news/politics/was-citizens-assembly-best-way-to-deal-with-abortion-question-1.3065226.

19. Para una defensa de la insaculación y las asambleas en el contexto del proceso político, véase David Van Reybrouck, *Against Elections: The Case for Democracy*, traducido por Liz Waters, Londres, Bodley Head, 2016 [*Contra las elecciones. Cómo salvar la democracia*, traducción de Marta Mabres Vicens, Barcelona, Taurus, 2017]. Para un resumen de la investigación científica acerca de la diversidad cognitiva, véase H. Landemore, «Deliberation, Cognitive Diversity, and Democratic Inclusiveness: An Epistemic Argument for the Random Selection of Representatives», *Synthese*, 190, mayo de 2013, págs. 1.209-31; https://doi.org/10.1007/s11229-012-0062-6; y L. Hong y S. E. Page, «Groups of Diverse Problem Solvers Can Outperform Groups of High-Ability Problem Solvers», *Proceedings of the National Academy of Sciences, USA*, 101(46), 16 de noviembre de 2004, págs. 16.385-9; https://doi.org/10.1073/pnas.0403723101.

20. Para encontrar ejemplos de insaculación tamil, véase «All eyes on Kudavolai method of elections», *The Hindu*, 25 de septiembre de 2010; https://www.thehindu.com/news/cities/chennai/All-eyes-on-Kudavolai-method-of-elections/article16046086.ece. Acerca de la Confederación Iroquesa, véase Sergia C. Coffrey, «The Influence of the Culture and Ideas of the Iroquois Confederacy on European Economic Thought», artículo presentado en la Conferencia de la Eastern Economic Association, Washington D. C., 2016.

8. SOLIDARIDAD

1. Para un relato más extenso sobre la vida y la muerte de Topsy, véase Michael Daly, *Topsy: The Startling Story of the Crooked-Tailed Elephant, P. T. Barnum, and the American Wizard, Thomas Edison*, Nueva York, Atlantic Monthly Press, 2013.

2. Acerca de los juicios a animales en Francia y de la historia de Barthélemy Chasseneuz, véase Jeffrey St Clair, «Let Us Now Praise Infamous Animals», Counterpunch.org, 3 de agosto de 2018. Para una historia en profundidad de los juicios a animales en la Europa medieval y más allá, véase E. P. Evans, *The Criminal Prosecution and Capital Punishment of Animals*, Clark, NJ, The Lawbook Exchange, 2009, reimpresión.

3. Jason Hribal, *Fear of the Animal Planet: The Hidden History of Animal Resistance*, Chico, CA, AK Press, 2011 [*Miedo al planeta animal.*

La historia oculta de la resistencia animal, CreateSpace, plataforma de autopublicación de Amazon, 2016].

4. Piotr Kropotkin, *Mutual Aid: A Factor of Evolution* (1902), Londres, Freedom Press, 2009, edición de bolsillo [Piotr Kropotkin, *El apoyo mutuo. Un factor de evolución*, traducción de Luis Orsetti, revisada y actualizada por Julio Monteverde y Maila Lema, Logroño, Pepitas de Calabaza, 2020].

5. Para un análisis de la democracia del ciervo rojo, véase L. Conradt y T. J. Roper, «Democracy in Animals: The Evolution of Shared Group Decisions», *Proceedings of the Royal Society B: Biological Sciences*, 274(1623), 22 de septiembre de 2007; https://doi.org/10.1098/rspb.2007.0186. Acerca del búfalo, véase D. Wilson, «Altruism and Organism: Disentangling the Themes of Multilevel Selection Theory», *The American Naturalist*, 150(S1), julio de 1997, págs. S122-S134; https://doi.org/10.1086/286053. Acerca de las palomas con mochilas GPS, véase M. Nagy, Z. Ákos, D. Biro y T. Vicsek, «Hierarchical Group Dynamics in Pigeon Flocks», *Nature*, 464(7290), 8 de abril de 2010, págs. 890-93; https://doi.org/10.1038/nature08891; y acerca de las cucarachas, véase J.-M. Amé, J. Halloy, C. Rivault, C. Detrain, J. L. Deneubourg, «Collegial Decision Making Based on Social Amplification Leads to Optimal Group Formation», *Proceedings of the National Academy of Sciences, USA*, 103(15), 11 de abril de 2006, págs. 5.835-40; https://doi.org/10.1073/pnas.0507877103.

6. Para más información acerca de Frisch, Lindauer, la danza del meneo y sus implicaciones políticas, véase Thomas D. Seeley, *Honeybee Democracy*, Princeton, NJ, Princeton University Press, 2010, una obra por la que le estoy profundamente agradecido.

7. Cuando Hofstadter escribió el libro, muchas de sus suposiciones acerca de los enjambres de abejas y de las colonias de hormigas eran aún hipótesis, pero han sido confirmadas por estudios posteriores. Para acceder al original, véase Douglas R. Hofstadter, *Gödel, Escher, Bach: An Eternal Golden Braid*, Nueva York, Basic Books, 1979 [*Gödel, Escher, Bach. Un eterno y grácil bucle*, traducción de Mario Arnaldo Usabiaga Bandizzi y Alejandro López Rousseau, Barcelona, Booket, 2015]. Para una actualización, véase J. A. R. Marshall, R. Bogacz, A. Dornhaus, R. Planqué, T. Kovacs y N. R. Franks, «On Optimal Decision-Making in Brains and Social Insect Colonies», *Journal of the Royal Society, Interface*, 6(40), 6 de noviembre de 2009; https://doi.org/10.1098rsif.2008.0511.

8. Para una explicación pormenorizada del BeeAdHoc, véase H. Wedde, M. Farooq, T. Pannenbaecker, B. Vogel, C. Mueller, J. Meth y R. Jeruschkat, «BeeAdHoc: An Energy Efficient Routing Algorithm for Mobile Ad Hoc Networks Inspired by Bee Behavior», artículo presentado en la Conferencia de Genética e Informática Evolutiva (GECCO), del 25 al 29 de junio de 2005, *GECCO '05: Proceedings of the 7th annual conference on Genetic and evolutionary computation*, Washington DC, págs. 153-60; https://doi.org/10.1145/1068009.1068034.

9. Para más información acerca de Nonhuman Rights Project, véase https://www.nonhumanrights.org/who-we-are/.

10. Para una transcripción completa de los argumentos pronunciados ante el tribunal, véase *In the Matter of: Nonhuman Rights Project v. James Breheny, et al.*, Tribunal Superior del estado de Nueva York, 23 de septiembre de 2019; https://www.nonhumanrights.org/content/uploads/92319-Happy-oral-arguments-corrected-transcript.pdf.

11. Para conocer la opinión de la jueza Truitt, véase la decisión del Tribunal Supremo del estado de Nueva York en el caso *The Nonhuman Rights Project on behalf of Happy v. James Breheny, et al.*, 19 de febrero de 2020; https://www.nonhumanrights.org/content/uploads/HappyFeb182020.pdf.

12. La cita de Uttarakhand proviene de las alegaciones de la NhRP. Para más información acerca del caso, véase Saptarshi Ray, «Animals Accorded Same Rights as Humans in Indian State», *The Telegraph*, 5 de julio de 2018; https://www.telegraph.co.uk/news/2018/07/05/animals-accorded-rights-humans-indian-national-park/.

13. Para el caso de Cecilia, véase Merritt Clifton, «Argentinian Court Grants Zoo Chimp a Writ of Habeas Corpus», *Animals* 24-7, 8 de noviembre de 2016; https://www.animals24-7.org/2016/11/08/argentinian-court-grants-zoo-chimp-a-writ-of-habeas-corpus/. Para el caso de Chucho, el oso en Colombia, véase «Colombia's Constitutional Court denies Habeas Corpus for Andean Bear», *The City Paper*, Bogotá, 23 de enero de 2020; https://thecitypaperbogota.com/news/colombias-constitutional-court-denies-habeas-corpus-for-andean-bear/23781.

14. Para más información acerca de la declaración de los derechos de los ríos en la India, véase «Could Making the Ganges a "person" save India's holiest river?», BBC News, 5 de abril de 2017; https://www.bbc.com/news/world-asia-india-39488527.

15. Acerca de la constitución de Ecuador, véase Mihnea Tanasescu, «The Rights of Nature in Ecuador: The Making of an Idea», *International*

Journal of Environmental Studies, 70(6), diciembre de 2013, págs. 846-61; https://doi.org/10.1080/00207233.2013.845715. Acerca de Colombia y el Amazonas, véase Anastasia Moloney, «Colombia's Top Court Orders Government to Protect Amazon Forest in Landmark Case», Reuters, 6 de abril de 2018; https://www.reuters.com/article/idUSKCN1HD1BD. Acerca del río Whanganui, de Nueva Zelanda, véase Jeremy Lurgio, «Saving the Whanganui: Can Personhood Rescue a River?», *The Guardian*, 29 de noviembre de 2019; https://www.theguardian.com/world/2019/nov/30/saving-the-whanganui-can-personhood-rescue-a-river.

16. Dr. Erin O'Donnell, miembro sénior de la Escuela de Derecho de la Universidad de Melbourne, citada en el artículo del diario *The Guardian*, «Saving the Whanganui», *ibid.*

17. Las referencias al aspecto de Sophia, a su diseño y a su estatus legal son demasiado numerosas y deprimentes como para destacar una, pero están disponibles en su buscador favorito. Si desea ampliar la información sobre este tema, por favor considere la posibilidad de usar DuckDuckGo, que está diseñado para proteger su privacidad, o Ecosia, que usa sus ingresos de publicidad para plantar árboles.

18. Acerca de la resolución del Parlamento Europeo, véase el estudio «European Civil Law Rules in Robotics», Dirección General de Políticas Interiores de la Unión (Parlamento Europeo), diciembre de 2016; https://data.europa.eu/doi/10.2861/946158. Para acceder a la carta abierta, véase http://www.robotics-openletter-eu/.

19. El ejemplo de los Telépatas está extraído de Sue Donaldson y Will Kymlicka, *Zoopolis: A Political Theory of Animal Rights*, Oxford, Oxford University Press, 2011 [*Zoópolis. Una revolución animalista*, traducción de Silvia Moreno Parrado, Madrid, Errata Naturae, 2018], que a su vez se basaron en una revelación que describe Michael A. Fox en su libro, *The Case for Animal Experimentation: An Evolutionary and Ethical Perspective*, Oakland, CA, University of California Press, 1986. A menudo se cita este libro como una sofisticada defensa del derecho de los humanos a usar a los animales para su propio beneficio, pero cuando Fox se dio cuenta de que los mismos argumentos podrían ser usados por una especie alienígena para esclavizar a los humanos, los repudió y viró su posición hacia la defensa de los derechos de los animales.

20. La llamada a desarrollar una IA «amable» surge del Instituto de Investigación de Inteligencia de Máquinas, cofundado por Eliezer Yudkowsky, que fue, también, el creador de la comunidad LessWrong,

pero esta idea ha sido impulsada por algunos de los fundadores de los estudios académicos y prácticos de la IA. Véase, por ejemplo, Stuart Russell y Peter Norvig, *Artificial Intelligence: A Modern Approach*, 3.ª edición, Harlow, Pearson Education, 2016 [*Inteligencia artificial. Un enfoque moderno*, 2.ª edición, traducción de Juan Manuel Corbacho Rodríguez, Madrid, Pearson Educación, 2004], que es el libro de cabecera sobre el tema y que recoge los reparos de Yudkowsky acerca de la seguridad de la IA.

21. El dilema del tranvía es una expresión inventada por la filósofa de la moral, Judith Jarvis Thomson en «Killing, Letting Die, and the Trolley Problem», *The Monist*, 59 (2), abril de 1976, págs. 204-17; https://doi.org/10.5840/monist197659224. Su conclusión, a partir de una variedad de ejemplos, fue que «existen circunstancias en las que –incluso aunque sea cierto que matar es peor que dejar morir– uno podría elegir matar en lugar de dejar morir». Puede accederse a la Máquina de la Moral en https://www.moralmachine.net.

22. Para un debate acerca de la política ética de Facebook, véase Anna Lauren Hoffmann, «Facebook Has a New Process For Discussing Ethics. But Is It Ethical?», *The Guardian*, 17 de junio de 2016; https://www.theguardian.com/technology/2016/jun/17/facebook-ethics-but-is-it-ethical. Acerca del Consejo Asesor Externo de Tecnología Avanzada frustrado de Google, véase Jane Wakefield, «Google's Ethics Board Shut Down», BBC News, 5 de abril de 2019; https://www.bbc.com/news/technology-47825833.

23. Cade Metz y Daisuke Wakabayashi, «Google Researcher Says She Was Fired Over Paper Highlighting Bias in A.I.», *The New York Times*, 3 de diciembre de 2020.

24. Para más información acerca de la «no identidad» de las plantas y de cómo alteran nuestro pensamiento social y político, véase Michael Marder, *Plant-Thinking: A Philosophy of Vegetal Life*, Nueva York, Columbia University Press, 2013.

25. Henri Bergson, *Creative Evolution*, traducción de Arthur Mitchell, Nueva York, Henry Holt and Company, 1911 [*La evolución creadora*, en *Obras escogidas*, traducción de José Antonio Miguez, México, Aguilar, 1963].

26. Quedo agradecido a Anab Jain por la taxonomía del cuidado en su conferencia monográfica «Calling for a More-Than-Human Politics», 19 de febrero de 2020. Véase el texto completo en https://superflux.in/index.php/calling-for-a-more-than-human-politics/.

9. EL INTERNET DE LOS ANIMALES

1. Para un resumen de las técnicas de rastreo de animales, véase L. David Mech, *Handbook of Animal Radio-Tracking*, Minneapolis, MN, University of Minnesota Press, 1983, y L. Mech y Shannon Barber-Meyer, «A Critique of Wildlife Radio-Tracking and its Use in National Parks», Informe del Servicio de Parques Nacionales de Estados Unidos, 2002, págs. 1-78; https://www.researchgate.net/publication/237291937_A_CRITIQUE_OF_WILDLIFE_RADIO-TRACKING_AND_ITS_USE_IN_NATIONAL_PARKS. Para el sistema de Cochran y Lord, véase W. W. Cochran y R. D. Lord, «A Radio-Tracking System for Wild Animals», *Journal of Wildlife Management*, 27(1), enero de 1963, págs. 9-24; https://doi.org/10.2307/3797775.

2. Un buen resumen de la historia de Argos puede encontrarse en Rebecca Morelle, «Argos: Keeping Track of the Planet», BBC News, 7 de junio de 2007; http://news.bbc.co.uk/1/hi/sci/tech/6701221.stm.

3. La historia de Pluie se ha contado en numerosos lugares, entre ellos, véase Cornelia Dean, «Wandering Wolf Inspires Project», *The New York Times*, 23 de mayo de 2006; https://www.nytimes.com/2006/05/23/science/earth/23wolf.html; «Pluie the Wolf», 8 de noviembre de 2017, National Park Service; https://www.nps.gov/glac/learn/education/pluie-the-wolf.htm ; y «Pluie, the Wolf Who Inspired Carnivore Recovery Across the West», podcast *Wild Animals*, temporada 1, episodio 1, Museo de Ciencias Naturales de Carolina del Norte; https://naturalsciences.org/research-collections/wild-animals-podcast.

4. Para conocer la historia y la formación del proyecto Y2Y, así como para más información sobre sus actividades actuales y sus logros, véase https://y2y.net/about/vision-mission/history/. Para una historia y una definición más amplias de los corredores ecológicos, véase D. K. Rosenberg, B. R. Noon y E. C. Meslow, «Towards a Definition of Biological Corridor», en J. A. Bissonette y P. R. Krausman (eds.), *Integrating People and Wildlife For a Sustainable Future*, Conferencia Internacional de Gestión de la Vida Salvaje, Bethesda, MD, The Wildlife Society, 1995.

5. Para ver el episodio de *El ala oeste de la Casa Blanca*, véase temporada 1, episodio 5, «The Crackpots and These Women».

6. La Reserva Natural Sredneussuriisky se estableció en 2012; véase «New Corridor Links Amur Tiger Habitats in Russia and China», World

Wide Fund for Nature, 19 de octubre 2012; https://wwf.panda.org/?206504/new-corridor-links-amur-tiger-habitats-in-russia-and-china. Acerca del Natuurbrug Zanderij Crailoo y otros «ecoductos» holandeses, véase https://www.atlasobscura.com/places/natuurbrug-zanderij-crailoo/. Acerca de Tony y el corredor Ngare Ndare, véase Maurice O. Nyaligu y Susie Weeks, «An Elephant Corridor in a Fragmented Conservation Landscape: Preventing the Isolation of Mount Kenya National Park and National Reserve», *Parks: The International Journal of Protected Areas and Conservation*, 19(1), marzo de 2013, págs. 91-101; https://doi.org/10.2305/IUCN.CH.2013.PARKS-19-1.MON.en.

7. Acerca del Cinturón Verde Europeo, véase https://www.europeangreenbelt.org; y Tony Paterson, «From Iron Curtain to Green Belt: How New Life Came to the Death Strip», *The Independent*, 17 de mayo de 2009; https://www.independent.co.uk/environment/nature/from-iron-curtain-to-green-belt-how-new-life-came-to-the-death-strip-1686294.html. Acerca de la DMZ coreana, véase Claire Harbage, «In Korean DMZ, Wildlife Thrives. Some Conservationists Worry Peace Could Disrupt It», NPR, 20 de abril de 2019; https://www.npr.org/2019/04/20/710054899/in-korean-dmz-wildlife-thrives-some-conservationists-worry-peace-could-disrupt-i. Acerca de la vida salvaje de Prípiat, véase «The Chernobyl Exclusion Zone is Arguably a Nature Preserve», BBC News, abril de 2016; https://web.archive.org/web/20200315114228/http://www.bbc.com/earth/story/20160421-the-chernobyl-exclusion-zone-is-arguably-a-nature-reserve.

8. Acerca de la autopista de las abejas en Oslo, véase Agence France-Presse, «Oslo Creates World's First "Highway" to Protect Endangered Bees», *The Guardian*, 25 de junio de 2015; https://www.theguardian.com/environment/2015/jun/25/oslo-creates-worlds-first-highway-to-protect-endangered-bees; y acerca de la asociación que la gestiona, ByBi, véase https://bybi.no/. Acerca de la Asociación Noruega de Trekking, véase https://english.dnt.no.

9. Acerca del impacto del muro fronterizo de Estados Unidos en la vida salvaje, véase Samuel Gilbert, «"An Incredible Scar": The Harsh Toll of Trump's 400-Mile Wall Through National Parks», *The Guardian*, 31 de octubre de 2020; https://www.theguardian.com/environment/2020/oct/31/trump-border-wall-wilderness-wildlife-impact; y Samuel Gilbert, «Trump's Border Wall Construction Threatens Survival of Jaguars in the US», *The Guardian*, 1 de diciembre de 2020; https://www.theguardian.

com/environment/2020/dec/01/trump-border-wall-threatens-jaguars-revival-arizona-sky-islands.

10. Para una relación de la vida salvaje amenazada por el muro del *apartheid*, véase Miriam Deprez, «Even Animals Are Divided by Israel's Wall and Occupation Threats to the Local Environment», *Middle East Monitor*, 20 de agosto de 2018; https://www.middleeastmonitor.com/20180820-even-animals-are-divided-by-israels-wall-and-occupation-threats-to-the-local-environment/; y Vanessa O'Brien, «Israeli Army Opens West Bank Barrier For Animals», *DW News*, 2 de noviembre de 2012; https://www.dw.com/en/israeli-army-opens-west-bank-barrier-for-animals/a-16351700.

11. Para la memoria del caso por Thomas Wilner, véase «The Rule of Law Oral History Project: The Reminiscences of Thomas B. Wilner», Universidad de Columbia, 2010; http://www.columbia.edu/cu/libraries/inside/ccoh_assets/ccoh_8626509_transcript.pdf. Quedo agradecido a David Birkin por ponerme sobre la pista de esta historia. Además de las iguanas, no humanas, una corporación, igualmente no humana, también intercedió por los detenidos, encarnada en Hobby Lobby, una empresa norteamericana a la que se le habían concedido libertades religiosas que los detenidos de Guantánamo tenían vedadas; véase Philip J. Victor, «Gitmo Detainees' Lawyers Invoke Hobby Lobby Decision in Court Filing», *Al-Jazeera America*, 5 de julio de 2014; http://america.aljazeera.com/articles/2014/7/5/hobby-lobby-guantanamo.html.

12. Para una historia de la vida salvaje y la I-80, así como para un resumen de la presión climática y otras presiones sobre la migración, véase Ben Guarino, «Safe Passages», *Washington Post*, 18 de marzo de 2020; https://www.washingtonpost.com/graphics/2020/climate-solutions/wyoming-wildlife-corridor/.

13. Para acceder a los mapas y los datos de la Wyoming Migration Initiative, véase https://migrationinitiative.org.

14. Para más detalles acerca de ICARUS, véase Andrew Curry, «The Internet of Animals That Could Help to Save Vanishing Wildlife», *Nature*, 16 de octubre de 2018; https://www.nature.com/articles/d41586-018-07036-2, y la página web de ICARUS, en https://www.icarus.mpg.de/en.

15. Acerca de la investigación de la profesora Maxwell, véase «Mobile Protected Areas Needed to Protect Biodiversity in the High Seas», *Inside Ecology*, 17 de enero de 2020; https://insideecology.com/2020/01/17/mobile-protected-areas-needed-to-protect-biodiversity-in-the-high-seas/.

16. *Ibid.* Para acceder a la propuesta de Áreas de Protección Marina Móviles, véase Sara M. Maxwell, Kristina M. Gjerde, Melinda G. Conners y Larry B. Crowder, «Mobile Protected Areas for Biodiversity on the High Seas», *Science*, 367(6475), 17 de enero de 2020, págs. 252-4.

17. Para el trabajo de ICARUS en el monte Etna y en L'Aquila, véase Universidad de Konstanz, «The Sixth Sense of Animals: An Early Warning System For Earthquakes?», *Phys.org News*, 3 de julio de 2020; https://phys.org/news/2020-07-sixth-animals-early-earthquakes.html; y *Animals' Early Warning System*, informe de ICARUS; https://www.icarus.mpg.de/28810/animals-warning-sensors.

18. Para más detalles acerca de los planes y los cálculos del proyecto Media Tierra, véase https://www.half-earthproject.org/. Para más información acerca de E. O. Wilson y su trabajo, véase Tony Hiss, «Can the World Really Seet Aside Half of the Planet for Wildlife?», *Smithsonian Magazine*, septiembre de 2014; https://www.smithsonianmag.com/science-nature/can-world-really-set-aside-half-planet-wildilfe-180952379/?no-ist.

19. Hiss, «Can the World Really Set Aside Half of the Planet for Wildlife?».

20. Véase E. O. Wilson, Introducción al Día de la Media Tierra 2020: https://eowilsonfoundation.org/past-event/half-earth-day-2020/.

CONCLUSIÓN

1. Para una historia de la investigación agrominera, véase Rufus L. Chaney, Alan J. M. Baker y Jean Louis Morel, «The Long Road to Developing Agromining/Phytomining», en Antony van der Ent, Alan J. M. Baker, Guillaume Echevarria, Marie-Odile Simonnot y Jean Louis Morel (eds.), *Agromining: Farming for Metals*, Nueva York, Springer, 2021, págs. 1-22.

2. Dyna Rochmyaningsih, «The rare plants that "bleed" nickel», BBC Future Planet, 26 de agosto de 2020; https://www.bbc.com/future/article/20200825-indonesia-the-plants-that-mine-poisonous-metals; D. L. Callahan, U. Roessner, V. Dumontet, A. M. De Livera, A. Doronila, A. J. Baker y S. D. Kolev, «Elemental and Metabolite Profiling of Nickel Hyperaccumulators from New Caledonia», *Phytochemistry*, 81, septiembre de 2012, págs. 80-89; https://doi.org/10.1016/j.phytochem.2012.06.010; L.

E. Bennett, J. L. Burkhead, K. L. Hale, N. Terry, M. Pilon y E. A. H. Pilon-Smits, «Analysis of Transgenic Indian Mustard Plants for Phytoremediation of Metal-Contaminated Mine Tailings», *Journal of Environmental Quality*, 32(2), marzo-abril de 2003, págs. 432-40; https://doi.org/10.2134/jeq2003.4320; Joseph L. Fiegl, Bryan P. McDonnell, Jill A. Kostel, Mary E. Finster y Dr. Kimberly Gray, *A Resource Guide: The Phytoremediation of Lead to Urban, Residential Soils*, página web adaptada a partir del informe de la Universidad Northwestern, Evanston, IL, Northwestern University Press, 2011; https://web.archive.org/web/20110224034628/http://www.civil.northwestern.edu/ehe/html_kag/kimweb/MEOP/INDEX.HTM; Li Jiang, Lei Wang, Shu-Yong Mu y Chang-Yan Tian, «*Apocynum venetum*: A Newly Found Lithium Accumulator», *Flora: Morphology, Distribution, Functional Ecology of Plants*, 209(5-6), junio de 2014; https://doi.org/10.1016/j.flora.2014.03.007.

3. Marthe de Ferrer, «Scientists Have Taught Spinach to Send Emails and it Could Warn us About Climate Change», Euronews, 18 de marzo de 2021; https://www.euronews.com/green/2021/02/01/scientists-have-taught-spinach-to-send-emails-and-it-could-warn-us-about-climate-change.

4. Emily Dreyfuss, «The Plan to Grab the World's Carbon With Supercharged Plants», *Wired*, 26 de abril de 2019; https://www.wired.com/story/the-plan-to-grab-the-worlds-carbon-with-supercharged-plants/.

5. Para un ejemplo de este tipo de plan, véase John Vidal, «How Bill Gates Aims to Clean Up the Planet», *The Observer*, 4 de febrero de 2018; https://www.theguardian.com/environment/2018/feb/04/carbon-emissions-negative-emissions-technologies-capture-storage-bill-gates.

Bibliografía

Las siguientes obras, algunas de las cuales no se citan explícitamente en el texto, fueron, no obstante, cruciales para desarrollar mis reflexiones y toda comprensión que haya adquirido a partir de ellas. Pueden considerarse honorables ancestros de esta obra y un terreno fértil para una exploración futura. JB

Abbey, Edward, *The Monkey Wrench Gang*, Londres, Penguin Classics, 2004 [*La banda de la tenaza*, traducción de Juan Bonilla y Teresa Lanero, Córdoba, Berenice, 2012].

Abrams, David, *The Spell of the Sensuous: Perception and Language in a More-Than-Human World*, Nueva York, Vintage Books, 1997 [*La magia de los sentidos*, traducción de David Sempau, Barcelona, Kairós, 2023].

Adamatzky, Andrew y Louis-Jose Lestocart (eds.), *Thoughts of Unconventional Computing*, Frome, Luniver Press, 2021.

Baker, J. A., *The Peregrine*, Londres, HarperCollins, 1967 [*El peregrino*, traducción de Marcelo Cohen, Madrid, Sigilo, 2024].

Barad, Karen, *Meeting the Universe Halfway*, Durham, NC, Duke University Press, 2007.

Bennett, Jane, *Vibrant Matter: A Political Ecology of Things*, Durham, NC, Duke University Press, 2010 [*Materia vibrante. Una ecología política de las cosas*, traducción de Maximiliano Gonnet, Buenos Aires, Caja Negra, 2022].

Blohm, Hans, Stafford Beer y David Suzuki, *Pebbles to Computers: The Thread*, Oxford, Oxford University Press, 1987.

Bonner, John Tyler, *Randomness in Evolution*, Princeton, NJ, Princeton University Press, 2013.

Bradley, James, *Clade*, Londres, Titan Books, 2017.
Campagno, Federico, *Technic and Magic*, Londres, Bloomsbury Academic, 2018.
Carson, Rachel, *Silent Spring*, Londres, Penguin Classics, 2000 [*Primavera silenciosa*, edición y traducción de Joandomènec Ros, Barcelona, Crítica, 2016].
Coccia, Emanuele, *The Life of Plants: A Metaphysics of Mixture*, Cambridge, Polity, 2018.
Curran, Susan y Gordon Park, *Micro Man*, Nueva York, MacMillan, 1982.
De Martino, Ernesto, *Magic: A Theory from the South*, Londres, HAU, 2015.
De Waal, Frans, *Are We Smart Enough To Know How Smart Animals Are?*, Londres, Granta, 2016 [*¿Tenemos suficiente inteligencia para entender la inteligencia de los animales?*, traducción de Ambrosio García Leal, Barcelona, Tusquets, 2016].
Demos, T. J., *Decolonizing Nature: Contemporary Art and the Politics of Ecology*, Londres, Sternberg Press, 2016 [*Descolonizar la naturaleza. Arte contemporáneo y políticas de la ecología*, traducción de Pilar Cáceres, Madrid, Akal, 2020].
Díaz, Eva, *The Experimenters: Chance and Design at Black Mountain College*, Chicago, IL, University of Chicago Press, 2015.
Donaldson, Susan y Will Kymlicka, *Zoopolis: A Political Theory of Animal Rights*, Oxford, Oxford University Press, 2011 [*Zoópolis. Una revolución animalista*, traducción de Silvia Moreno Parrado, Madrid, Errata Naturae, 2018].
Dyson, George, *Darwin among the Machines*, Nueva York, Perseus, 1997.
—, *Turing's Cathedral: The Origins of the Digital Universe*, Londres, Allen Lane, 2012 [*La catedral de Turing. Los orígenes del universo digital*, traducción de Francisco José Ramos Mena, Barcelona, Debate, 2015].
Evans, Claire, *Broad Band*, Londres, Portfolio 2018.
Foster, Charles, *Being a Beast*, Londres, Profile Books, 2016 [*Ser animal. Un acercamiento íntimo y radical a la naturaleza*, traducción de Enrique Maldonado Roldán, Madrid, Capitán Swing, 2019].
Gagliano, Monica, *Thus Spoke the Plant*, Berkeley, CA, North Atlantic Books, 2018 [*Así habló la planta*, traducción de Blanca González Villegas, Móstoles, Gaia Ediciones, 2020].

GHOSH, Amitav, *The Great Derangement: Climate Change and the Unthinkable*, Chicago, IL, University of Chicago Press, 2016.

GODFREY-SMITH, Peter, *Other Minds: The Octopus and the Evolution of Intelligent Life*, Londres, William Collins, 2017 [*Otras mentes. El pulpo, el mar y los orígenes profundos de la consciencia*, traducción de Joandomènec Ros i Aragonès, Barcelona, Taurus, 2017].

GUMBS, Alexis Pauline, *Undrowned: Black Feminist Lessons from Marine Mammals*, Chico, CA, AK Press, 2021.

HARAWAY, Donna J., *When Species Meet*, Minneapolis, MN, University of Minnesota Press, 2007.

—, *Staying with the Trouble: Making Kin in the Chthulucene*, Durham, NC, Duke University Press, 2015 [*Seguir con el problema. Generar parentesco en el Chthuluceno*, traducción de Helen Torres, Bilbao, consonni, 2019].

HARNDEN, Roger, y Allenna Leonard (eds.), *How Many Grapes Went into the Wine? Stafford Beer on the Art and Science of Holistic Management*, Nueva York, John Wiley, 1994.

HARVEY, Graham, *Animism: Respecting the Living World*, C. Hurst & Co, 2017.

HELMREICH, Stefan, *Alien Ocean: Anthropological Voyages in Microbial Seas*, Oakland, CA, University of California Press, 2008.

HRIBAL, Jason, *Fear of the Animal Planet: The Hidden History of Animal Resistance*, Chico, CA, AK Press, 2011 [*Miedo al planeta animal. La historia oculta de la resistencia animal*, CreateSpace, plataforma de autopublicación de Amazon, 2016].

HUXLEY, Aldous, *Island*, Londres, Harper, 1962 [*La isla*, traducción de Floreal Mazía, Barcelona, Edhasa, 1986, 2009].

JENNINGS, Humphrey, *Pandaemonium 1660-1886: The Coming of the Machine as Seen by Contemporary Observers*, Los Ángeles, CA, The Free Press, 1986.

KIDDER, Tracy, *The Soul of a New Machine*, London, Little Brown & Co, 1981 [*El alma de una nueva máquina*, traducción de Alicia Steimberg, Barcelona, Gedisa, 1983].

KIMMERER, Robin Wall, *Braiding Sweetgrass: Indigenous Wisdom, Scientific Knowledge and the Teachings of Plants*, Londres, Penguin, 2020 [*Una trenza de hierba sagrada. Saber indígena, conocimiento científico y las enseñanzas de las plantas*, traducción de David Muñoz Mateos, Madrid, Capitán Swing, 2021].

Kingsolver, Barbara, *Flight Behaviour*, Londres, Faber & Faber, 2012 [*Conducta migratoria*, traducción de Claudia Conde Fisas, Barcelona, Destino, 2014].

Kohn, Eduardo, *How Forests Think: Toward an Anthropology Beyond the Human*, California University Press, 2013 [*Cómo piensan los bosques. Hacia una antropología más allá de lo humano*, traducción de Mónica Cuéllar Gempeler y Belén Agustina Sánchez, Quito, Editorial Abya Yala, 2021].

Kropotkin, Piotr, *Mutual Aid: A Factor of Evolution*, Londres, Freedom Press, 2009 [Piotr Kropotkin, *El apoyo mutuo. Un factor de evolución*, traducción de Luis Orsetti, revisada y actualizada por Julio Monteverde y Maila Lema, Logroño, Pepitas de Calabaza, 2020].

Latour, Bruno, *Down to Earth: Politics in the New Climatic Regime*, Cambridge, Polity Press, 2018 [*Dónde aterrizar. Cómo orientarse en política*, traducción de Pablo Cuartas, Barcelona, Taurus, 2019].

Le Guin, Ursula K., *The Dispossessed*, Nueva York, Harper & Row, 1974 [*Los desposeídos*, traducción de Matilde Horne, Barcelona, Minotauro, 2021].

Lorenz, Konrad, *King Solomon's Ring*, Abingdon, Routledge, 2002 [*El anillo del rey Salomón*, traducción de Ramón Margalef Llambrich, Madrid, Ediciones Irreverentes, 2002].

Macfarlane, Robert, *Landmarks*, Londres, Hamish Hamilton, 2015.

Malm, Andreas, *Fossil Capital: The Rise of Steam-Power and the Roots of Global Warming*, Londres, Verso, 2021 [*Capital fósil. El auge del vapor y las raíces del calentamiento global*, traducción de Emilio Ayllón Rull, Madrid, Capitán Swing, 2020].

—, *How to Blow Up a Pipeline: Learning to Fight in a World on Fire*, Londres, Verso, 2021 [*Cómo dinamitar un oleoducto. Nuevas luchas para un mundo en llamas*, traducción de David Muñoz Mateos, Madrid, Errata Naturae, 2022].

Marder, Michael, *Plant-Thinking: A Philosophy of Vegetal Life*, Nueva York, Columbia University Press, 2013.

Margulis, Lynn, *The Symbiotic Planet: A New Look at Evolution*, Londres, Weidenfeld & Nicolson, 1998 [*Planeta simbiótico. Un nuevo punto de vista sobre la evolución*, traducción de Victoria Laporta Gonzalo, Barcelona, Debate, 2002].

MATTERN, Shannon, *Code and Clay, Data and Dirt: Five Thousand Years of Urban Media*, Minneapolis, MN, University of Minnesota Press, 2017.

MCCORDUCK, Pamela, *Machines Who Think*, W. H. Freeman & Co., 1979 [*Máquinas que piensan*, traducción de Dolores Cañamero, Madrid, Tecnos, 1991].

MEDINA, Eden, *Cybernetic Revolutionaries: Technology and Politics in Allende's Chile*, Cambridge, MA, MIT Press, 2014 [*Revolucionarios cibernéticos. Tecnología y política en el Chile de Salvador Allende*, traducción de José Miguel Neira F., Santiago de Chile, LOM Ediciones, 2013].

MEIJER, Eva, *Animal Languages: The Secret Conversations of the Living World*, Londres, John Murray, 2019 [*Animales habladores. Conversaciones privadas entre seres vivos*, traducción de Pablo José Hermida Lazcano, Barcelona, Taurus, 2022].

—, *When Animals Speak: Toward an Interspecies Democracy*, Nueva York, New York University Press, 2019.

MORTON, Timothy, *Humankind: Solidarity with Non-Human People*, Londres, Verso, 2019.

O'CONNELL, Mark, *To Be a Machine*, Nueva York, Doubleday, 2017 [*Cómo ser una máquina*, traducción de Francisco J. Ramos, Madrid, Capitán Swing, 2019].

OBERHAUS, Daniel, *Extraterrestrial Languages*, Cambridge, MA, MIT Press, 2019.

PATTERSON, Charles, *Eternal Treblinka: Our Treatment of Animals and the Holocaust*, Woodstock, NY, Lantern Books, 2004 [*¿Por qué maltratamos tanto a los animales? Un modelo para la masacre de personas en los campos de exterminio nazis*, traducción de Ramon Sala Gili, Lleida, Editorial Milenio, 2009].

PEARCE, Fred, *The New Wild: Why Invasive Species Will be Nature's Salvation*, Boston, MA, Beacon Press, 2015.

PICKERING, Andrew, *The Cybernetic Brain*, Chicago, IL, University of Chicago Press, 2011.

POWERS, Richard, *The Overstory*, Londres, William Heinemann, 2018 [*El clamor de los bosques*, traducción de Teresa Lanero Ladrón de Guevara, Madrid, Alianza, 2019].

QUAMMEN, David, *The Tangled Tree: A Radical New History of Life*, Nueva York, Simon & Schuster, 2019 [*El árbol enmarañado. Una nueva y radical historia de la vida*, traducción de Joaquín Chamorro Mielke, Barcelona, Debate, 2019].

SCHUPPLI, Susan, *Material Witness: Media, Forensics, Evidence*, Cambridge, MA, MIT Press, 2020.

SCOTT, James C., *Seeing Like a State: How Certain Schemes to Improve the Human Condition Have Failed*, New Haven, CT, Yale University Press, 1998 [*Lo que ve el Estado. Cómo ciertos esquemas para mejorar la condición humana han fracasado*, traducción de Guillermina del Carmen Cuevas Mesa, México D. F., Fondo de Cultura Económica, 2022].

—, *Against the Grain: A Deep History of the Earliest States*, New Haven, CT, Yale University Press, 2017 [*Contra el Estado. Una historia de las civilizaciones del Próximo Oriente antiguo*, traducción de Antonio de Cabo de la Vega, José Riello y Ricardo Dorado Puntch, Madrid, Trotta, 2022].

SEELEY, Thomas D., *Honeybee Democracy*, Princeton, NJ, Princeton University Press, 2010.

SHELDRAKE, Merlin, *Entangled Life: How Fungi Make Our Worlds, Change Our Minds and Shape Our Futures*, Londres, Bodley Head, 2020 [*La red oculta de la vida. Cómo los hongos condicionan nuestro mundo, nuestra forma de pensar y nuestro futuro*, traducción de Ton Gras Cardona, Barcelona, GeoPlaneta, 2020].

SILVERMAN, Kenneth, *Begin Again: A Biography of John Cage*, Nueva York, Alfred Knopf, 2010.

SIMARD, Suzanne, *Finding the Mother Tree: Uncovering the Wisdom and Intelligence of the Forest*, Londres, Allen Lane, 2021 [*En busca del árbol madre. Descubre la sabiduría del bosque*, traducción de Montserrat Asensio Fernández, Barcelona, Paidós, 2021].

STANLEY ROBINSON, Kim, *The Ministry for the Future*, Londres, Orbit, 2021 [*El Ministerio del Futuro*, traducción de Simon Saito Navarro, Barcelona, Minotauro, 2021].

TCHAIKOVSKY, Adrian, *Children of Time*, Londres, Orbit, 2018 [*Herederos del tiempo*, traducción de Luis García Pardo, Madrid, Alamut, 2019].

TSING, Anna Lowenhaupt, *The Mushroom at the End of the World: On the Possibility of Life in Capitalist Ruins*, Princeton, NJ, Princeton University Press, 2015 [*La seta del fin del mundo. Sobre la posibilidad de vida en las ruinas capitalistas*, traducción de Francisco J. Ramos Mena, Madrid, Capitán Swing, 2021].

Van Reybrouck, David, *Against Elections: The Case for Democracy*, traducido por Liz Waters, Londres, Bodley Head, 2016 [*Contra las elecciones. Cómo salvar la democracia*, traducción de Marta Mabres Vicens, Barcelona, Taurus, 2017].

Viveiros de Castro, Eduardo, *Cannibal Metaphysics*, Minneapolis, MN, University of Minnesota Press, 2017 [*Metafísicas caníbales. Líneas de antropología postestructural*, traducción de Stella Mastrangelo, Buenos Aires, Katz Editores, 2010].

Wang, Xiaowei, *Blockchain Chicken Farm*, Nueva York, Farrar, Straus and Giroux, 2020.

Wohlleben, Peter, *The Hidden Life of Trees*, Londres, William Collins, 2017 [*La vida secreta de los árboles*, traducción de Margarita Gutiérrez Manuel, Barcelona, Obelisco, 2016].

Wulf, Andrea, *The Invention of Nature, The Adventures of Alexander von Humboldt, the Lost Hero of Science*, Londres, John Murray, 2015 [*La invención de la naturaleza. El nuevo mundo de Alexander von Humboldt*, traducción de María Luisa Rodríguez Tapia, Barcelona, Taurus, 2016].

Yunkaporta, Tyson, *Sand Talk: How Indigenous Thinking Can Save the World*, San Francisco, CA, HarperOne, 2020 [*Escrito en la arena. Cómo el pensamiento indígena puede salvar al mundo*, traducción de Ricardo García Pérez, Barcelona, Herder, 2023].

Agradecimientos

Son innumerables las amistades y personas cercanas que han formado parte de los debates y las ideas que conforman este libro; muchas más de las que puedo mencionar. Gracias a Lawrence Abu Hamdan, Mick Aikens, Tom Armitage, Eva Barbarossa, Zach Blas, Ingrid Burrington, Eduardo Cassina, Mat Dryhurst, Ben Eastham, Kyriaki Goni, Tom Gordon-Martin, Holly Herndon, Marco Ferrari, Samuel Hertz, Anab Jain, Julia Kaganskiy, Claudette Lauzon, Charlie Lloyd, Jacob Moe, Julian Oliver, Sascha Pohflepp (te echamos mucho de menos), Matthew Plummer-Fernandez, Angelika Sgouros, Merlin Sheldrake, William Skeaping, Kevin Slavin, Zachos Varfis, Ben Vickers, Chris Woebken y Lydia Xynogala. También debo darles las gracias, por su conocimiento experto y por su generosidad, a Andrew Adamatzky, Alexandra Elbakyan, Maria Konstantinou, Susan Simard y Martin Wikelski.

Quedo especialmente agradecido a Aslak Aamot Kjærulff, Einar Sneve Martinussen, Katherine Brydan, Rob Faure-Walker, Lucia Pietroiusti, Jonas Staal y Stefanos Levidis, quienes leyeron detenidamente la obra y me brindaron sus reflexiones y sugerencias.

Gracias a Telis y a Rosemarie en Egina, por su amabilidad y hospitalidad en unos años de lo más extraños. Gracias a todo el mundo en Akrogialia y en Aiákeion. Gracias a Lila, Leonidas, Kostas y a todos en Zagori. Gracias a Joseph Grima, Chiara Siravo, Elisa Giuliano, Martha Schwindling, Antonio Elettrico y a todas en Matera. Gracias al Infrastructure Club, y de nuevo, al equipo del Littoral Group.

Gracias a todas las personas que me han invitado a dar charlas y a las que me han escuchado a lo largo de los últimos años, y a Deborah Rey-Burns por todo su trabajo. Gracias a Luca Barbeni en Nome, a Janez Janša y Marcela Okretič en Aksioma, y a Davor Mišković e Ivana Katic en Drugo More. Gracias a Clemancy y Howard Gordon-Martin, por Howard's End (y por mucho más); gracias a John Bridle por todo.

Gracias a mi agente, Antony Topping y a mi editor en Penguin, Thomas Penn, por su entusiasmo y apoyo para escribir este libro, y por sus cuidadosas anotaciones y comentarios. Gracias a Eric Chinski, de Farrar, Strauss and Giroux, por creer en él también. Gracias a Jane Robertson por su trabajo de corrección y a Eva Hodgkin por luchar hasta conseguir los derechos de las imágenes. Gracias a todas las personas que han dedicado su tiempo, esfuerzo y capacidades para publicar este libro.

Gracias al pulpo que me encontré esta mañana, que me guiñó el ojo desde debajo de una roca, y gracias a las tres águilas que chillaban, sobrevolando en círculos por encima de mí mientras escribía estas palabras, por recordarme mi deuda con el mundo y con todos los seres que lo habitan.

Gracias, sobre todo, a Navine y a Zephyr por ser la mayor y más honda fuente de inspiración y de amor que podría imaginar. Gracias.

Atenas – Londres – Egina
Julio de 2019 – Septiembre de 2021

Índice onomástico